I0883149

Rolf-Dieter Wegner, Marc Trimborn, Markus Stumm, Peter Wieacker

Humangenetische Grundlagen für Gynäkologen

Rolf-Dieter Wegner, Marc Trimborn,
Markus Stumm, Peter Wieacker

Humangenetische Grundlagen für Gynäkologen

Fachgebundene genetische Beratung im Überblick

DE GRUYTER

Autoren

Prof. Dr. rer. nat. Rolf-Dieter Wegner
Zentrum für Pränataldiagnostik und
Humangenetik Kudamm-199
Kurfürstendamm 199
10719 Berlin
E-Mail: wegner@kudamm-199.de
und
Charité – Universitätsmedizin Berlin
Medizinische Genetik und Humangenetik
Charité – Campus Virchow Klinikum
Augustenburger Platz 1
13353 Berlin

Dr. rer. nat. Marc Trimborn
Charité – Universitätsmedizin Berlin
Medizinische Genetik und Humangenetik
Charité – Campus Virchow Klinikum
Augustenburger Platz 1
13353 Berlin
LKA Berlin
E-Mail: marc_trimborn@t-online.de

PD Dr. rer. nat. Markus Stumm
Zentrum für Pränataldiagnostik und
Humangenetik Kudamm-199
Kurfürstendamm 199
10719 Berlin
E-Mail: stumm@kudamm-199.de

Prof. Dr. med. Peter Wieacker
Universitätsklinikum Münster
Institut für Humangenetik
Vesaliusweg 12–14
48149 Münster
E-Mail: humangenetik@uni-muenster.de

Das Buch enthält 80 Abbildungen und 57 Tabellen.

ISBN: 978-3-11-027950-4
e-ISBN (PDF): 978-3-11-027962-7
e-ISBN (EPUB): 978-3-11-038146-7

Library of Congress Cataloging-in-Publication data
A CIP catalog record for this book has been applied for at the Library of Congress.

Bibliografische Information der Deutschen Nationalbibliothek
Die Deutsche Nationalbibliothek verzeichnet diese Publikation in der Deutschen Nationalbibliographie; detaillierte bibliografische Daten sind im Internet über http://dnb.dnb.de abrufbar.
Der Verlag hat für die Wiedergabe aller in diesem Buch enthaltenen Informationen mit den Autoren große Mühe darauf verwandt, diese Angaben genau entsprechend dem Wissensstand bei Fertigstellung des Werkes abzudrucken. Trotz sorgfältiger Manuskriptherstellung und Korrektur des Satzes können Fehler nicht ganz ausgeschlossen werden. Autoren und Verlag übernehmen infolgedessen keine Verantwortung und keine daraus folgende oder sonstige Haftung, die auf irgendeine Art aus der Benutzung der in dem Werk enthaltenen Informationen oder Teilen davon entsteht.
Die Wiedergabe der Gebrauchsnamen, Handelsnamen, Warenbezeichnungen und dergleichen in diesem Buch berechtigt nicht zu der Annahme, dass solche Namen ohne weiteres von jedermann benutzt werden dürfen. Vielmehr handelt es sich häufig um gesetzlich geschützte, eingetragene Warenzeichen, auch wenn sie nicht eigens als solche gekennzeichnet sind.

© 2016 Walter de Gruyter GmbH, Berlin/Boston
Datenkonvertierung/Satz: Satzstudio Borngräber, Dessau-Roßlau
Druck und Bindung: Hubert & Co GmbH und Co KG, Göttingen
Einbandabbildung: Sebastian Kaulitzki/Hemera/Thinkstock
♾ Gedruckt auf säurefreiem Papier
Printed in Germany

www.degruyter.com

Vorwort

Der Gedanke, ein Buch über humangenetische praxisbezogene Aspekte für Gynäkologen zu schreiben, entstand durch die tägliche enge Zusammenarbeit zwischen Pränatalmedizinern und Genetikern in unserem Zentrum für Pränataldiagnostik und Humangenetik. Die Umsetzung dieser Idee wurde forciert durch die Einführung des Gendiagnostikgesetzes (GenDG) und der damit verbundenen gesetzlichen Verpflichtung vor jeder genetischen Untersuchung eine genetische Beratung zu empfehlen bzw. anzubieten. Diese darf der nach GenDG verantwortliche Gynäkologe nur nach dem Erwerb des Zertifikats für die fachgebundene genetische Beratung durchführen. Die Inhalte dieses Buches sind daher im Besonderen darauf ausgerichtet, das Grundwissen für den Zertifikatserwerb zur Verfügung zu stellen.

Darüber hinaus sollte neben der Vermittlung von theoretischem Wissen der Praxisbezug im Mittelpunkt stehen. Daher war ich hocherfreut über die Zusage der Koautoren, die als anerkannte Spezialisten neben ihrem großen Fachwissen alle auch eine langjährige praktische Erfahrung aufweisen. Diese Erfahrung stellte sicher, dass in den von ihnen verfassten Kapiteln auch die Aspekte der praktischen Anwendung in hohem Maße Berücksichtigung finden.

Danken möchte ich auch für die Unterstützung durch Kollegen aus dem Bereich der Pränatalmedizin und Humangenetik, die durch kritische Durchsicht einiger Kapitel zusätzlich zu einem praxisorientierten Werk beigetragen haben. Mein besonderer Dank gilt Matthias Albig, Rolf Becker, Michael Entezami, Andreas Hagen, Katrin Hoffmann und Anne Junge.

Rolf-Dieter Wegner
Berlin, Januar 2016

Inhaltsverzeichnis

Autorenverzeichnis

Kapitel 1 – Einleitung
Prof. Dr. rer. nat. Rolf-Dieter Wegner
Zentrum für Pränataldiagnostik
und Humangenetik Kudamm-199
Kurfürstendamm 199
10719 Berlin
E-Mail: wegner@kudamm-199.de

Kapitel 2 – Grundlagen
Dr. rer. nat. Marc Trimborn
Charité – Universitätsmedizin Berlin
Medizinische Genetik und Humangenetik
Charité – Campus Virchow Klinikum
Augustenburger Platz 1
13353 Berlin
LKA Berlin
E-Mail: marc_trimborn@t-online.de

Dr. med. Claus-Eric Ott
Charité – Universitätsmedizin Berlin
Medizinische Genetik und Humangenetik
Charité – Campus Virchow Klinikum
Augustenburger Platz 1
13353 Berlin
E-Mail: claus-eric.ott@charite.de

Kapitel 3 – Genetische Beratung
Prof. Dr. med. Peter Wieacker
Universitätsklinikum Münster
Institut für Humangenetik
Vesaliusweg 12–14
48149 Münster
E-Mail: humangenetik@uni-muenster.de

Kapitel 4 – Zytogenetische Pränataldiagnostik
Prof. Dr. rer. nat. Rolf-Dieter Wegner
Adresse siehe oben

Kapitel 5 – Zytogenetische Postnataldiagnostik
Dr. rer. nat. Marc Trimborn
Adresse siehe oben

Kapitel 6 – Molekular-zytogenetische Diagnostik
Prof. Dr. rer. nat. Rolf-Dieter Wegner
Adresse siehe oben

PD Dr. rer. nat. Markus Stumm
Zentrum für Pränataldiagnostik
und Humangenetik Kudamm-199
Kurfürstendamm 199
10719 Berlin
E-Mail: stumm@kudamm-199.de

Kapitel 7 – Molekulargenetische Diagnostik
Dr. rer. nat. Marc Trimborn
Adresse siehe oben

Dr. med. Claus-Eric Ott
Adresse siehe oben

Kapitel 8 – Nicht-invasive pränatale Diagnostik aus mütterlichem Blut
Prof. Dr. rer. nat. Rolf-Dieter Wegner
Adresse siehe oben

PD Dr. rer. nat. Markus Stumm
Adresse siehe oben

Kapitel 9 – Polkörperdiagnostik und Präimplantationsdiagnostik
PD Dr. rer. nat. Markus Stumm
Adresse siehe oben

Prof. Dr. rer. nat. Rolf-Dieter Wegner
Adresse siehe oben

Kapitel 10 – Zur Genetik von Störungen und Krankheitsbildern des Feten im Ultraschall

Dr. med. Ute Knoll
Zentrum für Pränataldiagnostik
und Humangenetik Kudamm-199
Kurfürstendamm 199
10719 Berlin
E-Mail: knoll@kudamm-199.de

PD Dr. rer. nat. Markus Stumm
Adresse siehe oben

Prof. Dr. rer. nat. Rolf-Dieter Wegner
Adresse siehe oben

Kapitel 11 – Genetisch bedingte Störungen – Chromosomenaberrationen und monogene Erkrankungen

Prof. Dr. rer. nat. Rolf-Dieter Wegner
Adresse siehe oben

PD Dr. rer. nat. Markus Stumm
Adresse siehe oben

Dr. med. Ute Knoll
Adresse siehe oben

Kapitel 12 –Uniparentale Disomie und genomische Prägung

Prof. Dr. rer. nat. Rolf-Dieter Wegner
Adresse siehe oben

Kapitel 13 – Genetisch bedingte Störungen der Geschlechtsdifferenzierung und Geschlechtsentwicklung

Prof. Dr. rer. nat. Rolf-Dieter Wegner
Adresse siehe oben

Dr. med. Birgit Köhler
Institut für Experimentelle Pädiatrische Endokrinologie
Charité – Universitätsmedizin Berlin
Augustenburger Platz 1
13353 Berlin
E-Mail: birgit.koehler@charite.de

Kapitel 14 – Genetisch bedingte Fertilitätsprobleme

PD Dr. rer. nat. Markus Stumm
Adresse siehe oben

Kapitel 15 – Spontane Fehlgeburten

Prof. Dr. rer. nat. Rolf-Dieter Wegner
Adresse siehe oben

Kapitel 16 – Tumorgenetik

Dr. rer. nat. Marc Trimborn
Adresse siehe oben

Verzeichnis Abkürzungen

A	Adenin
ABS-Typ I	Antley-Bixler-Syndrom Typ I
AC	*Amniocentese*, Amniozentese
aCGH	Array-CGH
ACTH	Adrenocorticotropes Hormon
AGS	Adrenogenitales Syndrom
AIS	Androgeninsensitivitäts-Syndrom
AMH	Anti-Müller-Hormon
APD	Anterior-Posterior-Durchmesser
AR	Androgen-Rezeptor
AS	Angelman-Syndrom
ASRM	*American Society for Reproductive Medicine*
ATM Gen	*Ataxia telangiectasia mutated* Gen
AVD	Aplasie des Vas deferens
AVSD	Atrio-ventrikulärer Septumdefekt
AZF	Azoospermiefaktor
BACs	*Bacterial artificial chromosomes*, artifizielle Bakterienchromosomen
BBS2	Bardet-Biedl-Syndrom 2
BMD	Muskeldystrophie vom Typ Becker
BRCA1 Gen	*breast cancer 1*-Gen
BRCA2 Gen	*breast cancer 2*-Gen
BVDH	Berufsverband Deutscher Humangenetiker
C	Cytosin
CAIS	*Complete Androgen Insensitivity Syndrome*, komplettes Androgeninsensitivitäts-Syndrom
CAKUT	*Congenital Anomalies of the Kidney and Urinary Tract*
CAVD	*Congenital absence of the vas deferens*
CBAVD	Congenitale bilaterale Aplasie des Vas deferens
CBG-Banden	Zentromer(nahe) Chromosomenbanden nach Bariumbehandlung und Giemsafärbung
CCA	Corpus callosum
CF	*Cystic Fibrosis*; zystische Fibrose
cffDNA	*cell free fetal DNA*
CFTR-Gen	*Cystic fibrosis transmembrane conductance regulator* Gen
CGH	*comparative genomic hybridisation*
CLCN1-Gen	*Chloride channel 1, skeletal muscle* Gen
CNVs	*Copy Number Variations*
CPM	*confined placental mosaicism*, Plazentabegrenztes Mosaik
CREB Gen	*cAMP-response element binding protein* Gen
CVS	*Chorionic villi sampling*, Chorionzottenbiopsie
DAPI	4′,6-Diamidin-2-phenylindol
ddNTPs	Didesoxyribonukleosid-Triphosphate
DHCR7 Gen	*7-Dehydrocholesterol Reductase* Gen
DIDA	Distamycin A-DAPI-Chromatinfärbung

DMD	Muskeldystrophie vom Typ Duchenne
DM1	Myotone Dystrophie Typ 1
DMPK Gen	Dystrophia-Myotonica-Proteinkinase Gen
DNA	*Desoxyribonucleic Acid*
DP	Direktpräparation
DSB	Doppelstrangbruch
DSD	*disorder(s) of sexual development*
DSS	*dosage sensitive sex reversal*
EAC	*early amniocentesis*, frühe Amniozentese
EDTA	Ethylendiamintetraazetat
ESchG	Embryonenschutzgesetz
ESHRE	*European Society of Human Reproduction and Embryology*
ETS	Ersttrimester-Screening
FAP	Familiäre adenomatöse Polyposis coli
FBS	*fetal blood sampling*, Nabelvenenpunktion
FGF	Fibroblastenwachstumsfaktor
FGFR Gen	*Fibroblast growth factor receptor* Gen, Fibroblasten-Wachstums-Faktor-Rezeptor Gen
FISH	Fluoreszenz-in-situ-Hybridisierung
FSH	follikelstimulierendes Hormon
FUS	*Fetal Urine Sampling*, fetale Blasenpunktion
G	Guanin
GEKO	Gendiagnostik-Kommission
GenDG	Gendiagnostikgesetz
GfH	Deutsche Gesellschaft für Humangenetik e.V.
GTG-Banden	G-Banden nach Trypsinbehandlung und Giemsafärbung
HBB	β-Hämoglobin
HGQN	*Human Genetics Quality Network*
HGVS	*Human Genome Variation Society*
HLHS	hypoplastisches Linksherzsyndrom
HNPCC	hereditäres kolorektales Karzinom ohne Polyposis
HPE	Holoprosenzephalie
HR	*High Resolution banding*, hochauflösendes chromosomales Bandenmuster
HSCR	*Hirschsprung Disease*, Morbus Hirschsprung
ICSI	intrazytoplasmatische Spermieninjektion
IHH-Gen	*Indian Hedgehog-Gen*
ISCN	*International System of Human Chromosome Nomenclature*
IUFT	intrauteriner Fruchttod
IUGR	*intrauterine growth restriction*, intrauterine Wachstumsrestriktion
KAL1 gene	*Kallmann syndrome 1 Gen*
KZK	Chorionzotten-Kurzzeitkultur
LH	luteinisierendes Hormon

LJ	Lebensjahr
LKGS	Lippen-Kiefer-Gaumenspalte
LZK	Chorionzotten-Langzeitkultur
MAIS	mildes Androgeninsensitivitäts-Syndrom
Mbp	*mega base pairs*
MCC	*maternal cell contamination*, mütterliche Zellkontamination
MCKD	*Multicystic Kidney Diease*
M-FISH	Multiplex-*FISH*
miRNAs	micro RNAs
MKKS	McKusick-Kaufman Syndrom
MLPA	*multiplex ligation-dependent probe amplification*
MPS	*Mucopolysaccharidosis*, Mukopolysaccharidose
MPS	massive parallele Sequenzierung
mRNA	*messenger RNA*
MURCS	***Mu**llerian agenesis, **R**enal agenesis, **C**ervicothoracic **S**omite abnormalities*
NGS	*Next Generation Sequencing*
NHEJ	*non homologous end joining*
NIPD/NIPT	*Non invasive (genetic) prenatal diagnosis/testing*, Nicht-invasive (genetische) Pränataldiagnostik/nicht-invasiver Pränataltest
NRD	Neuralrohrdefekt
OAT-Syndrom	Oligo-Astheno-Teratozoospermie-Syndrom
OI	Osteogenesis imperfecta
OLA	Oligonukleotid-Ligation-Assay
OMIM	*Online Mendelian Inheritance in Man*
PACs	artifizielle P1-Chromosomen
PAIS	partielles Androgeninsensitivitäts-Syndrom
PCH	Pontocerebelläre Hypoplasie
PCPs	*partial chromosome paints*
PCR	*polymerase chain reaction*, Polymerase-Kettenreaktion
PGS	*preimplantation genetic screening*
PHA	Phytohämagglutinin
PID	Präimplantationsdiagnostik
PIGM	*phosphatidylinositol glycan, class M*
PK	Polkörper
PKD	Polkörperdiagnostik
PLB	Plazentabiopsie
PLS	*Placenta sampling*
POF	primäre Ovarialinsuffizienz
POR gene	*P450 (cytochrome) oxidoreductase* gene
PräST	pränataler Schnelltest
PWS	Prader-Willi-Syndrom
QFQ	Q-Banden nach Färbung mit dem Fluorochrome Quinacrine

RL — Richtlinie
RNA — *Ribonucleic Acid*
rRNAs — ribosomale RNAs
RSPO1 gene — *R-spondin-1* gene

SHOX gene — *short stature homeobox gene*
SLO — Smith-Lemli-Opitz-Syndrom
snRNAs — *small nuclear RNAs*
SNVs — *Single Nucleotide Variants*
SOLiD — *Sequencing by Oligo Ligation Detection*
SOX9-Gen — SRY-Box 9-Gen
SRY gene — *sex-determining region Y gene*, Testis determinierender Faktor
SSW — Schwangerschaftswoche post menstruationem
STR — *short tandem repeat*

T — Thymin
TD — thanotophore Dysplasie
TED — Trophektodermdiagnostik
TGIF gene — *Transforming growth factor-beta-induced factor* gene
tRNAs — transfer RNAs

UPD — uniparentale Disomie
US — Ultraschall
UTR — *untranslated regions*
UV — Ultraviolett

Vcf — *Variant Call Format*
VSD — Ventrikelseptumdefekt
VUCS — *Variant of Unknown Clinical Significance*

WAGR Syndrom — Wilms-Tumor-Anridie-Genitale Fehlbildungen-mentale Retardierung-Syndrom
WCPs — *whole chromosome paints*
WHO — *World Health Organisation*
WNT1 Gen — *wingless-type MMTV integration site family, member 1* Gen
WT1 Gen — Wilms-Tumor Suppressorgen

YACs — *Yeast Artificial Chromosome*, artifizielle Hefechromosomen

Rolf-Dieter Wegner

1 Einleitung

Die Humangenetik zeichnet sich in den letzten Jahren durch die Anwendung neuentwickelter Technologien und damit verbunden durch einen exponentiell zunehmenden Wissenszuwachs aus. Dies trifft besonders auch im medizinischen Bereich der Humangenetik zu. Bis in die 50er Jahre des letzten Jahrhunderts waren weder die Struktur der DNA noch die genaue Chromosomenzahl des Menschen bekannt. In den folgenden 30 Jahren wurden die Methoden der Chromosomenanalyse aus Blut, Fruchtwasserzellen, Chorionzotten und anderen Geweben entwickelt. Diese Methoden besitzen noch heute ihren Platz in der Routinediagnostik; absehbar ist aber ein Wandel hin zu einer geringeren Anzahl klassischer Chromosomenanalysen zugunsten molekular-zytogenetischer und insbesondere molekulargenetischer Diagnostik.

Molekular-zytogenetische Diagnostik mittels Fluoreszenz-in-situ-Hybridisierung (FISH) und Array-Diagnostik ist bereits seit einigen Jahren fester Bestandteil des methodischen Repertoires zur Diagnose von genetisch bedingten Störungen.

Molekulargenetische Ansätze wurden in den 1970er Jahren in der medizinischen Diagnostik nur selten eingesetzt. Zum einen gab es bei genetisch bedingten Erkrankungen nur wenige Informationen über die ursächlichen Gene und die zugrunde liegenden Mutationen, zum anderen waren die Untersuchungen sehr zeit- und kostenaufwendig. Erst durch die Mitte der 1980er Jahre entwickelte PCR-Methode wurde es möglich, gezielt gewünschte Genabschnitte millionenfach zu vermehren und damit deutlich einfacher als zuvor Genanalysen durchzuführen.

Die Entwicklung robuster Sequenziermethoden und ein weltweiter großer finanzieller Einsatz ermöglichte das humane Genomprojekt. Dieses führte im Jahr 2001 zur Veröffentlichung der ersten nahezu vollständigen Sequenz des humanen Genoms und in Konsequenz zu einem enormen Anstieg detektierter Genveränderungen als Ursache genetisch bedingter Störungen. Durch die Anwendung der neuesten Sequenziertechnologien, unter dem Begriff *Next Generation Sequencing* zusammengefasst, ist es nunmehr möglich, innerhalb kürzester Zeit Sequenzdaten zur Verfügung zu stellen, für deren Ermittlung im Rahmen des humanen Genomprojektes noch Jahre benötigt worden waren.

Die Etablierung dieser Technologien war auch die Voraussetzung für die Entwicklung der nicht-invasiven genetischen Pränataldiagnostik aus dem mütterlichen Blut. Die schnelle Umsetzung wissenschaftlicher Erkenntnisse in diagnostische Methoden hat weiterhin dazu geführt, dass es inzwischen einen beachtlichen Überschneidungsbereich von Gynäkologie und Humangenetik gibt. Für Pränataldiagnostik und Reproduktionsmedizin sind die relevanten Felder interdisziplinärer Patientenbetreuung in Abbildung 1.1 dargestellt. Hinzu kommt die Betreuung von Patienten mit gynäkologischen Tumoren.

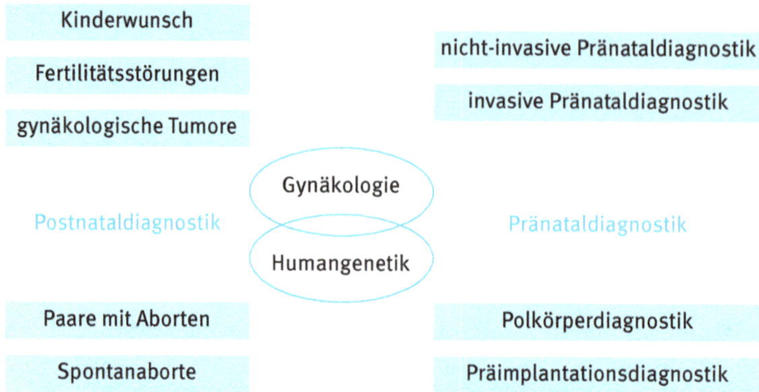

Abb. 1.1: Interdisziplinäre Patientenbetreuung von Humangenetik und Gynäkologie im Bereich von Reproduktionsmedizin, Pränataldiagnostik und Tumordiagnostik.

Vor einer genetischen Diagnostik hat der Gesetzgeber eine Aufklärung des Patienten und eine Einwilligung – einen *informed consent* – vorgesehen. Diese Aufklärung soll im Rahmen einer genetischen Beratung erfolgen. Sie kann entweder von einem Facharzt für Humangenetik, einem Facharzt mit der Zusatzbezeichnung „Medizinische Genetik“ oder einem anderen Facharzt, im Kontext dieses Buches eines Facharztes für Gynäkologie mit der Qualifikation zur „Fachgebundenen genetischen Beratung“, durchgeführt werden. Die Vielfältigkeit der heute zur Verfügung stehenden Methoden, ihr Potenzial, schnell und einfach an genetische Informationen eines Individuums zu gelangen und damit zusammenhängend auch die ethische Bewertung des Handelns im gesellschaftlichen Kontext, erfordern tiefgehende Kenntnisse der Genetik. Dies gilt im Besonderen für die Gynäkologie, die mit Pränataldiagnostik und künstlichen Reproduktionstechniken in einem Feld tätig ist, das immer wieder ethische Diskussionen hervorruft.

Dieses Fachbuch soll gezielt auf die Schnittstelle zwischen Gynäkologie und Genetik ausgerichtetes Wissen vermitteln. Es beginnt mit allgemeinen Grundlagen und führt über die genetische Beratung zu humangenetischen Methoden und daran anschließend zu den Ursachen und klinischen Folgen genetisch bedingter Störungen des Menschen. Zahlreiche Kasuistiken illustrieren den Zusammenhang zwischen theoretischem Wissen und praktischer Anwendung.

Die Inhalte des Buches sind aber auch besonders geeignet für Ärzte in der Facharztausbildung und Studenten der Medizin, die sich mit genetischen Aspekten der Patientenbetreuung befassen.

Durch die praxisbezogenen Beispiele werden zusätzlich zu den Grundlagen immer wieder die Vielschichtigkeit der genetischen Diagnostik und die damit verbundenen Herausforderungen der Patientenbetreuung herausgestellt.

Marc Trimborn und Claus-Eric Ott

2 Grundlagen

Im Folgenden werden in sehr verkürzter Form einige Grundlagen der Genetik und Zellbiologie dargestellt. Für eine ausführliche Darstellung wird auf die große Anzahl sehr guter allgemeiner Lehrbücher zu diesen Themen verwiesen.

2.1 Nukleinsäuren

2.1.1 *Desoxyribonucleic Acid* (DNA)

Die DNA des Menschen ist, wie bei allen Lebewesen, der Träger der Erbinformation. Ein DNA-Strang ist ein kettenartiges Molekül, also ein Polymer, das aus vier verschiedenen Bausteinen aufgebaut ist. Diese Bausteine, die Nukleotide, bestehen aus einem Phosphat-Rest und dem Zucker Desoxyribose, an den eine von vier organischen Basen, Adenin (A), Thymin (T), Guanin (G) oder Cytosin (C), gebunden ist. Bei der Desoxyribose ist im Gegensatz zur Ribose eine OH-Gruppe durch ein H-Atom substituiert. Im Normalzustand liegt die DNA als sogenannte Doppelhelix vor. Dabei liegen sich zwei komplementäre DNA-Stränge in Form einer Doppel-Helix mit zwei gegenläufigen ineinander verwundenen Spiralen gegenüber (Abb. 2.1a). Die Komplementarität entsteht durch die festgelegte Paarung der einander gegenüberliegenden Basen der DNA-Einzelstränge. So liegt einem Thymin ein Adenin gegenüber, während ein Cytosin mit einem Guanin paart. Diese Basenpaarungen kommen durch Wasserstoffbrücken zwischen den Basen zustande (Abb. 2.1b). Jede kernhaltige Zelle des Menschen enthält etwa 6×10^9 Basenpaare, die in 46 Molekülen – einem doppelten Chromosomensatz – organisiert sind. Zusammen bilden sie das menschliche Genom.

In der DNA-Sequenz ist die Erbinformation festgelegt. Sie ist auf einem Einzelstrang in der Abfolge der vier Basen gespeichert. Ein DNA-Einzelstrang besitzt eine Polarität oder, vereinfacht gesagt, eine Leserichtung, die durch die Verknüpfung der benachbarten Nukleotide bestimmt wird. Desoxyribose, der Zuckeranteil der Nukleotide, besitzt fünf Kohlenstoffatome (C-Atome), die von 1' bis 5' durchnummeriert werden. Der Basenanteil ist an das 1'-C-Atom gebunden. Die Verbindung der Zuckermoleküle zweier benachbarter Nukleotide erfolgt durch eine Phosphodiesterbindung zwischen dem 3'-C-Atom des einen Nukleotids und dem 5'-C-Atom des benachbarten Nukleotids (dessen 3'-C wiederum an das 5'-C des nächsten Nukleotids gebunden wird). So entsteht das Phosphatdesoxyribose-Rückgrat und so hat jeder DNA-Einzelstrang ein freies 5'-Ende und ein freies 3'-Ende. Eine Ausnahme bildet die mitochondriale DNA, bei der die freien Enden zu einem Ring verbunden werden. Die beiden Einzelstränge einer DNA-Doppelhelix weisen eine gegenläufige Polarität auf.

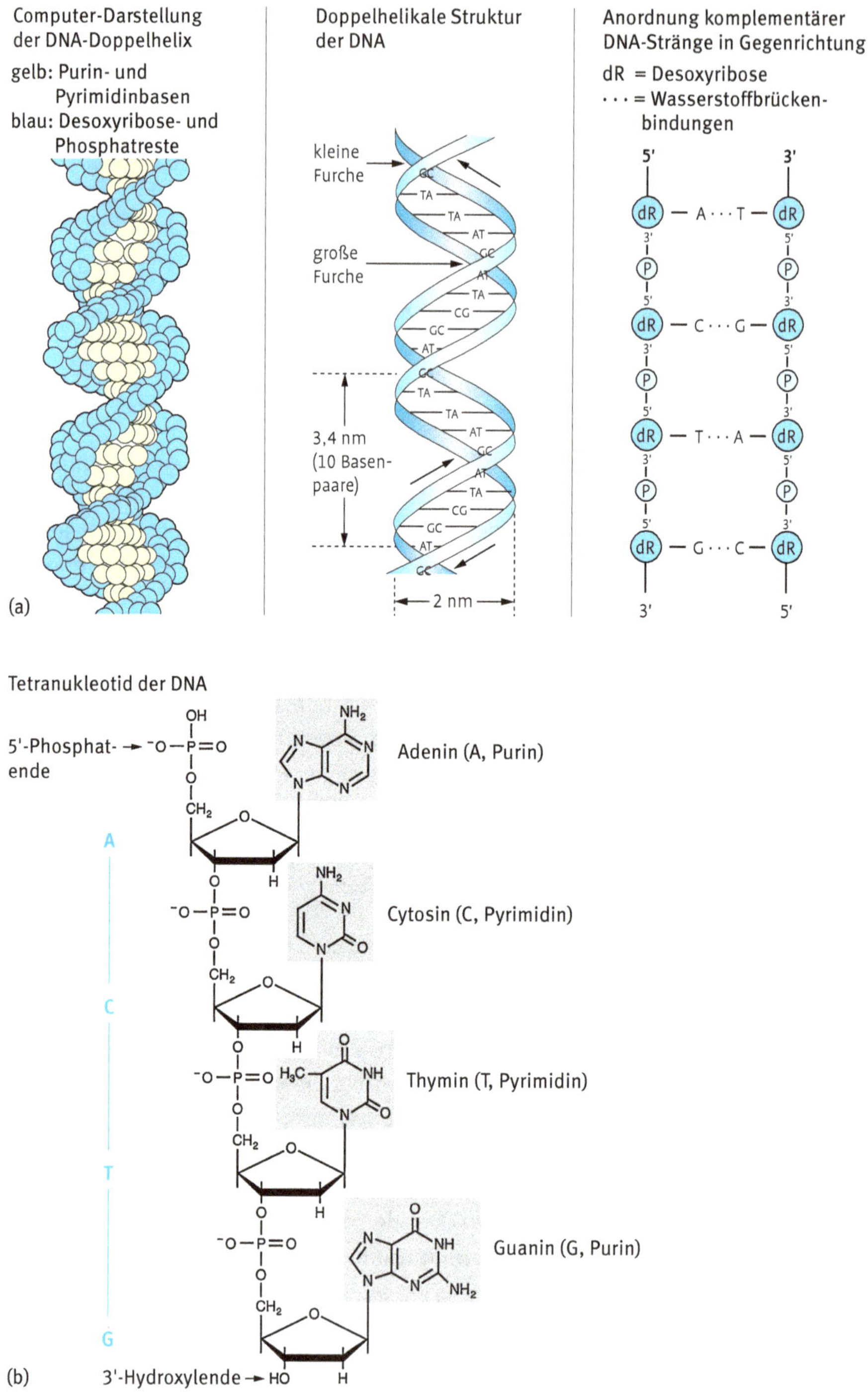

Abb. 2.1: Aufbau der DNA; a) Modell der DNA-Doppelhelix; b) DNA-Einzelstrang.

Eine DNA-Sequenz eines Gens wird in 5'-3'-Richtung angegeben und dieser Strang wird für die betrachtete Gensequenz als Sense-Strang bezeichnet. Der komplementäre Anti-sense-Strang hat dann also die antiparallele 3'-5'-Orientierung (Abb. 2.1). Im Gegensatz dazu, wird die genomische DNA-Sequenz anhand der Orientierung auf dem jeweiligen Chromosom vom Telomer des kurzen Armes über das Zentromer bis hin zum Telomer des langen Armes betrachtet. Der so orientierte Strang wird dann als Plusstrang (+) bezeichnet, der gegenläufige Strang entsprechend als Minusstrang (–).

2.1.2 *Ribonucleic Acid* (RNA)

Die RNA ist wie die DNA eine Nukleinsäure, die sich aus einer Kette von Nukleotiden zusammensetzt. Bei den Bausteinen handelt es sich um Ribonukleotide. Die organischen Basen Adenin, Guanin, Cytosin und Uracil sind über ein Ribosemolekül an einen Phosphatrest gebunden. Die ersten drei Basen kommen auch in der DNA vor, während in RNA-Molekülen Thymin (T) durch Uracil (U) ersetzt ist. Im Gegensatz zur DNA liegen RNA-Moleküle nicht als Doppelstrang vor. Die RNA-Einzelstränge bilden aber durch Basenpaarung Sekundärstrukturen aus, in denen doppelsträngige Bereiche entstehen.

In Zellen werden Sequenzen von DNA-Genen durch RNA-Polymerasen in RNA-Moleküle ab- bzw. umgeschrieben. Dieser Prozess heißt Transkription. Im Gegensatz dazu wird die Übersetzung einer RNA-Sequenz in Aminosäuren eines Proteins als Translation bezeichnet. Je nachdem, ob die RNA für ein Protein codiert oder nicht, wird codierende von nicht-codierender RNA unterschieden. RNAs können unterschiedlichste Funktionen ausüben:

Codierende RNAs werden auch als mRNAs (messenger RNAs) bezeichnet und bringen den in der DNA gespeicherten Bauplan proteincodierender Gene zu den Ribosomen.

Nicht-codierende RNAs werden untergliedert in:

- Lange, nicht-codierende RNAs (*long non-coding RNAs*). Diese ist typischerweise länger als 200 Nukleotide und spielen eine Rolle bei der Regulation der Transkription, der Prozessierung von RNA nach der Transkription, der Organisation des Chromatins und der epigenetischen Kontrolle.
- Kurze, nicht-codierende RNAs (*small non-coding RNAs*) können unterschiedliche Funktionen ausüben:
  - **miRNAs** (micro RNAs) beeinflussen die Stabilität anderer RNAs und die Translationseffizienz codierender RNAs.
  - **rRNAs** (ribosomale RNAs) sind wichtige Bestandteile der Ribosomen.
  - **snRNAs** (small nuclear RNAs) sind am Spleißen der prä-mRNA beteiligt.
  - **tRNAs** (transfer RNAs) vermitteln an den Ribosomen die Übersetzung der mRNA Basen in Aminosäuren, die Bausteine der Proteine.

Darüber hinaus gibt noch eine Reihe weiterer funktioneller RNA-Moleküle, auf die jedoch nicht weiter eingegangen wird.

2.1.3 Proteine

Proteine oder Eiweiße sind Makromoleküle die sich aus einer Kette von Aminosäuren zusammensetzen. Proteine übernehmen sehr viele verschiedene Funktionen in Zellen und Organismen. Sie übernehmen u. a. strukturelle Funktionen, z. B. im Bindegewebe oder im Zytoskelett, katalysieren Stoffwechselreaktionen, oder bilden Signalkaskaden aus, die es der Zelle ermöglichen auf Reize zu reagieren.

Die Grundstruktur von Proteinen wird aus einer Kette von 20 verschiedenen Aminosäuren gebildet, die sich in ihren Seitenketten, den Aminosäure-Resten, unterscheiden. Diese Kette faltet sich unter physiologischen Bedingungen (und mit Hilfe anderer Proteine) zu einer dreidimensionalen Struktur, die die Funktion des Proteins bestimmt. Je nach weiteren posttranslationalen Modifikationen eines Proteins können oft mehrere verschiedene Isoformen gebildet werden, die die funktionelle Diversität der Proteine, die durch ein Gen codiert werden, erhöht. Einige Proteine können ihre Funktion erst in Zusammenarbeit mit anderen Proteinen ausüben. Sie bilden dazu Proteinkomplexe aus.

Merk-Würdiges

- Die DNA ist Träger der Erbinformation.
- Die DNA ist eine doppelsträngige Helix mit komplementär gegenüberliegenden Basen.
- Die Erbinformation ist im DNA-Strang in der Abfolge der Basen Adenin, Cytosin, Guanin und Thymin codiert.
- RNA-Moleküle werden als Kopien von DNA-Genen gebildet.
- RNAs üben unterschiedlichste Funktionen in der Zelle aus.
- Proteine sind Makromoleküle, die sich aus Aminosäuren zusammensetzen.
- Proteine übernehmen eine Vielzahl unterschiedlichster Aufgaben in Zellen und Organismen.

2.2 Die DNA als Träger der genetischen Information

Gene stellen die molekularen Einheiten der Vererbung dar. Die Definition des Begriffs „Gen“ hat sich im Laufe der Zeit immer wieder dem aktuellen Stand des Wissens angepasst, und es fällt heute schwer, eine einfache und dabei umfassende Definition zu liefern. Vereinfacht gesagt, ist ein Gen ein Abschnitt in einem Genom, der für ein funktionelles Produkt codiert. Dieses Produkt kann eine funktionelle RNA oder ein Protein sein (Gerstein et al., 2007). Verkompliziert wird die Definition dadurch, dass ein Gen durch alternatives Spleißen für verschiedene Produkte codieren kann. Trotz der angedeuteten Ausweitung des Begriffes macht es im klinischen Kontext weiterhin

Sinn, sich zunächst auf die klassische Beschreibung eines proteincodierenden Gens zu konzentrieren.

Gregor Mendel hatte bei seinen Experimenten festgestellt, dass Variationen bestimmter Eigenschaften durch Variationen in vererbbaren Faktoren bestimmt werden. Er hatte also festgestellt, ohne diese Begriffe zu kennen, dass der Phänotyp durch einen Genotyp bestimmt wird. Er hatte auch gezeigt, dass diese Merkmale als eigenständige Einheiten unabhängig voneinander vererbt werden (Mendel, 1866). Beadles und Tatums Untersuchungen des Stoffwechsels von Schimmelpilzen zeigten, dass Veränderungen von Erbeinheiten zu Störungen in Stoffwechselwegen führen können. Dies begründete die Ansicht, dass ein Gen die Information für ein Enzym bzw. Protein enthält (Beadle und Tatum, 1941). Es war jedoch nicht bekannt, ob die genetische Information in Form von Proteinen oder DNA gespeichert wurde. Erst die Experimente mit virulenten Phagenstämmen von Oswald Avery und seinen Mitarbeitern sowie von Martha Chase und Alfred Hershey überzeugten die Mehrheit der Wissenschaftler davon, dass tatsächlich die DNA die Erbsubstanz darstellt (Avery et al., 1944; Hershey und Chase, 1955). Wie ein derart inaktives Molekül wie DNA als Erbmolekül wirken kann, wurde kurz darauf durch die Lösung der dreidimensionalen Struktur der DNA-Doppelhelix durch James Watson und Francis Crick erklärt (Watson und Crick, 1953).

Es gibt im Prinzip zwei verschiedene Wirkebenen, in denen Erbinformationen in der DNA gespeichert und vermittelt werden können.

1. **Codierende Elemente:** In diesen sind die „Bauanleitungen" für Proteine oder funktionelle RNA-Elemente gespeichert (siehe auch Infobox 2.1 und Kap. 2.2.1).
2. **Regulatorische Elemente:** In einer Vielzahl von DNA-Elementen (u. a. Promoter, Enhancer, Insulator, Repressor, verschiedene Elemente innerhalb proteincodierender Gene) sind Informationen darüber gespeichert, welche Proteine oder RNAs zu welchem Zeitpunkt und in welcher Menge in bestimmten Geweben gebildet werden sollen. Diese Erbinformationen werden als regulatorische Elemente bezeichnet (Kap. 2.2.3).

Infobox 2.1: Der genetische Code.

Die Informationen über die Aminosäuresequenzen von Proteinen sind innerhalb von Genen in der Basenabfolge des DNA-Strangs gespeichert. Der Code setzt sich aus sogenannten Tripletts zusammen, d. h., jeweils die Abfolge von drei Nukleotiden codiert für eine Aminosäure (Abb. 2.2a). Innerhalb eines Leserahmens überlappen diese Tripletts einander nicht, die Nukleotide eines Tripletts sind also nicht gleichzeitig Bestandteil eines benachbarten Tripletts. Ein Startcodon (ATG) legt den Leserahmen fest und bestimmt die Stelle, ab der der Code im Dreier-Rhythmus abgelesen wird. Dieses Startcodon codiert für die Aminosäure Methionin. Das Ablese-Ende (oder das Ende des Leserahmens) wird durch ein Stoppcodon signalisiert. Der Code ist degeneriert, d. h., die Mehrzahl aller Aminosäuren und auch das Stopp-Signal werden durch mehrere Tripletts codiert. Die Abbildung 2.2b zeigt ein Beispiel eines Leserahmens mit Start- und Stoppcodon. Dieser Code ist universell und wird, abgesehen von wenigen Ausnahmen, in den Genomen aller Lebewesen und Viren verwendet.

(a)

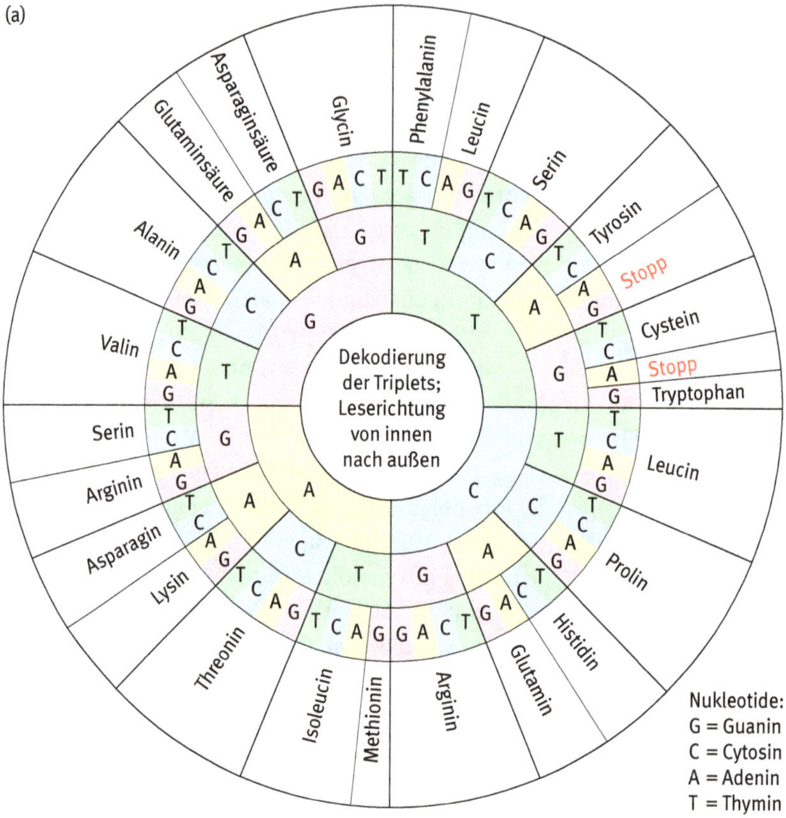

(b) ACTTGCG**ATG** CCA TCT AGC GGG **TAA**CCTGAAATT
M P S S G Stopp

Abb. 2.2: Der genetische Code. a) Der genetische Code lässt sich in Form einer Tabelle oder in der hier gezeigten „Code-Sonne“ darstellen. Die Codierung der Aminosäuren (außen) durch die Basentripletts auf der mRNA ist von innen (5’) nach außen (3’) zu lesen. b) Beispiel für einen Leserahmen. Das Startcodon ATG bestimmt das Leseraster und codiert für Methionin (M). Die Aminosäure Serin (S) kann beispielsweise durch sechs verschiedene Tripletts TCN (N = T, C, A oder G), AGT und AGC codiert werden. Hier wurden TCT und AGC verwendet. Die Stopp-Codons TAA, TGA und TAG zeigen das Ende eines Leserahmens an. Hier wurde das Stopp-Codon TAA verwendet.

2.2.1 Der Fluss der genetischen Information

Die DNA stellt den Bauplan aller Lebewesen da. Darin sind die Informationen für Proteine und funktionelle RNAs gespeichert. Bei proteincodierenden Genen werden die in der DNA gespeicherten Erbinformationen in zwei nacheinander geschalteten Prozessen ausgelesen und ausgeführt: Transkription und Translation.

Bei der **Transkription** wird die Information eines Gens zunächst in eine bewegliche RNA-Kopie, die mRNA (messenger- oder Boten-RNA) umgeschrieben. Diese transportiert die Information zu den Ribosomen, den Orten der Proteinsynthese. Aktive Gene werden durch RNA-Polymerasen vom DNA-Strang immer wieder abgelesen. Bevor die fertige mRNA den Zellkern verlässt, muss sie jedoch noch weiter prozessiert werden. Bei der Transkription wird meist die gesamte Gensequenz in eine RNA-Kopie übersetzt (prä-mRNA). Diese wird dann durch verschiedene posttranskriptionelle Modifikationen in die endgültige mRNA umgewandelt. Zu diesen Modifikationen gehören das 5'-Capping, das Spleißen und die 3'-Polyadenlyierung. Durch Capping und Polyadenylierung werden die Enden der mRNA geschützt. Beide Elemente spielen eine wichtige Rolle bei der Regulation der Stabilität der mRNA. Durch das Spleißen kann ein Gen für mehrere Genprodukte codieren (Infobox 2.2). Dabei sind mRNAs niemals nackt, sondern stets von RNA-bindenden Proteinen besetzt, die nicht nur posttranskriptionelle Modifikationen ausüben, sondern auch bei der Ausbildung von Sekundärstrukturen, dem Transport der mRNAs aus dem Kern, der Translation und dem Abbau der mRNAs eine wichtige Rolle spielen.

Bei der **Translation** wird die in den Genen gespeicherte und von den mRNAs weitertransportierte Information an den Ribosomen in eine Proteinsequenz übersetzt (Proteinsynthese). Der Start der Translation definiert den Leserahmen und erfolgt an einem AUG-Codon (Methionin). Nun wird der genetische Code (Infobox 2.1) in Form von Tripletts abgelesen. Transfer-RNAs (tRNAs) binden jeweils über komplementäre Basenpaarung an das nächste freie Triplett. Diese tRNAs sind funktionelle RNA-Moleküle, die jeweils mit einer für ein Triplett spezifischen Aminosäure beladen sind, die nun an die wachsende Aminosäurekette gebunden wird. Diese Elongationsphase endet, sobald ein Stoppcodon erreicht wird (Termination). Nun wird das neusynthetisierte Protein freigesetzt. Eine Illustration des genetischen Flusses findet sich in Abbildung 2.3.

2.2.2 Genstruktur

Folgende Elemente sind in nahezu allen proteincodierenden Genen enthalten:

Promoter: Sequenzelement, an dem die Transkription beginnt und reguliert wird. RNA-Polymerasen können die Transkription nicht selbstständig initiieren. Sie benötigen die Hilfe von Transkriptionsfaktoren, die an die Promotersequenzen binden und so den Startpunkt der Transkription definieren. Die Promotersequenz enthält bei vielen eukaryotischen Genen unter anderem die Konsensus-Sequenz 5'-TATAA-3', die daher als TATA-Box bezeichnet wird. Diese Sequenz liegt ca. 25 bis 30 Basenpaare vor dem Startpunkt der Transkription.

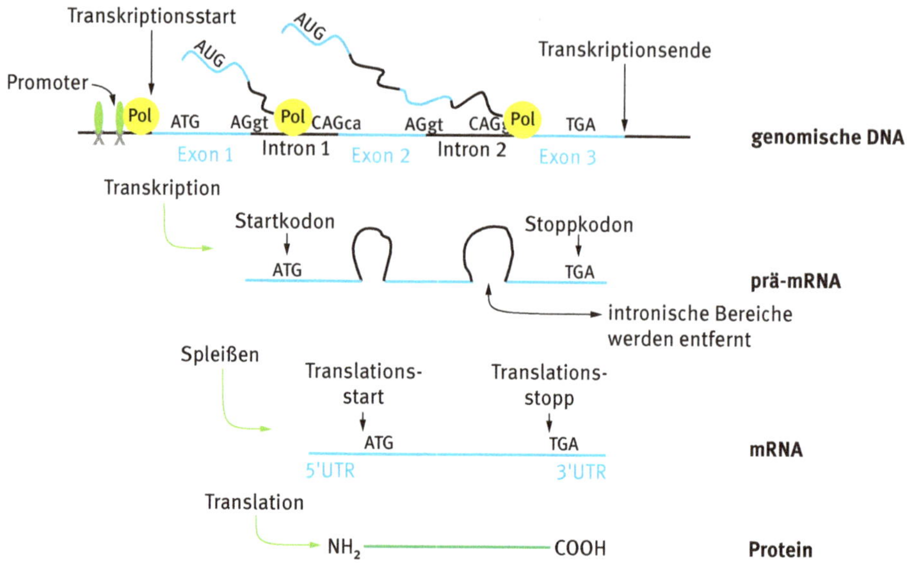

Abb. 2.3: Der genetische Fluss.

UTR: Als untranslatierte Bereiche (*untranslated regions*) werden die Randbereiche der mRNA bezeichnet, die nicht für Aminosäuren codieren. Dabei bezeichnet die 5'-UTR den Bereich vom Transkriptionsstartpunkt bis zum Startcodon der Translation. Die 3'-UTR beginnt nach dem Stoppcodon und reicht bis zur Polyadenylierungsstelle. Die UTRs spielen ebenfalls wichtige Rollen bei der Regulation von Translationseffizienz und RNA-Stabilität.

Startcodon: Das Startcodon (ATG auf DNA-Ebene und AUG auf RNA-Ebene) ist das erste für eine Aminosäure codierende Triplett einer mRNA. Es codiert für die Aminosäure Methionin und definiert den Leserahmen der zu translatierenden Sequenz.

Exon: Exons sind die Regionen eines Gens, die nach dem Spleißen in der mRNA erhalten bleiben. Exons beinhalten die UTRs und die proteincodierenden Abschnitte eines Gens.

Intron: Introns liegen zwischen den Exons und codieren nicht für Proteinsequenzen. Sie werden zwar zunächst transkribiert, dann aber aus der prä-mRNA herausgeschnitten (gespleißt).

Stoppcodon: Im genetischen Code gibt es drei Stoppcodons (TAA, TAG und TGA), die für keine Aminosäure codieren und somit zu einem Abbruch der Translation führen.

Polyadenylierungssignal: Das Ende der Transkription wird üblicherweise durch die Konsensus-Sequenz 5'-AAUAAA-3' sowie verschiedene Varianten dieser Sequenz angezeigt. An dieses Signal binden wiederum Faktoren, welche die Transkription beenden und an der nächstliegenden Polyadenylierungsstelle den post-transkriptionellen Prozess der Polyadenylierung initiieren.

Infobox 2.2: Spleißen (*Splicing*).

Bei fast allen eukaryotischen Genen wechseln sich codierende Sequenzen (Exons) mit nichtcodierenden Sequenzen (Introns) ab. Die zunächst gebildete prä-mRNA enthält auch die nichtcodierenden intronischen Abschnitte. Diese müssen vor der Translation durch den Prozess des Spleißens entfernt werden. Die Grenzen zwischen Exon und Intron sind durch Konsensus-Sequenzen, sogenannte Splice-Signale, gekennzeichnet. Exons und Introns können jedoch fakultativ gespleißt werden. Ein Exon muss also nicht unbedingt erhalten werden, sondern kann nach Bedarf auch herausgeschnitten (gespleißt) werden. Ebenso müssen nicht alle Introns zwangsweise entfernt werden, sondern können alternativ erhalten bleiben und dann auch für Proteinsequenzen codieren. Dieser Prozess wird als alternatives Spleißen bezeichnet und stellt eher die Regel als die Ausnahme dar. So können also aus einem Gen verschiedene Proteinprodukte entstehen. Ein Gen codiert also nicht, wie lange Zeit fälschlicherweise angenommen wurde, nur für ein einziges Protein.

2.2.3 Genregulation

Für die Entwicklung eines komplexen Organismus aus einer einzelnen Zelle ist eine mindestens ebenso komplexe Genregulation notwendig. Der Mensch verfügt über hunderte verschiedener Zell- bzw. Gewebetypen, und in einem einzelnen Zelltyp ist jeweils nur eine Minderheit aller Gene aktiv. Über dieses spezifische Genexpressionsmuster definiert sich also, ob eine Zelle ein Neuron oder etwa einen Granulozyten darstellt. Darüber hinaus muss sich das Genexpressionsmuster dynamisch als Antwort auf exogene Faktoren wie z. B. dem Binden von Hormonen oder anderen Signalmolekülen an Rezeptoren verändern können.

Die Genexpression kann daher auf derartig vielfältige Weise reguliert werden, dass wir die Zusammenhänge erst allmählich zu verstehen beginnen. Viele Elemente der Genregulation wurden erst in den letzten Jahren entdeckt. So wurden microRNAs zwar bereits 1993 erstmals beschrieben (Lee et al., 1993). Dass sie aber einen generellen Mechanismus zur Regulation von eukaryontischen und somit auch menschlichen Genen darstellen, wurde erst sehr viel später deutlich (u. a. Xie et al., 2005). Das ENCODE-Konsortium, dessen Ziel es ist, sämtliche funktionellen Elemente des menschlichen Genoms zu charakterisieren, veröffentlichte im Jahr 2012 seine Resultate simultan in 30 Publikationen in verschiedenen wissenschaftlichen Zeitschriften. Die beteiligten Wissenschaftler wiesen nach, dass der Anteil funktioneller Elemente im humanen Genom deutlich größer ist als angenommen. Sie konnten für über 80 % des Genoms biochemische Funktionen nachweisen (Bernstein et al., 2012). Während der Anteil proteincodierender Sequenzen bei 2 bis 3 Prozent liegt, ist die Mehrheit der definierten Elemente in die Regulation dieser proteincodierenden Gene und zellulärer Funktionen eingebunden.

Durch die Konformation der genomischen DNA wird festgelegt, welche regulatorischen Elemente mit einem Gen interagieren können. Dabei ist das Genom in vom Zelltyp unabhängige sehr stabile dreidimensionale regulatorische Domänen, so genannte „topological associated domains“, unterteilt. An den Grenzen liegen so genannte Insulator-Elemente, die Interaktionen zwischen benachbarten Domänen verhindern und die regulatorischen Domänen begrenzen. Cis-regulatorische Elemente, die in der Nähe eines Gens liegen, umfassen u. a. Promoter-, Enhancer-, und Repressor-Elemente, wohingegen Transkriptionsfaktoren und regulatorische RNAs trans-regulatorische Elemente sind, die viele Millionen Basenpaare entfernt oder sogar auf einem anderen Chromosom liegen können.

Letztlich kann der Weg vom Gen zum Genprodukt auf der Ebene der Transkription, posttranskriptionell, auf der Ebene der Translation und posttranslational moduliert werden. Nachfolgend werden beispielhaft kurz einige wichtige Elemente der Genregulation definiert.

- **Enhancer-Elemente** sind nicht-kodierende DNA-Abschnitte. Über eine Schleifenbildung der DNA (DNA-Looping) kommen Enhancer-Elemente in physischen Kontakt mit dem Promoter (Kap. 2.2.2) ihres Zielgens und können so die Expression des Gens verstärken.
- **Repressor-Elemente** sind nicht-kodierende DNA-Abschnitte, die wie Enhancer in Kontakt mit dem Promoter Ihres Zielgens treten, jedoch die Expression des Gens negativ beeinflussen.
- **Silencer** sind *cis*-regulatorische Sequenzelemente, welche in Kontakt mit dem Promoter Ihres Zielgens treten, um diesen längerfristig zu deaktivieren.
- **Response-Elemente** sind induzierbare *cis*-regulatorische Elemente, an die Signalmoleküle wie spezifische Hormone (z. B. Steroidhormone) oder intrazelluläre *second messenger* wie cAMP binden, um die Transkription in Reaktion auf spezifische äußere Reize zu beeinflussen.
- **Methylierung:** Diese epigenetische Modifikation eines Gens bzw. seines Promoters durch Übertragung von Methylgruppen auf Cytidin-Basen der DNA unterdrückt im Normalfall seine Transkription. Besitzt ein Gen alternative Promoter mit unterschiedlichen Transkriptionsstartpunkten, kann durch gewebsspezifische Methylierungsmuster gesteuert werden, welcher demethylierte Promoterbereich aktiv ist, und damit welche RNA- und Protein-Isoform in der entsprechenden Zelle gebildet wird.
- **Gewebespezifisches Spleißen** erweitert ebenfalls die mRNA-Diversität und sorgt für die Expression verschiedener Isoformen eines Proteins.
- **Polyadenylierung** und **Capping** regulieren die Stabilität einer mRNA.
- **microRNAs** binden vor allem in der 3’-UTR an Sequenzelemente in der mRNA und beeinflussen deren Stabilität. Sie spielen aber auch bei der Regulation der Translation eine Rolle.

- **Initiationsfaktoren** und **Translationsrepressoren** regulieren die Translationseffizienz von mRNAs.
- **Posttranslationale Modifikationen** wie enzymatische Spaltung, die chemische Veränderung von Seitenketten, das Anheften von Kohlehydratgruppen (Glykosylierung) oder Lipidgruppen führen dazu, dass aus Grundproteinen mit identischer Aminosäuresequenz abermals unterschiedliche Isoformen gebildet werden können.
- **Ubiquitinylierung** markiert Proteine zum Abbau durch das Proteasom.

Wie hier dargestellt wurde, kann also die Hypothese „ein Gen – ein Produkt – eine Funktion" so nicht aufrechterhalten werden. Zudem ist es aus klinisch-genetischer Sicht besonders wichtig zu verstehen, dass Veränderungen in der Genregulation durch Mutationen, Deletionen und Duplikationen regulatorischer Elemente, aber auch durch exogene Faktoren, zu einem gewebespezifischen Funktionsverlust oder einer gewebespezifischen Fehlexpression eines Genes führen können. Ob und in welchem Ausmaß dies zur Ausprägungen einer Erkrankung und, wenn ja, zu welchen Symptomen dies führt, ist jedoch deutlich schwerer vorherzusagen als für Sequenzveränderungen in den proteincodierenden Abschnitten eines Gens.

Merk-Würdiges
- Die DNA ist der Träger der Erbinformation
- Erbinformation wird in Form von codierenden oder regulatorischen Elementen gespeichert.
- Gene können für Proteine oder funktionelle RNA-Moleküle codieren.
- Aus der DNA-Sequenz eines Gens können durch alternatives Spleißen unterschiedliche Genprodukte hergestellt werden.
- Die Information für proteincodierende Gene wird auf eine mRNA-Kopie übertragen (Transkription), die diese zu den Ribosomen transportiert, an denen die Information in Proteine umgewandelt wird (Translation).
- Drei Nukleotide der mRNA (Triplett) codieren jeweils für eine Aminosäure (genetischer Code).
- Die Genexpression wird durch *cis*- und *trans*-regulatorischer Elemente gesteuert.

2.3 Chromosomen

Die Chromosomen stellen die Organisations- und Transportform des Erbgutes dar. Ein Mensch besitzt im Allgemeinen 46 Chromosomen: 22 Autosomenpaare und ein Paar Geschlechtschromosomen, die auch Gonosomen genannt werden. Männer tragen in ihren Zellen ein X- und ein Y-Chromosom, während Frauen zwei X-Chromosomen tragen. Jedes Chromosom besteht aus einem durchgängigen Chromatinfaden, der sich aus dem DNA-Doppelstrang und verschiedenen Proteinen, u. a. den Histonen, zusammensetzt. Diese Chromatinfäden sind im Vergleich zur Größe des Zellkerns extrem lang, in mehreren Organisationsebenen zusammengelegt und sehr dicht gepackt.

Am extremsten ist die Verpackungsdichte (Chromosomenkondensation) während der Mitose. Nur in dieser Zellzyklusphase können die einzelnen Chromosomen mit einem Lichtmikroskop betrachtet werden. In der Interphase liegen die Chromosomen im Zellkern zwar in vergleichsweise entspannter Form vor, sodass sie mikroskopisch nicht mehr als direkt als einzelne Körper zu erkennen sind. Aber auch in dieser Zellzyklusphase ist das Chromatin immer noch sehr dicht gepackt und die Chromosomen nehmen voneinander abgegrenzte Territorien ein.

2.3.1 Funktionelle Elemente eines Chromosoms

Chromatiden: In der überwiegenden Mehrheit der Zellen des Körpers liegt das Genom nur einfach vor. Die Chromosomen dieser Zellen bestehen aus einem Chromatid. Nur bei Zellen, die dabei sind, sich in zwei Tochterzellen zu teilen, wird das Genom durch Replikation und somit auch die Chromatiden verdoppelt. Die bekannten Darstellungen von Chromosomen zeigen fast immer Metaphasechromosomen mit zwei Schwesterchromatiden.

Centromer: Am Centromer werden die beiden Schwesterchromatiden bis zum Beginn ihrer Auftrennung und Verteilung (Segregation) auf die Tochterzellen zusammengehalten. Während der Mitose setzen die Fasern des Spindelapparates an den Centromeren an, um die Schwesterchromatiden mit Beginn der Anaphase zu den beiden Spindelpolen zu ziehen. Morphologisch unterteilen die Centromere die Chromosomen in einen kurzen und einen langen Arm (p- bzw. q-Arm).

Telomer: Die Enden der Chromosomen werden als Telomere bezeichnet. Sie enthalten eine kurze, sich wiederholende DNA-Sequenz (das Telomer-Repeat). Die Anzahl dieser Repeats verringert sich bei jeder Zellteilung und dient als Maß für das Zellalter. In Zellen mit stark verkürzten Telomersequenzen wird der programmierte Zelltod (Apoptose) induziert.

Merk-Würdiges

- Der Mensch besitzt 44 Autosomen und zwei Geschlechtschromosomen.
- Ein Chromosom besteht aus einem hochgradig aufgewundenen Chromatinfaden aus DNA und Proteinen.
- Nur während der Zellteilung können einzelne Chromosomen im Lichtmikroskop betrachtet werden.

2.3.2 Zellzyklus

Der Zellzyklus ist ein bei proliferierenden Zellen immer wiederkehrender Ablauf von Ereignissen, die für eine geordnete Zellteilung notwendig sind. Die wichtigsten Ereignisse dabei sind die Verdopplung (Replikation) des Genoms in der S-Phase und die Aufteilung der Schwesterchromatiden der replizierten Chromosomen in der Mitose (M-Phase). In G_1 finden die Replikation der Zellorganellen und die Histonsynthese statt. Am Restriktionspunkt wird entschieden, ob die Zelle den Zellzyklus fortsetzt oder in die Ruhephase (G_0) eintritt. Die meisten Körperzellen befinden sich in dieser Ruhephase. In der G_2-Phase werden die notwendigen Mitose-spezifischen Proteine synthetisiert. Die Übergänge zwischen den einzelnen Zellzyklusphasen werden durch intrazelluläre Signalnetzwerke streng kontrolliert (siehe auch Kap. 16.2).

2.3.3 Replikation

Der komplementäre Aufbau der DNA-Moleküle in Form von Dopppelsträngen ist die Grundlage eines universellen Kopiermechanismus, der während der Zellteilung die notwendige Verdopplung der Erbinformation ermöglicht. Bei diesem als Replikation bezeichneten Prozess werden die Einzelstränge der Doppelhelix zunächst entwunden. Dann wird gegenüber jedem der beiden nun vorliegenden Einzelstränge ein komplementärer DNA-Strang synthetisiert, dessen Basensequenz durch den vorhandenen Einzelstrang vorgegeben ist. Das Endergebnis sind zwei Doppelhelices, die semikonservativ vorliegen, also jeweils aus einem alten und einem neusynthetisierten Strang bestehen. Dieser im Prinzip einfache Mechanismus wird in der Zelle durch ein hochkomplexes, genau reguliertes System von Enzymen und Proteinen gesteuert. Diese regulieren nicht nur den zeitlichen Ablauf der Replikation, sondern überwachen auch die Präzision des Kopiervorgangs, sodass die meisten Fehler bereits während der Replikation erkannt und ausgebessert werden können (siehe auch Kap. 2.6).

2.3.4 Zellteilung

Die Mitose (Zellkernteilung) und die Zytokinese (Zellteilung) sind notwendig für die Zellvermehrung. Erfolgen diese Prozesse fehlerfrei, entstehen zwei genetisch identische Tochterzellen aus einer Ursprungszelle. Die Abläufe der Mitose können in fünf Phasen unterschieden werden (Abb. 2.4):

Prophase: Die in der Interphase im Lichtmikroskop nicht sichtbaren Chromatinfäden kondensieren mehr und mehr zu den Chromatiden der Mitosechromosomen. Die Centrosomen trennen sich, wandern zu gegenüberliegenden Polen und beginnen, die Mitosespindel auszubilden.

Prometaphase: Die Kernmembran wird aufgelöst, die Centrosomen sind an den Polen angekommen und die Spindelfasern binden an die Zentromere der Chromosomen.

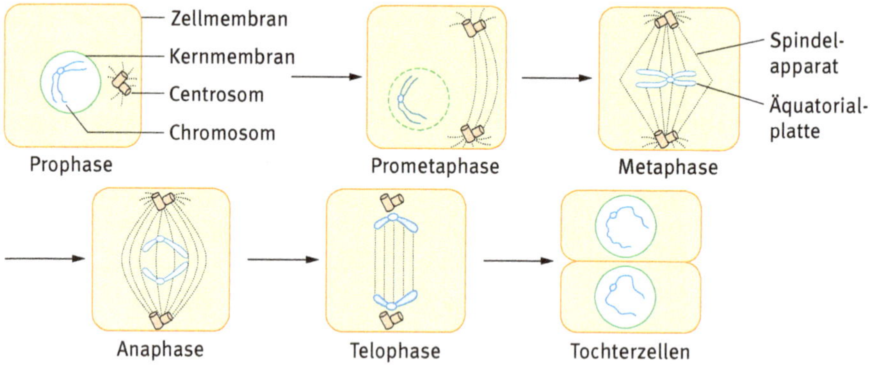

Abb. 2.4: Die Abläufe der Mitose: 1. Prophase, 2. Prometaphase, 3. Metaphase, 4. Anaphase, 5. Telophase.

Metaphase: Die Chromosomen haben den höchsten Grad der Chromatinkondensation erreicht und wurden mithilfe des Spindelapparates in der Metaphaseplatte angeordnet.

Anaphase: Die beiden Schwesterchromatiden eines Chromosoms werden nun getrennt und von den Fasern des Spindelapparates zu den gegenüberliegenden Polen transportiert (Segregation).

Telophase: Wenn die Chromosomen die Pole erreicht haben, wird die Spindel aufgelöst, die Chromosomen dekondensieren, und neue Kernmembranen werden ausgebildet. Jedes Chromosom besteht jetzt nur noch aus einem Chromatid.

Schon während der Anaphase beginnt die Zytokinese, die dazu führt, dass die entstehenden Tochterzellen durch geschlossene Zellmembranen voneinander getrennt werden.

Merk-Würdiges

- Die Zellteilung verläuft nach einem festgelegten Ablaufplan, dem Zellzyklus.
- Die wichtigsten Ereignisse des Zellzyklus sind die Replikation und die Mitose.
- Während der Replikation wird das Genom verdoppelt.
- Die korrekte Replikation wird durch die Komplementarität des DNA-Doppelstrangs und die semikonservative Verwendung der Ursprungsstränge gewährleistet.
- Während der Mitose werden die in der Replikation gebildeten Schwesterchromatiden symmetrisch auf zwei Tochterzellen aufgeteilt.

2.4 Meiose

Absolute Voraussetzung für das Verständnis der Gesetzmäßigkeiten der Vererbung und somit im klinischen Kontext für das Verständnis des Auftretens von genetischen Erkrankungen bei Nachkommen ist ein Verständnis von den Prinzipien und Vorgängen der Meiose.

Die Meiose oder Reifeteilung ist der essentielle Prozess bei der Keimzellbildung des Menschen, und die Keimzellen, Ei- und Samenzelle, wiederum sind Grundvoraussetzungen für die Weitergabe der genetischen Information an Nachkommen. Dabei wird die Chromosomenanzahl auf den haploiden Chromosomensatz von 23 Chromosomen halbiert, um nach der Befruchtung wieder den diploiden Status von 46 Chromosomen zu erreichen. Von ebenso großer Bedeutung ist die Rekombination, also die Durchmischung des von den Eltern erhaltenen Erbgutes, da dadurch zur Einzigartigkeit eines jeden Individuums beigetragen wird.

Die Meiose des Menschen läuft in zwei getrennten Schritten ab, der ersten und der zweiten Reifeteilung (Meiose I und II) (Abb. 2.5).

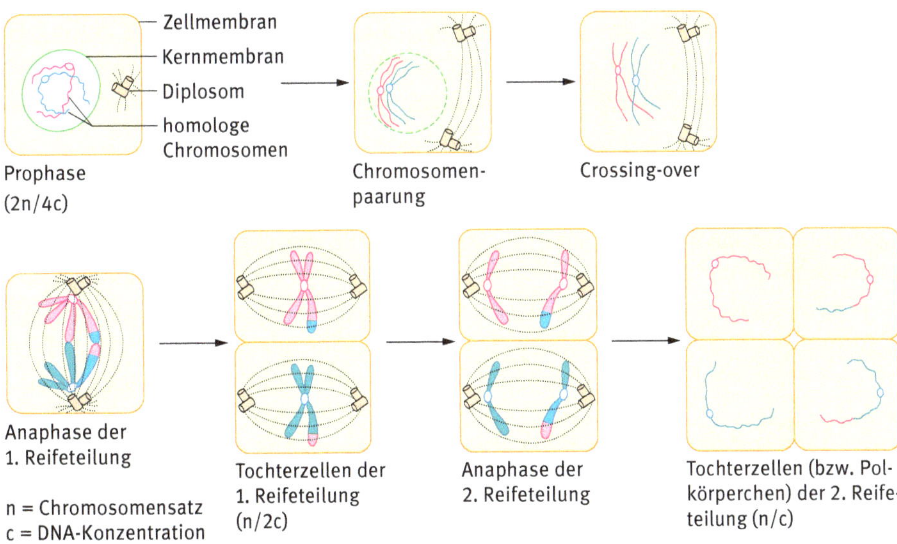

Abb. 2.5: Ablauf der Meiose: In der Prophase der ersten Reifeteilung kommt es nach Paarung der homologen Chromosomen zum Austausch gleichlanger Abschnitte zwischen homologen Chromosomen durch Bruch u. überkreuzte Wiedervereinigung (Crossing-over) mit Neukombination von Merkmalsanlagen (Rekombination); in der Anaphase der ersten Reifeteilung werden, die rekombinanten homologen Chromosomen auf die Tochterzellen aufgeteilt (Reduktionsteilung). In der zweiten Reifeteilung werden die Schwesterchromatiden dieser Chromosomen auf die Tochterzellen verteilt (Äquationsteilung).

2.4.1 Meiose I – Reduktionsteilung

Der entscheidende Schritt der Meiose ist die erste Reifeteilung (Meiose I), auch Reduktionsteilung genannt, die zur Halbierung der Chromosomenzahl der Zelle führt. In der Meiose I ordnen sich die übereinstimmenden (homologen) Chromosomen paarweise an, sodass sie mit den sich entsprechenden Genorten exakt nebeneinander liegen, wobei sich zwischen den Chromosomenpaaren der sogenannte synaptonemale Komplex ausbildet, der die Paare zusammenhält. An einigen Stellen werden nun die DNA-Stränge aufgebrochen und wieder neu mit dem homologen Partnerstrang verknüpft (Crossing-over). Es entstehen also neuartige Chromosomen, bei denen maternales und paternales Erbgut durchmischt wurde. Diese homologen Chromosomen werden dann zufällig auf zwei Tochterzellen aufgeteilt, je ein Homolog pro Zelle. In der Meiose I wird also neben der Reduktion des Chomosomensatzes das Erbgut durch zwei Mechanismen, crossing over und zufällige Segregation homologer Chromosomen, durchmischt.

2.4.2 Meiose II – Äquationsteilung

Bei der zweiten Reifeteilung (Meiose II) oder Äquationsteilung werden, wie bei einer mitotischen Zellteilung, die Schwesterchromatiden der verbliebenen 23 Chromosomen auf die Tochterzellen aufgeteilt. Somit entstehen durch die Meiose vier Keimzellen, die von jedem ursprünglichen Homologen-Paar eine einzelne Chromatide erhalten haben.

Am Ende der Meiose besitzen die Gameten den benötigten halbierten (haploiden) Chromosomensatz von 23 Chromosomen. Nach Befruchtung der Eizelle durch ein Spermium enthält die Zygote somit wieder 46 Chromosomen, bestehend aus 23 Chromosomenpaaren.

Der prinzipielle Ablauf der Meiose ist im weiblichen und männlichen Geschlecht identisch, während sich der zeitliche Ablauf beträchtlich unterscheidet.

2.4.3 Meiose der Frau

Die Meiose beginnt bereits in den primordialen Keimzellen des Fetus. Die Keimzellen werden jedoch in einem besonderen Stadium der Metaphase der Meiose I, dem sogenannten Diktyotän, arretiert. Erst mit dem Erreichen der Pubertät werden pro Zyklus der Frau einige der Keimzellen angeregt, die Meiose wieder aufzunehmen. Daher kann eine Keimzelle einer Frau bis zu 50 Jahre im Diktyotän verharren, bevor sie zur Eizelle reift. Die Keimzelle beendet die Meiose I und teilt sich asymmetrisch in eine große, zytoplasmareiche, gereifte primäre Oozyte und einen kleinen Polkörper, der genau die homologen Chromosomen beinhaltet, die nicht in der primären Oozyte enthalten sind. Nur im Falle einer Befruchtung wird auch die Meiose II durchlaufen, wobei auch hierbei eine große, nun reife Eizelle erhalten bleibt und ein kleines zweites Polkörperchen entsteht, das jeweils die Schwesterchromatiden der in der reifen Eizelle verbliebenen 23 Chromatiden enthält. Das zweite Polkörperchen ist somit mit der unbefruchteten reifen Eizelle genetisch identisch.

2.4.4 Meiose des Mannes

Sobald die Stammzellpopulation der Spermatogonien im Keimepithel des Hodens eine ausreichende Größe erreicht hat, kommt es zunächst zu asymmetrischen mitotischen Zellteilungen. Hierbei entsteht je eine Typ A Spermatogonie, die sich immer wieder mitotisch teilt, um den Keimzellpool aufrecht zu erhalten, und eine Typ B Spermatogonie, die nach Wanderung in die Hodenkanälchen als primärer Spermatozyt bezeichnet wird und dort mit der Meiose beginnt. Dieser Prozess setzt jedoch erst mit Beginn der Pubertät ein. Dann ist die Produktion von Spermien dauerhaft und reduziert sich erst im höheren Alter. Aus einem diploiden primären Spermatozyten entstehen letztendlich vier gleichgroße haploide Spermien. Innerhalb kürzester Zeit werden Millionen von unreifen Spermien gebildet. Die Spermienreifung, also die Ausbildung der charakteristischen Morphologie reifer Spermien, dauert dann weitere 2–3 Monate. Die permanente Erneuerung des Spermienpools macht eine ständige Zellteilung und damit Replikation der vorliegenden DNA notwendig.

2.4.5 Alterseffekte

Aus den zeitlich verschiedenen Verläufen der Meiose zwischen Frau und Mann wird verständlich, warum Chromosomenfehlverteilungen im weiblichen Geschlecht häufiger auftreten, und dieses Phänomen eine Altersabhängigkeit aufweist. Die Paarung der homologen Chromosomen durch den synaptonemalen Komplex ist kein Prozess, der über Dekaden zuverlässig erhalten bleibt. Mit zunehmendem Alter der Frau löst sich die Paarung der Chromosomen und es kommt zu Chromosomenfehlverteilungen durch Non-disjunktion oder vorzeitiger Zentromertrennung (engl. premature centromere division, PCD). Als Folge treten unter Lebendgeborenen Trisomien der Chromosomen 13, 18 oder 21 auf. Aneuploidien anderer Chromosomen werden ebenfalls häufiger, was durch die genetische Untersuchung von spontanen Aborten gut belegt ist. Die Häufigkeit des Auftretens von Aneuploidien zeigt eine Abhängigkeit vom mütterlichen Alter (Kap. 4.1).

Beim Mann findet man demgegenüber eine leichte Zunahme von Neumutationen mit zunehmendem Alter. Die Erklärung dafür liegt darin, dass die Replikation der DNA bei der Mitose der Spermatogonien nicht fehlerfrei ist. Der Einbau einer falschen Base in die DNA führt zu einer Punktmutation, welche sich dann in allen aus dieser Spermatogonie hervorgehenden Spermien wiederfindet. Manche Neumutationen können sogar die Proliferationsrate der Spermatogonien steigern, was Unterschiede in der Altersabhängigkeit verschiedener dominant bedingter genetischer Erkrankungen vom väterlichen Alter gut erklärt. Die altersanhängige Zunahme von Neumutationen in männlichen Keimzellen ist jedoch klinisch von deutlich geringerer Bedeutung als die altersabhängige Entstehung von Aneuploidien in der weiblichen Keimbahn.

Merk-Würdiges

- Durch die Meiose wird die diploide Chromosomenzahl von 46 auf den haploiden Chromosomensatz von 23 der Gamenten reduziert.
- Die Meiose wird eingeteilt in die Meiose I und die Meiose II.
- In der Meiose I, der Reduktionsteilung, werden die homologen Chromosomen getrennt und an die beiden Tochterzellen weitergegeben. In der Meiose II werden die Schwesterchromatiden eines Chromosoms getrennt und in die beiden Tochterzellen transportiert.
- Die Keimzellbildung der Frau beginnt bereits pränatal und erklärt die altersabhängige Zunahme aneuploider Keimzellen.
- Die Keimzellbildung des Mannes beginnt mit der Pubertät. Vor der Meiose finden fortlaufend Zellteilungen statt, womit die altersabhängige Zunahme von Genmutationen erklärt wird.

2.5 Mutationen

Mutationen sind Veränderungen in einer DNA-Sequenz bzw. in einem Genom. Diese Definition erscheint auf den ersten Blick sehr einfach. Bei genauerem Hinsehen wird man feststellen, dass genau das Gegenteil der Fall ist. In vielen Fällen ist es keineswegs klar, welche Sequenz den „Normalfall" darstellt und somit eben auch nicht, welche Basenabfolge aufgrund einer Mutation entstanden ist. Nicht einmal die Unterscheidung in pathogen und nichtpathogen ist trivial. So ist beispielsweise die Laktose-Intoleranz global und evolutionär gesehen eigentlich der Normalzustand. Die Laktasepersistenz, also die Fähigkeit, auch im Erwachsenenalter Milchzucker verdauen zu können, ist durch Mutation entstanden und hat sich in Populationen, die seit langer Zeit Milchwirtschaft betreiben, im Laufe der Zeit durch positive Selektion verbreitet (Omenn, 2010). In manchen Genen können Varianten, die in der Jugend oder in mittleren Jahren (den evolutionär gesehen typischen Alterstufen) von Vorteil sind, im Alter nachteilige Effekte haben und umgekehrt. Welchen Zustand soll man nun als normal bezeichnen?

Im allgemeinen Verständnis, nicht im wissenschaftlichen, ist der Begriff Mutation sehr negativ besetzt und wird häufig mit Begriffen wie „abnormal", „gefährlich" und „krank" gleichgesetzt. Daher sollte man ihn in der genetischen Beratung sehr vorsichtig einsetzen. Alternativ kann z. B. von „Genveränderungen", „Abwandlungen" oder „Varianten" gesprochen werden. Für Verwirrung kann auch der Umstand sorgen, dass im allgemeinen Verständnis unter dem Begriff Mutation oft ein aktuelles Ereignis gemeint ist, beispielsweise die akute Veränderung einer DNA-Sequenz durch radioaktive Strahlung. In der medizinischen Genetik versteht man darunter jedoch überwiegend das Ergebnis dieses Ereignisses, also die dadurch entstandene veränderte DNA-Sequenz. Meist wurde die Mutation bzw. veränderte DNA-Sequenz an den untersuchten Patienten vererbt, und das Ereignis selbst kann viele Generationen zuvor stattgefunden haben.

2.5.1 Klassifikation von Mutationen

Wie schwierig die Definition des Begriffes Mutation tatsächlich ist, drückt sich auch in der Vielzahl der Möglichkeiten aus, mit denen Mutationen klassifiziert werden können. Einige dieser Klassifikationen werden im Folgenden dargestellt.

2.5.1.1 Nach der betroffenen Ebene der Genomorganisation

Die Gliederung der nachfolgenden Kapitel dieses Buches spiegelt diese Klassifikation zum Teil wider. Man kann unterscheiden, ob es sich bei einer Veränderung um eine **Genommutation**, eine **Chromosomenmutation** oder eine **Genmutation** handelt. Diese Unterscheidung ist im klinischen Kontext insofern sinnvoll, da durch sie im weiteren Sinne bereits die anzuwendenden Diagnosetechniken festgelegt werden.

Genommutationen umfassen Veränderungen der Ploidie, also der Anzahl ganzer Chromosomensätze bzw. Veränderungen der Somie, also der Anzahl einzelner Chromosomen. Beim Menschen gehören zur ersten Gruppe die Triploidien und Tetraploidien. Beide Aberrationen sind im Embryo und frühen Fetus zu finden; insbesondere die Triploidie ist eine häufige Anomalie. Sie sind nicht mit dem Leben vereinbar und führen zu Spontanaborten. In letztere Gruppe gehören unter anderem die Trisomien 13, 18 und 21, und die Monosomie X, die zum Turner-Syndrom führt. Diese numerischen Chromosomenaberrationen werden auch als Aneuploidien bezeichnet.

Genommutationen können leicht durch eine konventionelle Karyotypisierung nachgewiesen werden, wie sie in den Kapiteln 4 und 5 beschrieben wird. Selbstverständlich kann bei einer syndromologisch einfach zu stellenden Diagnose wie etwa für eine Trisomie 21 auch eine quantitative Methode wie z. B. eine Array-CGH (vergleichende genomische Hybridisierung) oder eine quantitative PCR durchgeführt werden, um die klinische Diagnose zu bestätigen. Beim pränatalen Schnelltest werden zur Bestimmung der Anzahl der Chromosomen 13, 18, und 21 lediglich definierte Positionen auf diesen Chromosomen mittels FISH oder quantitativer PCR ermittelt. Da aber bei all den genannten Alternativen zur Chromosomenanalyse entscheidende Informationen über möglicherweise bestehende Wiederholungsrisiken, z. B. aufgrund von Translokationen, verloren gehen können, bleibt die konventionelle Zytogenetik für die Diagnose derartiger Mutationen die Methode der Wahl.

Chromosomenmutationen: Strukturelle Aberrationen der Chromosomen, die wie folgt unterschieden werden:

- **Deletion** = Verlust eines Chromosomensegments, der zu einer partiellen Monosomie führt.

- **Duplikation** = Verdopplung eines Chromosomensegments, die zu einer partiellen Trisomie führt.
- **Insertion** = Einbau eines Chromosomensegments an eine fremde Stelle innerhalb des Karyotyps. Balancierte Insertionen haben in der Regel keine Auswirkungen auf die Gesundheit des Trägers. Es besteht jedoch ein hohes Risiko für eine unbalancierte Weitergabe über die Keimbahn und somit für gravierenden Konsequenzen bei den Nachkommen.
- **Inversion** = Chromosomenabschnitt, der in der Orientierung um 180° gedreht im Chromosom vorliegt. Balancierte Inversionen haben in der Regel keine Auswirkungen auf die Gesundheit des Trägers. Einige Inversionen können aber bei der Weitergabe über die Keimbahn zu Gewinnen und Verlusten von genomischem Material und somit zu gravierenden Konsequenzen für die Nachkommen führen.
- **Translokation** = Austausch von Chromosomenabschnitten zwischen Chromosomen. Dabei wird unterschieden zwischen balancierter Translokation, d. h., die Summe des Erbgutes der Zellen ist normal und unbalancierten Translokationen, d. h., die Summe des Erbgutes entspricht nicht der Normalität. Letzteres führt in der Regel zu klinischen Auswirkungen für den Träger. Balancierte Translokationen haben in der Regel keine Auswirkungen auf die Gesundheit des Trägers. Die unbalancierte Weitergabe über die Keimbahn führt jedoch zu Gewinnen und Verlusten von genomischem Material und kann somit zu gravierenden Konsequenzen für die Nachkommen führen siehe Infobox 2.3.

Infobox 2.3: Translokationen.

Balancierte Translokationen sind meist familiär und führen nicht zu klinischen Auffälligkeiten. Es besteht aber häufig ein erhöhtes Risiko, die Translokation in unbalancierter Form an Nachkommen weiterzugeben. Während der Meiose werden die Paarungsverhältnisse der homologen Chromosomen durch die Translokation gestört, siehe Abbildung 2.6. Dies kann zu Infertilität, erhöhten Abortraten, aber auch schwerwiegenden Fehlbildungen bei den Nachkommen führen, da auf diese Weise Gameten mit unbalancierten Translokationen entstehen können. Dies bedeutet, dass die Translokationschromosomen so auf die Keimzellen verteilt werden, dass es zu genomischen Imbalancen kommen kann. Diese bestehen in Zugewinnen von Teilstücken des einen Chromosoms (partielle Trisomie) und Verlusten von Teilstücken des anderen beteiligten Chromosoms (partielle Monosomie).

Größere Veränderungen auf chromosomaler Ebene können wiederum durch konventionelle zytogenetische Techniken diagnostiziert werden. Für eine genauere Charakterisierung und Prognosestellung sind jedoch molekularzytogenetische Methoden wie FISH oder eine molekulare Karyotypisierung (Array) notwendig. Abgesehen von einigen Mikrodeletionssyndromen, z. B. der Mikrodeletion 22q, die aufgrund einer klaren klinischen Indikationsstellung durch gezielte FISH-Analysen diagnostiziert werden können, können kleinere chromosomale Veränderungen meist nur mit Tech-

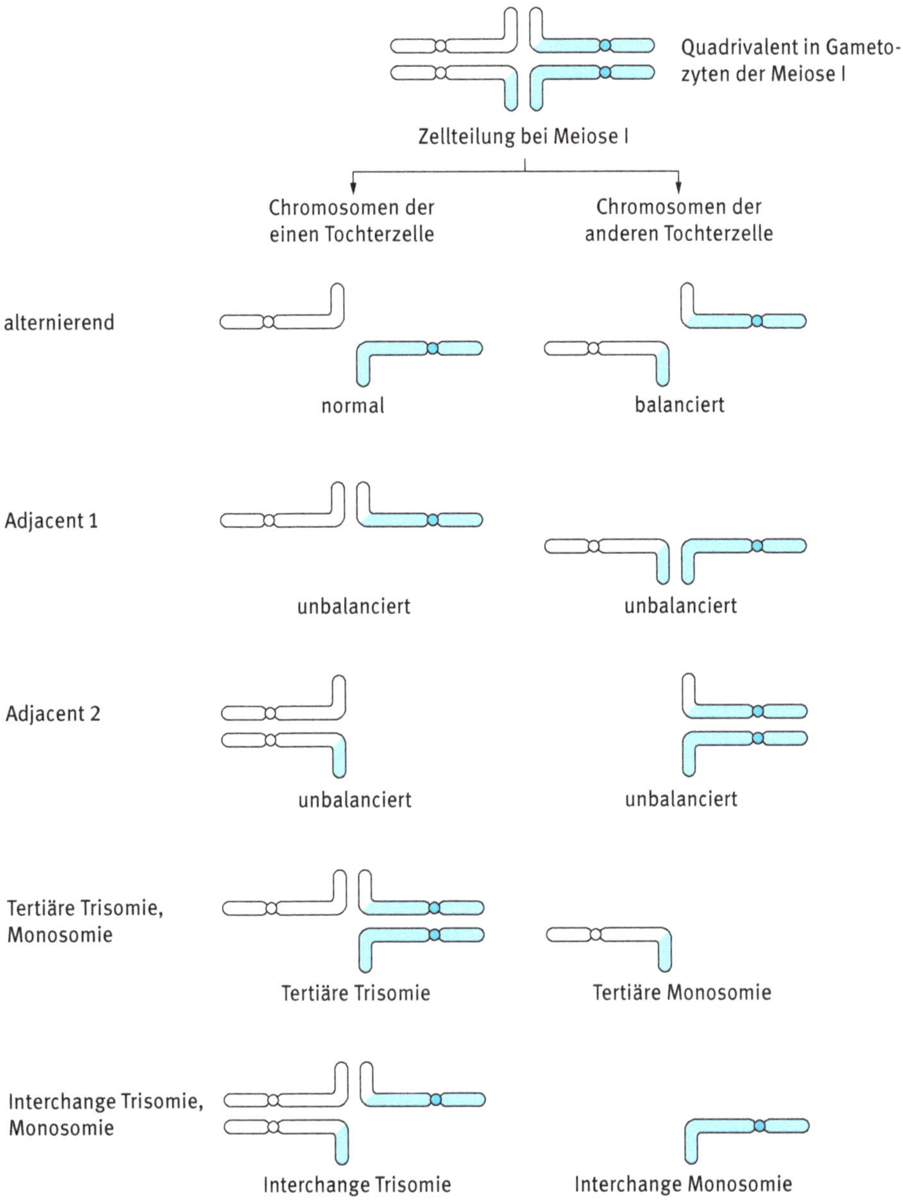

Abb. 2.6: Segregationsmuster von Translokationen (modifiziert nach Gardner u. Sutherland, 2004): Die homologen Chromosomen eines Translokationsträgers können sich nicht wie üblich paaren, sondern müssen sich in der Meiose in einem sogenannten Quadrivalent anordnen. Wenn die angeordneten Chromosomen in der meiotischen Anaphase auf die Tochterzellen verteilt werden, können die dargestellten Konstellationen entstehen. Nur die in der Zeile Alternate angegebenen Konstellationen sind balanciert. Alle anderen Konstellationen gehen mit genomischen Imbalancen einher und resultieren daher mit großer Wahrscheinlichkeit in Aborten oder klinischen Auffälligkeiten bei den Nachkommen.

niken zur molekularen Karyotypisierung nachgewiesen werden. Chromosomenmutationen und ihre Diagnostik werden in den Kapiteln 4, 5 und 6 im Detail beschrieben.

Genmutationen: Veränderungen nur eines oder weniger benachbarter Nukleotide innerhalb eines Gens. Die Definitionen verschiedener Mutationstypen hinsichtlich der von ihnen verursachten Veränderungen der DNA-Sequenz sowie deren Einfluss auf die zugehörige Proteinsequenz werden im Detail in Kapitel 7 beschrieben. Für die Diagnose derartiger Veränderungen müssen molekulargenetische Methoden angewandt werden. Für eine molekulargenetische Diagnostik ist mit den gegenwärtig in der Routine verwendeten Methoden eine klinische Verdachtsdiagnose oder ein familiärer Vorbefund unabdingbar, da diese keine genomischen Screening-Methoden darstellen, sondern auf einen einzelnen zu untersuchenden Genort ausgerichtet sind. Die Frage, welche Gene sequenziert werden sollen, könnte sich in naher Zukunft zwar durch die rasante Entwicklung der Sequenziertechnologien verändern, entscheidend für die Interpretation der erhobenen Sequenzvarianten ist jedoch umso mehr eine genaue Kenntnis der Fragestellung bzw. der abzuklärenden Symptomatik.

2.5.1.2 Nach dem Effekt auf die Funktion des Genprodukts

Letztendlich entscheidend für die klinischen Konsequenzen von Mutationen sind ihre Effekte auf die Funktion oder die Menge der entstehenden Genprodukte. Dies gilt für Genommutationen und Chromosomenmutationen genauso wie für Genmutationen. In den meisten bisher bekannten Fällen handelt es sich bei den entscheidenden Genprodukten um Proteine. Mutationen können jedoch auch regulatorische DNA-Sequenzen oder RNA-Gene betreffen. Aber auch diese Mutationen führen in letzter Konsequenz zu Änderungen auf der Proteinebene, meist bezüglich der Menge eines oder mehrerer Proteine.

Bei der Klassifikation von Mutationen innerhalb der codierenden Sequenz von Genen kann unterschieden werden, ob es sich um einen Funktionsgewinn (*gain of function*) oder einen Funktionsverlust (*loss of function*) handelt. Wenn bereits der Funktionsverlust eines einzelnen Allels für die Ausprägung eines klinischen Phänotyps ausreicht, spricht man von einer Haploinsuffizienz. Dieses Merkmal wird wie bei der familiären Hypercholersterinämie autosomal-dominant oder semi-dominant vererbt. Ist jedoch der Funktionsverlust eines einzelnen Allels tolerierbar, folgt das Merkmal einem autosomal-rezessiven Erbgang. Erst beim Funktionsverlust des zweiten Allels kommt es zu einer klinischen Ausprägung. Typische Beispiele für Gene mit derartigen Mutationen und Erbgängen sind Gene für Enzyme, z. B. bei den klassischen erblichen Stoffwechselerkrankungen wie der Phenolketonurie (PKU).

Der Gewinn einer neuen oder abnormalen Funktion eines Genproduktes resultiert meist in einer dominanten Vererbung. Ein bekanntes Beispiel sind bestimmte Mutationen im FGFR3-Gen, die dazu führen, dass dieser Rezeptor unabhängig davon, ob ein Ligand bindet oder nicht, aktiviert wird. Auch Mutationen in Protoonkogenen üben auf zellulärer Ebene dominante Effekte aus. So treibt bei der chronisch myeloischen Leukämie die veränderte Funktion eines Allels, hier die des durch Mutation entstandenen BCR-ABL-Fusionsproteins, durch fehlerhafte Signale für Zellwachstum und Zelldifferenzierung die Entstehung der Erkrankung voran.

Dominant-negative Mutationen führen zu einem veränderten Genprodukt, das die Funktion des Wildtyp-Allels stört. Von derartigen Mechnismen sind häufig Strukturproteine betroffen, z. B. Kollagen-1a1 bei Ostogenesis imperfecta oder Fibrillin-1 bei Marfan-Syndrom. Der Einbau fehlerhafter Bausteine in eine Makrostruktur wie die Mikrofibrillen des Bindegewebes hat Auswirkungen auf die Stabilität der gesamten Makrostruktur.

Positionseffekte werden durch Mutationen ausgelöst, die weit außerhalb der zentralen Gensequenz, welche aus Promoter und codierenden Abschnitten besteht, liegen. Die Mutationen können mehrere Kilobasen von der eigentlichen Gensequenz entfernt sein und betreffen *cis*-regulatorische Kontrollelemente wie Enhancer oder Silencer. So führen Mikroduplikationen von evolutionär konservierten nichtcodierenden Elementen zu Fehlregulationen des über 40 Kb entfernten Indian Hedgehog-Gens (IHH), was bei den betroffenden Patienten zu Syndaktylien und Craniosynostosen führt. Derartige Mutationen können die Expression mehrerer Gene gleichzeitig beeinflussen (Klopocki und Mundlos, 2011).

2.5.1.3 Nach der Verteilung im Körper

Wichtig ist auch die Unterscheidung zwischen Keimbahnmutationen und somatischen Mutationen. Mutationen, die vererbt werden oder während der Bildung der Gameten auftreten, werden als Keimbahnmutationen oder auch konstitutionelle Mutationen bezeichnet. Aufgrund der Tatsache, dass die Mutationen bereits in der Zygote vorliegen, werden diese im Normalfall auch in allen Körperzellen des entstehenden Nachkommens zu finden sein. Somatische Mutationen hingegen sind erworbene Mutationen. Sie entstehen postzygotisch, sind die Ursache für genetische Mosaike und liegen möglicherweise nur in bestimmten Geweben vor. Sie werden in der Regel nicht über die Keimbahn an nachfolgende Generationen weitergegeben. Ausnahme hiervon sind Keimbahnmosaike. Mutationen, die im Rahmen einer Tumorentstehung auftreten, sind typische Beispiele für somatische Mutationen.

2.5.1.4 Nach der Vererbung

Menschliche Zellen enthalten im Normalfall zwei Kopien jedes Gens – ein maternales und ein paternales Allel. Daher können die im Folgenden beschriebenen Mutationstypen bzw. Genotypkonstellationen unterschieden werden. Wenn keine Mutation vorliegt, ist die betreffende Person homozygot für das Wildtyp-Allel (Referenzsequenz). Bei homozygoten Mutationen tragen beide Genkopien die identische Mutation. Bei einer heterozygoten Mutation ist lediglich eine Genkopie verändert. Bei einer Compound-Heterozygotie liegen auf beiden Allelen unterschiedliche Mutationen vor. Für die Bestätigung einer Compound-Heterozygotie ist eine Untersuchung beider Eltern erforderlich, da die meisten Methoden nicht unterscheiden können, ob zwei unterschiedliche Mutationen auf jeweils einer Genkopie vorliegen (echte Compound-Heterozygotie) oder ob sich möglicherweise beide Mutationen auf dem gleichen Allel befinden. Findet sich jeweils eine Mutation bei jeweils einem Elternteil, so kann die Compound-Heterozygotie und somit auch der Verdacht auf das Vorliegen einer autosomal-rezessiven Erkrankung bestätigt werden. Finden sich jedoch beide Mutationen bei ein und demselben Elternteil, so ist funktionell nur eine Genkopie verändert. Dieses Allel kann dann nicht die alleinige Ursache für eine autosomal-rezessive Erkrankung sein.

Einen Sonderfall stellen mitochondriale Mutationen dar. Sie werden aufgrund der rein maternalen Weitergabe der Mitochondrien nur von der Mutter an ihre Nachkommen weitergegeben. Wenn alle Mitochondrien einer Zelle die gleiche Mutation tragen, wird dies als Homoplasmie bezeichnet. Wenn die Mutation nur in einem Teil der Mitochondrien einer Zelle vorliegt, bezeichnet man dies als Heteroplasmie. Diese entsteht entweder durch Neumutation oder lag bereits in der Eizelle vor.

2.5.1.5 Nach dem Effekt auf den Phänotyp

In der klinischen Genetik ist selbstverständlich auch eine Klassifikation von Mutationen hinsichtlich ihrer klinischen Manifestation bzw. ihrer phänotypischen Auswirkungen hilfreich. Dabei kann die Stärke der Ausprägung des Krankheitsbildes beschrieben werden, bzw. ob eine Mutationen in einer phänotypischen Veränderung resultiert oder nicht. Die selten erkannte und sehr milde Symptomatik beim heterozygoten Vorliegen von Mutationen im beta-Globin-Gen wird als beta-Thalassaemia minor bezeichnet, während das homozygote oder compound-heterozygote Vorliegen von Mutationen in diesem Gen zur beta-Thalassaemia major, also der schweren Form der beta-Thalassämie, führt.

2.5.2 Besondere Aspekte der Genotyp-Phänotyp-Korrelation

Genau wie die „Ein-Gen-ein-Protein-Hypothese" schon lange keinen Bestand mehr hat, gilt auch, dass die Korrelation zwischen Genotyp und Phänotyp weitaus komplexer sein kann als die Annahme, dass Mutationen in einem bestimmten Gen zur Ausprägung nur einer bestimmten Erkrankung führen.

Verschiedene Mutationen in ein und demselben Gen können in verschiedenen, klinisch eindeutig voneinander abgrenzbaren Erkrankungen resultieren. So führen verschiedene Mutationen im *FGFR3*-Gen unter anderem zur Hypochondroplasie, zur Achondroplasie, zum Muenke-Syndrom und zur thanatophoren Dysplasie. *FGFR3*-Mutationen spielen aber auch bei verschiedenen Krebserkrankungen eine Rolle. Insgesamt sind inzwischen mindestens zehn Erkrankungen bekannt, bei denen *FGFR3*-Mutationen beobachtet werden können (Foldynova-Trantirkova et al., 2012). Sogar identische Mutationen in einem Gen können in verschiedenen Erkrankungen resultieren, wie das

z. B. bei der C342Y-Mutation im *FGFR2*-Gen der Fall ist. Diese kann sowohl zum Pfeiffer- als auch zum Crouzon-Syndrom führen (Rutland et al., 1995). Welche Faktoren dabei über die Ausprägung entscheiden, ist bisher nicht endgültig beantwortet.

Für viele Erkrankungen wiederum gilt, dass sie genetisch heterogen sind. Das heißt, klinisch nicht unterscheidbare Krankheitsbilder können durch Mutationen in unterschiedlichen Genen ausgelöst werden. Beispiele sind nichtsyndromale Gehörlosigkeit, Fanconi-Anämie oder primäre Mikrozephalie. Für die nichtsyndromale Gehörlosigkeit sind bereits über 40 verschiedene ursächliche Gene bekannt. Daher können auch gehörlose Eltern Kinder mit normal entwickelter Hörfähigkeit bekommen, vorausgesetzt sie tragen Mutationen in verschiedenen Genen. Für manche Erkrankungen müssen Mutationen in mehreren Genen zusammenkommen, damit sie sich klinisch manifestieren. Das klassische Beispiel für ein triallelische Vererbung ist das Bardet-Biedl-Syndrom, bei dem insgesamt drei Mutationen im *MKKS*-Gen und im *BBS2*-Gen vorliegen müssen (Katsanis et al., 2001).

2.5.3 Ursachen von Mutationen

Mutationen können auf exogene und endogene Ursachen zurückgehen.

Exogene Ursachen: Unter anderm jede Form von ionisierender Strahlung, UV-Strahlung und Chemikalien wie z. B. Alkylanzien, also aklylierende Verbindungen bzw. Zytostatika, wie sie bei Chemotherapien verwendet werden, DNA-schädigende Toxine wie Aflatoxine oder polyzyklische Kohlenwasserstoffe, wie sie unter anderem im Zigarettenrauch vorkommen.

Endogene Ursachen: U. a. Fehler bei der DNA-Replikation, Fehler bei der DNA-Reparatur, reaktive Sauerstoffspezies, die während der oxidativen Phosphorylierung in den Mitochondrien entstehen, Thermoinstabilität, die bereits bei der Körpertemperatur von 37 °C einsetzt und Depurinierungen oder Desaminierungen der Basen verursacht.

2.5.4 Mutation oder Polymorphismus

Mit dem Einzug der neuen Sequenziertechnologien hat sich der Flaschenhals der molekulargenetischen Diagnostik von der Erhebung von Gensequenzen – zur oftmals deutlich schwierigeren Interpretation einer Vielzahl gefundener Sequenzveränderungen verschoben.

Dabei ist es im klinischen Kontext erforderlich, pathogene Varianten (Mutationen) und Varianten ohne klinische Konsequenzen (Polymorphismen) voneinander abzugrenzen. Dementsprechend spricht man heute bei einer Veränderung einer einzelnen Base auch nicht mehr automatisch von einer Punktmutation, sondern zunächst neutral von sogenannten *Single Nucleotide Variants* (SNVs). Handelt es sich bei der gefundenen Sequenzveränderung um eine bereits als ursächlich beschriebene Mutation, so ist diese Aufgabe leicht. Wenn es sich dabei jedoch um eine bisher unbekannte Variante handelt – wie kann festgestellt werden, ob diese ursächlich für die beobachtete klinische Symptomatik ist? Prinzipiell können zwei verschiedene Kriterien herangezogen werden, um Varianten als Mutationen oder Polymorphimen einzustufen: zum einen die qualitative Unterscheidung hinsichtlich der phänotypischen Effekte einer Mutation und zum andern die quantitative Unterscheidung hinsichtlich der Häufigkeit einer Variante innerhalb einer Population. Für die Beantwortung der ersten Frage ist zunächst zu klären, ob das Kandidatengen, in dem die Variante gefunden wurde, überhaupt zu der bestehenden Symptomatik passt. Es erfolgt also ein Abgleich der bestehenden Symptomatik mit den Gen-assoziierten Phänotypen. Bei proteincodierenden Genen gibt es zudem Vorhersageprogramme, mit deren Hilfe man den Einfluss der Variante auf das Protein und seine Funktion prüfen kann. In Bezug auf die Häufigkeit der gefundenen Variante besteht meist eine inverse Korrelation zwischen der Häufigkeit einer DNA-Veränderung in einer Population und der Stärke ihres Einflusses auf den individuellen Phänotyp. Sehr häufig vorkommende Varianten haben demnach meist keinen nachteiligen Effekt, da die Träger dieser Varianten ja offensichtlich gesund und nicht von der untersuchten Erkrankung betroffen sind. Varianten, die mit einer Häufigkeit von mehr als einem Prozent innerhalb einer Population vorkommen, können daher normalerweise als Polymorphismen angesehen werden. Dabei handelt es sich am häufigsten um Varianten einzelner Nukleotide, sogenannte *Single Nucleotide Polymorphisms* (SNPs; Infobox 2.4). Dank der Exom-Datenbanken, die seit dem Einzug der neuen Sequenziertechnologien zur Verfügung stehen, gibt es mittlerweile eine gute Grundlage, um die Häufigkeit von Varianten in Genen bestimmen zu können.

Im konkreten klinischen Fall reicht jedoch eine Analyse der Häufigkeit ohne Berücksichtigung des Erbgangs und weiterer Kriterien nicht zwangsläufig aus. Daher wird diese Problematik in Kapitel 7.2.5 noch einmal aufgegriffen. Kann die Frage Mutation oder Polymorphismus trotz aller Bemühungen nicht abschließend geklärt werden, so wird die gefundene Variante als unklassifizierbare Variante (UV) oder im Englischen als *Variant of Unknown Clinical Significance* (VUCS) bezeichnet. Neben SNVs gibt es auch Varianten im Kilobasen- bis Megabasen-Bereich, sogenannte *Copy Number Variations* (CNVs). Auch hier muss eine Abgrenzung zwischen krankheitsauslösenden Mutationen und Polymorphismen stattfinden. CNVs werden in Kapitel 6 ausführlich besprochen. Selbst Deletionen oder Duplikationen von mehreren Millionen Basenpaaren können ohne klinische Konsequenzen bleiben.

Infobox 2.4: *Single Nucleotide Polymorphisms* (SNPs).

Als SNPs (ausgesprochen Snips) bezeichnet man Positionen im Genom, an denen alternativ mindestens zwei verschiedene Basen mit einer Häufigkeit von mehr als einem Prozent in der Population auftauchen. Der größte Teil der genetischen Diversität des Menschen gründet sich auf Einzelnukleotid-Polymorphismen. Dabei handelt es sich um Nukleotidaustausche, die meist durch Ablesefehler bei der Replikation entstanden sind. In den Genomen zweier nicht verwandter Individuen findet man durchschnittlich alle 1.000 Basenpaare eine Abweichung.

Merk-Würdiges

- Mutationen sind Veränderungen in einer DNA-Sequenz bzw. in einem Genom.
- Mutationen können die Veränderungen einzelner Basen in der DNA-Sequenz darstellen (Punktmutationen), sie können aber auch größere Abschnitte (Copy Number Variants, verschiedene zytogenetische Aberrationen) oder ganze Chromosomen (Aneuploidien) bzw. Genome (Triploidien) betreffen.
- Die Unterscheidung zwischen einer pathogenen Mutation und einer Normvariante (Polymorphismus) ist manchmal schwierig. Selbst Deletionen oder Duplikationen im Megabasenbereich können ohne klinische Konsequenzen bleiben.
- Entscheidend für die klinischen Konsequenzen von Mutationen sind ihre Effekte auf die Funktion oder die Menge der entstehenden Genprodukte.

2.6 Literatur

Avery OT, Macleod CM, McCarty M. Studies on the chemical nature of the substance inducing transformation of pneumococcal types: induction by a desoxyribonucleic acid fraction isolated from pneumococcus type III. J Exp Med 1944; 79 (2): 137–58.

Beadle GW, Tatum EL. Genetic Control of Biochemical Reactions in Neurospora. Proc Natl Acad Sci U S A. 1941; 27 (11): 499–506.

Bernstein BE, Birney E, Dunham I, Green ED, Gunter C, Snyder M. An integrated encyclopedia of DNA elements in the human genome. Nature 2012; 489 (7414): 57–74.

Foldynova-Trantirkova S, Wilcox WR, Krejci P. Sixteen years and counting: the current understanding of fibroblast growth factor receptor 3 (FGFR3) signaling in skeletal dysplasias. Hum Mutat 2012; 33 (1): 29–41.

Gardner RJ, Sutherland GR. Chromosome abnormality and genetic counselling. Oxford University Press, Third Edition, 2004: 66–67.

Gerstein MB, Bruce C, Rozowsky JS, Zheng D, Du J, Korbel JO, Emanuelsson O, Katsanis N, Ansley SJ, Badano JL, Eichers ER, Lewis RA, Hoskins BE, Scambler PJ, Davidson WS, Beales PL, Lupski JR. Triallelic inheritance in Bardet-Biedl syndrome, a Mendelian recessive disorder. Science 2001; 293 (5538): 2256–2259.

Hershey A and Chase M. Independent functions of viral protein and nucleic acid in growth of bacteriophage. J Gen Physiol 1952; 36 (1): 39–56.

Klopocki E, Mundlos S. Copy-number variations, noncoding sequences, and human phenotypes. Annu Rev Genomics Hum Genet 2011; 12: 53–72.

Lee RC, Feinbaum RL, Ambros V. The C. elegans heterochronic gene lin-4 encodes small RNAs with antisense complementarity to lin-14. Cell 1993; 75 (5): 843–854.

Mendel, G. Versuche über Pflanzen-Hybriden. Verhandlungen des Naturforschenden Vereines in Brünn 4. 1866: 3–47.

Omenn GS. Evolution in health and medicine Sackler colloquium: evolution and public health. Proc Natl Acad Sci USA 2010; 107 (Suppl 1): 1702–1709.

Rutland P, Pulleyn LJ, Reardon W, Baraitser M, Hayward R, Jones B, Malcolm S, Winter RM, Oldridge M, Slaney SF, et al. Identical mutations in the FGFR2 gene cause both Pfeiffer and Crouzon syndrome phenotypes. Nat Genet 1995; 9 (2): 173–176.

Watson J and Crick F. Molecular structure of nucleic acids; a structure for deoxyribose nucleic acid. Nature 1953; 171 (4356): 737–8.

Xie X, Lu J, Kulbokas EJ, Golub TR, Mootha V, Lindblad-Toh K, Lander ES, Kellis M. Systematic discovery of regulatory motifs in human promoters and 3' UTRs by comparison of several mammals. Nature 2005; 434 (7031): 338–345.

Zhang ZD, Weissman S, Snyder M. What is a gene, post-ENCODE? History and updated definition. Genome Res 2007; 17 (6): 669–681.

Peter Wieacker

3 Genetische Beratung

3.1 Allgemeine Aspekte genetischer Beratung

Nach der WHO-Definition wird unter „Genetische Beratung" ein Kommunikationsprozess verstanden, der sich mit den menschlichen Problemen befasst, die mit dem (möglichen) Auftreten einer genetischen Erkrankung in einer Familie verknüpft sind. In diesem Prozess wird versucht, dem Individuum oder der Familie zu helfen,

- die medizinischen Fakten einschließlich der Diagnose, des mutmaßlichen Verlaufs und der zur Verfügung stehenden Behandlung zu erfassen,
- den erblichen Anteil der Erkrankung und die Wiederholungswahrscheinlichkeit für bestimmte Verwandte zu begreifen,
- die verschiedenen Möglichkeiten zu erkennen, mit dieser Wiederholungswahrscheinlichkeit umzugehen,
- eine Entscheidung zu treffen, die dem Risiko, der familiären Situation, den ethischen und religiösen Vorstellungen entspricht und in Übereinstimmung mit dieser Entscheidung zu handeln und
- sich so gut wie möglich auf die Behinderung des betroffenen Familienmitgliedes einzustellen (Epstein, 1975).

Typische Anlässe für eine genetische Beratung sind:

- ein Partner oder beide Partner leiden an einer Krankheit, für die eine genetische Ursache besteht oder vermutet wird,
- bei einem Kind oder in der Verwandtschaft ist eine (vermutlich) genetisch bedingte Erkrankung aufgetreten,
- Überträgerstatus einer genetischen Erkrankung bei einer Person oder deren Partner(in) oder in der Verwandtschaft,
- Blutsverwandtschaft,
- habituelle Aborte,
- Abklärung von altersbedingten Risiken,
- Abklärung von mutagenen oder teratogenen Risiken durch exogene Einflüsse (z. B. Bestrahlung oder Medikamente).

Bei den erstgenannten drei Punkten steht somit am Anfang der Beratung die Diagnose eines Indexpatienten, die entweder bereits bekannt ist oder noch festgestellt werden soll. Gegebenenfalls sind die genetisch-diagnostischen Schritte zu erläutern, um die klinisch gestellte Diagnose zu überprüfen. Im nächsten Schritt soll das klinische Spektrum der Diagnose erläutert werden, wobei die Prognose und mögliche therapeutische Ansätze zu thematisieren sind. Wenn die Diagnose noch nicht feststeht oder lediglich eine Verdachtsdiagnose erhoben wurde, sind die in Frage kommenden Untersuchungen zu besprechen und anzubieten, um eine Verdachtsdiagnose zu überprüfen.

Die Angabe der Wiederholungswahrscheinlichkeit ergibt sich entweder aus empirischen Risikoziffern (zum Beispiel bei polygen-multifaktoriellen Erkrankungen) oder aus Berechnungen (zum Beispiel bei monogen erblichen Erkrankungen). Eine sichere Angabe zur Wiederholungswahrscheinlichkeit ist erst möglich, wenn die genetische Ursache der Erkrankung bekannt ist. Gleichwohl kann in manchen Fällen bei unklarer Diagnose anhand des Stammbaums eine formalgenetische Abschätzung des Wiederholungsrisikos versucht werden.

Bei Kinderwunsch sollten die Ratsuchenden darüber aufgeklärt werden, ob eine pränatale Diagnostik der in Frage kommenden Erkrankung möglich ist und welche Risiken (Eingriffsrisiken) sowie Grenzen damit verbunden sind. Es versteht sich von selbst, dass eine genetische Beratung nicht direktiv sein darf, da die Entscheidung, die Paare aus der gleichen medizinischen Sachlage treffen, sehr unterschiedlich sein kann. Nicht nur die Wahrnehmung eines Risikos (Bewertung einer Krankheit, numerisches Risiko) ist je nach Person unterschiedlich, sondern auch die Konsequenzen sind je nach Familiensituation, kulturellem Hintergrund und ethischen Vorstellungen unterschiedlich.

Eine genetische Beratung dauert je nach Fragestellung durchschnittlich eine Stunde. Nachdem die Fragestellung der Ratsuchenden klar definiert wurde, wird die Eigen- und Familienanamnese erhoben. Es ist ratsam, je nach Fragestellung ärztliche Befunde zuvor anzufordern. Es empfiehlt sich, die Familienanamnese in der Form eines Stammbaums aufzunehmen, da dadurch Vererbungsmuster leichter zu erken-

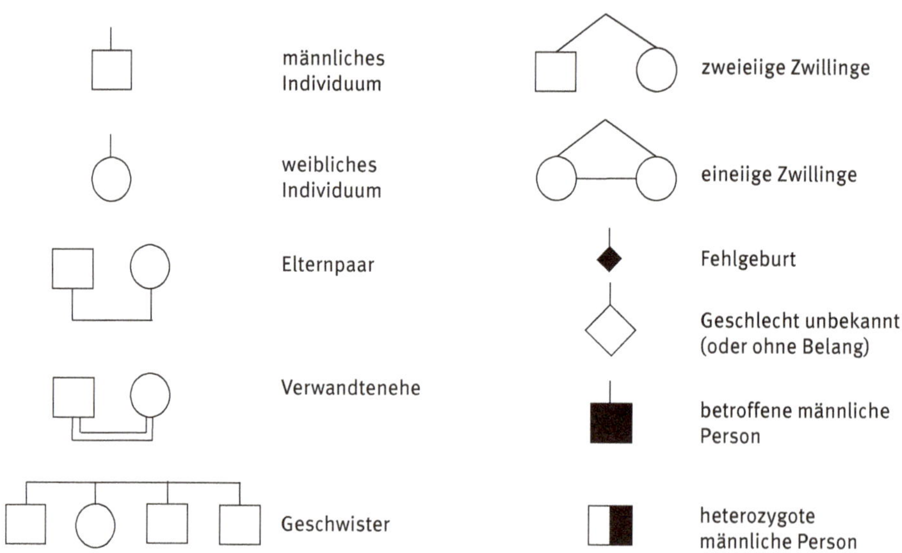

Abb. 3.1: Stammbaumsymbole.

nen sind. Dabei werden international anerkannte Symbole verwendet (Abb. 3.1). Die Erhebung der Anamnese sollte der Fragestellung angepasst sein. Zum Beispiel sollte bei Brustkrebs gezielt danach gefragt werden, ob weitere Verwandte betroffen sind/waren, und – wenn ja – in welchem Alter die Erkrankungen aufgetreten sind und ob diese ein- oder beidseitig waren. Es sollte ferner erfragt werden, ob andere Krebserkrankungen vorgekommen sind.

Bei der Stammbaumerhebung werden regelmäßig Erkrankungen genannt, die nicht im Zusammenhang mit der Fragestellung stehen, aber von Bedeutung für die Ratsuchenden oder deren Nachkommen sein können. In diesem Fall sollte geklärt werden, ob eine Beratung diesbezüglich gewünscht wird.

Bei Kinderwunsch sind die Eltern über das „Basisrisiko" von ca. 4 % für erblich (mit)bedingte Erkrankungen aufzuklären, das für alle Elternpaare gilt (Tab. 3.1). Ferner sollte über das mütterliche altersbedingte Risiko für kindliche Chromosomenstörungen sowie über die nicht invasiven und invasiven Methoden der pränatalen Diagnostik informiert werden.

Tab. 3.1: Basisrisiko für angeborene Erkrankungen und Fehlbildungen.

Ursache	Geburt	Gesamtes Leben
Chromosomenstörungen	ca. 0,6 %	ca. 0,6 %
Monogene Erkrankungen	ca. 1 %	ca. 2 %
Polygen-multifaktorielle Erkrankungen	ca. 3 %	ca. 65 %
Summe	4–5 %	ca. 68 %

Die genetische Beratung wird mit einer schriftlichen Stellungnahme abgeschlossen, die an die/den Ratsuchende(n) gerichtet ist und in Kopie an mitbehandelnde Ärzte verschickt wird, wenn dies von den Ratsuchenden ausdrücklich gewünscht wird. In diesem Zusammenhang wird auf die Leitlinie zur Genetischen Beratung hingewiesen (S2-Leitlinie Humangenetische Diagnostik, 2010).

Typische Fehlermöglichkeiten bei der genetischen Beratung sind:

- Falsche oder unvollständige Diagnose: es versteht sich von selbst, dass eine falsche Diagnose zu einer falschen Einschätzung der genetischen Grundlage und damit zu einer fehlerhaften Angabe der Wiederholungswahrscheinlichkeit und der möglichen Konsequenzen führt. Aber auch eine unvollständige Diagnose kann zu einer Fehleinschätzung führen. Zum Beispiel wird ein isolierter Neuralrohrdefekt typischerweise polygen-multifaktoriell vererbt. Ein Neuralrohrdefekt im Rahmen einer übergeordneten Erkrankung weist aber ein Wiederholungsrisiko auf, das sich nach der zugrunde liegenden Ursache richtet und beispielsweise chromosomal oder monogen bedingt sein kann.
- Nichtberücksichtigung genetischer Heterogenität: Die klinisch gleiche Erkrankung kann unterschiedliche genetische Ursachen haben. So kann die Retinitis

pigmentosa autosomal-dominant, autosomal-rezessiv, aber auch X-chromosomal vererbt werden, wobei jeweils unterschiedliche Gene in Frage kommen.
- Veraltetes Wissen: in den letzten Jahren ist ein enormer Fortschritt auf dem Gebiet der Humangenetik zu verzeichnen, was durch neue genetische Methoden wie molekulare Karyotypisierung oder neue Sequenzierungstechniken (Next Generation Sequencing, NGS) möglich wurde. Derzeit werden wöchentlich neue Krankheitsgene identifiziert, was zu neuen Möglichkeiten der Diagnosesicherung, Überträger- und Pränataldiagnostik führt.
- Verminderte Penetranz, variable Expressivität und Keimzellmosaike können, wenn diese Möglichkeiten nicht berücksichtigt werden, zu Fehleinschätzungen der Wiederholungswahrscheinlichkeiten führen.

3.2 Gendiagnostikgesetz

Das 2010 verabschiedete Gendiagnostikgesetz (GenDG) verfolgt folgende Ziele:
- Verhinderung einer Diskriminierung aufgrund genetischer Eigenschaften,
- Schutz der Würde des Menschen,
- informationelle Selbstbestimmung.

Das GenDG gilt für genetische Untersuchungen, die für medizinische Zwecke und zur Klärung der Abstammung durchgeführt werden und regelt den Umgang mit den dabei gewonnenen genetischen Proben und Daten. Das GenDG erstreckt sich auch auf den Umgang mit genetischen Untersuchungen und Daten im Versicherungsbereich und im Arbeitsleben.

Gegenstand des GenDG sind Untersuchungen und daraus gewonnene Ergebnisse auf der Ebene der Chromosomen, der DNA und RNA sowie der (unmittelbaren) Genprodukte (z. B. Enzymaktivitätsbestimmungen bei Stoffwechselerkrankungen).

3.2.1 Genetische Untersuchungen zur Diagnosesicherung oder prädiktiven Diagnostik

Für die Veranlassung und (verantwortliche) Durchführung einer genetischen Diagnostik gilt der Arztvorbehalt. Dabei ist eine Diagnostik zur Diagnosesicherung bzw. zur differentialdiagnostischen Abklärung einer bestehenden Erkrankung bei einem Patient von einer prädiktiven Diagnostik bei einer gesunden Person zu unterscheiden.

Eine genetische Untersuchung zur Diagnosesicherung oder zur differentialdiagnostischen Abklärung (z. B. Mutationsanalyse im CFTR-Gen bei Verdacht auf eine Mukoviszidose) kann von jedem Arzt nach entsprechender Aufklärung veranlasst werden. Nach § 10 GenDG soll bei einer diagnostischen Untersuchung nach Vorliegen des Ergebnisses von der verantwortlichen ärztlichen Person eine genetische Beratung durch einen Arzt für Humangenetik oder mit der Zusatzbezeichnung Medizinische Genetik oder mit der fachgebundenen Qualifikation für genetische Beratungen angeboten werden.

Nach § 3 des Gendiagnostikgesetzes werden unter diagnostischen Untersuchungen auch folgende Situationen subsumiert, obwohl ein prädiktives Element erkennbar ist:

- Abklärung, ob genetische Eigenschaften vorliegen, die zusammen mit der Einwirkung bestimmter äußerer Faktoren oder Fremdstoffe eine Erkrankung oder gesundheitliche Störung auslösen können,
- Abklärung, ob genetische Eigenschaften vorliegen, die die Wirkung eines Arzneimittels beeinflussen können (pharmakogenetische Untersuchungen),
- Abklärung, ob genetische Eigenschaften vorliegen, die den Eintritt einer möglichen Erkrankung oder gesundheitlichen Störung ganz oder teilweise verhindern können.

Unter einer prädiktiven Diagnostik versteht der Gesetzgeber die Überträgerdiagnostik, die prädiktive Diagnostik im engeren Sinne sowie die vorgeburtliche Diagnostik. Eine prädiktive Diagnostik kann nur von einem Facharzt für Humangenetik oder einem Arzt mit der Zusatzbezeichnung Medizinische Genetik oder der fachgebundenen Qualifikation für genetische Beratungen veranlasst werden. Eine genetische Beratung ist vor und nach der Diagnostik anzubieten.

Bei der Überträgerdiagnostik wird untersucht, ob eine gesunde Person Überträger für eine genetische Erkrankung ist, die bei Verwandten (z. B. Kindern) auftreten könnte. Es handelt sich dabei meistens um den Nachweis oder – soweit möglich – Ausschluss eines Überträgerstatus für genetische Erkrankungen wie autosomal-rezessiv oder X-chromosomal erbliche Krankheiten. Eine Überträgerdiagnostik kann auch bei autosomal-dominanten, nicht voll-penetranten Erkrankungen oder bei balancierten Chromosomenstörungen wie Translokationen, Inversionen oder Insertionen in Frage kommen. Eine Überträgerdiagnostik kann erst ab Volljährigkeit („Recht auf Nicht-Wissen") durchgeführt werden. Ausnahmen wären solche Situationen, bei denen Überträger ein gewisses Erkrankungsrisiko aufweisen und prophylaktische Maßnahmen in Frage kommen.

Unter einer prädiktiven Diagnostik im engeren Sinne versteht man eine Gendiagnostik bei einer gesunden Person, die ein erhöhtes Risiko für das Auftreten einer Erkrankung im Laufe des Lebens hat. Typische Beispiele dafür sind die prädiktive Diagnostik für den erblichen Brustkrebs aufgrund von Mutationen im BRCA1- oder BRCA2-Gen oder für spät manifestierende neurodegenerative Erkrankungen wie die Chorea Huntington. Eine prädiktive Diagnostik in diesem engeren Sinne kann erst bei Volljährigkeit und nach entsprechender genetischer Beratung durchgeführt werden. Ausnahmen stellen Erkrankungen wie z. B. die Familiäre adenomatöse Polyposis coli (FAP) dar, die vor dem 18. Lebensjahr auftreten können und prophylaktische Implikationen aufweisen.

Die vorgeburtliche Diagnostik hinsichtlich genetischer Erkrankungen ist eine prädiktive Diagnostik. Dazu gehört auch die vorgeburtliche Risikoabklärung des Embryos oder Fötus durch das Ersttrimester-Screening oder den Triple-Test, mit denen die Wahrscheinlichkeit für das Vorliegen bestimmter Chromosomenstörungen ermittelt wird.

3.2.2 Aufklärung und Einwilligung

Voraussetzung für eine genetische Diagnostik ist eine schriftliche Einwilligung nach entsprechender Aufklärung (*informed consent*), wobei eine angemessene Bedenkzeit eingehalten werden muss. Die Aufklärung soll das Ziel, die methodisch bedingte Aussagekraft und Grenzen der Untersuchung sowie die sich aus der Untersuchung ergebenden Konsequenzen und die Risiken der Untersuchung (z. B. bei invasiven Eingriffen) thematisieren. Die Person ist auf ihr Recht, die Einwilligung jederzeit widerrufen zu können und das Ergebnis oder Teile davon nicht zu erfahren, hinzuweisen. Die Aufklärung muss schriftlich dokumentiert werden.

Nach erfolgter Diagnostik ist eine genetische Beratung vorgesehen, bei der das Ergebnis mitgeteilt wird und die eventuellen Konsequenzen besprochen werden. Der Inhalt der Beratung muss dokumentiert werden. Bei dieser Beratung muss auch die Bedeutung des erzielten Ergebnisses für Verwandte thematisiert werden, d. h. es muss dargelegt werden, für welche Verwandte ein Risiko besteht, damit sie die Möglichkeit erhalten, dieses Risiko abzuklären. Bei einem Verzicht der Person auf genetische Beratung muss die betroffene Person schriftlich darüber unterrichtet werden, auf welche Informationen sie verzichtet.

Die Regelung bei nicht einwilligungsfähigen Personen ist im § 14 festgelegt. Eine Person ist hinsichtlich einer genetischen Untersuchung nicht einwilligungsfähig, wenn sie z. B. wegen Minderjährigkeit, einer psychischen Erkrankung oder einer geistigen Behinderung nicht in der Lage ist, Wesen, Bedeutung und Konsequenzen dieser Untersuchung zu verstehen. Die altersbedingte Nicht-Einwilligungsfähigkeit endet spätestens mit dem vollendeten 18. Lebensjahr. Die Einwilligungsfähigkeit kann aber je nach Entwicklungsstand und Kontext schon bei Jugendlichen gegeben sein. Eine genetische Untersuchung ist bei nicht einwilligungsfähigen Patienten möglich, wenn ein Nutzen für die Person angenommen werden kann. Nach der Richtlinie der Gendiagnostik-Kommission ist dies z. B. bei Kindern mit Entwicklungsstörungen gegeben, auch wenn keine kausale Therapie möglich ist. Der Nachweis einer genetischen Veränderung (z. B. bestimmte Chromosomenaberrationen) kann nämlich die Betreuung beeinflussen und belastende Untersuchungen entbehrlich machen. Eine prädiktive genetische Analyse kann zulässig sein, wenn präventive Maßnahmen schon im Kindesalter angezeigt sind, wie dies bei bestimmten erblichen Tumordispositionssyndromen, die bereits im Kindesalter zu Tumoren führen, der Fall ist. Ausnahmsweise kann eine genetische Untersuchung bei nicht einwilligungsfähigen Personen zulässig sein, obwohl kein unmittelbarer Nutzen für diese Person daraus ableitbar ist. Dies ist der Fall, wenn nur durch diese Untersuchung geklärt werden kann, ob für eine verwandte Person im Hinblick auf eine Schwangerschaft ein Risiko für eine bestimmte genetische Erkrankung besteht. Diese Situation kann z. B. auftreten, wenn zur Klärung eines Risikos eine Kopplungsanalyse in der entsprechenden Familie erforderlich ist. Bei nicht einwilligungsfähigen Personen muss nach entsprechender Aufklärung der gesetzliche Vertreter der genetischen Untersuchung zustimmen, wobei die Bestimmungen des GenDG erfüllt sein müssen.

3.2.3 Vorgeburtliche genetische Diagnostik

Der rechtliche Rahmen bei vorgeburtlichen medizinisch-genetischen Untersuchungen ist im § 15 des GenDG geregelt. Wie bereits erwähnt, gehören zu diesen Untersuchungen nicht nur die invasiven diagnostischen Maßnahmen wie Amniozentese, Chorionzottenbiopsie, Plazentazentese und Nabelschnurpunktion, sondern auch die nicht invasiven Untersuchungen wie das Ersttrimester-Screening, die ein Risiko für das Vorliegen einer genetisch bedingten Erkrankung ermitteln.

Wird bei einer vorgeburtlichen Untersuchung das Geschlecht des Kindes bestimmt, so darf es der Schwangeren – wenn sie es wünscht – erst nach Ablauf der 12. Schwangerschaftswoche mitgeteilt werden. Dadurch soll offenkundig eine Geschlechtsselektion im Rahmen der Fristenregelung verhindert werden. Aus diesem Grund kann man annehmen, dass die Angabe von 12 Wochen sich auf die Zeit seit der Empfängnis bezieht. Es gibt Situationen, in denen die Geschlechtsbestimmung des Embryos/Feten für die pränatale Diagnostik von Bedeutung ist, wie dies z. B. bei X-chromosomal-rezessiven Erkrankungen der Fall ist.

Nach § 15, Abs. 2 des GenDG darf „... eine vorgeburtliche genetische Untersuchung, die darauf abzielt, genetische Eigenschaften des Embryos oder des Fötus für eine Erkrankung festzustellen, die nach dem allgemein anerkannten Stand der medizinischen Wissenschaft und Technik erst nach Vollendung des 18. Lebensjahres ausbricht, ... nicht vorgenommen werden ...“. Bei typischerweise spät manifestierenden Erkrankungen besteht allerdings eine breite Verteilung hinsichtlich des Manifestationsalters.

Vor einer vorgeburtlichen genetischen Untersuchung und nach Vorliegen des Befundes ist die Schwangere – wie oben ausgeführt – durch eine entsprechend GenDG qualifizierte ärztliche Person genetisch zu beraten. Ergänzend ist in entsprechenden Situationen auf den Beratungsanspruch nach § 2 des Schwangerschaftskonfliktgesetzes hinzuweisen. Bei nicht einwilligungsfähigen Patientinnen ist eine vorgeburtliche genetische Untersuchung nur dann zulässig, wenn der gesetzliche Vertreter der Schwangeren aufgeklärt und genetisch beraten wurde und der Vertreter eingewilligt hat.

3.2.4 Mitteilung von genetischen Ergebnissen

Das Ergebnis einer genetischen Untersuchung darf nur der betroffenen Person und nur durch die verantwortliche ärztliche Person oder diejenige ärztliche Person, die die genetische Beratung durchgeführt hat, mitgeteilt werden. Eine Weitergabe der Untersuchungsergebnisse an andere Personen darf nur nach schriftlicher Einwilligung der betroffenen Person erfolgen.

3.2.5 Aufbewahrung von Befunden

Das GenDG regelt ferner, dass die Ergebnisse genetischer Untersuchungen und Analysen von der verantwortlichen ärztlichen Person zehn Jahre in den Untersuchungsunterlagen über die betroffene Person aufzubewahren sind. Die Ergebnisse genetischer Untersuchungen und Analysen sind danach zu vernichten. Die Ergebnisse sind vorher zu vernichten, wenn die Person es wünscht. Eine längere Aufbewahrung der Daten mit Sperrvermerk ist möglich, wenn die betroffene Person es schriftlich verlangt oder wenn „schutzwürdige Interessen“ der betroffenen Personen durch die Vernichtung der Daten beeinträchtigt werden würden.

3.2.6 Verwendung und Vernichtung genetischer Proben

Nach § 13 des GenDG darf eine genetische Probe nur für den Zweck verwendet werden, für die sie entsprechend der Aufklärung und Einwilligung gewonnen wurde. Die Probe ist zu vernichten, sobald sie für diesen Zweck nicht mehr benötigt wird. Die Probe ist ebenfalls zu vernichten, wenn die betroffene Person ihre Einwilligung widerruft. Die betroffene Person kann aber einer längeren Aufbewahrung zur weiteren Verwendung schriftlich einwilligen, wenn z. B. zur Diagnosestellung bei einem unklaren Krankheitsbild eventuell weitere genetische Untersuchungen in Frage kommen.

3.2.7 Qualitätssicherung

Einrichtungen, die klinisch-genetische Analysen durchführen, müssen nach dem GenDG folgende Anforderungen erfüllen:

1. Die genetischen Analysen müssen nach dem allgemein anerkannten Stand der Wissenschaft und Technik durchgeführt werden, und hierfür ist ein System der internen Qualitätssicherung einzurichten. In diesem Zusammenhang wird auf die entsprechenden Leitlinien (S2-Leitlinie Humangenetische Diagnostik, 2010) verwiesen.

2. Die Einrichtung muss über ein für die entsprechenden Tätigkeiten qualifiziertes Personal verfügen.
3. Die Einrichtung muss die Anforderungen an die Aufbewahrung und Vernichtung der Ergebnisse der genetischen Analysen sowie an die Verwendung und Vernichtung genetischer Proben einhalten. Hierfür müssen die erforderlichen organisatorischen und technischen Maßnahmen vorliegen.
4. Die Einrichtung muss die erfolgreiche Teilnahme an geeigneten externen Qualitätssicherungsmaßnahmen nachweisen.

3.3 Formale Genetik

3.3.1 Monogene Vererbung

Krankheiten, die durch Veränderungen einer einzelnen Erbanlage bedingt sind, werden monogen genannt. Es sind derzeit mehr als 5.000 monogen bedingte Krankheiten bekannt. Die meisten werden nach den Mendelschen Regeln vererbt. Die Wiederholungswahrscheinlichkeit kann anhand des Vererbungsmodus errechnet werden.

Autosomal-dominante Vererbung

Von einem autosomal-dominanten Erbgang spricht man, wenn ein Allel im heterozygoten Zustand zur Ausprägung eines Merkmals führt (Abb. 3.2). Autosomal-dominant erbliche Erkrankungen kommen sowohl bei männlichen als auch weiblichen Personen vor und können in mehreren Generationen auftreten. Die Wahrscheinlichkeit, dass eine betroffene Person das mutierte Allel an ein Kind weitergibt, beträgt 50 %. Obwohl die formalgenetische Risikoberechnung bei diesem Erbgang einfach erscheint, erschweren einige Faktoren die genetische Beratung:

1. Variable Expressivität: Die phänotypische Manifestation eines mutierten Allels kann sowohl extrafamiliär als auch intrafamiliär erheblich variieren, was sich durch den unterschiedlichen *„genetic background“* jeder Person erklären lässt.

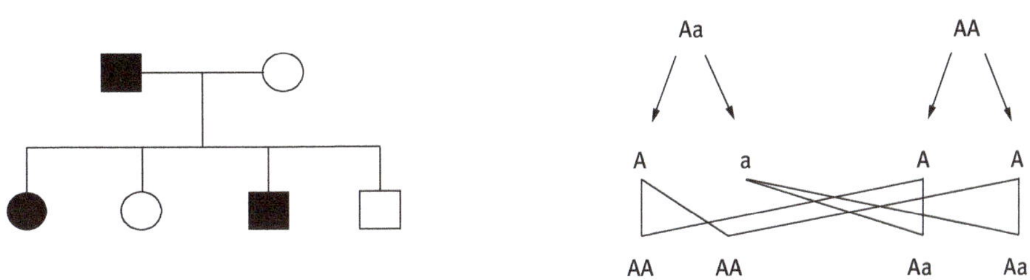

Abb. 3.2: Autosomal-dominante Vererbung; a, mutiertes Allel.

Zum Beispiel können bei der tuberösen Sklerose bei einigen Personen nur einige milde Symptome wie entpigmentierte Hautareale oder subunguale Fibrome bestehen, während andere das Vollbild der Erkrankung mit kardialen Rhabdomyomen, Verkalkungsherden im Gehirn, Krampfanfällen und geistiger Behinderung aufweisen (Abb. 3.3). Im Rahmen der genetischen Beratung müssen demnach gegebenenfalls vorhandene Mikrosymptome erkannt werden.

2. Penetranz: Von einer verminderten Penetranz („Durchschlagskraft") eines mutierten Allels spricht man, wenn nicht alle Träger dieses mutierten Allels Symptome dieser Erkrankung zeigen. So kann auch innerhalb derselben Familie eine Mutation im SIX3-Gen zur Holoprosenzephalie, aber auch zu einem normalen Phänotyp führen. Dementsprechend können bei verminderter Penetranz gesunde Personen den Defekt weitervererben. Eine verminderte Penetranz kann unterschiedliche Ursachen haben. In den meisten Fällen spielt der unterschiedliche „*genetic background*" die entscheidende Rolle. Es kann auch eine altersabhängige Penetranz bestehen. Bei bestimmten Erkrankungen wie neurodegenerativen Erkrankungen, aber auch vielen erblichen Tumordispositionssyndromen steigt mit zunehmendem Alter die Penetranz eines mutierten Allels. Zum Beispiel treten die Symptome der Chorea Huntington typischerweise ab dem 30. Lebensjahr auf, und bis zum 80. Lebensjahr erkranken fast alle Träger der entsprechenden Mutation. Schließlich können bestimmte Umweltfaktoren erst zur Manifestation einer Erkrankung führen. Zum Beispiel wird die Anlage zur malignen Hyperthermie erst bei einer Narkose manifest.
3. Neumutation oder Keimzellmosaik: Wenn die Eltern eines betroffenen Kindes unauffällig sind und eine verminderte Penetranz bei einem Elternteil nicht in Frage kommt, sind die Möglichkeiten einer Neumutation beim Kind oder eines Keimzellmosaiks bei einem Elternteil zu berücksichtigen. Im Falle einer Neumutation wäre das Wiederholungsrisiko der Erkrankung bei einem Geschwister nicht erhöht. Im Falle eines Keimzellmosaiks weisen bereits Keimzellen eines der Eltern die Mutation auf, so dass eine Wiederholungswahrscheinlichkeit bei einem weiteren Kind zu berücksichtigen ist. Die Wiederholungswahrscheinlichkeit ist dabei empirisch bekannt oder muss abgeschätzt werden.
4. Homozygotie oder Compound-Heterozygotie bei dominantem Erbgang: Bei einigen autosomal-dominanten Erkrankungen kommt es zu einer schwereren Ausprägung des Phänotyps, wenn beide Allele mutiert sind. Dies ist z. B. der Fall bei der Achondroplasie. Wenn beide Eltern von einer Achondroplasie betroffen sind, beträgt die Wahrscheinlichkeit einer Homozygotie bei einem Kind 25 %, wobei es dabei zu einer intrauterinen Letalität kommt. Bei einigen autosomal-dominanten Erkrankungen führen Heterozygotie und Homozygotie sogar zu unterschiedlichen Erkrankungen. Heterozygote Mutationen des Parathormonrezeptors 1 gehen mit einer primären Zahndurchbruchstörung ein, während Homozygotie oder Compound-Heterozygotie schwere Knochendysplasien wie metaphysäre Chondrodysplasie Murk-Jansen, Blomstrand-Chondrodysplasie oder

Eiken-Syndrom verursachen. Schließlich ist zu berücksichtigen, dass Mutationen eines Gens je nach Art der Mutation autosomal-dominant oder autosomal-rezessiv vererbt werden können. Die Myotonia congenita Thomson wird z. B. durch autosomal-dominante Mutationen des CLCN1-Gens verursacht, während die Myotonia congenita Becker durch autosomal-rezessive Mutationen des gleichen Gens bedingt ist.

5. Pseudodominanz: Eine Pseudodominanz liegt vor, wenn eine Krankheit, die autosomal-rezessiv vererbt wird, in mehreren Generationen auftritt, wie es typischerweise beim autosomal-dominanten Erbgang der Fall ist. Dies kann bei häufigen autosomal-rezessiven Erkrankungen wie bei der Hämochromatose mit einer Überträgerwahrscheinlichkeit von 10 % in der Allgemeinbevölkerung oder in konsanguinen Familien vorkommen.

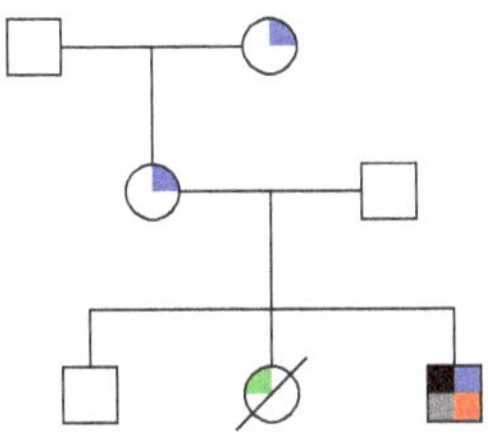

- subunguale Fibrome
- Rhabdomyom des Herzens
- geistige Behinderung
- Epilepsie
- entpigmentierte Hautareale

Abb. 3.3: Stammbaum mit tuberöser Sklerose.

Autosomal-rezessive Vererbung

Von einer autosomal-rezessiven Erkrankung spricht man, wenn beide Allele (Homozygotie oder Compound-Heterozygotie) gestört sein müssen, damit es zur Ausprägung der Krankheit kommt (Abb. 3.4). In der Regel sind beide Eltern gesunde Überträger dieser Erkrankung. Das Wiederholungsrisiko für Geschwister einer betroffenen Person beträgt 25 %. Gesunde Geschwister sind mit einer Wahrscheinlichkeit von zwei Drittel Überträger. Die Überträgerwahrscheinlichkeiten bei autosomal-rezessiver Vererbung sind in Abbildung 3.5 angegeben. Bei Konsanguinität erhöht sich das Risiko autosomal-rezessiver Erkrankungen, da die Wahrscheinlichkeit höher ist, dass

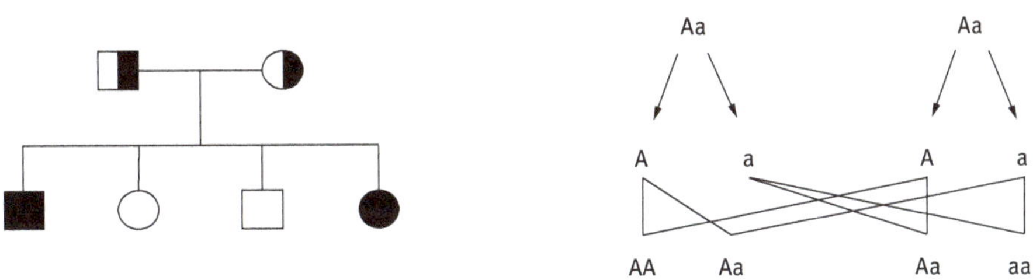

Abb. 3.4: Autosomal-rezessive Vererbung; a, mutiertes Allel.

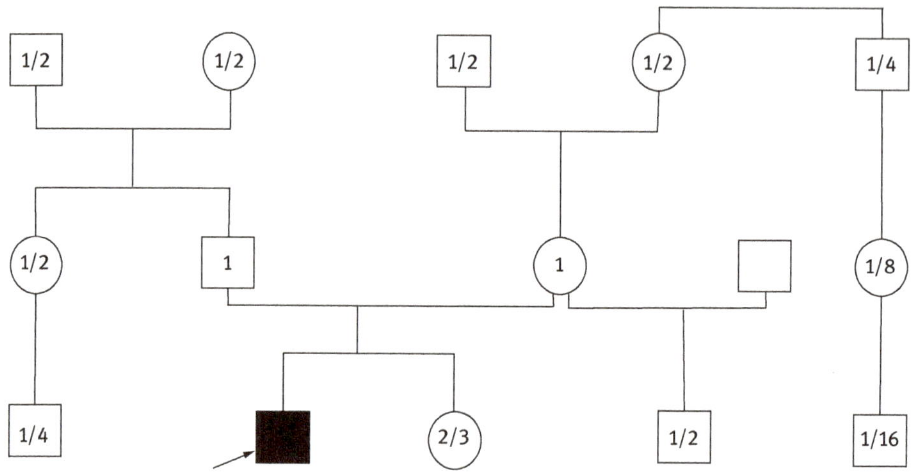

Abb. 3.5: Überträgerwahrscheinlichkeit bei autosomal-rezessiver Vererbung.

beide Eltern Überträger des gleichen mutierten Allels sind. Bei Kindern von Cousin und Cousine 1. Grades ist das Basisriko von ca. 4 % für angeborene Erkrankungen und Fehlbildungen um ca. 3 % erhöht. Bei Kindern von Cousin und Cousine 2. Grades beträgt die Risikoerhöhung ca. 1 %.

X-chromosomale Vererbung

Merkmale, die auf dem X-Chromosom kodiert sind, werden geschlechtsgebunden vererbt. Da männliche Personen nur ein X-Chromosom haben, kommt es bei einer Mutation eines X-chromosomal lokalisierten Gens in der Regel zur Merkmalsausprägung. Da weibliche Personen über zwei X-Chromosomen verfügen, kann bei Heterozygotie das X-Chromosom mit dem normalen Allel das mutierte Allel auf dem X-Chromosom (teilweise) kompensieren. Von den zwei X-Chromosomen im weiblichen Geschlecht ist allerdings das eine X-Chromosom (weitgehend) inaktiviert. Die Inaktivierung des einen X-Chromosoms erfolgt in jeder Zelle zum Zeitpunkt der Implantation, wobei nach dem Zufallsprinzip entweder das paternale oder das maternale X-Chromosom inaktiviert wird. Das Inaktivierungsmuster wird dann bei allen Tochterzellen beibehalten (Abb. 3.6). Bei einer Frau besteht somit ein funktionelles Mosaik mit einer Zellpopulation mit dem paternalen X-Chromosom im aktiven Zustand und einer Zellpopulation mit dem maternalen X-Chromosom im aktiven Zustand.

Eine Vater-Sohn-Transmission schließt eine X-chromosomale Vererbung aus.

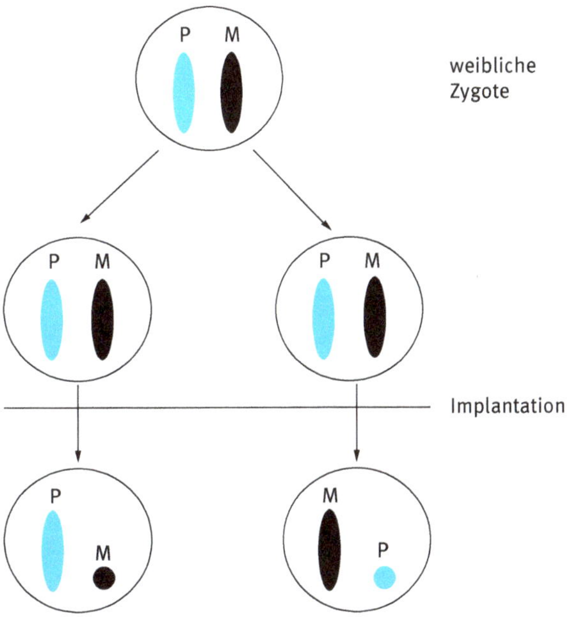

Abb. 3.6: Prinzip der X-Inaktivierung.

Es werden verschiedene Formen der X-chromosomalen Vererbung unterschieden:

X-chromosomal rezessive Vererbung: Bei der X-chromosomal rezessiven Vererbung erkranken in der Regel männliche Personen, während weibliche Personen gesunde Überträgerinnen sein können. Die Erkrankungswahrscheinlichkeit bei Söhnen einer Überträgerin beträgt 50 %, und die Wahrscheinlichkeit eines Überträgerstatus bei einer Tochter beträgt 50 %. Alle Töchter eines betroffenen Manns sind obligate Überträgerinnen (Abb. 3.7). Teilweise können auch heterozygote Frauen Krankheitssymptome aufweisen. Dies lässt sich u. a. dadurch erklären, dass in gewissen Fällen das X-Chromosom mit dem mutierten Allel überproportional aktiv ist, da die X-Inaktivierung zum Zeitpunkt der Implantation zufällig erfolgt.

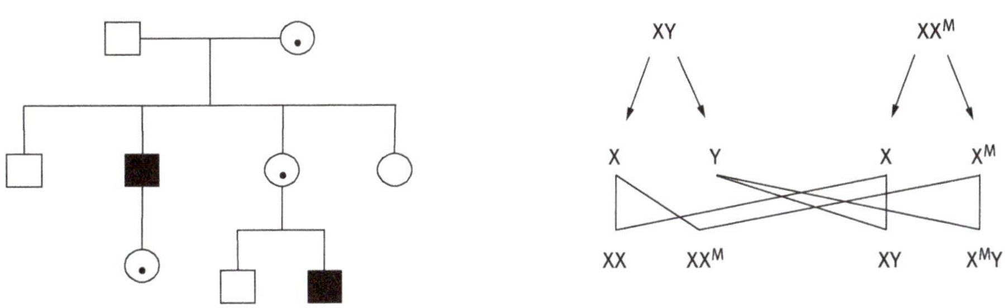

Abb. 3.7: X-chromosomal-rezessive Vererbung; X^M: X-Chromosom mit dem mutierten Allel.

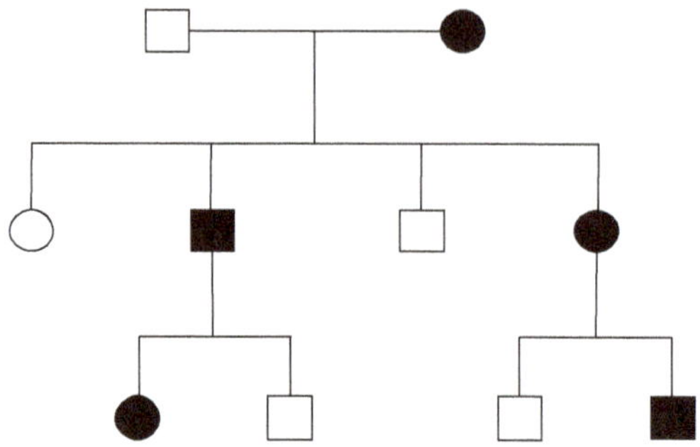

Abb. 3.8: X-chromosomal-dominante Vererbung.

X-chromosomal dominante Vererbung: Eine X-chromosomal-dominant erbliche Erkrankung manifestiert sich sowohl bei hemizygoten männlichen als auch bei heterozygoten weiblichen Personen (Abb. 3.8). Im Gegensatz zum X-chromosomal rezessiven Erbgang sind demnach nicht nur männliche, sondern auch weibliche Personen betroffen. Aufgrund des zweiten X-Chromosoms mit dem normalen Allel und der Inaktivierung des X-Chromosoms mit dem mutierten Allel in einem Teil der Zellen sind heterozygote Personen meistens weniger stark betroffen als hemizygote Personen.

X-chromosomal dominante Vererbung mit Letalität im männlichen Geschlecht: Bei einigen X-chromosomal-dominant erblichen Erkrankungen ist die Hemizygotie im männlichen Geschlecht bereits intrauterin letal (Abb. 3.9). Betroffene männliche Personen kommen demnach in der Regel nicht vor, heterozygote Frauen sind erkrankt und Aborte treten typischerweise gehäuft auf.

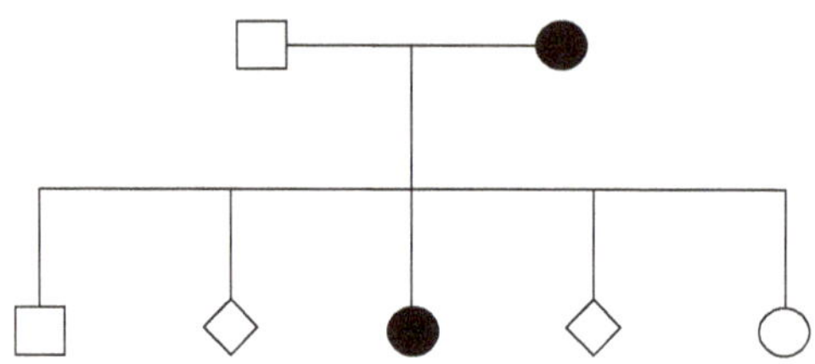

Abb. 3.9: X-chromosomal-dominante Vererbung mit Letalität im männlichen Geschlecht.

Y-chromosomale Vererbung

Von einem Y-chromosomalen Erbgang ist zu erwarten, dass ein Merkmal vom Vater an alle Söhne und nicht an die Töchter weiter vererbt wird. Y-chromosomale Gene sind z. B. das Gen für den Testis determinierenden Faktor (SRY) oder bestimmte Gene der Spermatogenese, deren Fehlen zur Azoospermie (sog. Azoospermie-Faktoren) führen.

Pseudoautosomale Vererbung

Das X- und Y-Chromosom haben einen gemeinsamen evolutionären Ursprung. Dementsprechend sind bestimmte Regionen des X- und Y-Chromosoms homolog, wobei diese Regionen auf dem X-Chromosom der X-Inaktivierung entgehen. Dies gilt insbesondere für die subtelomeren Bereiche der kurzen und langen Arme, die bei X und Y aufgrund ihrer Homologie während der Meiose durch Crossing over rekombinieren. Da Gene in diesen Regionen sich wie autosomale Gene verhalten, werden sie pseudoautosomal genannt. Ein Beispiel hierfür ist das SHOX-Gen in Xpter-p22.32, dessen Mutationen zum Léri-Weill-Syndrom führen. Sowohl weibliche (mit zwei X-Chromosomen) als auch männliche (mit einem X- und einem Y-Chromosom) Personen haben zwei SHOX-Genkopien. Bei einem Mann mit einer SHOX-Mutation auf dem Y-Chromosom kann infolge eines Crossing over während der Meiose das mutierte Allel auf das X-Chromosom gelangen und zur Erkrankung bei einer Tochter führen. Umgekehrt kann ein mutiertes Allel auf dem X-Chromosom während der Meiose auf das Y-Chromosom gelangen und zur Erkrankung bei einem Sohn führen (Abb. 3.10).

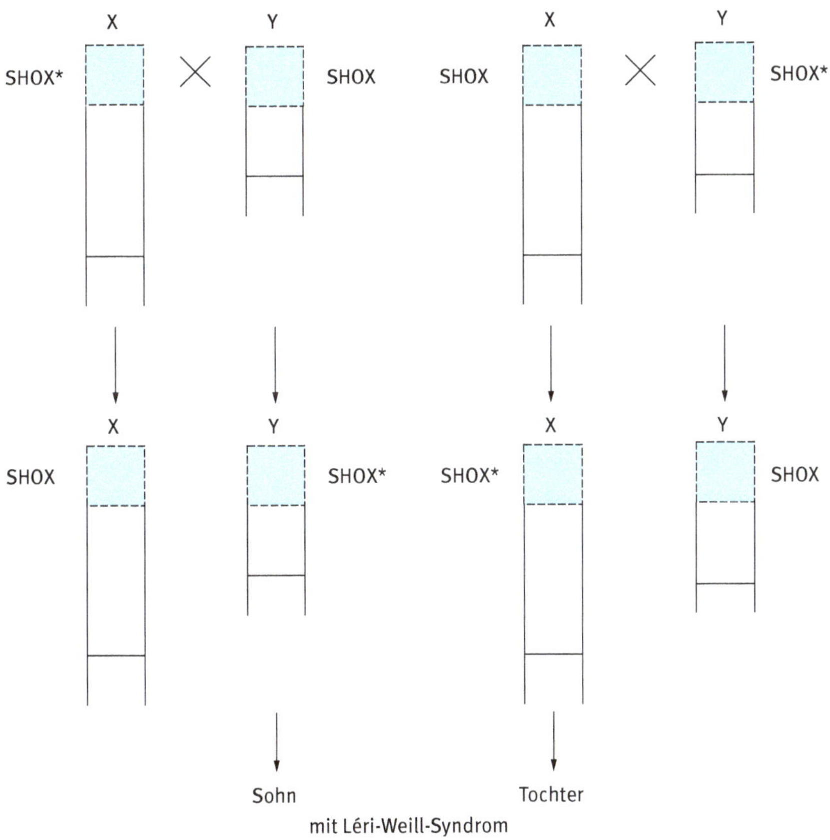

Abb. 3.10: Pseudoautosomale Vererbung; SHOX (Abk. für engl. short stature homeobox).

3.3.2 Nicht-Mendelsche genetische Krankheitsursachen

Nicht-Mendelsche genetische Erkrankungen stellen einen Sammelbegriff für Erkrankungen dar, die zwar monogen vererbt werden, aber nicht den Mendelschen Regeln folgen, oder polygen-multifaktoriell bedingt sind.

Dynamische Mutationen durch Repeat-Expansion

In den 1990er Jahren wurde eine neue Art von Mutationen entdeckt, die als dynamische Mutationen bezeichnet werden, weil sie sich von Generation zu Generation verändern können. Es handelt sich um Wiederholungen (Repeats) von z. B. Trinukleotiden, deren Anzahl polymorph ist und bei der Meiose zunehmen (Expansion) kann. Ab einem gewissen Schwellenwert von Wiederholungseinheiten kommt es zur Erkrankung. Solche dynamischen Mutationen werden vor allem bei neurodegenerativen Erkrankungen wie myotoner Dystrophie, Chorea Huntington oder spinozerebellären Ataxien beobachtet. Da die Expansion von Generation zu Generation zunehmen kann, kann es zu einer Antizipation kommen, wobei das Manifestationsalter von Generation zu Generation früher und die Symptomatik schwerer werden.

Mitochondriale Vererbung

Die mitochondriale DNA ist ein kleines ringförmiges Molekül von ca. 16 kb, das 13 Protein-kodierende Gene der Atmungskette, 22 tRNA-Gene und 2 rRNA-Gene enthält. An eine Mitochondriopathie sollte man denken, wenn Organe wie Muskulatur, Herz, ZNS, Augen und Leber, die viel Energie verbrauchen, betroffen sind. Mitochondrien werden über die Eizellen weitergegeben. Dementsprechend werden Mutationen der mitochondrialen DNA matrilineal vererbt: Frauen können eine mitochondriale Mutation an Söhne und Töchter weitergeben, während Männer die Mutation nicht vererben (Abb. 3.11). Da die mitochondriale DNA im Gegensatz zur Kern-DNA ungleichmäßig an die Tochterzellen weitergegeben wird, liegt bei einer mitochondrialen Mutation

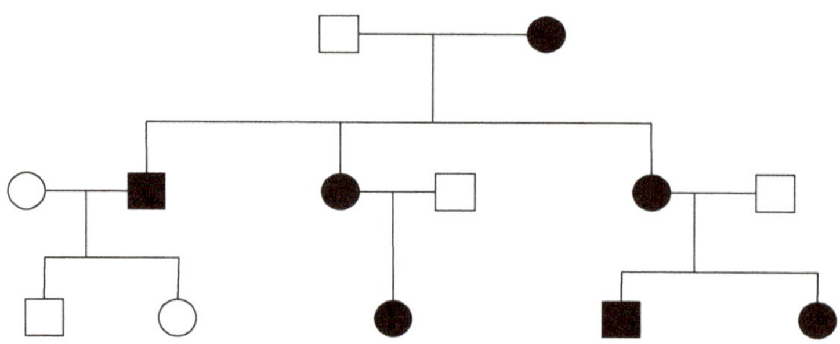

Abb. 3.11: Mitochondriale Vererbung.

typischerweise eine Heteroplasmie vor, d. h. dass die Anzahl der mutierten Mitochondrien von Zelle zu Zelle unterschiedlich ist. Je nach Grad der Heteroplasmie in den unterschiedlichen Geweben kann die Symptomatik erheblich variieren.

Epigenetische Effekte

Nach den Mendelschen Regeln ist es nicht von Bedeutung, ob ein Allel maternalen oder paternalen Ursprungs ist. Dies gilt für die meisten Gene. Allerdings besteht für einige Gene eine elterliche Prägung („*Imprinting*"), insofern eine elterlich abhängige Expression dieser Gene besteht. Dies kann man am Beispiel des Prader-Willi-Syndroms (PWS) und des Angelman-Syndroms (AS), zwei klar unterschiedlichen Erkrankungen, illustrieren. In etwa 70 % der Fälle von PWS und AS findet man eine vergleichbare Deletion auf dem Chromosom 15. Bei einer Deletion auf dem paternalen Chromosom kommt es zum PWS, bei einer Deletion auf dem maternalen Chromosom 15 kommt es zum AS. Offensichtlich sind in dieser Region Gene lokalisiert, die entweder nur auf dem maternal oder nur auf dem paternal ererbten Chromosom 15 aktiv sind. Die Inaktivierung eines Gens im Rahmen des Imprinting erfolgt vor allem durch Methylierung des Gens.

Uniparentale Disomie: Von einer uniparentalen Disomie (UPD) spricht man, wenn beide homologen Chromosomen von einem Elternteil stammen. Bei einer uniparentalen Isodisomie sind beide Chromosomen identisch, während bei einer uniparentalen Heterodisomie beide homologe Chromosomen des einen Elternteils vorliegen. Eine UPD entsteht typischerweise aus einer Trisomie, wobei in der frühen Embryonalentwicklung eines der drei Chromosomen verloren geht und damit das Embryo lebensfähig wird („*embryo rescue*"). In gewissen Fällen kann die UPD nicht das gesamte Chromosom, sondern nur ein Teil davon (partielle UPD) betreffen.
Eine UPD kann durch zwei Mechanismen krankheitsrelevant werden:

1. Bei einem Gen, das einem elterlichen *Imprinting* unterliegt, führt eine UPD für diese Region dazu, dass ein funktionelles Ungleichgewicht zwischen paternaler und maternaler Genexpression besteht.
2. Wenn bei einem Elternteil eine Heterozygotie für eine autosomal-rezessive Erkrankung vorliegt, kann eine isodisome UPD zur Homozygotie führen.

Mosaike

Von einem Mosaik spricht man, wenn in einem Organismus zwei oder mehr Zellpopulationen mit unterschiedlicher genetischer Ausstattung vorliegen, die von einer gemeinsamen Zygote ausgehen. Sowohl Chromosomenaberrationen als auch Genmutationen können im Mosaikzustand vorliegen, wobei unterschiedliche Entstehungsmechanismen in Frage kommen. Dabei kann es sich um ein somatisches Mosaik oder ein Keimzellmosaik handeln. Bei einem somatischen Mosaik kann je nach Verteilung der Zelllinien im Organismus ein Spektrum resultieren, das von einem normalen Phänotyp bis hin zur vollen Ausprägung der Krankheit reicht. Der Träger eines Keimzellmosaiks ist phänotypisch unauffällig, da die Mutation nur in einem Teil der Keimzellen vorliegt. Teilweise sind empirische Zahlen für das Risiko eines Keimzellmosaiks bekannt.

Polygen-multifaktorielle Vererbung

Die Mehrzahl der Erkrankungen wird durch die Wirkung mehrerer Erbanlagen (polygen) und Umweltfaktoren verursacht. Man spricht auch von multifaktorieller Genese. In diesem Fall reicht eine Mutation in einem dieser Gene nicht zur Ausprägung der Krankheit aus, sondern erst ab einem bestimmten Schwellenwert krankheitsfördernder Erbanlagen und/oder gegebenenfalls bei Vorliegen entsprechender Umweltfaktoren kommt es zur Manifestation der Erkrankung (Abb. 3.12). Zu diesen Erkrankungen zählen die meisten „Volkskrankheiten“ wie Hypertonie oder atopische Erkrankungen, aber auch Psychosen oder viele isolierte Fehlbildungen wie isolierte Neuralrohrdefekte. Zwillingsstudien stellen ein geeignetes Modell dar, um den erblichen und den umweltbedingten Faktor bei solchen Erkrankungen abzuschätzen. Dabei wird u. a. durch Bestimmung der Konkordanz zwischen eineiigen Zwillingen, die getrennt aufgewachsen sind, der „Heritabilitätskoeffizient“ bestimmt.

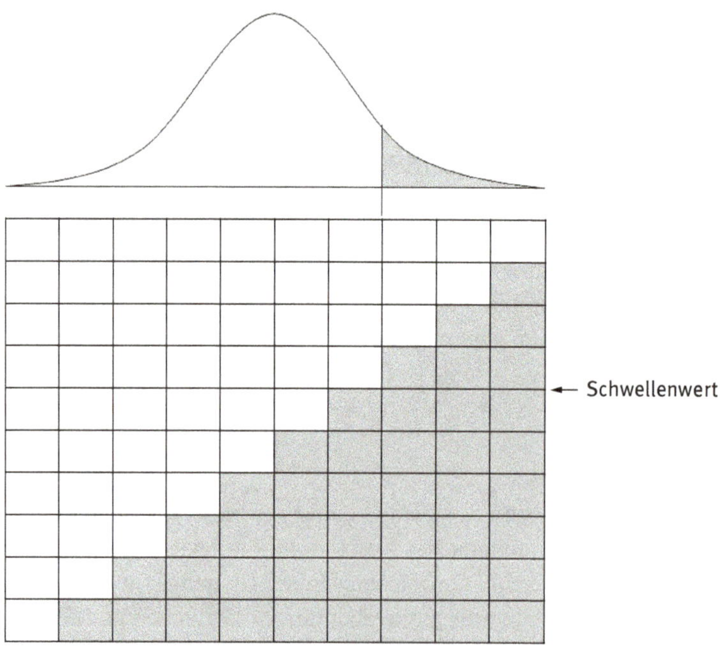

Abb. 3.12: Schwellenmodell der polygen-multifaktoriellen Vererbung.

3.4 Genetische Risikobestimmung

Die Angabe eines genetischen Risikos kann empirisch (bei polygen-multifaktoriellen Erkrankungen) begründet oder formal-genetisch (bei monogenen Erkrankungen) abgeleitet sein.

3.4.1 Risikobestimmung bei Mendelschen Erkrankungen

Autosomal-rezessive Erkrankungen

In Abbildung 3.5 sind die Überträgerwahrscheinlichkeiten für autosomal-rezessive Erkrankungen angegeben. In der Praxis stellt sich oft die Frage, wie hoch das Erkrankungsrisiko für Kinder eines Paares ist, wenn in der Familie eines Elternteils eine autosomal-rezessive Erkrankung aufgetreten ist. Hierfür müssen die Überträgerwahrscheinlichkeiten beider Elternteile bestimmt werden. Die Überträgerwahrscheinlichkeit für gesunde Geschwister einer betroffenen Person beträgt 2/3. Die Überträgerwahrscheinlichkeit für z. B. den gesunden Partner, der mit seiner Frau nicht blutsverwandt ist und in dessen Familie diese Erkrankung nicht aufgetreten ist, entspricht der Überträgerwahrscheinlichkeit in der Allgemeinbevölkerung. Diese kann aus der Häufigkeit dieser Erkrankung in der Allgemeinbevölkerung nach dem Hardy-Weinberg-Gesetz ermittelt werden. Das Hardy-Weinberg-Gesetz erlaubt die Bestimmung der Allelfrequenz und der Heterozygotenhäufigkeit in einer Population, in der die Häufigkeit eines Merkmals bekannt ist. Dabei gelten:

$$p + q = 1$$

$$p^2 + 2pq + q^2 = 1$$

Dabei ist p die Häufigkeit des normalen Allels und q die Häufigkeit des Krankheitsallels in der Allgemeinbevölkerung. Dementsprechend entspricht p^2 der Homozygotie für das normale Allel und q^2 der Homozygotie für das Krankheitsallel und damit der Häufigkeit der Krankheit in der Allgemeinbevölkerung. 2pq entspricht der Heterozygotenhäufigkeit in der Allgemeinbevölkerung.

Nehmen wir zur Veranschaulichung folgendes Beispiel an. Ein Mann hat eine Schwester, die von einer autosomal-rezessiven Erkrankung betroffen ist. Die Häufigkeit dieser Erkrankung in der Allgemeinbevölkerung beträgt 1/10.000. Die Partnerin dieses Manns, die mit ihm nicht blutsverwandt ist und in deren Familie die Erkrankung nicht aufgetreten ist, fragt nach der Wiederholungswahrscheinlichkeit dieser Erkrankung bei einem gemeinsamen Kind.

Lösung:
Die Überträgerwahrscheinlichkeit für den Mann beträgt 2/3.

Die Überträgerwahrscheinlichkeit für die Frau entspricht 2pq. Um 2pq zu berechnen, muss zunächst q bestimmt werden. Da q^2 der Häufigkeit der Erkrankung in der Bevölkerung (1 : 10.000) entspricht, gilt $q = \sqrt{1 : 10.000} = 1 : 100$.

Demnach ist $p = 1 - 1/100 = 99/100 \approx 1$.

Demnach ist die Überträgerwahrscheinlichkeit für die Partnerin:
$2pq = 2 \times 1 \times 1/100 = 1/50$.

Dementsprechend beträgt die Wiederholungswahrscheinlichkeit für ein gemeinsames Kind:
$2/3 \times 1/50 \times 1/4 = 1/300$.

Autosomal-dominante Erkrankungen

Bei einer autosomal-dominanten Erkrankung beträgt die Wahrscheinlichkeit, dass ein(e) Betroffene(r) die Mutation an ein Kind weitergibt, 50 %. Dies entspricht auch der Wiederholungswahrscheinlichkeit der Erkrankung, wenn die Mutation voll penetrant ist.

Bei einer verminderten Penetranz ist die Wiederholungswahrscheinlichkeit der Erkrankung geringer. Wie diese Wahrscheinlichkeiten zu berechnen sind, sei am folgenden Beispiel dargestellt (Abb. 3.13). I1 und II1 sind von einer autosomal-dominanten Erkrankung betroffen, die durch eine Mutation mit 80 %iger Penetranz (entspricht 4/5) bedingt ist. Die Erkrankungswahrscheinlichkeiten von III1 und III2 sollen berechnet werden.

Lösungen:
Die Wahrscheinlichkeit, dass III1 die Mutation von II1 ererbt hat, beträgt 50 %. Die Erkrankungswahrscheinlichkeit beträgt:
$1/2 \times 4/5 = 2/5 = 40\,\%$.

Um die Erkrankungswahrscheinlichkeit von III2 zu berechnen, muss zunächst die Heterozygotenwahrscheinlichkeit von II2 berechnet werden. Dies erfolgt nach dem Satz von Bayes, am einfachsten in Form eines tabellarischen Algorithmus:

	II2 heterozygot	II2 nicht heterozygot
A priori	½	½
II2 gesund	1/5	1
Kombinierte Wahrscheinlichkeit	1/10	½

A posteriori-Wahrscheinlichkeit: $1/10 : (1/10 + 1/2) = 1/6$

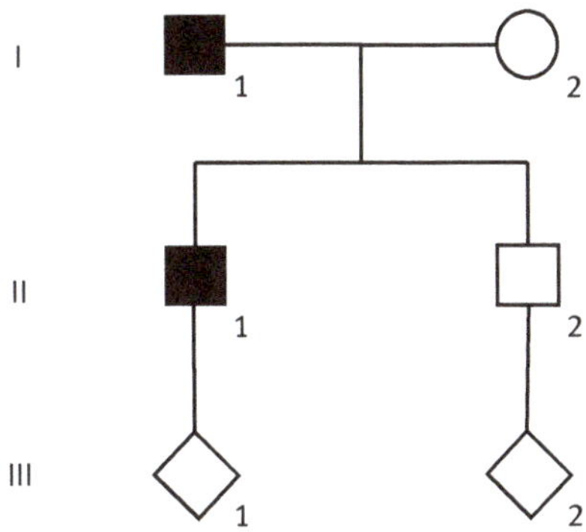

Abb. 3.13: Autosomal-dominante Vererbung mit verminderter Penetranz.

Dementsprechend beträgt die Wahrscheinlichkeit, dass III2 heterozygot ist:
$\frac{1}{2} \times 1/6 = 1/12 = 8{,}3\,\%$.

Die Wahrscheinlichkeit, dass III2 erkrankt ist, beträgt:
$1/12 \times 4/5 = 4/60 = 6{,}7\,\%$.

X-chromosomale Erkrankungen

In Abbildung 3.14 ist der Stammbaum einer Familie mit Duchenne-Muskeldystrophie (DMD) gezeigt. III1 fragt nach ihrem Risiko, Überträgerin der DMD zu sein.

Da ihre Mutter obligate Überträgerin ist, beträgt die A-priori-Wahrscheinlichkeit, dass III1 Überträgerin ist, ½ (50 %).

Da sie drei gesunde Söhne hat, kann nach dem Satz von Bayes die Überträgerwahrscheinlichkeit modifiziert werden:

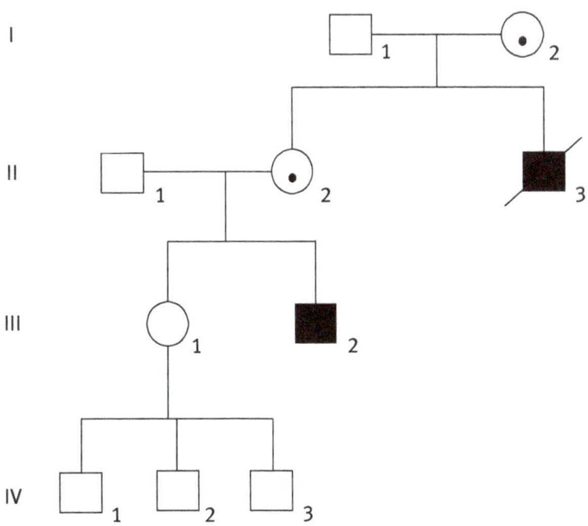

Abb. 3.14: Berechnung bei X-chromosomal-rezessiver Vererbung.

	Heterozygot	Nicht heterozygot
a priori	½	½
3 gesunde Söhne	1/8	1
kombinierte Wahrscheinlichkeit	1/16	½
A-posteriori-Wahrscheinlichkeit	1/16 : (1/16 + ½) = 1/9	

Die Wahrscheinlichkeit, dass III1 Überträgerin der DMD ist, beträgt unter Berücksichtigung der Familienanamnese 1/9.

3.4.2 Polygen-multifaktorielle Vererbung

Ausgehend vom Schwellenmodel für polygen-multifaktorielle Erkrankungen gelten folgende Regeln zur Abschätzung einer Wiederholungswahrscheinlichkeit:

- die Wiederholungswahrscheinlichkeit nimmt mit der Anzahl der Betroffenen zu,
- die Wiederholungswahrscheinlichkeit nimmt mit zunehmender Entfernung des Verwandtschaftsverhältnisses ab,
- die Wiederholungswahrscheinlichkeit nimmt mit der Schwere der Erkrankung zu,
- die Wiederholungswahrscheinlichkeit ist umso höher, je häufiger die Erkrankung in der Allgemeinbevölkerung ist,
- im Falle einer Geschlechtsdisposition ist die Wiederholungswahrscheinlichkeit höher, wenn das nicht prädisponierte Geschlecht betroffen ist.

3.5 Literatur

Epstein C et al.: Genetic counseling (statement of the American Society of Human Genetics, ad hoc committee on genetic counseling). Am J Hum Genet 1975; 27: 240–242. Nach einer Übersetzung von G. Wolff (Freiburg).

S2-Leitlinie Humangenetische Diagnostik. Medgen 23, 281–323, 2010.

Gesetz über genetische Untersuchungen bei Menschen (Gendiagnostikgesetz – GenDG) vom 31.07.2009 (BGBl. I S. 2529, ber. S. 3672).

Rolf-Dieter Wegner

4 Zytogenetische Pränataldiagnostik

4.1 Einführung

4.1.1 Chromosomendarstellung

Eine klassische Chromosomenanalyse wird an Metaphasechromosomen oder Prometaphasechromosomen, also an Mitosezellen durchgeführt. Die Mitose ist im Zellzyklus die Phase der Kernteilung (s. Kap. 2.3) und nur in diesem Zeitabschnitt sind die Chromosomen im Lichtmikroskop sichtbar. Differenzierte Zellen, wie etwa Fruchtwasserzellen oder Lymphozyten, besitzen in der Regel keine spontane Teilungsaktivität. Sie liegen in einer Ruhephase vor, der G_0-Phase der Interphase. Vor einer Chromosomenanalyse ist daher eine Zellkultivierung in Gegenwart zellteilungsaktivierender Faktoren notwendig, damit die Zellen wieder in den Zellzyklus eintreten und dann auch die Mitose durchlaufen. Vor der Chromosomenpräparation werden Zellen durch Zugabe von Colchicin in der Mitose angereichert. Das Cholchicin baut den Spindelapparat der Zelle, der für die geordnete Aufteilung der Chromatiden eines jeden Chromosoms in die Tochterzellen verantwortlich ist, ab und verhindert damit den Eintritt in die Anaphase. Die Folge ist eine erhöhte Zahl von Zellen mit Chromosomen in der Prometaphase bzw. Metaphase, den beiden Zellzyklusphasen, in denen die Chromosomen die stärkste Kondensation zeigen, also am besten zu analysieren sind. Die eigentliche Chromosomenpräparation umfasst eine Reihe von Behandlungsschritten, die individuell an die jeweiligen Zelltypen und Umgebungsbedingungen angepasst werden müssen. Ausführliche Anleitungen dazu sind im Labormanual „Diagnostic Cytogenetics“ (Wegner, 1999) aufgeführt. Erfahrenes technisches Personal ist Grundvoraussetzung für eine gute Chromosomendarstellung.

4.1.2 Karyogramm und Chromosomenbeurteilung

Das Karyogramm des Menschen weist 46 Chromosomen auf, 22 Autosomenpaare und ein Geschlechtschromosomenpaar (s. a. Kap. 2.3). Im weiblichen Geschlecht liegen in den Zellen zwei X-Chromosomen vor (46,XX), im männlichen Geschlecht ein X- und ein Y-Chromosom (46,XY). Jedes Chromosom besitzt einen kurzen (p-)Arm, einen langen (q-)Arm sowie ein Zentromer, die Ansatzstelle für die Spindelfasern zur Chromatidenverteilung eines Chromosoms in der Mitose. Je nach Lage des Zentromers unterscheidet man metazentrische, submetazentrische und akrozentrische Chromosomen (Abb. 4.1).

Zur Chromosomenbeurteilung wird ein Karyogramm erstellt, in dem die Paare der Autosomen der Größe nach geordnet sind und die Gonosomen separat liegen

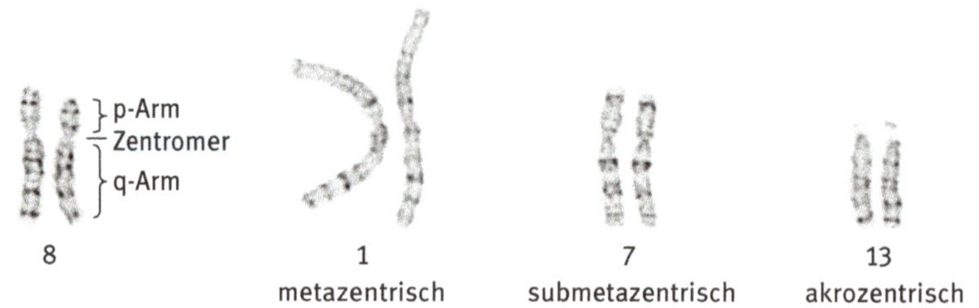

Abb. 4.1: Chromosomen des Menschen nach GTG-Bandenfärbung sowie die morphologische Klassifikation nach Lage des Zentromers.

(Abb. 4.2). Für eine eingehende Diagnostik wird üblicherweise ein **GTG-**Bandenmuster erzeugt, eine Abfolge von hellen und dunklen Segmenten entlang eines Chromosoms (Infobox 4.1; Abb. 4.2). Diese **G**-Banden entstehen durch eine Enzymbehandlung mit **T**rypsin vor der Färbung mit dem Farbstoff **G**iemsa und sind spezifisch für jedes Chromosompaar.

Infobox 4.1: Differentielle Bandenfärbungen der Chromosomen.

Die Bandenfärbungen dienen der Identifizierung der Chromosomen sowie der Einordnung erkennbarer struktureller Chromosomenaberrationen entweder als pathogene Veränderung oder als klinisch harmloser chromosomaler Heteromorphismus.

GTG-Banden: G-Bandenmuster nach Trypsinbehandlung und Giemsafärbung. Ein chromosomenspezifisches Muster aus hellen und dunklen Abschnitten (Banden) erlaubt die eindeutige Identifizierung eines jeden Chromosoms des menschlichen Chromosomensatzes.

CBG-Banden: Centromer(nahe) Banden nach Bariumbehandlung und Giemsafärbung. Jedes Chromosom weist eine am oder um das Zentromer liegende Region auf, die sich durch eine starke Anfärbung deutlich vom restlichen Chromosom abhebt. Die angefärbten Chromatinabschnitte bestehen aus Heterochromatin, das im Gegensatz zu Euchromatin keine phänotypisch relevanten DNA-Sequenzen enthält. Daher können die Segmente ohne Konsequenzen für den Träger in Größe und Lage variieren. Lichtmikroskopisch erkennbare Unterschiede werden chromosomale Heteromorphismen genannt. Das Y-Chromosom weist eine Besonderheit auf. Im langen Arm gibt es distal eine CBG-Bande variabler Größe (s. Kap. 13).

QFQ-Banden: Q-Bandenmuster nach Behandlung mit dem Fluorochrom Quinacrin. Ein Bandenmuster, das den GTG-Banden ähnlich ist. Die Auswertung erfolgt im Fluoreszenzmikroskop, wobei die hellfluoreszierenden Bereiche den dunklen GTG-Banden entsprechen. Das Y-Chromosom weist die Besonderheit auf, dass im distalen Abschnitt des langen Arms eine QFQ-Bande variabler Größe vorliegt, die allerdings nicht vollständig deckungsgleich zum CBG-Bandenmuster ist. Es gibt chromosomale Heteromorphismen, die in einigen Chromosomen zu erkennbaren Veränderungen im GTG-Bandenmuster führen und deren Einordnung als unbedenkliche Variante durch eine QFQ-Färbung erfolgt.

Distamycin A-DAPI Färbung: Bandenmuster nach Vorbehandlung mit Distamycin A und anschließender DAPI-Färbung. Eine gezielt einsetzbare Bandenfärbung zum Nachweis von Heteromorphismen im kurzen Arm von Chromosom 15, im Y-Chromosom oder im Zentromerbereich der Chromosomen 1, 9 und 16. Wichtig auch zur Identifizierung zusätzlicher Markerchromosomen, da diese mehrheitlich vom Chromosom 15 stammen.

Spezielle Bandenfärbungen wie **CBG**-Banden (**C**-Banden nach Behandlung mit einer **B**ariumlösung und **G**iemsafarbe) zur Darstellung von Heterochromatin, d. h. Chromatin ohne klinische Bedeutung, oder **QFQ** (**Q**-Banden nach Färbung mit dem **F**luorochrom **Q**uinacrin) zur besonderen Darstellung des Y-chromosomalen Heterochromatins oder Heterochromatinvarianten anderer Chromosomen werden für gezielte Fragestellungen eingesetzt.

Die Auswertung eines Karyogramms umfasst zum einen die Auszählung der Chromosomen, um Abweichungen in der Chromosomenzahl zu ermitteln. Zum anderen erfolgt eine Analyse an gebänderten Chromosomen, um strukturelle Chromosomenumbauten sowohl innerhalb nur eines Chromosoms als auch zwischen Chromosomenpaaren zu erkennen. Auf die Einteilung der Chromosomenstörungen und deren unterschiedliche prognostische Relevanz wird im Folgenden eingegangen.

4.2 Chromosomenstörungen

Die durch eine Chromosomenanalyse diagnostizierbaren Mutationen des Erbgutes werden in Genomaberrationen und Chromosomenaberrationen unterteilt. Zu den **Genomaberrationen** zählen sowohl Triploidien und Tetraploidien, also das zusätzliche Auftreten ganzer Chromosomensätze, als auch Aneuploidien. Zu den **Chromosomenaberrationen** gehören alle strukturellen Chromosomenaberrationen. Diese sind als Abweichungen in der Morphologie oder des Bandenmusters eines oder mehrerer Chromosomen eines Chromosomensatzes im Lichtmikroskop erkennbar.

4.2.1 Genomaberrationen

Bei einer **Triploidie** liegt ein dreifacher Chromosomensatz vor. Sie ist eine der häufigsten Ursachen für einen Abort; äußerst selten führt die fetale Entwicklung bis zur Geburt. Etwa 1 % aller Schwangerschaften und 10 % aller Aborte weisen eine Triploidie auf. Der zusätzliche haploide Chromosomensatz kann sowohl von der Mutter als auch vom Vater kommen (s. a. Kap. 15). Davon abhängig kann der Pränatalmediziner im Ultraschall zwei Manifestationen mit sehr unterschiedlichen Anomalien erkennen: Entweder liegt eine reduzierte Plazentaentwicklung oder eine starke Plazentaentwicklung mit häufig fehlendem Embryo vor. Im ersteren Fall stammt der zusätzliche haploide Chromosomensatz von der Mutter, im letzteren vom Vater. Die Ursache der ungleich verlaufenden Entwicklung der Schwangerschaft liegt in der unterschiedlichen, geschlechtsabhängigen genomischen Prägung des zusätzlichen Genomanteils (s. Kap. 12). Für die genetische Beratung ist von Bedeutung, dass die Wiederholungswahrscheinlichkeit nur geringfügig über der normalen Häufigkeit liegt, da es sich bei der Entstehung von Triploidien fast immer um zufällige Ereignisse handelt.

Tetraploidien, ein vierfacher Chromosomensatz, sind Folge einer unterbliebenen mitotischen Chromosomenteilung beim Durchlaufen der Mitose. Eine fetale Tetraploidie ist mit dem Leben nicht vereinbar und führt zu einem Abort. In Ausnahmen und bei Vorliegen von Mosaiken kann es zur Geburt von Kindern mit schweren Anomalien kommen. Die Wiederholungswahrscheinlichkeit für zukünftige Schwangerschaften ist nicht erhöht.

Die **Aneuploidien** werden unterteilt in **Trisomien**, dem Auftreten von zusätzlichen Chromosomen, und **Monosomien**, dem Fehlen eines Chromosoms. Monosomien beim Menschen sind in der Präimplantationsdiagnostik nachweisbar. Im frühen Embryo findet eine extrem starke Selektion gegen Monosomien statt, sodass sie bereits in Untersuchungen von frühen Fehlgeburten mit Ausnahme der Monosomie X praktisch nicht mehr vorkommen. Die einzige mit dem Leben vereinbare Monosomie des Menschen ist das Turner-Syndrom mit dem 45,X-Karyotyp. Ausführliche klinische Daten und fetale Ultraschallauffälligkeiten sind in Kapitel 11 aufgeführt.

Trisomien aller Chromosomen wurden mit Ausnahme der Trisomie 1 in Aborten nachgewiesen. Etwa 5 % aller klinisch erkannten Schwangerschaften enden in einem Abort mit einer Trisomie. Die Trisomien 13, 18 und 21 (s. Abb. 4.2) werden noch unter Neugeborenen gefunden.

Klinische Befunde und fetale Ultraschallsymptomatik der Aneuploidien werden in Kapitel 11 eingehend behandelt.

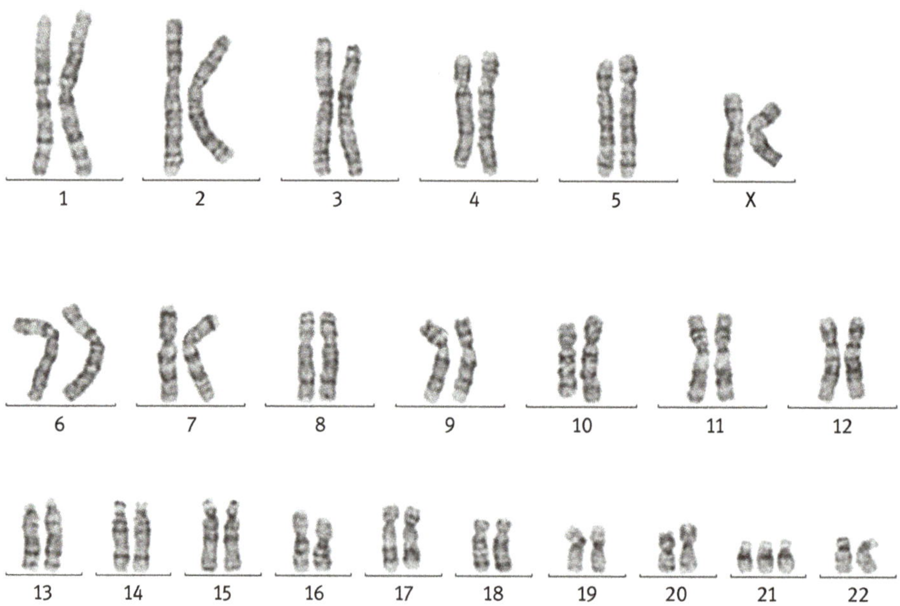

Abb. 4.2: Karyogramm GTG-gebänderter Chromosomen aus Fruchtwasserzellen eines weiblichen Feten mit freier Trisomie 21.

Die genetische Beratung bei Aneuploidien erfordert eine differenzierte Betrachtung und muss sich am Chromosomenbefund und dem Zeitpunkt der Diagnostik orientieren.

4.2.2 Chromosomenaberrationen

Zu den strukturellen Chromosomenveränderungen zählen Translokationen, Deletionen, Duplikationen, Inversionen und Insertionen (s. Kap. 2.5). In der diagnostischen Zytogenetik kommt dabei der Unterscheidung zwischen klinisch relevanter und nicht relevanter Aberration eine besondere Bedeutung zu. So lässt die Angabe, dass eine Translokation vorliegt, keinen eindeutigen Schluss zu, ob diese Veränderung einen Krankheitswert für den Träger selbst hat. Erst die Angabe, ob eine balancierte Translokation diagnostiziert wurde, also eine Aberration ohne erkennbare Abweichung von der üblichen Menge des genetischen Materials, oder eine unbalancierte Translokation, meist mit kombiniertem Zugewinn und Verlust genetischen Materials (Duplikationsdezifienzen), führt zu einer Klärung. Im ersteren Fall sind bis auf wenige Ausnahmen keine Auswirkungen für den Träger zu erwarten, dagegen treten im letzteren generell klinische Symptome auf, die abhängig von der genetischen Information der unbalancierten Chromosomenabschnitte sind. Anzumerken ist, dass in einzelnen Fällen von zytogenetisch balancierter *de-novo*-Translokation auf molekularer Ebene klinisch signifikante Veränderungen nachgewiesen wurden.

Allgemein gilt, dass strukturelle Aberrationen einen größeren Beratungsaufwand benötigen als Genomaberrationen, da häufig, wie bei Translokationsträgern mit Kinderwunsch, komplexe Situationen zu besprechen sind (s. Kap. 2.5). Ausführliche Daten zur genetischen Beratung sind auch bei Gardner et al. (2012) zu finden.

Eine Gruppe von strukturellen Chromosomenveränderungen ohne erkennbare klinische Relevanz stellen die chromosomalen Heteromorphismen dar. Sie sollen hier kurz erwähnt werden, da sie teilweise in Befundberichten aufgeführt werden. Die häufigste Veränderung ist dabei die Inversion des Heterochromatinblocks im Chromosom 9. Die Verlagerung dieses Chromosomensegments vom langen in den kurzen Arm (Abb. 4.3) ist zwar deutlich als strukturelle Auffälligkeit zu erkennen, aber langjährige Daten lassen den Schluss zu, dass dies nur eine Normvariante des menschlichen Genoms ohne klinische Konsequenzen darstellt. Auch die Verlängerungen der

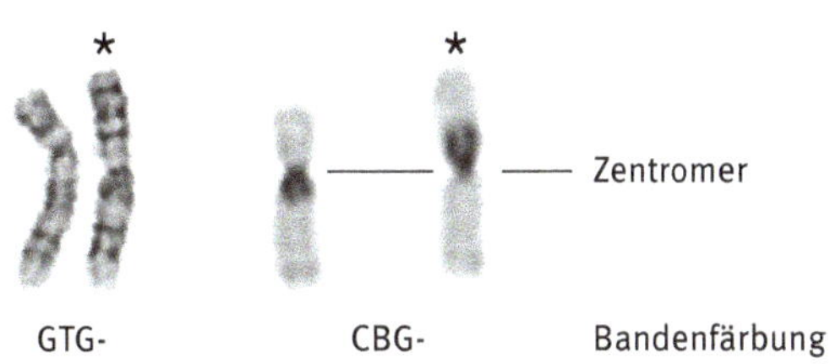

Abb. 4.3: Chromosomenpaar 9 mit Inversion des C-bandenpositiven Heterochromatins in jeweils dem rechten Homologen (mit *gekennzeichnet). Hierbei handelt es sich um einen chromosomalen Heteromorphismus, also eine Normvariante.

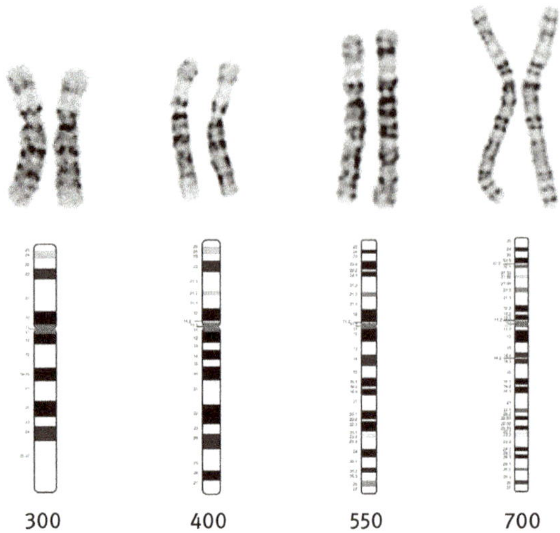

Abb. 4.4: GTG-gebänderte Chromosomen mit von links nach rechts ansteigender Bandenauflösung.

kurzen Arme akrozentrischer Chromosomen stellen in der Regel Normvarianten dar; nur sehr selten handelt es sich um ein Translokationsprodukt von klinischer Bedeutung.

Die lichtmikroskopische Diagnose struktureller Chromosomenaberrationen wird im Wesentlichen durch die Bandenauflösung bestimmt. Strukturveränderungen werden erst ab einer Größe von 5–10 Mb erkennbar (Abb. 4.4). Chromosomenanomalien, die unterhalb der lichtmikroskopischen Auflösung liegen, werden als Mikroaberrationen bezeichnet und sind nur durch andere Methoden nachweisbar, z. B. durch eine molekular-zytogenetische oder molekulare Analyse (s. Kap. 6 und 7). Die größte Gruppe umfasst dabei die Mikrodeletionen.

Ein Vorteil der zytogenetischen Diagnostik gegenüber den oben genannten neueren Methoden ist die Erkennung balancierter Chromosomenumbauten. So werden in der Regel strukturelle Chromosomenumbauten, die nicht zum Zugewinn oder Verlust von genetischem Material führen, z. B. reziproke Translokationen, nicht durch eine molekulargenetische oder Array-Diagnostik erkannt. Träger balancierter Translokationen weisen aber ein deutlich erhöhtes Risiko für Aborte aufgrund unbalancierter fetaler Translokationen und für die Geburt von klinisch auffälligen Kindern auf (s. Kap. 15) und sind daher ein wesentlicher Aspekt der genetischen Beratung bei Fertilitätsproblemen.

4.2.3 Befundmitteilung

In den Befunden wird das Ergebnis einer Chromosomendiagnostik ausführlich beschrieben und in einer Formel, die Karyotyp genannt wird, nach international vereinbarter Nomenklatur (ISCN 2013) zusammengefasst. Diese Karyotypangabe erlaubt dem Gynäkologen eine schnelle Erkennung, ob ein normaler oder ein pathologischer Chromosomensatz vorliegt. Im Fall von Aberrationen sind im Karyotyp alle numerischen und strukturellen Chromosomenveränderungen aufgeführt. Wesentliche Informationen zur Befundinterpretation nach ISCN 2013 sind in der Infobox 4.2 aufgeführt.

Infobox 4.2: Internationale Nomenklatur zur Angabe eines Karyotyps.

Die für die Erstellung von Befunden verbindliche internationale Nomenklatur ist in der Publikation „An International System of Human Chromosome Nomenclature (ISCN) – 2013" aufgeführt.
Als Regel zur Erstellung einer Karyotypformeln gilt: Zu Beginn steht immer die Chromosomenzahl, gefolgt von der Angabe der Geschlechtschromosomen und ggf. der diagnostizierten Chromosomenaberration(en). Im Folgenden sind einige Beispiele aufgeführt.

- 46,XX = unauffälliger weiblicher Chromosomensatz
- 47,XY,+21 = männlicher Chromosomensatz mit einem zusätzlichen Chromosom 21
- 45,XX,rob(13;14) = weiblicher Chromosomensatz mit einer Robertson'schen Translokation zwischen den Chromosomen 13 und 14. Die Bruchpunkte liegen im Zentromer oder im kurzen Arm der Chromosomen 13 und 14, wodurch der Verlust an genetischem Material ohne klinische Signifikanz ist.
- mos 45,X/46,XX = Mosaik aus einer Zelllinie mit einem fehlenden Geschlechtschromosom (Turner-Syndrom) und einer Zelllinie mit unauffälligem weiblichen Chromosomensatz
- 69,XXY = Triploidie mit zwei X- und einem Y-Chromosom
- 47,XXY,inv(9) = männlicher Chromosomensatz mit einem zusätzlichen X-Chromosom (Klinefelter-Syndrom) und einer Inversion im Chromosom 9
- 46,XY,t(2;3)(q22;p13)mat = balancierte reziproke Translokation mit Bruchpunkten im langen Arm von Chromosom 2 in der Bande 2q22 und im kurzen Arm von Chromosom 3 in der Bande 3p13. Die Translokationschromosomen liegen an Stelle eines normalen Chromosoms 2 und eines normalen Chromosoms 3 vor. Die Translokation ist von der Mutter ererbt.
- 46,XX,der(3)t(2;3)(q22;p13)pat = unbalancierte Translokation mit einem derivativen (der) Chromosom 3 an Stelle eines normalen Chromosoms 3. Das derivate Chromosom 3 stammt aus einer unbalancierten Chromosomenverteilung in der Meiose des Vaters, der Träger einer balancierten Translokation t(2;3)(q22;p13) ist.
- Folgende Abkürzungen sind bei Befundmitteilungen relativ häufig:
  - add: Zusätzliches Chromosomensegment unbekannter Herkunft
  - arr: Mikroarray
  - cen: Zentromer
  - del: Deletion
  - der: derivatives, strukturell verändertes Chromosom
  - dic: dizentrisch
  - dn: de novo entstandene Veränderung
  - dup: Duplikation
  - fra: Fragile site = brüchige Stelle eines Chromosoms

- h: Heterochromatin
- i: Isochromosom
- idic: isodizentrisches Chromosom
- ins: Insertion
- inv: Inversion
- ish: in situ Hybryidisierung
- mar: Markerchromosom
- mat: mütterlichen Ursprungs
- Minuszeichen (–): Verlust
- mos: Mosaik
- nuc: Interphasezellkern
- or: Alternative Interpretation
- pat: väterlichen Ursprungs
- punkt (.): trennt Befunde aus verschiedenen Untersuchungstechniken
- pluszeichen (+): Zusätzliches Chromosom oder Segment
- ps: Satelliten-tragender kurzer Arm eines akrozentrischen Chromosoms
- psu: Pseudo
- pter:terminales Ende des kurzen Arms
- qter: terminales Ende des langen Arms
- Fragezeichen (?): Fragliche Chromosomenveränderung
- r: Ringchromosom
- rcp: reziprok
- rob: Robertson'sche Translokation
- sct: sekundäre Konstriktion
- subtel: Subtelomerregion
- t: Translokation
- ter: terminales Ende eines Chromosoms/einer Telomerregion
- upd: uniparentale Disomie
- var: Variante oder Variante Region (Heteromorphismus)

Merk-Würdiges

- Eine Chromosomenanalyse erfolgt an Mitosechromosomen.
- Ein Karyogramm enthält die geordneten Chromosomen einer Zelle.
- Zur eindeutigen Identifizierung der Chromosomen oder bestimmter Chromosomenbereiche wird ein Bandenmuster erzeugt.
- Der Karyotyp beschreibt den Chromosomensatz eines Indivuums.
- Der Karyotyp kann nach ISCN 2013 in einer Kurzform angegeben werden.

4.3 Pränatale Chromosomendiagnostik

4.3.1 Einleitung

Die pränatale Chromosomendiagnostik begann im Jahre 1966 mit der ersten Chromosomendarstellung aus Fruchtwasserzellen durch Steele und Breg. Als invasive

Methode ist sie immer mit einem eingriffsbedingten Risiko verbunden und muss als Diagnostikoption neben den seit Längerem üblichen nicht-invasiven Untersuchungen, wie fetale Ultraschalldiagnostik und Serumdiagnostik aus dem mütterlichen Blut, angesehen werden. Letztere werden heutzutage als Screeningmethoden – Ersttrimester-Screening der 11.–14. Schwangerschaftswoche post menstruationem (SSW) bzw. Zweittrimester-Screening 18.–22. SSW („Feindiagnostik") – mit großer Häufigkeit durchgeführt. Ein Vorteil der invasiven Diagnostik gegenüber den nicht-invasiven Screeningmethoden liegt in der Sicherheit der Aussage. Während z. B. das Ersttrimester-Screening eine Sensitivität von ca. 90–95 % für die Erkennung der häufigsten Chromosomenstörung des Neugeborenen, der Trisomie 21, aufweist, erlaubt die Chromosomendiagnostik deutlich genauere Angaben, die letztendlich eine Sensitivität von über 99 % erreichen. Darüber hinaus ist die zytogenetische Pränataldiagnostik, im Gegensatz zu den stark begrenzten Aussagen der nicht-invasiven Diagnostik, in der Lage, alle Chromosomenstörungen, die Ursache fetaler Ultraschallauffälligkeiten sind, zu erkennen.

Eine pränatale Chromosomendiagnostik wird üblicherweise an Chorionzotten nach Biopsie (CVS, *chorionic villi sampling*) oder an Fruchtwasserzellen nach Amniozentese (AC, *amniocentesis*) durchgeführt (Abb. 4.5). Seltener werden auch fetale Lymphozyten nach Nabelvenenpunktion/Cordozentese (FBS, *fetal blood sampling*) untersucht und, unter besonderen Voraussetzungen, Zellen aus fetalen Geweben, aus fetalem Urin nach Blasenpunktion (FUS, *fetal urine sampling)* oder aus anderen fetalen Körperflüssigkeiten, z. B. Aszites. Jede invasive Technik weist dabei einen optimalen Einsatzzeitraum, eine spezifische Untersuchungsdauer sowie ein bestimmtes Risiko für eingriffsbedingte Aborte auf (Tab. 4.1).

In Deutschland wurden nach Schätzung des Nationalen Ethikrats im Jahr 2003 ca. 70.000 invasive Eingriffen durchgeführt. In den letzten Jahren ist die Zahl der Eingriffe nach Einführung des Ersttrimester-Screenings (ETS) und Berechnung der Wahrscheinlichkeiten für das Vorliegen der drei bei Neugeborenen häufigsten Trisomien jedoch deutlich zurückgegangen. Die Vorhersagegenauigkeit von ca. 90–95 % wird offensichtlich von vielen Paaren als ausreichend eingeschätzt, um auf eine invasive Diagnostik zu verzichten (Weichert und Eckmann-Scholz, 2012) und ggf. die Geburt eines Kindes mit Chromosomenstörung zu akzeptieren. Publizierte Daten aus Bayern zeigen einen Rückgang der invasiven Diagnostik um 62 % von 8,7 % auf 3,3 % aller Schwangerschaften (Weichert und Eckmann-Scholz, 2012).

Noch ausgeprägter ist dieser Trend im Kollektiv des Zentrums für Pränataldiagnostik und Humangenetik – Kudamm 199 zu erkennen. In der Zeit von 1999 bis 2012 sank der Anteil der Amniozentesen bezogen auf die Gesamtzahl der pränatalen Untersuchungen um über 71 %, bei den Chorionzottenbiopsien um über 40 %. Dagegen ist die Rate der pathologischen Fälle unter allen untersuchten Fällen in der Zeit von 2000 bis 2012 nach AC von 2,5 % auf 10,5 % und nach CVS von 11,1 auf 27,5 % gestiegen. Ursache dafür ist der Einsatz technisch deutlich verbesserter Ultraschallgeräte

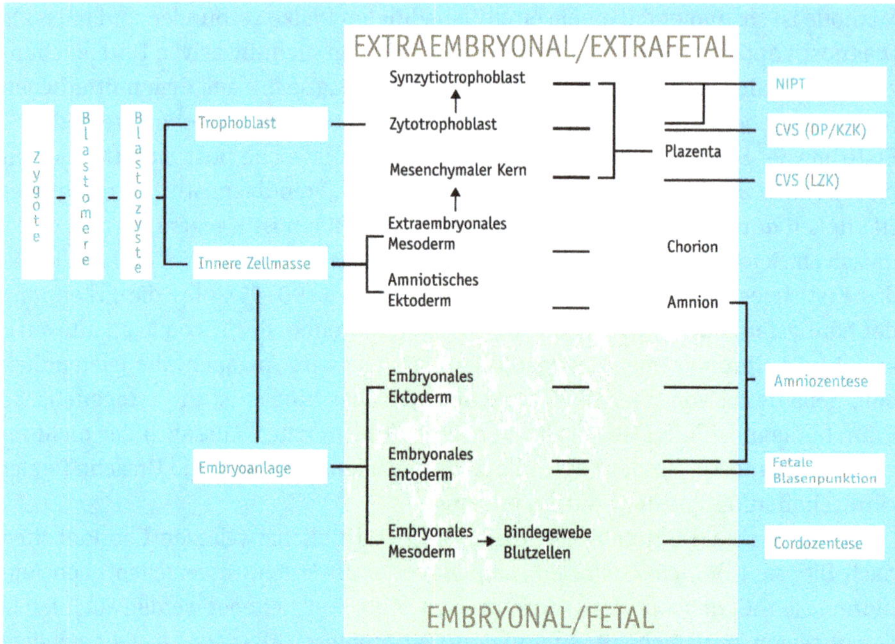

Abb. 4.5: Schematische Darstellung der Embryonalentwicklung/Fetalentwicklung mit Angabe der Gewebe, die bei einer genetischen Pränataldiagnostik untersucht werden. CVS: Chorionzottenbiopsie, DP: Direktpräparation, KZK: Kurzzeitkultur, LZK: Langzeitkultur, NIPT: Nicht-invasive (genetische) Pränataldiagnostik (modifiziert nach Wegner und Stumm [2011]).

gerade auch im ersten Trimester der Schwangerschaft zusammen mit dem Trend, auf eine invasive Diagnostik zu verzichten.

Abschließend bleibt anzumerken, dass die Fruchtwasserzellanalyse noch immer der Goldstandard in der Pränataldiagnostik ist, an dem sich die anderen Methoden messen lassen müssen.

4.3.2 Präanalytik

Patientenaufklärung – Gendiagnostikgesetz

Nach dem Gendiagnostikgesetz (GenDG), gültig seit dem 01.02.2010, muss vor einer pränatalen Diagnostik und nach Vorliegen des Untersuchungsergebnisses eine genetische Beratung erfolgen (s. Kap. 3). Die Beratung dient einer umfassenden Aufklärung zur Untersuchung und muss dokumentiert werden. Im Untersuchungsauftrag wird die Entscheidung der Patientin zum Umgang mit dem Untersuchungsmaterial und den Untersuchungsergebnissen dokumentiert. Die Beratung unterliegt dem Arztvorbehalt, d. h., nur Fachärzte für Humangenetik, Fachärzte mit der Zusatzbezeichnung „Medizinische Genetik" und Ärzte mit einer „Qualifikation zur fachgebundenen genetischen Beratung nach den Erfordernissen der Richtlinie der Gendiagnostik-Kommission (GEKO)" – im Weiteren als „GEKO-RL zertifizierte Ärzte" bezeichnet – sind berechtigt, diese durchzuführen.

Probengewinnung und Versand

Die Wahl der Eingriffstechnik und die Gewinnung der pränatalen Proben erfolgt durch spezialisierte Pränatalmediziner. Es gibt optimale Zeitfenster für den Einsatz der unterschiedlichen Techniken (Abb. 4.6, Tab. 4.1).

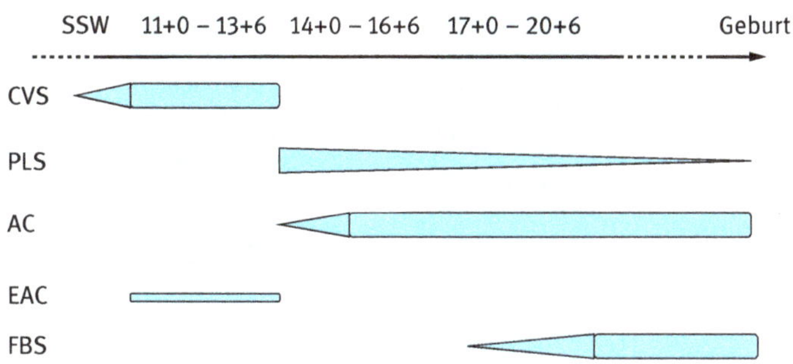

Abb. 4.6: Diagramm mit Angabe der optimalen Zeiten für die Durchführung invasiver Techniken zur Gewebegewinnung. Die Balkenstärke ist ein Maß für die Präferenz der Technik. SSW: Schwangerschaftswoche, CVS: Chorionzottenbiopsie, PLS: Plazentabiopsie, AC: Amniozentese, EAC: Frühe Amniozentese, FBS: Fetalblutentnahme.

Amniozentese

Fruchtwasserzellen werden optimal zwischen der 16. und 17. SSW durch eine transabdominale Amniozentese gewonnen (Tab. 4.1). Das Risiko eines eingriffsbedingten Abortes liegt bei routinierten Punkteuren bei ca. 0,5 %. Die gewonnene Fruchtwassermenge sollte zwischen 10 und 20 ml liegen. Eine Amniozentese zwischen der 11+0 und 13+6 SSW wird als frühe Amniozentese (EAC = early amniocentesis) bezeichnet. Für die EAC sind strenge Indikationskriterien anzulegen, da das Risiko eines Blasensprungs erhöht ist. Es sollte maximal ein Volumen von 10 ml Fruchtwasser entnommen werden.

Das Fruchtwasser kann direkt in der Entnahmespritze oder in sterilen, für Zellen geeignete Transportröhrchen – Zytotoxizität ausschließen! – verschickt werden. Wird durch entsprechend ausgestattete Transportbehälter eine Temperatur zwischen 4 °C und 37 °C sichergestellt, können Proben auch bei extremen Außenbedingungen problemlos über 2–3 Tage transportiert werden, ohne dass dabei die Vitalität der Zellen merklich reduziert wird.

Kann ein Versand nicht am Abnahmetag erfolgen, sollten die Proben im Kühlschrank aufbewahrt werden.

Tab. 4.1: Techniken der invasiven Pränataldiagnostik mit Angabe des optimalen Eingriffzeitraumes, des Abortrisikos sowie der Bearbeitungszeit bis zur Befunderstellung. Die Bearbeitungszeit wird wesentlich durch die Zell-/Gewebemenge beeinflusst.
AC: Amniocentese, EAC: frühe (*early*) Amniocentese, CVS: Chorionzottenbiopsie, KZK: Kurzzeitkultur, LZK: Langzeitkultur, PLB: Plazentabiopsie, FBS (*Fetal Blood Sampling*): Fetale Blutentnahme, FUS (*Fetal Urine Sampling*): fetale Blasenpunktion.

		Eingriffszeit (SSW)	Abortrisiko (%)	Bearbeitungszeit (Tagen)
AC	konventionell	> 15	~ 0,5	8–14
	Schnelltest			1
EAC	konventionell	11. –14.	> 1	> 12
	Schnelltest			1
CVS	KZK	11.–14.	~ 0,5	1
	LZK			5–18
PLB	KZK	> 14.	~ 0,5	1
	LZK			5–18
FBS		> 18	1–3	4
FUS		> 18	?	10–18

Chorionzottenbiopsie (Plazentabiopsie)

Chorionzotten werden durch transabdominale Biopsie unter Ultraschallkontrolle aus dem Chorion frondosum gewonnen, im optimalen Fall in der Zeit zwischen 11+0 und 13+6 SSW (s. Tab. 4.1). Das Risiko eines methodisch bedingten Verlustes der Schwangerschaft liegt wie bei der AC bei ca. 0,5 %. Für Biopsien vor der 10. SSW wurde ein erhöhtes Risiko für Extremitätenfehlbildungen beschrieben.

Eine Biopsie ab 14+0 SSW wird als Plazentese (PLB, *placenta biopsy*) bezeichnet. Die entnommenen Zotten (10–20 mg; für molekulargenetische Analysen ggf. >20 mg; Kap. 7) sollten in einem speziellen Transportmedium mit einem Puffer, der einen stabilen pH-Wert gewährleistet, sowie mit Heparin zur Verhinderung der Agglutination der Erythrozyten versandt werden. Chorionzotten können unter den für die Fruchtwasserzellen genannten Transportbedingungen verschickt werden.

Fetalblutentnahme

Die Gewinnung fetalen Blutes erfordert die Punktion der Nabelschnurvene, vorzugsweise an der Plazentaansatzstelle, in der Regel ab der 18. SSW. Für eine optimale Analyse werden 1–2 ml Heparinblut benötigt. Fetalblutentnahmen werden häufig bei Hochrisikoschwangerschaften durchgeführt. Das Risiko eines Abortes ist abhängig von der Indikation und wird mit 1–3 % angegeben.

Andere Gewebe

Unter besonders strikter Indikationsstellung werden auch die fetale Blase oder andere flüssigkeitsgefüllte Räume des Feten punktiert oder eine Fetoskopie, z. B. zur Haut- oder Leberbiopsie, durchgeführt.

Versand und Formulare

Bei Zusendung einer Probe benötigt das Labor neben dem Namen und dem Geburtsdatum des Patienten ein vollständig ausgefülltes Einsendeformular mit mindestens folgenden Informationen:

1. Angaben zum Einsender und Namen des nach GenDG verantwortlichen Arztes in **Druckbuchstaben,**
2. Informationen zur Anamnese der Patientin mit Angaben zu vorherigen Schwangerschaften, zur aktuellen Schwangerschaft und zum Feten,
3. Eindeutige Indikationsstellung durch den nach GenDG verantwortlichen Arzt,
4. Einwilligung zur Untersuchung entsprechend dem GenDG mit Unterschrift der Schwangeren,
5. Auftrag zur Untersuchung mit Unterschrift der Schwangeren und des nach GenDG verantwortlichen Arztes.

Der Probenversand muss in einer Versandbox erfolgen, die eine Temperatur zwischen 4 °C und 37 °C gewährleistet.

4.3.3 Indikationen

Die Indikationsstellung für eine pränatale Diagnostik erfolgt überwiegend durch den nach GEKO-RL zertifizierten Gynäkologen oder durch einen Facharzt für Humangenetik. Regelmäßige Anlässe sind

1. Auffällige fetale Ultraschallbefunde,
2. auffällige Serumparameter der Schwangeren im 2. Trimenon,
3. erhöhtes mütterliches Alter,
4. balancierte Chromosomenaberration bei einem Elternteil,
5. vorangegangene Geburt eines Kindes mit Chromosomenaberration,

6. auffälliges Erstrimester-Screening,
7. Familienmitglied mit einer monogen bedingten Erkrankung und bekannter Genmutation.

Durch die technische Entwicklung der Ultraschallgeräte und dem Einsatz des ETS gibt es in den letzten Jahren eine deutlich erkennbare zahlenmäßige Verschiebung von der Indikationsgruppe „Alter" zur Gruppe „auffälliger fetaler Ultraschall" und „ETS".

4.3.4 Untersuchungsmethoden

Allgemeines

Ziel einer jeden zytogenetischen Untersuchung ist es, die Chromosomenkonstitution des Feten zu ermitteln. Hierzu gehört auch die Bewertung der sonografischen Merkmale, die nicht selten ein wichtiger Baustein für die Befundbewertung sind. Der Ausfall eines pränatalen Chromosomenbefundes durch Kulturversager ist sehr selten, ebenso ein frustraner Eingriff des Gynäkologen. Anatomische Verhältnisse der Schwangeren und/oder Lage der Plazenta können bei geplanter CVS zur Verschiebung des Eingriffs oder zum späteren Einsatz einer AC führen.

Fruchtwasserzellanalyse nach Amniozentese (AC)

Voraussetzung für eine klassische Chromosomenanalyse sind Zellen in der Zellteilung. Dazu werden die Zellen durch Zentrifugation des Fruchtwassers als Sediment gewonnen und in Zellkultur genommen, damit sie in den Zellzyklus eintreten und Zellteilungen durchführen (Wegner, 1999). Das überstehende Fruchtwasser kann zur Analyse des alpha-Fetoproteins als Indikator für Neuralrohrdefekte eingesetzt werden. Um eine ausreichende Anzahl mitotischer Zellen zu erhalten, ist eine Zellzüchtungsphase von 8–14 Tagen notwendig. Entsprechend der „S2-Leitlinie Humangenetische Diagnostik der Gesellschaft für Humangenetik (GfH) und des Berufsverbandes Deutscher Humangenetiker (BVDH)" (S2-LL HumDiag) sollten für die Befunderstellung mindestens 15 Zellen gezählt und davon fünf strukturell analysiert werden. Die Bandenauflösung sollte mindestens 400 Banden pro haploidem Chromosomensatz (Abb. 4.4) erreichen.

Für den schnellen Ausschluss/Nachweis der Trisomien 13, 18 und 21 können ca. 2 ml des Fruchtwassers für den pränatalen Schnelltest (PräST) verwendet werden (s. Kap. 6). Durch Einsatz der Fluoreszenz-in-situ-Hybridiserung (FISH) wird mittels eines DNA-Sondengemisches für die genannten Chromosomen ein Ergebnis innerhalb von 24 Stunden erstellt. Diese Analyse erlaubt nur die numerische Bestimmung der untersuchten Chromosomenregionen, da eine Analyse der Signalkonstellationen an Zellkernen erfolgt. Die strukturelle Beurteilung dieser und aller anderer Chromosomen kann nur durch eine klassische Chromosomenanalyse erfolgen. Der alleinige Einsatz des pränatalen Schnelltests kann unzureichend sein, wie der folgenden Fall (Kasuistik 4.1) belegt.

Kasuistik 4.1

Bei der sonografischen Untersuchung einer 36-jährigen Schwangeren mit zwei spontanen Fehlgeburten und einem gesunden Kind wurde in der 16. SSW eine vermehrte Nackendicke beim Feten als einziges Symptom festgestellt. Nach genetischer Beratung entschieden sich die Eltern für eine Amniozentese mit pränatalem Schnelltest (PräST). Die FISH-Diagnostik an Zellkernen wurde mit DNA-Sonden für die Chromosomen 13 und 21 durchgeführt. Für die Chromosom-13-Sonde wurden drei Signale nachgewiesen (Abb. 4.7a). Eine nochmalige eingehende Ultraschalluntersuchung zeigte entgegen dem Ergebnis des PräST keine Hinweise auf das Vorliegen einer Trisomie 13 im Kind und die Schwangerschaft wurde weitergeführt.
Zwischenzeitlich ergaben die Chromosomenanalysen an Lymphozyten des Paares, dass der Kindsvater eine balancierte Translokation zwischen den Chromosomen 7 und 13 aufwies (Abb. 4.7b). Die FISH-Analyse mit den Sonden des PräST zeigte identisch zu der vorliegenden Schwangerschaft auch beim phänotypisch unauffälligem Vater drei Signale für die Chromosom-13-Sonde auf den Zellkernen. Erst die Analyse der FISH-Signale auf den Metaphasechromosomen klärte die Befunde endgültig. Der Bruchpunkt im Chromosom 13 lag genau innerhalb des von der DNA-Sonde erkannten Bereichs (Retinoblastom-Gen) und die beiden Translokationschromosomen wiesen jeweils einen Teil dieses Bereich auf, wodurch anstelle des üblichen einen Signals zwei Signale auftraten (Abb. 4.7c).
Die Chromosomenanalyse aus den Fruchtwasserzellen zeigte einen männlichen Chromosomensatz mit 46 Chromosomen und einer balancierten Translokation zwischen einem Chromosom 7 und einem Chromosom 13 entsprechend dem väterlichen Karyotyp.
Damit konnte den Eltern die Diskrepanz zwischen pathologischem Schnelltestbefund und dem dazu fehlenden sonografischen Befund erklärt werden. Ohne die Kenntnis des sonografischen Befundes und der Chromosomenkonstellation aus den Fruchtwasserzellen wäre eine Fehldiagnose und möglicherweise der Schwangerschaftsabbruch eines gesunden Feten mit balancierter Translokation erfolgt. Eine Unterscheidung zwischen unbalanciertem Chromosomensatz mit partieller Trisomie 13 und balanciertem Karyotyp ist auf Zellkernebene durch einen PräST nicht möglich (Abb. 4.7d).

Dies ist einer der seltenen Fälle einer möglichen Fehlinterpretation von FISH-Signalen auf Zellkernen, gleichzeitig aber auch ein gutes Beispiel dafür, warum die von der S2-LL HumDiag geforderte Analyse der Chromosomen notwendig ist.

Merk-Würdiges

- Der PräST zeigt die Anzahl der von einer DNA-Sonde detektierten chromosomalen Region auf Zellkernebene an.
- Er erlaubt keine Aussagen zur restlichen Struktur des Chromosoms.
- Eine lokale Deletion der durch die DNA-Sonde detektierten Region kann zu einem falsch negativen Befund bei einer Aneuploidiediagnostik führen.
- Der PräST erlaubt keine Aussagen zu numerischen und strukturellen Veränderungen an anderen Chromosomen.

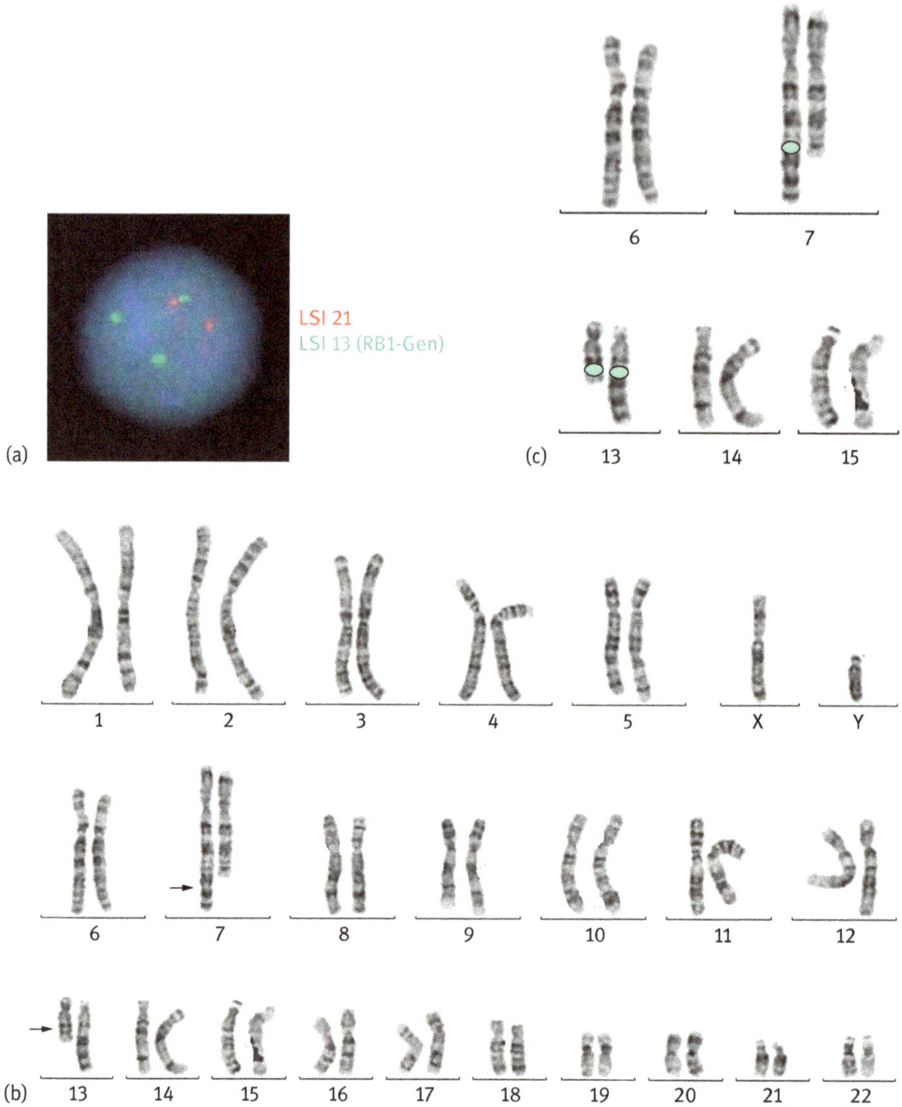

Abb. 4.7: Kasuistik mit fetaler Translokation t(7;13); a) FISH-Signale nach Hybrisierung mit DNA-Sonden für die Down-kritische Region (rote Signale) und für das Retinoblastom-Gen (grüne Signale). Die Signalkonstellation ist typisch für zwei Chromosomen 21 und drei Chromosomen 13 (Pätau-Syndrom); b) Karyotyp des Vaters mit einer Translokation zwischen je einem Chromosom 7 und einem Chromosom 13; c) Ausschnitt aus dem Karyotyp des Vaters mit Darstellung der FISH-Sondensignale für das normalerweise auf dem Chromosom 13 liegende Retinoblastom-Gen. Die DNA-Sonde detektiert durch die Translokation, die das Retinblastom-Gen spaltet, die beiden Segmentfragmente und zwar sowohl das auf dem Chromosom 7 als auch das auf dem Chromosom 13. Damit ergeben sich drei Signale bei dem balancierten Chromosomensatz des phänotypisch unauffälligen Vaters. d) Schematische Darstellung der identischen Signalkonstellationen bei balanciertem und unbalanciertem Chromosomensatz in der vorliegenden Kasuistik. Die Translokationschromosomen sind mit einem Stern (*) gekennzeichnet.

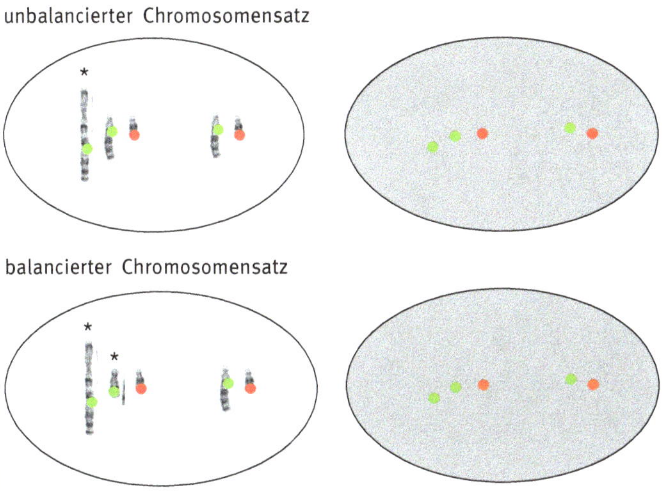

(d)

Analyse von Chorionzotten nach Biopsie (CVS) bzw. von Plazentazotten nach Biopsie (PLB)

Eine vollständige CVS oder PLB umfasst immer die Analyse von Zotten nach Kurzzeitkultur (KZK) **und** nach Langzeitkultur (LZK), da es durch Mosaikkonstellationen diskrepante Befunde geben kann (s. Kap. 4.3.5).

Zum Verständnis der Kultursysteme und zur Erklärung von Mosaikbefunden ist die Kenntnis des Aufbaus und der Entstehung der Chorionzotten notwendig. Die Abbildung 4.8 zeigt in einem Längsschnitt die drei Zellschichten einer typischen Chorionzotte zum üblichen Zeitpunkt einer Biopsie: Synzytioblast, Zytotrophoblast und mesenchymaler Kern. Darüber hinaus ist dargestellt, welche Zelltypen in KZK und LZK untersucht werden.

Der Synzytioblast besitzt keine Teilungskapazität, steht also für eine Chromosomenanalyse nicht zur Verfügung. Der Zytotrophoblast weist als einzige Zellschicht eine spontane Mitoseaktivität auf, d. h., nur die Chromosomen dieser mitotisch aktiven Zellen werden in der KZK analysiert. Für die Präparation der KZK gibt es zwei Vorgehensweisen. In der Direktpräparation (DP) wird das noch körperwarme Gewebe sofort in ein 37 °C warmes Kulturmedium überführt und nach einer kurzen Inkubation in Gegenwart von Colchizin präpariert. In der KZK im engeren Sinne wird eine Inkubation, meist über Nacht, der Chromosomenpräparation vorangestellt. Vor der Chromosomenpräparation der Kurzzeitkultur ist immer darauf zu achten, dass eine mehrstündige Temperatureinstellung im CO_2-Inkubator erforderlich ist.

Die Metaphasechromosomen sind gewebeinhärent von geringer Qualität, sodass nur eine numerische und sehr grobe strukturelle Analyse erfolgen kann. In einer LZK mit einer Kulturdauer zwischen fünf und 18 Tagen wachsen nur die Zellen des mesenchymaler Kerns heran; die Zellen des Zytotrophoblasten leisten keinen Beitrag zum Chromosomenbefund der LZK. Die Chromosomenmorphologie erlaubt eine struk-

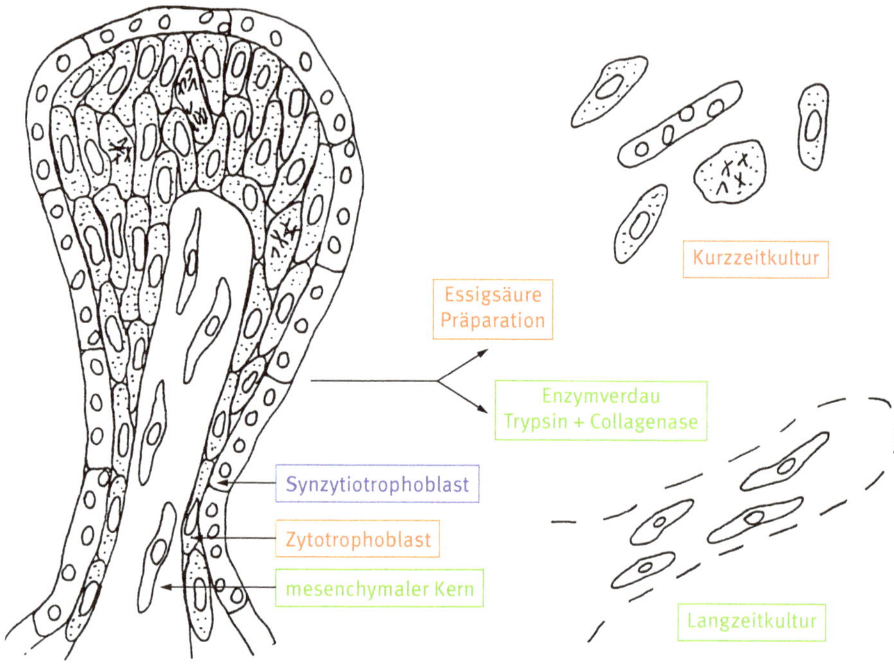

Abb. 4.8: Schematischer Längsschnitt durch eine Chorionzotte mit Darstellung der verschiedenen Zellschichten. Der unterschiedliche Ursprung der in der Diagnostik untersuchten Zellen wird erkennbar.

turelle Analyse, deren Qualität etwas unterhalb derjenigen der Fruchtwasserzellen liegt. Die S2-LL HumDiag fordert eine Auflösung von mindestens 300 Banden pro haploidem Chromosomensatz.

Bei einer PLB ist in Hinblick auf die zytogenetische Analyse zu berücksichtigen, dass eine umgekehrte Korrelation zwischen Schwangerschaftsalter und dem spontanen Mitoseindex im Zytotrophoblasten charakteristisch ist. Dies bedeutet, dass nach einer PLB ein schneller Chromosomenbefund nach Kurzzeitkultur vermehrt nicht zu erstellen ist.

Fetalblutanalyse nach Nabelvenenpunktion

Vor einem Kulturansatz muss immer überprüft werden, ob die Blutprobe zu 100 % aus fetalen Zellen besteht, da eine Beimengung von mütterlichen Zellen ein erhöhtes Risiko einer Fehldiagnose darstellt. Die Kultivierung der fetalen Lymphozyten entspricht der Kulturtechnik von postnatal gewonnen Lymphozyten (s. Kap. 5). Das Ergebnis einer numerischen Analyse an ungebänderten Chromosomen liegt nach zwei Tagen vor, das der strukturellen Analyse an gebänderten Chromosomen nach vier Tagen.

Analyse weiterer Gewebe
Zellen aus fetalem Urin oder fetalem Aszites können gezüchtet und strukturell analysiert werden. Derartige Analysen stellen Ausnahmen dar, leisten aber im Einzelfall die exakte Bestimmung des fetalen Chromosomensatzes, da zweifelsfrei direkt fetale Zellen analysiert werden (Kasuistik 4.6 und 4.7). Diese Untersuchungen erfordern eine Punktion der fetalen Blase oder der entsprechenden flüssigkeitsgefüllten Räume und sollten nur durch erfahrene Pränatalmediziner durchgeführt werden. Der Zeitpunkt des Eingriffs ist abhängig von der vorliegenden Fehlbildung. Bei einer Megazystis kann eine Entlastungspunktion häufig schon in der 13. SSW durchgeführt werden, während die Punktion der normalen fetalen Blase nicht vor der 19. SSW erfolgen sollte. Zahlen zu eingriffsbedingten Risiken liegen nicht vor.

4.3.5 Ergebnisse und Zuverlässigkeit

Allgemeines
In der Pränataldiagnostik korreliert die Häufigkeit diagnostizierter Chromosomenanomalien mit der Indikation und dem Zeitpunkt der Untersuchung.

In der Indikationsgruppe „auffälliger fetaler Ultraschall" unterscheidet Benn (2010) bezüglich der Häufigkeit von Aneuploidien drei Risikogruppen. In die Hochrisikogruppe mit einem Risiko von 20 % Chromosomenanomalien fallen u. a. intrauterine Wachstumsrestriktion, Mikrozephalie, Gesichtsspalten, Duodenalatresie und Omphalozele. Beim Auftreten kombinierter Anomalien steigt das Risiko. Ein moderates Risiko (10–19 %) gibt er an bei hyperechogenem Darm, Nierenanomalien/Hydronephrosis, Oligo- oder Polyhydramnion, Hydrozephalus/Ventrikulomegalie und bei Bauchfellhernien in Kombination mit weiteren Anomalien. Als niedriges Risiko (< 10 %) wird das Auftreten von Neuralrohrdefekten, isolierten Klumpfüßen, Plexuszysten, Pyelektasie und singulärer Nabelschnurarterie eingeordnet. Beim Auftreten von kombinierten Auffälligkeiten steigt das Risiko.

Für die Indikationsgruppe „erhöhtes mütterliches Alter" gilt, dass die Entstehung von freien Trisomien eng mit dem mütterlichen Alter korreliert ist. Die Häufigkeiten von Trisomie 13, 18, 21 bzw. Gruppen anderer Chromosomenaberrationen in Abhängigkeit vom mütterlichen Alter sind für den Zeitpunkt der Amniozentese in Tabelle 4.2 aufgeführt. Weitere zum Teil sehr detaillierte Daten sind in Milunsky und Milunsky (2010) zu finden. Strukturelle Chromosomenaberrationen treten unabhängig vom mütterlichen Alter auf.

Tab. 4.2: Häufigkeit von Chromosomenaberrationen in Abhängigkeit vom mütterlichen Alter der Schwangeren, die eine Amniozentese aus Altersindikation durchführen ließen (Milunsky und Milunsky, 2010).

Mütterliches Alter	Zahl der Schwangerschaften	Autosomale Aberrationen				Gonosomale Aberrationen				Summe aller Aberrationen		
		+21	+18	+13	Extramarker	XXX	XXY	XYY	X0	unbalanciert	balanciert	Total
35	5.409	0,35	0,07	0,05	0,04	0,07	0,09	0,05	0,05	0,91	0,39	1,29
36	6.103	0,57	0,08	0,03	0,03	0,08	0,08	0,02	0,10	1,09	0,31	1,41
37	6.956	0,68	0,09	0,03	0,07	0,07	0,04	0,03	0,06	1,24	0,26	1,50
38	7.926	0,81	0,15	0,04	0,02	0,08	0,08	0,02	0,08	1,39	0,26	1,65
39	7.682	1,09	0,19	0,06	0,05	0,12	0,16	0,04	0,03	1,87	0,22	2,10
40	7.174	1,23	0,25	0,12	0,08	0,06	0,15	0,03	0,04	2,13	0,22	2,36
41	4.763	1,47	0,36	0,17	0,06	0,15	0,29	0,04	–	2,64	0,19	2,83
42	3.156	2,19	0,63	0,19	0,06	0,28	0,35	0,03	0,03	3,77	0,24	4,01
43	1.912	3,24	0,78	0,05	0,10	0,31	0,31	–	–	5,02	0,05	5,07
44	1.015	2,95	0,49	–	–	0,49	0,39	–	–	4,33	0,10	4,43
45	508	4,53	0,39	0,20	0,39	0,39	0,98	0,20	–	7,28	–	7,28
46	232	8,19	0,43	–	–	0,43	1,29	–	–	10,34	–	10,34
>46	129	2,33	0,77	–	–	1,55	1,55	0,77	–	6,98	–	6,98
≥35	52.965	1,16	0,23	0,07	0,06	0,12	0,16	0,03	0,04	2,01	0,25	2,26

Das Schwangerschaftsalter zum Zeitpunkt der Diagnostik und die Häufigkeit von Chromosomenstörungen weisen eine umgekehrte Korrelation auf. Ursache ist die natürliche Selektion gegen autosomale Trisomien, Monosomie X und andere genetische Imbalancen. Die Schwangerschaftsverlustrate von Feten mit bestimmten Aneuploidien im Zeitraum von jeweils der 10., 16. und ~ 20. SSW bis zur Geburt sind in Tabelle 4.3 dargestellt. Dagegen tritt, mit Ausnahme des 45,X-Karoytyps, kein erkennbarer Verlust von Feten mit gonosomalen Aneuploidien zwischen dem Zeitraum einer CVS und der Geburt auf.

Tab. 4.3: Geschätzte Abortraten häufiger Aneuploidien (%) in Abhängigkeit vom Zeitpunkt der Schwangerschaft (Gardner et al., 2012).

Aneuploidie	Von 10. SSW bis Geburt	Von 16. SSW bis Geburt	Von 20. SSW bis Geburt
Trisomie 13	83	71	
Trisomie 18	86	74	32
Trisomie 21	31	25	10
Monosomie X	76	52	

Die Untersuchungsmethoden der invasiven Pränataldiagnostik besitzen hinsichtlich der Vorhersage des fetalen Chromosomensatzes eine unterschiedliche Zuverlässigkeit. In der Literatur wird für die AC eine hohe Genauigkeit von 99,4–99,8 % angegeben, für die CVS von 97,5–99,6 %. Bei der erstaunlich niedrigen Genauigkeit der CVS handelt es sich nicht um Fehldiagnosen bezüglich des fetalen Chromosomensatzes, sondern meist um das Auftreten von extraembryonalen Zellmosaiken. Hierbei finden sich pathologische Chromosomensätze in der Plazenta, aber nicht im Feten. Dieses Phänomen stellt zwar primär eine Einschränkung in der Interpretation des Befundes dar, dem Humangenetiker sind diese Situationen aber gut bekannt. Daher können weitergehende Untersuchungen veranlasst werden, um die Sicherheit der Aussagen hinsichtlich des kindlichen Chromosomensatzes in den Bereich der Fruchtwasserzellanalyse zu bringen. So sind beispielsweise die Befunde aus einer eingehenden fetalen Ultraschalldiagnostik von signifikanter Bedeutung, um die Wahrscheinlichkeit einer Fehldiagnose äußerst gering zu halten. Allerdings muss in der genetischen Beratung der Eltern darauf hingewiesen werden, dass aus prinzipiellen Gründen eine absolut sichere Vorhersage des fetalen Chromosomensatzes nicht möglich ist.

Grundsätzlich ist die Interpretation eines pränatal diagnostizierten Mosaiks wesentlich abhängig vom Ursprung der gewonnenen Zellen, demzufolge auch von den eingesetzten Methoden (Abb. 4.5). Aber auch die beteiligten Chromosomen sowie der Anteil pathologischer Zellen sind wesentliche Faktoren, welche die Prognose mitbestimmen. Aufgrund dieser Komplexität wird die Problematik der Mosaike weiter unten ausführlich besprochen.

Einschränkungen in der Vorhersagesicherheit gibt es auch bei einer Zellbeimengung mit mütterlichen Zellen, kurz mütterliche Zellkontamination (MCC , engl. Maternal Cell Contamination) genannt (s. unten).

Im Gegensatz zu AC und CVS zeigt die FBS eine niedrigere Genauigkeit. Es gibt numerische Aberrationen des fetalen Chromosomensatzes, die durch eine Chromsomenanalyse an kultivierten Lymphozyten aus Fetalblut selten nachweisbar sind. So trifft dies etwa für Triploidien und für die Trisomie 8 zu.

Ein weiteres klassisches Beispiel für falsch negative Befunde im Fetalblut liefert das Pallister-Killian-Syndrom (PKS), das zytogenetisch durch das Vorkommen von Zellen mit einem zusätzlich vorliegenden Isochromosom (Infobox 4.4) für den kurzen

Arm von Chromosom 12 [i(12)(p10)] charakterisiert ist. In der Regel liegt ein fetales Mosaik aus pathologischen und normalen Zellen vor. In fetalen Lymphozytenmetaphasen treten die pathologischen Zellen fast nie auf (Tab. 4.4). Gegebenenfalls lässt sich ein PKS am Fetalblut durch eine molekular-zytogenetische Diagnostik mittels FISH- oder Array-Diagnostik nachweisen. Weitaus häufiger wird die Verdachtsdiagnose durch eine CVS oder AC bestätigt. Der typische Ultraschallbefund eines PKS, die Zwerchfellhernie, sollte immer Anlass sein, im Rahmen der PD eine Abklärung herbeizuführen. Absolute sichere Diagnostik ist bei Mosaiken allerdings nicht gegeben. Im Folgenden soll jedoch ausführlich dargestellt werden, welche zusätzlichen Untersuchungen indiziert sind, um dennoch eine fundierte Risikoeinschätzung und damit eine hilfreiche genetische Beratung zu ermöglichen.

Tab. 4.4: Detektionswahrscheinlichkeit des für das Pallister-Killian Syndrom typischen zusätzlichen Isochromosoms 12p in unterschiedlichen Geweben. CVS: Chorionzottenbiopsie, KZK: Kurzzeitkultur, LZK: Langzeitkultur, AC: Amniocentese, Chrom: Chromosomen.

CVS				**AC**		**Blut (pränatal und postnatal)**		**Fibroblasten**	
KZK		**LZK**							
Chrom	FISH	Chrom	FISH	Chrom	FISH	Chrom	FISH	Chrom	FISH
++	+++	++	+++	+(+)	+++	((+))	(+)	+++	++++

Infobox 4.3: Chromosomale Mosaike in der Pränataldiagnostik.

Chromosomale Mosaike werden einer der drei folgenden Kategorien zugeordnet: (s. a. Abb. 4.9)

Level-1-Mosaik: Chromosomenaberration, die in nur einer der untersuchten Zellen auftritt, meist eine Trisomie, die während der Zellkultivierung entstanden ist. Kein Mosaik im Sinne der internationalen Nomenklatur. Der Fet ist generell nicht betroffen. Die Veränderung wird nicht im Befundbericht mitgeteilt.

Level-2-Mosaik: Identische Chromosomenaberration in mehreren Zellen in nur einer von mehreren Kulturflaschen. Mosaik im Sinne der internationalen Nomenklatur. Mit hoher Wahrscheinlichkeit während der Zellkultivierung entstanden. Der Fet ist daher selten von der Chromosomenstörung betroffen. Das Mosaik sollte im Befundbericht mitgeteilt werden, aber als eher unbedenklich bewertet sein. Eine erweiterte, eingehende Ultraschalldiagnostik ist indiziert.

Level 3-Mosaik: Identisches Mosaik in mindestens zwei Kulturflaschen. Liegt ein Mosaik mit Trisomie 13, 18 oder 21 vor, so sind etwa 50 % der Feten auch nachweislich Träger der pathologischen Zelllinie. Die klinische Relevanz des Mosaiks muss im Befundbericht erörtert werden. Eine erweiterte, eingehende Ultraschalldiagnostik ist indiziert.

Chromosomale Mosaike

Chromosomale Mosaike sind in der Pränataldiagnostik definiert als das Auftreten von Zellen mit unterschiedlichen Chromosomensätzen (Zelllinien) in einer Kulturflasche oder in mehreren unabhängig voneinander angelegten Kulturen aus einer Probe. Die Zelllinien müssen bis auf die entstandene Veränderung genetisch identisch sein. Meist treten zwei Zelllinien auf, eine mit normalem und eine mit pathologischem Chromsomensatz. Da in der Pränataldiagnostik strengere Maßstäbe angelegt werden als in der Postnataldiagnostik, wird schon beim Auftreten einer einzelnen pathologischen Zelle – abweichend von der klassischen Definition nach ISCN 2013 – von einem Mosaik gesprochen.

Es werden folgende drei Stufen unterschieden (s. a. Infobox 4.3):

Pränataldiagnostik–Mosaikkonstellationen

	Level 1	**Level 2**	**Level 3**
1. 	N + P (1 Zelle)	N + P (>1 Zelle)	N + P (≥ 1 Zelle)
2. 	N	N	N + P (≥ 1 Zelle)
Frequenz:	2,5–7 %	0,6–1,1 %	0,1–0,3 %
Fet betroffen:	praktisch nie	< 0,5 %	~ 50 %

Abb. 4.9: In der Pränataldiagnostik mögliche Mosaikkonstellationen nach Chromosomenanalyse von kultivierten Fruchtwasserzellen; Karyotyp: N = normal, P = pathologisch.

Level-1-Mosaik: Chromosomenaberration in nur einer einzigen aller untersuchten Zellen. Die Analyse von Zellen aus unabhängig angelegten Parallelkulturen ist unauffällig. Derartige Chromosomenaberrationen sind durch eine mitotische Fehlverteilung während der Zellkultivierung entstanden. Der Fetus ist generell nicht betroffen. Die Veränderung wird nicht im Befundbericht mitgeteilt.

Level-2-Mosaik: Mehrfaches Auftreten einer identischen Chromosomenaberration in nur einer von mehreren unabhängigen Zellkulturen. Der Fetus ist meist nicht von der Chromosomenstörung betroffen. Als Ursache kommt ein während der Züchtungsphase entstandenes Kulturartefakt, meist eine Aneuploidie in Frage. Das Mosaik sollte im Befundbericht als eher unbedenklich bewertet werden. Eine ergänzende Ultraschalldiagnostik ist indiziert.

Level-3-Mosaik: Identisches Mosaik in mindestens zwei Kulturflaschen. Bei Nachuntersuchungen in Fällen von Fruchtwasserzellen mit einer Zelllinie, die entweder eine Trisomie 13, eine Trisomie 18 oder eine Trisomie 21 aufweist, lässt sich das Mosaik in etwa 50 % der Feten nachweisen. Bei Trisomien anderer Chromosomen ergeben sich davon deutlich abweichende Nachweisraten. (Tab. 4.5). Die klinische Relevanz des Mosaiks muss im Befundbericht erörtert werden.

Tab. 4.5: Mosaikbefunde in Fruchtwasserzellen und Ergebnisse von Nachuntersuchungen (Quelle: Milunsky u. Milunsky, 2010).

Trisomie	Anzahl der Fälle	Schwangerschaft		Phänotypische Auffälligkeiten				Zytogenetische Bestätigung/total (in %)
		fortgeführt	Schwangerschaftsabbruch	normal	auffällig	Spontanabort/Totgeburt	auffällig/total (in %)	
1	0	0	0	0	0	0	–	–
2	13	8	5	2	8	3	11/13 (85)	8/9 (89)
3	2	2	0	1	1	0	1/2 (50)	1/2 (50)
4	6	3	3	2	4	0	4/6 (66)	3/6 (50)
5	6	6	0	3	3	0	3/6 (50)	3/5 (60)
6	8	5	3	5	3	0	3/8 (38)	3/6 (50)
7	13	13	0	8	5	0	5/13 (38)	6/11 (55)
8	15	5	10	14	1	0	1/15 (7)	9/12 (75)
9	28	4	24	11	17	0	17/28 (61)	15/21 (76)
10	3	1	2	0	3	0	3/3 (100)	3/3 (100)
11	4	3	1	4	0	0	0/4 (0)	0/4 (0)
12	27	14	13	18	7	2	9/27 (33)	12/18 (67)
13	25	4	21	15	10	2	10/25 (40)	6/13 (46)
14	7	5	2	4	3	0	3/7 (43)	1/4 (25)
15	13	5	8	5	7	0	7/13 (54)	9/11 (82)
16	46	26	20	7	38	1	39/46 (85)	21/22 (95)
17	25	23	2	17	8	0	8/25 (32)	9/21 (43)
18	31	3	28	14	17	3	17/31 (54)	8/12 (66)
19	1	1	0	1	0	0	0/1 (0)	–
20	301	251	55	272	22	3	22/294 (7)	33/214 (15)
21	97	13	84	48	49	5	49/97 (50)	24/54 (44)
22	14	8	6	4	9	1	10/14 (71)	8/11 (73)

Pränatalen Mosaiken kommt also in Abhängigkeit von der Zuordnung zu einer der drei genannten Kategorien eine unterschiedliche klinische Signifikanz zu. Für AC und CVS gemeinsam gilt: Level-1-Mosaike werden nicht als pathologisch eingeschätzt. Level-2-Mosaike haben nur in Ausnahmefällen eine pathologische Relevanz. Die Häufigkeit von Level-1-Mosaiken liegt bei 2,5–7 % aller Untersuchungen und von Level-2-Mosaiken bei 0,6–1,1 %.

Bei Level-3-Mosaiken ist eine pathologische Chromosomenkonstitution des untersuchten Gewebes durchaus wahrscheinlich. Die Schlussfolgerungen auf den Chromosomensatz des Feten unterscheiden sich allerdings deutlich in Abhängigkeit davon, ob Fruchtwasserzellen oder Chorionzotten untersucht wurden. Bei Fetalblutanalysen stehen falsch negative Befunde im Vordergrund.

Fruchtwasserzellen

Die Häufigkeit von Level-3-Mosaiken liegt bei 0,1–0,3 %. Da Fruchtwasserzellen mehrheitlich direkt vom Feten stammen (Urogenitaltrakt und Hautzellen) und nur ein kleiner Anteil von der extraembryonalen Amnionhülle, deutet ein Mosaikbefund mit signifikantem Anteil pathologischer Zellen auf ein fetales Mosaik hin. Allerdings sind Mosaike bei Nachuntersuchungen nur in einem Teil der Fälle auch im Feten nachweisbar (Tab. 4.5). Einer von mehreren Gründen könnte das Vorliegen eines gewebespezifischen Mosaiks sein.

Die Wahrscheinlichkeiten für fetale Auffälligkeiten sind sehr hoch bei Mosaiktrisomien der Chromosomen 2, 4, 9, 16 und 22 (>60 %), hoch mit 40–49 % für die Chromosomen 5, 13, 14, 15, 18 und 21, moderat mit 20–39 % für die Chromosomen 6, 7, 12 und 17 und niedrig für alle anderen Chromosomen (Benn, 2010).

Eine besondere Situation stellt das Auftreten eines Trisomie-20-Mosaiks oder eines X0/XY-Mosaiks dar. Diese Mosaike zählen, relativ gesehen, zu den häufigsten in Untersuchungen von Fruchtwasserzellen und sollen daher eingehender vorgestellt werden.

In einer Übersicht von Benn (2010) wurden 294 pränatale Untersuchungen an Fruchtwasserzellen mit einem Mosaik aus Zellen mit normalem Chromosomensatz und mit Trisomie 20 zusammengefasst. Phänotypische Auffälligkeiten wurden an 12 von 49 abortierten Feten (24,5 %) und 10 von 243 (4,1 %) Neugeborenen festgestellt. Bei zytogenetischen Nachuntersuchungen konnten nur in 33 von 214 (15,4 %) analysierbaren Fällen Zellen mit Trisomie 20 nachgewiesen werden, was auf ein gewebespezifisches Auftreten der pathologischen Zellen hindeutet.

Bemerkenswert ist auch das Ergebnis bei pränatal diagnostizierten Mosaiken mit 45,X- und 46,XY-Zelllinien. Im Gegensatz zu postnatalen Studien, in denen bei praktisch allen 151 Probanden mit mos 45,X/46,XY-Störungen der Geschlechtsentwicklung vorlagen (selektive Zuweisung aufgrund der phänotypischen Auffälligkeiten!), waren nach einem vergleichbaren pränatalen Mosaikbefund nur 4,7 % der Feten/Neugeborenen phänotypisch auffällig. 92,9 % der Kinder wiesen ein unauffälliges männliches

Genitale auf, 2,4 % ein unauffälliges weibliches Genitale. Im Einzelfall kann somit eine eingehende Ultraschalldiagnostik mit Nachweis eines unauffälligen männlichen Genitales zur Beruhigung der Eltern beitragen. Die Geburt eines unauffälligen Mädchens sollte Anlass für eine differenzierte Beratung mit deutlichem Hinweis auf eine eingehende Betreuung sein, da ein erhöhtes Risiko für Gonadoblastome bei Nachweis von testikulärem Gewebe besteht.

Chorionzotten

Die Interpretation von Mosaiken in Chorionzotten ist schwieriger, da im Gegensatz zu Fruchtwasserzellen die Problematik von Abweichungen zwischen dem extraembryonalen Chromosomensatz aus Chorionzotten und dem echten fetalen Chromosomensatz, also fetoplazentare Diskrepanzen, eine weitaus größere Rolle spielen. Die Konstellation eines pathologischen Befundes in Chorionzotten, zumeist Mosaike, und eines normalen Chromosomensatzes im Feten wird als plazentabegrenztes Mosaik (CPM, *confined placental mosaicism*) bezeichnet. Mosaike treten in 1–2 % aller CVS-Analysen auf. In der großen europäischen Studie von Hahnmann und Vejerslev (1997) an mehr als 92.000 Schwangerschaften mit 192 Mosaikfällen fielen ca. 89,5 % in die Gruppe „CPM“, während ca. 10,5 % echte fetale Mosaike waren.

Im Allgemeinen wird beim Auftreten von Zellen mit pathologischem und Zellen mit normalem Chromosomensatz in Chorionzotten von Mosaiken gesprochen, unabhängig davon, ob nur KZK oder nur LZK oder beide Ansätze betroffen sind. In diesem Kapitel wird aber zur besseren Verständlichkeit unterschieden zwischen den Begriffen **Mosaik**, d. h., die zwei (oder mehr) Zelllinien traten in KZK und LZK auf, und **Diskrepanz**, d. h., die Chromosomensätze von KZK und LZK unterscheiden sich. Die Unterscheidung ist sinnvoll, da sie von prognostischer Relevanz sein kann. Zur Erklärung der diskrepanten Befunde zwischen der Kurzzeit- und der Langzeitkultur sowie dem Feten ist die Kenntnis des Aufbaus der Chorionzotte (Abb. 4.8) und der Zelldifferenzierung des frühen Embryos (Abb. 4.10a) notwendig. Nach dem Modell von Crane und Cheung (1988) trennt sich die Zellline, die den Zytotrophoblasten aufbaut, etwa im 64-Zellstadium von der inneren Zellmasse. Letztere entsteht dabei aus sehr wenigen Zellen und differenziert sich später zu den Zelllinien des mesenchymalen Kerns und des eigentlichen Embryos. Dieses Modell kann gut sowohl die zytogenetischen Diskrepanzen zwischen Kurzzeit- und Langzeitzeitkultur als auch die Unterschiede zu den fetalen Chromosomensätzen der folgenden Kasuistiken 4.2 und 4.3 erklären.

Kasuistik 4.2: Trisomie-18-Mosaik in Chorionzotten.

Auf Wunsch einer 36-jährigen Patientin wurde in der 12+4 SSW eine CVS durchgeführt. Der fetale Ultraschallbefund war unauffällig.

Das Ergebnis der Kurzzeitkultur aus den Zellen des Zytotrophoblasten ergab ein Trisomie-18-Mosaik mit einem Anteil pathologischer Zellen von 64 %. Die Karyotypformel nach ISCN 2013 (Infobox 4.2) lautet: mos 47,XX,+18/46,XX. Die daraufhin durchgeführte nochmalige genaue

Ultraschalldiagnostik ergab erneut keinen Hinweis auf Auffälligkeiten beim Feten. Alle 45 analysierten Zellen der Langzeitkultur aus Zellen des mesenchymalen Kerns zeigten einen unauffälligen weiblichen Chromosomensatz. Karyotyp: 46,XX. Es liegt eine zytogenetische Diskrepanz zwischen KZK und LZK vor. Nach genetischer Beratung entschied sich die Patientin zur Sicherheit für die Durchführung einer Amniozentese. Die Chromosomenanalyse aus den Fruchtwasserzellen bestätigte in 41 Zellen einen normalen diploiden Karyotyp. Es wurde ein unauffälliges Kind geboren.

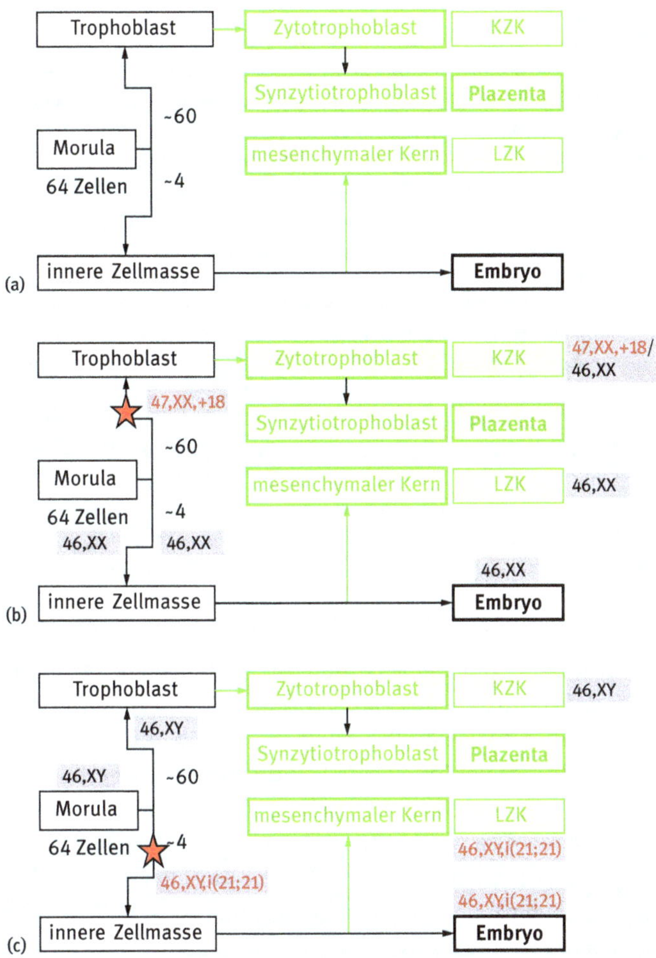

Abb. 4.10: a) Zelldifferenzierung des frühen Embryos mit Darstellung der am Aufbau der Chorionzotte beteiligten Zellschichten; b) Kasuistik 4.2: Schema mit wahrscheinlichster Entstehung der beobachteten Diskrepanz zwischen Chorionzotten-Kurzzeitkultur (Trisomie 18-Mosaik) und -Langzeitkultur (unauffällig). c) Kasuistik 4.3 mit Isochromosom 21-Mosaik: Schema mit wahrscheinlichster Darstellung der beobachteten Diskrepanz zwischen Chorionzotten-Kurzzeitkultur (unauffällig) und -Langzeitkultur (Isochromosom 21).
Der rote Stern zeigt die Entstehungsphase der pathologischen Zelllinie an.

Kasuistik 4.3: Trisomie-21-Mosaik in Chorionzotten.

Bei einer 37-jährigen Schwangeren wurde in der 13+3 SSW eine CVS durchgeführt. Indikation war ein auffälliger fetaler Ultraschallbefund mit Hygroma, kurzen Extremitäten, AV-Kanal und Omphalozele Die 22 Zellen der Kurzzeitkultur zeigten alle einen unauffälligen Chromosomensatz: 46,XY. Die Langzeitkultur ergab eine zytogenetische Diskrepanz; die 20 untersuchten Zellen wiesen eine Translokationstrisomie 21 durch das Vorliegen eines Isochromosoms 21 (Abb. 4.11 und Infobox 4.4) anstelle eines normalen Chromosoms 21 auf. Karyotyp: 46,XY,+21,i(21)(q10). Die Entstehung des auch molekulargenetisch bestätigten Isochromosoms ist in Abbildung 4.11c dargestellt. Eine retrospektive FISH-Analyse an Zellkernen einer Kurzzeitpräparation, die sowohl Zellen des Zytotrophoblasten als auch des mesenchymalen Kerns enthält, bewies, dass 11 % der Zellen die für die vorliegende Trisomie 21 typische Signalkonstellation trugen. Die Eltern entschieden sich für die Beendigung der Schwangerschaft.

Infobox 4.4: Isochromosom.

Ein Isochromosom ist eine strukturelle Chromosomenveränderung, die durch eine fehlerhafte Teilung des Zentromers zu Stande kommt. Dieses teilt sich quer statt längs (Abb. 4.11b, c). Dadurch entsteht ein Chromosom, das im kurzen und im langen Arm eine identische genetische Information trägt. Der Verdacht auf ein Isochromosom kann durch eine molekulare Diagnostik gesichert werden.

In der vorliegenden Kasuistik 4.3 ist aus einem Chromosom 21 durch Verlust des kurzen Armes ein Isochromosom 21 mit zweifacher Dosis des ursprünglich langen Armes entstanden. Zusammen mit der Gendosis des normalen Chromosoms 21 resultiert daraus die für das Down Syndrom typische Dreifachdosis der genetischen Information dieses Chromosoms.

Das für das Pallister-Killian-Syndrom ursächliche, zusätzliche Isochromosom für den kurzen Arm von Chromosom 12 ist das am häufigsten diagnostizierte Isochromosom des Menschen.

Im ersteren Fall (Kasuistik 4.2) handelt es sich um eine lokal im Zytotrophoblasten aufgetretene Chromosomenfehlverteilung eines Chromosoms 18 nach bereits erfolgter Differenzierung der inneren Zellmasse des Embryoblasten (Abb. 4.10b). Die fetale Zelllinie ist also nicht betroffen. Im zweiten Fall muss die Entstehung des Isochromosoms 21 nach der Differenzierung der inneren Zellmasse nur in dieser erfolgt sein (Abb. 4.10c) sodass allein die embryonale Zellreihe und der daraus differenzierte mesenchymale Kern betroffen waren. Dieses Ereignis muss sehr frühzeitig, gleich nach der Differenzierung erfolgt sein, da es keinen Hinweis auf ein Mosaik gab.

Die beiden Kasuistiken zeigen nachdrücklich, dass eine umfassende Chorionzottenanalyse sowohl die Untersuchung der Kurzzeit- als auch der Langzeitkultur erfordert. Dies entspricht auch den Forderungen der S2-LL HumDiag.

Außerdem treten auch chromosomale Diskrepanzen zwischen Chorionzotten und Fetus auf, die nur durch die Erfahrung des Humangenetiker als solche erkannt werden. Dafür sind die Kasuistiken 4.4 und 4.5 deutliche Beispiele, welche die Komplexität der Diagnostik widerspiegeln.

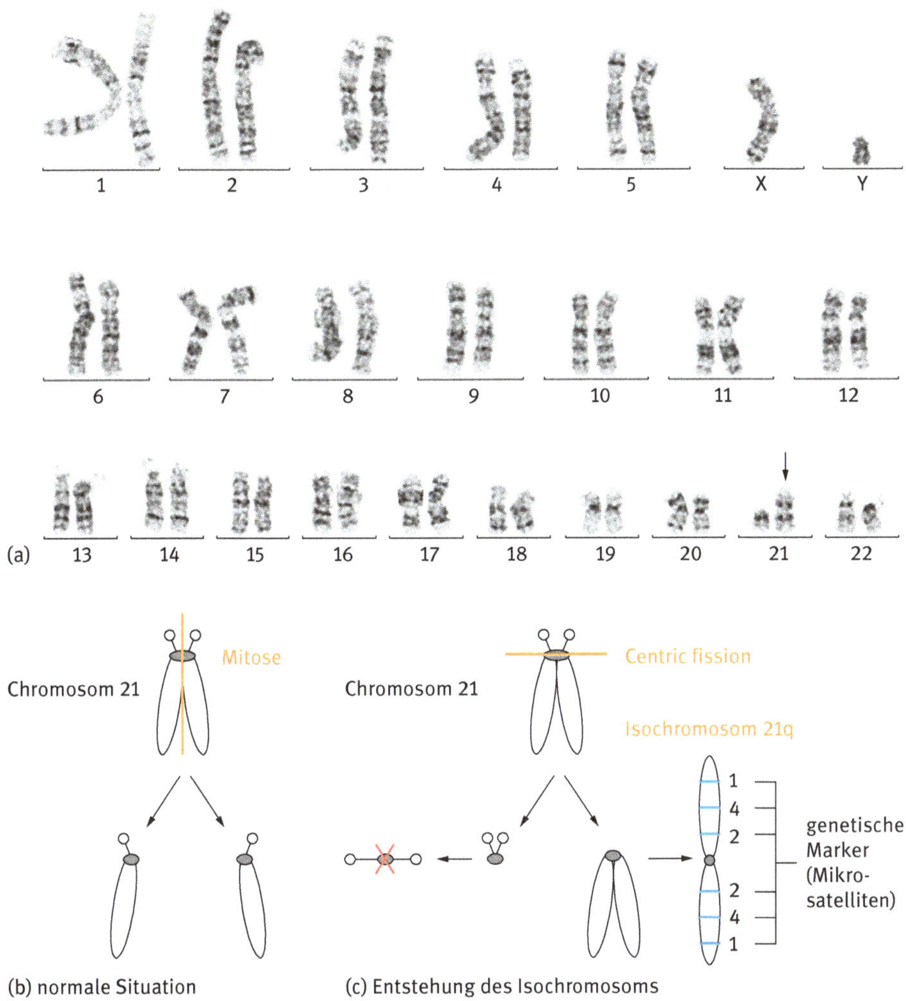

Abb. 4.11: Kasuistik 4.3 mit Diskrepanz zwischen Chorionzotten-KZK und Chorionzotten-LZK; a) Karyogramm nach GTG-Bandenfärbung aus Zellen der Chorionzotten-Langzeitkultur mit der sogenannten Translokationstrisomie 21 aufgrund eines Isochromosoms 21. Karyotyp: 46,XY, +21,i(21)(q10); b) Chromosomenteilung, normale Situation; (c) Entstehung des Isochromosoms i(21) sowie der molekulargenetische Nachweis durch Mikrosatellitenanalyse.

Kasuistik 4.4: Mosaik in Chorionzotten mit Robertson'scher Translokation rob(14;15).

Eine Schwangere kam in der 11. Schwangerschaftswoche wegen einer Robertson'schen Translokation des Kindsvaters zwischen den Chromosomen 14 und 15 (Sonderform einer Translokation, s. Infobox 4.5) und erhöhtem mütterlichen Alter zu einer Chorionzottenbiopsie. Die fetalen Ultraschallbefunde zeigten eine intrauterine Wachstumsrestriktion (IUGR) ohne weitere Auffälligkeiten. In der Kurzzeitkultur lag ein Mosaik aus Zellen mit balancierter Robertson'scher Translokation und Zellen mit einem zusätzlichen, zweiten Robertson'schen Translokationschromosom vor. Letztere hatten einen Anteil von 8 %. Karyotyp: 45,XX,rob(14;15) [23]/mos 46,XY,rob(14;15),+rob(14;15) [2]. Die Chromosomenanalyse aus den Fruchtwasserzellen bestätigte, dass 7 % der Zellen einen unbalancierten Chromosomensatz aufwiesen. Eine Fetalblutanalyse zeigte in 50 Lymphozyten nur balancierte Chromosomensätze.
In der Befundbesprechung wurde vermittelt, dass der Fetus mit hoher Wahrscheinlichkeit einen chromosomal balancierten Chromosomensatz aufweisen wird. Ein unbalancierter Chromosomensatz würde zu einer kombinierten fetalen Trisomie 14 und Trisomie 15 führen, die generell mit fetalen Fehlbildungen einhergehen und letal sein dürften. Eine eingehende fetale Ultraschalldiagnostik wurde empfohlen. Die IUGR als einziger Ultraschallmarker ist mit großer Wahrscheinlichkeit auf das Plazentamosaik mit Zellen, welche die kombinierte Trisomie 14 und 15 aufwiesen, zurückzuführen. Plazentabegrenzte Chromosomenaberrationen führen zu einer Verdopplung des Risikos einer IUGR.
Die vorliegende pränatale Konstellation einer balancierten Robertson'schen Translokation führt zu einem erhöhten Risiko für das Auftreten einer uniparentalen Disomie (Kap. 12). Von klinischer Bedeutung wären im vorliegenden Fall sowohl eine UPD(14) als auch eine UPD(15). Mit den Eltern muss geklärt werden, ob sie eine UPD-Analyse wünschen. Die Schwangerschaft wurde ohne weitere Diagnostik ausgetragen und ein bis auf die Wachstumsparameter unauffälliger Junge geboren.

Infobox 4.5: Robertson'sche Translokation.

Fusion zweier akrozentrischer Chromosomen im Bereich des Zentromers oder der kurzen Arme nachdem sich dort zuvor jeweils ein Chromosomenbruch ereignet hat. Es kommt in der Regel zum Verlust der abgebrochenen kurzen Arme, wodurch keine Chromosomensegmente verloren gehen, die von klinischer Bedeutung sind.
Der Träger einer balancierter Robertson'schen Translokation besitzt nur 45 Chromosomen, da an Stelle der beiden akrozentrischen Chromosomen das Fusionschromosom vorliegt.
Träger balancierter Robertson'scher Translokationen weisen ein erhöhtes Risiko für Nachkommen mit unbalanciertem Chromosomensatz auf. Dabei gibt es einen signifikanten Unterschied in Abhängigkeit davon, ob der Vater oder die Mutter die Translokation trägt (Tab. 4.6).

Tab. 4.6: Risiko des Trägers einer balancierten Robertson'schen Translokation für einen Feten mit unbalancierter Robertson'scher Translokation (Gardner et al., 2012).

Träger	Risiko in % Mutter	Risiko in % Vater
rob (13;14)	1	<1
rob (13;15)	1	<1
rob (13;21)	10–15	<1
rob (13;22)	1	<1
rob (14;21)	10–15	<1
rob (15;21)	10–15	<1
rob (21;21)	100	100
rob (21;22)	10–15	<1

Merk-Würdiges

- Robertson'sche Translokation eines Elternteils bedeutet ein erhöhtes Risiko für chromosomal unbalancierte Nachkommen.
- Pränatal erkannte Robertson'sche Translokationen mit Beteiligung eines Chromosoms 14 und/oder eines Chromosoms 15 bedeutet ein erhöhtes Risiko für eine uniparentale Disomie (UPD).
- Plazentabegrenzte Mosaike mit einer aneuploiden Zelllinie führen zu einer Verdopplung des Risikos einer IUGR.

Kasuistik 4.5: Trisomie 4.

Wegen einer intrauterinen Wachstumsrestriktion (IUGR) wurde eine CVS in der 13+1 SSW durchgeführt. Sowohl Kurzzeit- als auch Langzeitkultur zeigt durchgängig nur Zellen mit einer Trisomie 4: 47,XX,+4. In einer genetischen Beratung der Eltern wurde vermittelt, dass bei unverändert bestehender IUGR aber ansonsten unauffälligem Ultraschallbefund eine zytogenetische Diskrepanz zwischen dem Karyotyp aus den Chorionzotten und dem des Feten hoch wahrscheinlich ist. Durch eine in der 16+3 SSW durchgeführten Amniozentese wurde nachgewiesen, dass alle Fruchtwasserzellen einen unauffälligen weiblichen Chromosomensatz besitzen. Die Eltern entschlossen sich, die Schwangerschaft auszutragen und in der 31+0 SSW wurde ein, mit 1325 g auch für die Schwangerschaftswoche deutlich untergewichtiges, aber gesundes Mädchen geboren. Während des Follow-ups in den ersten Lebensmonaten entwickelte es sich unauffällig.

Der Fall einer durchgängigen Trisomie in der CVS ist sehr selten und lässt zwei Interpretationen zu, wenn man von einem normalen Chromosomensatz des Kindes ausgeht. Entweder gab es ein Mosaik und nach der Differenzierung der Zellen des mesenchymalen Kerns eine starke Selektion gegen die Zellen mit der Trisomie 4 in der Zelllinie, die den Embryo bildete, oder es liegt eine lokal begrenzte Chromosomenaberration in der Plazenta vor und durch die Biopsie sind durch Zufall nur Regionen mit pathologischen Zellen gewonnenen worden. Regional unterschiedliche Chromosomenkonstitutionen sind aus Plazentauntersuchungen bekannt.

Merk-Würdiges
- Nach CVS sind auch durchgängige Aberrationen nicht in jedem Fall repräsentativ für den kindlichen Chromosomensatz.
- Die Plazenta kann regional unterschiedliche Chromosomenaberrationen aufweisen.

Die oben beschriebenen Fälle machen deutlich, welch hohen Stellenwert dem sonografischen Befund und damit der Zusammenarbeit zwischen Pränatalmedizinern und Humangenetikern zukommt.

Die Rate von Mosaiken/Diskrepanzen nach CVS wird in der Literatur mit einer Frequenz von 1–2 % angegeben. Die Häufigkeiten des Auftretens im Praxislabor des Zentrums für Pränataldiagnostik und Humangenetik, Berlin, sind in Abbildung 4.12 dargestellt. In der Grafik wurde zwischen Mosaiken und Diskrepanzen unterschieden. Die Zahlen zeigen, dass in der Chorionzottendiagnostik Mosaike/CVS-Diskrepanzen mit 10,7 % aller pathologischen Fälle relativ häufig sind. Die Prognosen für den fetalen Chromosomensatz nach der Ermittlung eines Mosaiks oder einer zytogenetischen Diskrepanz sind sehr unterschiedlich und abhängig davon, ob die pathologischen Zellen in KZK (Zytotrophoblast) und LZK (mesenchymaler Kern) oder nur in einem der beiden Kultursysteme auftreten.

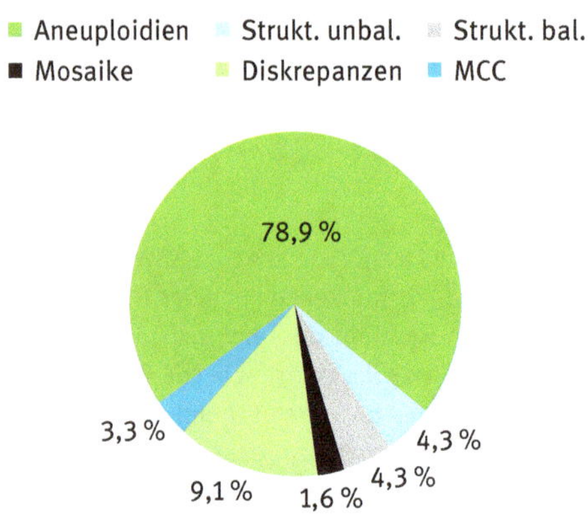

Abb. 4.12: Klassifizierung aller pathologischer Chorionzottenbefunde (n = 1000) im Zentrum für Pränataldiagnostik und Humangenetik in den Jahren 1999–2014; Strukt. unbal.: strukturell unbalanciert, Strukt. bal.: strukturell balanciert, MCC: mütterliche Zellkontamination.

Eine Orientierung zur Prognose liefert die große europäische Studie zu Mosaiken nach CVS (Hahnemann und Vejerslev, 1997). Die möglichen zytogenetischen Konstellationen und die Häufigkeiten betroffener Feten sind in Tabelle 4.7 aufgeführt. Wichtig und von praktischer Bedeutung für die genetische Beratung ist außerdem die Beobachtung, dass jedem Chromosom ein individuelles Risiko zukommt. Bestimmte Trisomien im extraembryonalen Gewebe tragen ein vergleichsweise hohes Risiko auch im Feten vorzuliegen. Tendenzen können der (Tab. 4.8) entnommen werden.

Tab. 4.7: Häufigkeit von Feten mit Chromosomenaberration in Abhängigkeit von der zytogenetischen Konstellation der Chorionzottengewebe (modifiziert nach Hahneman und Vejerslev, 1997). Nur Trisomien einzelner Autosomen sind berücksichtigt (n=192). KZK: Kurzzeitkultur (Zytotrophoblast), LZK: Langzeitkultur (Mesenchymaler Kern), Mosaik: Mosaiktrisomie, Trisomie: durchgängige Trisomie, N: normaler Chromosomensatz.

KZK	LZK	Feten mit Aberration (%)
Mosaik	N	0,0
Trisomie	N	0,0
N	Mosaik	4,1
N	Trisomie	83,3
Mosaik	Mosaik	23,5
Trisomie	Mosaik	18,2
Mosaik	Trisomie	100,0

Tab. 4.8: Autosomale Trisomie oder Trisomie-Mosaik in Chorionzotten und nachgewiesene Häufigkeit der Aneuploidie in fetalen Geweben.

Trisomie	n	Trisomienachweis		Fetales Risiko in %
		Plazentar	Fetal	
1	0	0	0	0
2	11	11	0	0
3	10	10	0	0
4	1	1	0	0
5	3	3	0	0
6	0	0	0	0
7	32	32	0	0
8	11	10	1	9
9	11	8	1	9
10	6	6	0	0
11	1	1	0	0
12	2	1	1	50
13	15	13	2	13
14	3	3	0	0
15	11	10	1	9
16	11	11	0	0

Tab. 4.8: (fortgesetzt)

Trisomie	n	Trisomienachweis		Fetales Risiko in %
		Plazentar	Fetal	
17	1	1	0	0
18	30	26	4	13
19	0	0	0	0
20	12	11	1	8
21	22	13	9	40
22	3	3	0	0

Fetalblut

Ein großer Vorteil der Fetalblutanalyse besteht darin, dass die untersuchten Zellen sicher vom Kind stammen. Allerdings ist bei einigen Untersuchungen mit falsch negativen Befunden zu rechnen. Ursache ist das Auftreten von gewebespezifischen Mosaiken, die bereits weiter oben kurz angesprochen wurden. Die Kasuistik 4.6 geht intensiver auf dieses Problem ein und zeigt Beispiele für ein Vorgehen zur korrekten Bestimmung des fetalen Chromosomensatzes auf.

Kasuistik 4.6: Trisomie-16-Mosaik

Eine 30-jährige kam in ihrer zweiten Schwangerschaft in der 21+6 SSW zur Ultraschall-Feindiagnostik. Es wurde ein fetaler Hydrothorax diagnostiziert und eine Karyotypisierung aus Fetalblut und Fruchtwasser durchgeführt. Gleichzeitig erfolgte eine Entlastungspunktion des Hydrothorax. Die schnelle Analyse aus dem Fetalblut zeigte einen unauffälligen Karyotyp: 46,XX. Im Gegensatz zum Ergebnis aus dem Fetalblut ergab die Fruchtwasserzellanalyse ein Mosaik mit Trisomie 16 in 13 % der Zellen. Die Diagnostik an Zellen aus der Thorakalflüssigkeit belegte eindeutig ein fetales Trisomie-16-Mosaik. Die ergänzenden FISH-Analysen wiesen im Vergleich zur konventionellen Chromosomendiagnostik sowohl an Amniozyten als auch an Thorakalzellen einen höheren Anteil an pathologischen Zellen auf. Der Obduktionsbefund des Feten nach induziertem Abort ergab ein komplexes Fehlbildungsmuster: pleuroperikardialer Membrandefekt, Lungenhypoplasie, Herzfehler, VSD, Aplasie der Gallenblase und des Schilddrüsenisthmus.

Bei der Fetalblutanalyse lag eindeutig ein falsch negatives Ergebnis vor, denn ein Test zum quantitativen Nachweis fetaler Zellen (Kleihauer-Test) hatte 100 % fetale Zellen nachgewiesen. Der Chromosomenbefund aus den Fruchtwasserzellen ließ keinen eindeutigen Schluss zu, ob ein fetales Mosaik vorliegt oder ob die Zellen mit Trisomie 16 aus der Amnionhülle stammen. Die FISH-Analysen brachten eine hilfreiche Zusatzinformation zur Bestätigung der konventionellen Chromosomenbefunde. Sie sind eventuell ein Hinweis auf ein geringeres Wachstumspotenzial von Zellen mit

Trisomie 16 verglichen mit euploiden Zellen. Die Ergebnisse der Zellen aus der Thorakalflüssigkeit und der Obduktionsbefund bewiesen das Vorliegen eines gewebespezifischen fetalen Mosaiks.

Merk-Würdiges

- Fetalblutanalysen sind in hohen Schwangerschaftswochen für eine schnelle Chromosomendiagnostik einsetzbar.
- Sie sind wichtig für die Bestätigung einer Verdachtsdiagnose des Ultraschalluntersuchers.
- Bei Diskrepanzen zwischen zytogenetischem und sonografischem Ergebnis ist an einen falsch negativen Befund zu denken.
- Ursache für falsch negative Befunde können gewebespezifische Mosaike und/oder ein selektiver Wachstumsnachteil der pathologischen Zellen sein.

Tab. 4.9: Wiederholungsrisiko für ein Kind mit Aneuploidie für Frauen mit einer vorherigen Schwangerschaft eines Kindes mit bestimmter autosomaler Trisomie bzw. gonosomalen Aneuploidie. Das Risiko wird als Multiplikator des altersabhängigen Basisrisikos angegeben (Gardner et al. 2012).

Vorherige auffällige Schwangerschaften	x-fach erhöhtes Risiko des erneuten Auftretens	
	derselben Trisomie	anderer überlebensfähiger Trisomie
Trisomie 21, mütterliches Alter <30; gegenwärtiges mütterliches Alter <30;	8,2-fach	2,4-fach
Trisomie 21, mütterliches Alter <30; gegenwärtiges mütterliches Alter ≥30;	2,2-fach	2,4-fach
Trisomie 21, mütterliches Alter <35	3,5-fach	1,3-fach
Trisomie 21, mütterliches Alter ≥30	1,6-fach	1,7-fach
Trisomie 21, mütterliches Alter ≥35	1,7-fach	1,5-fach
Trisomie 13, total	8,6–9,5-fach	1,5-fach
Trisomie 18, total	1,7–3,1-fach	1,0-fach
Trisomie 13 oder 18, mütterliches Alter <35	7,8-fach	1,6-fach
Trisomie 13 oder 18, mütterliches Alter ≥35	2,2-fach	1,0-fach
Trisomie 13, 18, XXX und XXY	2,3-fach	1,6-fach
Nicht überlebensfähige Trisomie in spontanen Aborten		1,8-fach

Fetaler Urin

Auch am folgenden Beispiel kann gezeigt werden, wie im Einzelfall die Pränataldiagnostik an unüblichen Zellproben eine korrekte Einschätzung des fetalen Chromosomensatzes ermöglicht.

Kasuistik 4.7: Trisomie-6-Mosaik.

In der ersten Schwangerschaft einer 25-jährigen Patientin wurde in der 12+4 SSW eine Ultraschalldiagnostik durchgeführt und eine leicht vermehrte Nackendicke von 2,7 mm gefunden. Die Patientin verzichtete auf die ihr angebotene invasive Pränataldiagnostik. Die folgende Ultraschalluntersuchung in der 21+5 SSW zeigte das Vorliegen eines schweren Herzfehlers, einer Ebstein-Anomalie sowie einer Syndaktylie. Nunmehr wünschte die Patientin eine schnelle Chromosomenanalyse ihres Kindes, sodass eine Fetalblutentnahme bei gleichzeitiger Gewinnung von 10 ml Fruchtwasser durchgeführt wurde.
Nach drei Tagen wurde in fetalen Lymphozyten ein unauffälliger männlicher Karyotyp aus 20 Metaphasen ermittelt. Im Gegensatz dazu ergab sich ein Trisomie-6-Mosaik in zwei unabhängigen Kulturen der Fruchtwasserzellen, also ein Level-3-Mosaik (s. Infobox 4.3). Der Anteil der pathologischen Zellen lag bei 12 %. Karyotyp nach ISCN 2013: mos 47,XY,+6/46,XY.
Es stellte sich die Frage, ob die Trisomie-6-Zellen tatsächlich fetalen Ursprungs waren oder extraembryonal, also aus der Amnionhülle (Embryonales Ektoderm) stammten (Abb. 4.5). Für Letzteres sprach der Befund aus dem Fetalblut sowie die Tatsache, dass zu diesem Zeitpunkt kein pränataler Fall mit Trisomie-6-Mosaik im Fruchtwasser mit Nachweis eines betroffenen Feten bekannt war. Dagegen waren die Ultraschallbefunde ein Indikator für das Vorliegen eines fetales Mosaiks.
Nach Beratung durch den Gynäkologen wünschte die Schwangere eine weitergehende Diagnostik an Zellen des fetalen Urins, um eine eindeutige Aussage zu bekommen. In der 23+6 SSW wurden 2 ml fetalen Urins gewonnen. Nach 14-tägiger Kulturdauer gelang der Nachweis eines fetalen Trisomie-6-Mosaiks (Wegner et al., 2004).
Nach eingehender genetischer Beratung entschloss sich die Mutter zum Austragen der Schwangerschaft.
Das Kind zeigte in den ersten Lebensjahren neben den im Ultraschall erkannten Fehlbildungen verhältnismäßig leichte mentale Entwicklungsstörungen. Es traten Pigmentierungsstörungen entlang der Blaschko-Linien auf, ein Symptom, das auf das Vorliegen des Mosaiks auch in Hautzellen hindeutet.

Merk-Würdiges

- Level-3-Mosaike sind häufig fetale Mosaike.
- Eine folgende intensive fetale Ultraschalldiagnostik ist indiziert.
- Beratung der Eltern mit Entscheidung auf Verzicht einer weitergehenden Diagnostik vs. invasiver Diagnostik
- Weitergehende Diagnostik: Abwägung des Informationsgehaltes einer Fetalblutanalyse

Für die Genauigkeit zytogenetischer Befunde ist nicht nur die Berücksichtigung des Auftretens chromosomaler Mosaike von Bedeutung, sondern auch das einer mütterlichen Zellkontamination. Alle klassischen invasiven Methoden bringen dieses Risiko mit sich, daher wird im folgenden Abschnitt genauer auf dieses Thema eingegangen.

4.3.6 Mütterliche Zellkontamination

Als mütterliche Zellkontamination (MCC) wird die ungewollte, zufällige Beimengung von mütterlichen Zellen in den für die Pränataldiagnostik gewonnenen Proben bezeichnet. Eine MCC kann zu Fehldiagnosen führen und stellt daher ein signifikantes Problem dar. Zur Einschätzung des Risikos sind unterschiedliche Betrachtungen für Fruchtwasserzellen und für Chorionzotten notwendig.

Fruchtwasseranalysen

Nach Amniozentese und Chromosomendiagnostik wurde in einer Zusammenfassung mehrerer großer Studien unter Einschluss von insgesamt 190.000 Untersuchungen eine durchschnittliche Häufigkeit der MCC in Fruchtwasserzellen von etwa 0,25 % ermittelt. Die Schwankungsbreite in den einzelnen Gruppen lag zwischen 0,15 und 0,53 %. Da eine MCC nur bei Schwangerschaften mit männlichen Feten erkannt werden kann, ist die tatsächliche Frequenz doppelt so hoch, also im Durchschnitt 0,5 %.

Eine Mischung aus Zellen mit normaler männlicher und weiblicher Geschlechtschromosomenkonstitution bei Ausschluss einer Mehrlingsschwangerschaft ist ein klarer Indikator für eine MCC. Eine Geschlechtsdiskrepanz mit durchgängig weiblichem Chromosomensatz und sonografisch männlichem Geschlecht ist nicht selten auf eine MCC zurückzuführen. Eine durchgängige MCC und damit eine mögliche Fehldiagnose bei einem männlichen Feten kann nur im Zusammenwirken zwischen Gynäkologen und Humangenetiker erkannt werden. **Dies macht deutlich, welch hoher Stellenwert der Angabe des Geschlechts durch den Ultraschalldiagnostiker zukommt.**

Eine MCC ist in nativen unkultivierten Fruchtwasserzellen deutlich häufiger nachzuweisen, als durch eine Chromosomenanalyse erkennbar wird. Dies zeigt auch eine kleine prospektive FISH-Studie, die an 100 Fruchtwasserproben von Schwangerschaften mit männlichen Feten im Zentrum für Pränataldiagnostik und Humangenetik durchgeführt wurde. Eine geringe Beimengung mütterlicher Zellen (≤ 5 %) tritt mit einer Frequenz von 22 % auf, ohne dass nach Zellkultivierung eine MCC nachweisbar

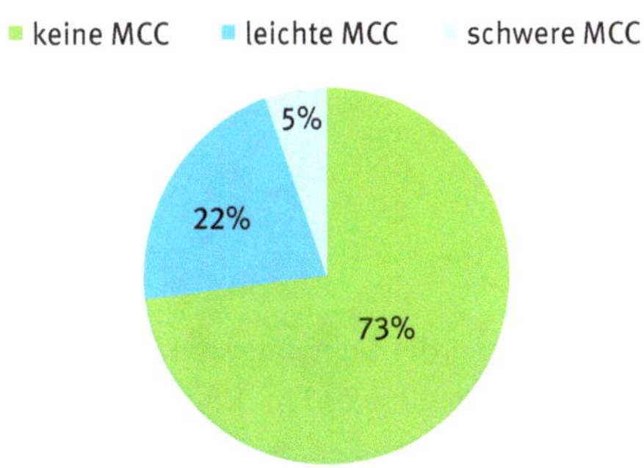

Abb. 4.13: Pränatale Diagnostik – FISH, Maternale Zellkontamination (MCC), N = 79.

ist (Abb. 4.13). Selbst in einem Fall eines relativ hohen Anteils mütterlicher Zellen (27 % weibliche Zellen) wurde nach Zellkultur keine Metaphase mit weiblichem Chromosomensatz entdeckt, da es sich wahrscheinlich um Lymphozyten handelt, die unter diesen Kulturbedingungen nicht wachsen.

Anders ist es dagegen, wenn Gewebestücke in der Fruchtwasserprobe zu identifizieren sind. Diese bestehen meist aus mütterlichen Fibroblasten, die ein gutes Wachstumspotenzial aufweisen.

Deutlich seltener als eine MCC kann aber auch eine Störung der Geschlechtsentwicklung (DSD – disorder(s) of sex development) als Ursache infrage kommen. Bei Hinweisen auf eine Geschlechtsentwicklungsstörung sollte eine umfassende genetische Beratung und ggf. eine weitergehende Diagnostik diskutiert werden (Kap. 13). Letzteres gilt auch für Chorionzottenanalysen.

Chorionzottenanalysen

Bei der Biopsie von Chorionzotten ist es nicht immer möglich, eine gleichzeitige Entnahme von mütterlichen Gewebestücken und Blutbeimengungen zu vermeiden. Daher werden nach Eingang einer Probe als erster Schritt im Labor die Blutanteile durch Spülen reduziert und eine Entfernung von mütterlichen Gewebeanteilen unter mikroskopischer Kontrolle durchgeführt. Eine eindeutige Erkennung aller mütterlichen Gewebeanteile ist zwar nicht in jedem Fall gegeben, bei Ansatz einer Langzeitkultur durch erfahrene Assistenten kommen mütterliche Kontaminationen jedoch nur selten vor.

Grundsätzlich gilt, dass der Konstitution der Gonosomen aus der Kurzzeitkultur eine hohe Zuverlässigkeit zukommt, da die mütterlichen Zellen keine spontane Teilungsaktivität aufweisen und damit zum Zeitpunkt der Direktpräparation oder der 24-Stundenkultur die Mitose noch nicht erreicht haben.

Fetalblut

Jede Blutprobe aus einer Schwangerschaft mit einem weiblichen Feten muss darauf untersucht werden, ob eine MMC vorliegt. Bei einem männlichen Feten wird dagegen eine MCC durch die Chromosomenanalyse zweifelsfrei erkannt. Die Erkennung mütterlicher Zellen ist etwa durch den Kleihauer-Test oder durch Bestimmung der Zellgröße im Coulter Counter möglich.

4.3.7 Ergebnismitteilung und prognostische Aspekte

Pathologische Befunde nach Pränataldiagnostik sollten der Schwangeren immer im Rahmen einer persönlichen genetischen Beratung mitgeteilt werden. Dabei ist zu berücksichtigen, dass abhängig von der vorliegenden Chromosomenaberration meist eine natürliche Selektion gegen Feten mit unbalancierten Chromosomensätzen bis hin zur Geburt besteht. Belastbare Zahlen gibt es für Aneuploiden, die unter Lebendgeborenen gefunden werden. So ist die Wahrscheinlichkeit eines Spontanabortes am geringsten bei Vorliegen einer Trisomie 21. Ohne Berücksichtigung des mütterlichen Alters liegt das Abortrisiko für den Zeitraum zwischen einer AC, also etwa der 16. SSW, und der Geburt bei 25 % für die Trisomie 21. Für die anderen unter Neugeborenen auftretenden Aneuploidien ist das Abortrisiko deutlich höher (s. Tab. 4.3).

Die Wiederholungsrisiken nach der Geburt eines Kindes mit freier Trisomie 21, 13 oder 18 variieren merklich in Abhängigkeit vom Alter der Mutter bei der Geburt des betroffenen Kindes und dem Alter der Mutter bei der aktuellen Schwangerschaft (Tab. 4.9). Weitaus höhere Risikozahlen müssen bei familiärem Auftreten einer Robertson'schen Translokation angegeben werden.

Robertson'sche Translokationen

Wird bei einem Feten eine balancierte Robertson'sche Translokation (s. Infobox 4.3) diagnostiziert, so besteht, abgesehen von einer UPD eines Chromosoms mit elterlich geprägten Regionen (s. unten und Kapitel 12), kein erhöhtes Risiko für Fehlbildungen und/oder mentale Entwicklungsstörungen des Kindes. Liegt dagegen eine Translokationstrisomie vor, so ist eine klinische Symptomatik entsprechend dem zusätzlichen Chromosom zu erwarten, so bei einer Translokationstrisomie 21 ein Down-Syndrom oder bei einer Translokationstrisomie 13 ein Pätau-Syndrom.

Werden Prognosen für zukünftige Schwangerschaften gewünscht, so muss geklärt werden, ob eine Neumutation vorliegt oder ein Elternteil balancierter Träger der Robertson'schenTranslokation ist. Dies kann innerhalb von wenigen Tagen durch eine Chromosomenanalyse an Lymphozyten der Eltern erfolgen. Bei einer Neumutation besteht ein gering erhöhtes Wiederholungsrisiko aufgrund potentieller Keimzellmosaike. Liegt eine familiäre Weitergabe vor, so sind die Wiederholungswahrscheinlichkeiten abhängig von den beteiligten Chromosomen und vom elterlichen Geschlecht (Tab. 4.6). Setzt sich ein Translokationschromosom aus einem Chromosom 14 und/oder einem Chromosom 15 zusammen, also Chromosomen, die Regionen mit genomischer Prägung aufweisen, kann in seltenen Fällen im Feten eine UPD entstehen, die zu signifikanten klinischen Konsequenzen führt (s. Kap. 12).

4.3.8 Fazit für die gynäkologische Praxis

Ist eine pränatale Chromosomendiagnostik indiziert, so ist im zweiten Trimenon der Schwangerschaft eine AC die Methode der Wahl. Für den schnellen Ausschluss der häufigsten Aneuploidien steht der pränatale Schnelltest zur Verfügung.

Wünscht die Schwangere bereits im ersten Trimenon eine Entscheidungshilfe, so ist zu berücksichtigen, dass eine CVS ein schnelles Ergebnis zulässt, aber als Nachteil das Auftreten von plazentabegrenzten Mosaiken in 1–2 % der Untersuchungen zu berücksichtigen ist. In diesen Fällen ist eine weitergehende Diagnostik, meist eine AC, zu diskutieren. Die CVS weist gegenüber der AC eindeutige Vorteile auf, wenn ein hohes genetisches Risiko für den Feten besteht, z. B. bei einem Elternteil mit balancierter Translokation oder bei Risiken für monogen vererbte Erkrankungen (s. Kap. 7).

Merk-Würdiges

- Chromosomenbefunde in der Pränataldiagnostik weisen eine hohe Genauigkeit auf.
- Der Karyotyp aus Fruchtwasserzellen hat die größte Voraussagekraft.
- Der Karyotyp aus Chorionzotten kann früher erstellt werden als nach Amniozentese (12.–14. SSW vs. 15.–17. SSW).
- In 1–2 % der Chorionzottenanalysen liegen fetoplazentare Diskrepanzen vor.
- Mosaike und Markerchromosomen stellen eine große Herausforderung für die Befundinterpretation und damit auch für die genetische Beratung dar.
- Mütterliche Zellkontamination kann zu Fehlinterpretationen führen.

4.4 Literatur

Benn PA. Prenatal diagnosis of chromosomal abnormalities through amniocentesis. In: Milunsky A, Milunsky J, eds. Genetic disorders and the fetus. Oxford: Wiley & Blackwell, 2010: 194–272.

Crane JP, Cheung SW. An embryonic model to explain cytogenetic inconsistencies observed in chorionic villi versus fetal tissue. Prenat Diagn 1988; 8: 119–129.

Gardner RJM, Sutherland GR, Shaffer LG. Chromosome abnormalities and genetic counseling. Oxford: Oxford University Press, 2012.

Gendiagnostikgesetz: Gesetz über genetische Untersuchungen bei Menschen (Gendiagnostikgesetz – GenDG), Bundesgesetzblatt 2445 G 5702, 2529–2538, Bonn 4.8.2009.

Hahnemann JM, Vejerslev LO. European Collaborative Research on Mosaicism in CVS (EUCROMIC) – Fetal and extrafetal cell lineages in 192 gestations with CVS mosaicism involving single autosomal trisomy. Am J Med Gen 1997; 70: 179–187.

ISCN 2013 – An International System for Human Cytogenetic Nomenclature. Shaffer LG, McGowan-Jordan J, Schmid M (Hrsg.) Karger Verlag, Basel 2013.

Milunsky A, Milunsky J, eds. Genetic disorders and the fetus: diagnosis, prevention and treatment. Oxford: Wiley-Blackwell, 2010.

S2-Leitlinie Humangenetische Diagnostik der Gesellschaft für Humangenetik (GfH) und des Berufsverbandes „Deutscher Humangenetiker (BVDH)“ (S2-LL HumDiag). Medgen 23: 281–323, 2010.

Wegner RD, Entezami M, Knoll U, et al. Prenatal diagnosis of fetal trisomy 6 mosaicism and phenotype of the affected newborn. Am J Med Gen 2004; 124A: 85–88.

Wegner RD, Stumm M. Zytogenetische Methoden in der Pränataldiagnostik. Medgen 2011; 23: 457–462.

Wegner RD (Hrsg). Diagnostik Cytogenetics. Berlin, Heidelberg: Springer-Verlag, 1999.

Weichert J, Eckmann-Scholz C. Pränataldiagnostik. Gynäkologe 2012; 45: 35–40.

Marc Trimborn

5 Zytogenetische Postnataldiagnostik

5.1 Einleitung

Postnatale zytogenetische Analysen gehören zu den ältesten genetischen Tests, die angeboten werden können. Schon 1959 erkannten Lejeune et al. die Ursache des Down-Syndroms im zusätzlichen Vorliegen eines der kleinsten Chromosomen. Noch im gleichen Jahr konnte festgestellt werden, dass Frauen mit Turner-Syndrom und Männer mit Klinefelter-Syndrom durch anomale Geschlechtschromosomenkonstitutionen charakterisiert werden. Erstere haben lediglich ein X-Chromosom, während Letztere zwei X-Chromosomen zusammen mit einem Y-Chromosom tragen (Ford et al., 1959; Jacobs u. Strong, 1959). Diese Entdeckungen fielen zeitlich mit der Entwicklung neuer Zellkulturtechniken zusammen. Die mitogene Stimulation peripherer Lymphozyten durch den Bohnenextrakt Phytohämagglutinin (PHA) erlaubte Analysen aus leicht zugänglichen Patientenproben nach kurzer Kultivierungsdauer (Moorhead et al. 1960). Ungefähr zehn Jahre später wurde die erste Bänderungstechnik entwickelt (Caspersson et al., 1970) und durch Veröffentlichung eines einfachen Protokolls zur Herstellung hochauflösender Chromosomenpräparate (Yunis, 1976) wurde die Diagnose immer kleinerer Chromosomenaberrationen möglich.

Bis heute werden die klassischen Techniken der postnatalen Chromosomenanalysen in der klinisch-genetischen Diagnostik angewandt. Auch wenn die klassische Chromosomenanalyse gegenwärtig für viele Indikationen durch molekular-zytogenetische Methoden, im Besonderen durch die Möglichkeiten der Array-Technologien, ersetzt wird, bleiben postnatale Chromosomenanalysen für einige Fragestellungen, wie z. B. die Suche nach balancierten Translokationen als Ursache von Fertilitätsstörungen, das Mittel der Wahl. Einfache Verdachtsdiagnosen, wie der Verdacht auf das Vorliegen eines Turner- oder Down-Syndroms, lassen sich außerdem immer noch am schnellsten, kostengünstigsten und umfassendsten durch eine einfache Karyotypisierung klären. Auch als unterstützende Untersuchungen bleiben Chromosomenpräparationen unerlässlich, z. B., um Wiederholungsrisiken abzuschätzen, da bisher keine der neuen Technologien balancierte Chromosomenveränderungen oder den Unterschied zwischen einer Translokationstrisomie und einer freien Trisomie sicher nachweisen kann.

5.2 Präanalytik

Grundsätzlich gelten die gleichen Anforderungen und dieselben Regularien des Gendiagnostikgesetzes wie für alle anderen genetischen Testverfahren (siehe z. B. Kap. 4.3.2 und 7.4.1).

5.3 Probengewinnung und Versand

Üblicherweise werden bei postnatalen Chromosomenanalysen periphere Lymphozyten, d. h. Blutproben untersucht. Grundlage für alle Chromosomenanalysen sind proliferierende Zellkulturen. Für diese ist die Entnahme einer heparinisierten Blutprobe notwendig (2–5 ml). Blutproben mit anderen Gerinnungshemmern wie EDTA oder Citrat sind für Chromosomenanalysen nicht geeignet, da bei diesen meist keine Stimulation gelingt und daher nach Kultivierung keine oder nicht ausreichend mitotische Zellen vorliegen. Die Blutproben sollten bei 4 °C bis 37 °C gelagert bzw. versandt werden. Das untersuchende Labor benötigt neben der eindeutig beschrifteten und ordnungsgemäß verpackten Probe ein Einsendeformular mit Informationen zur Familienanamnese, Indikation und Fragestellung, den Untersuchungsauftrag mit der Unterschrift des nach GenDG verantwortlichen Arztes und die Einverständniserklärung des Patienten bzw. seines gesetzlichen Vertreters.

Bei spezifischen Fragestellungen kann in sehr seltenen Fällen auch die Entnahme einer Hautbiopsie sinnvoll sein bzw. notwendig werden. Die entnommene Hautstanze kann dann unter den gleichen Bedingungen wie eine Chorionzottenbioptat versandt werden.

5.4 Indikationen

Indikationen für eine postnatale Chromosomenanalyse sind z. B. ein geistiger und psychomotorischer Entwicklungsrückstand, Dysmorphiezeichen – besonders wenn sie mehrfach und in Kombination mit Entwicklungsrückstand auftreten – und Fehlbildungen. Diese Indikationen sind allerdings für die gynäkologische Praxis selten relevant. Zudem wird in derartigen Fällen heute häufig die Durchführung einer molekularen Karyotypisierung (Array) bevorzugt, da sich diese durch eine deutlich größere Auflösung auszeichnet. Für die gynäkologische Praxis eher relevant ist der Verdacht auf das Vorliegen einer gonosomalen Aberration u. a. bei primärer und sekundärer Amenorrhö, Pubertas tarda, vorzeitiger ovarieller Insuffizienz, primärem Hypogonadismus oder Gonadendysgenesie.

Wichtige Indikationen sind zudem der Verdacht auf oder das Vorliegen einer Fertilitätsstörung bei unerfülltem Kinderwunsch, vor geplanten Maßnahmen der Reproduktionsmedizin (z. B. ICSI) oder bei gehäuften Aborten oder Totgeburten. Das

Vorliegen einer balancierten Translokation bei einem Elternteil kann die Ursache derartiger Störungen sein. Eine balancierte Translokation kann in der männlichen Keimbahn zur Störung der Spermatogenese führen und somit eine Oligospermie oder Azoospermie auslösen. Bei beiden Geschlechtern kann die unbalancierte Weitergabe von Translokationschromosomen an die Gameten zu sehr frühen unbemerkten Aborten führen und somit die Ursache einer reduzierten Fertilität sein; sie kann aber auch in gehäuften Aborten zu späteren Zeitpunkten, Totgeburten oder der Geburt von Kindern mit Chromosomopathien resultieren.

Eine weitere Indikation ist daher auch die Untersuchung der elterlichen Karyotypen nach einem auffälligen Chromosomenbefund im Rahmen einer pränatalen Diagnostik oder nach Geburt eines klinisch auffälligen Kindes aufgrund einer Chromosomenaberration. Wenn bei einem Kind oder im Rahmen einer pränatalen Diagnostik ein Karyotyp mit einem strukturell veränderten Chromosom nachgewiesen wurde, sollte den Eltern bei der Beratung in jedem Fall eine Untersuchung ihrer Chromosomen angeboten werden. Eine balancierte Aberration bei einem der Eltern kann zur unbalancierten Weitergabe an die Nachkommen und somit zu einem hohen Wiederholungsrisiko führen (siehe auch Kap. 2.5.1.1). Dabei kann es sich bei der elterlichen Aberration um eine balancierte Translokation, eine Inversion oder eine Insertion handeln. Eine derartige Situation wird in der Kasuistik 5.1 beschrieben.

Kasuistik 5.1

Nach einer unauffälligen Schwangerschaft wird ein Mädchen mit leichten Dysmorphie-Zeichen geboren. In der weiteren Entwicklung des Kindes zeigen sich eine globale Retardierung und häufige respiratorische Infektionen. Im Alter von zwei Jahren wird durch eine Array-CGH eine ca. 11 Mb große Deletion im langen Arm eines Chromosoms 6 des Mädchens nachgewiesen. Eine Chromosomenanalyse bei den Eltern des Kindes weist nach, dass beim Vater eine Insertion des betroffenen Bereiches von Chromosom 6 in den kurzen Arm von Chromosom 2 vorliegt. Dies führt zu einem sehr hohen Wiederholungsrisiko. Es muss damit gerechnet werden, dass bei 50 % aller Schwangerschaften ein unbalancierter Chromosomensatz auftreten wird, entweder mit einer Deletion im langen Arm von Chromosom 6 oder mit einer partiellen Trisomie für diesen Bereich aufgrund der Insertion in den kurzen Arm von Chromosom 2.

5.5 Untersuchungsmethoden

Lymphozyten werden üblicherweise für einen Zeitraum von 72 Stunden bei 37 °C kultiviert. Die Stimulation durch PHA-Zugabe ist bei frischen Blutproben, also Blutproben, die weniger als eine Woche alt sind, in der Regel sehr erfolgreich. Durch eine Synchronisierung in der Replikationsphase kann der Anteil mitotischer Zellen noch weiter erhöht werden, sodass auf einem Präparat unter einer großen Anzahl an Metaphasen bzw. Prometaphasen ausgewählt werden kann, selbst wenn die Zellkultur nur für sehr kurze Zeit mit dem Spindelgift Colcemid behandelt wird. Chromosomen,

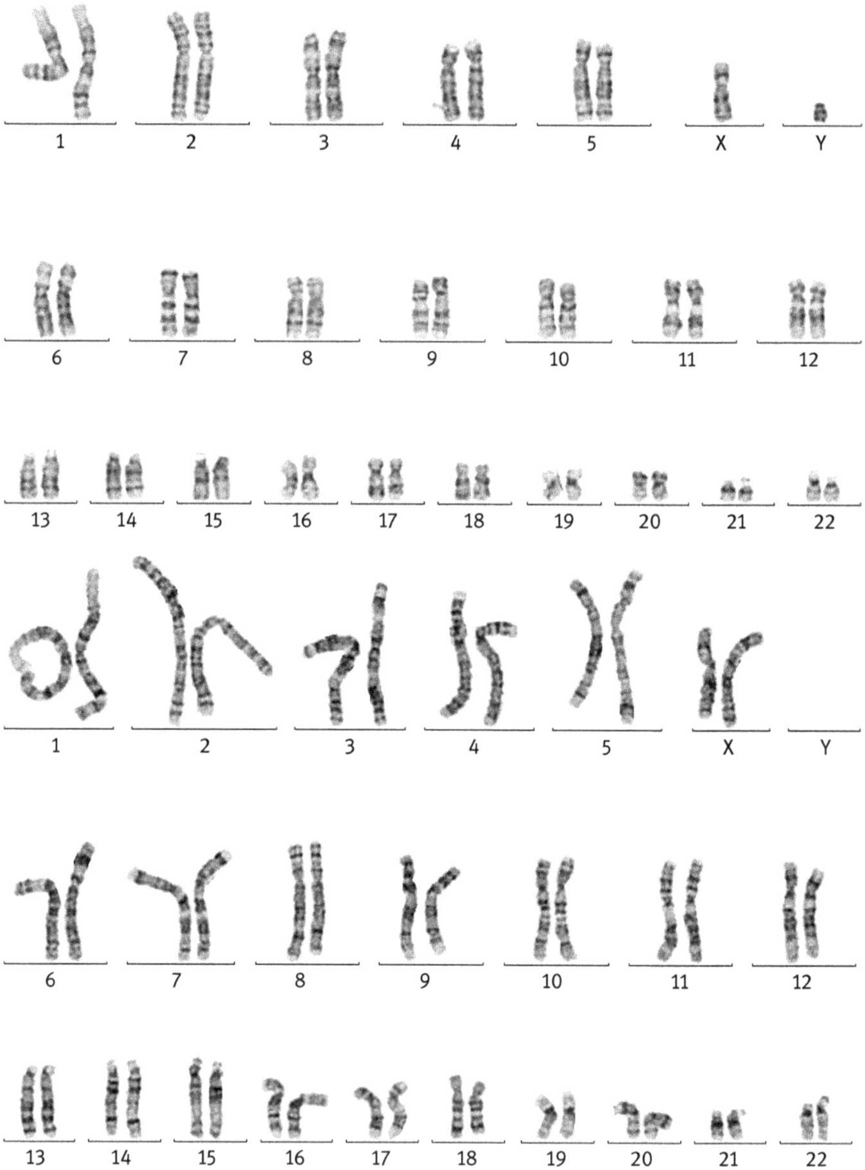

(a) (b)

die sich in der Prometaphase befinden, sind sehr lang, da sie weitaus geringer kondensiert sind als Chromosomen, die sich bereits in der Metaphase befinden. Längere Einwirkungszeiten von Spindelgiften führen zwar dazu, dass der Anteil an Metaphasezellen ansteigt, bewirken aber auch eine stärkere Kondensation und somit kürzere Chromosomen.

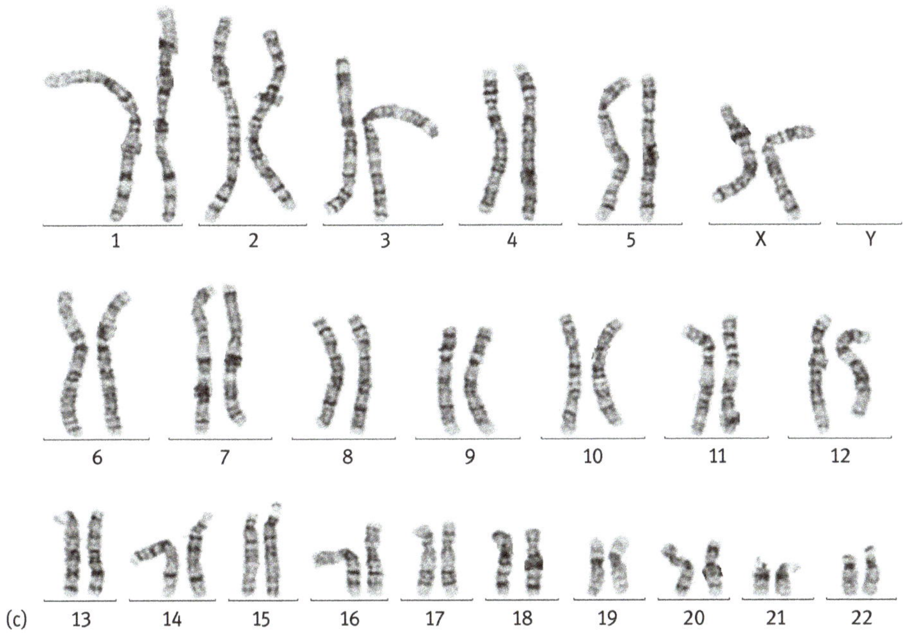

Abb. 5.1: Unauffällige Karyogramme aus verschiedenen Geweben mit unterschiedlicher Bandenauflösung; zunehmend von a) Chorionzotten nach b) Fruchtwasser, c) Lymphozyten.

Durch Synchronisierung der Lymphozytenkultur und eine kurze Colcemid-Behandlung können bei anschließender Bänderung hochauflösende Chromosomenpräparate hergestellt werden. Deren Auflösung übertrifft in der Mehrzahl der Fälle die Bandenauflösung von Chromosomenpräparationen aus Fruchtwasser oder Chorionzotten. Dementsprechend wird in der S2-Leitlinie zur zytogenetische Diagnostik für typische Indikationen bei postnatalen Chromosomenanalysen (z. B. mentale Retardierung, Dysmorphien, wiederholte Aborte) eine Bandenauflösung von mindestens 550 Banden pro haploidem Chromosomensatz gefordert. Dies liegt deutlich über den für pränatale Chromsomenanalysen geforderten Bandenauflösungen (Fruchtwasser: ca. 400 Banden/haploidem Chromosomensatz, Chorionzotten: 300 Banden/haploidem Chromsomensatz).

Die Abbildung 5.1 zeigt unauffällige Karyogramme aus verschiedenen Geweben mit unterschiedlicher Bandenauflösung. Es wird deutlich, dass im hochauflösenden Chromosomensatz aus Lymphozyten (Abb. 5.1c) die meisten Details (Banden) zu erkennen sind. So können in derartigen Chromosomenpräparaten kleinere Veränderungen erkannt werden. Deshalb ist es beispielsweise bei einer Familie, in der gehäuft Aborte auftreten, sinnvoll, die elterlichen Chromosomen zu untersuchen, selbst wenn die Chromosomenanalysen aus Abortgewebe oder Chorionzotten unauffällige Befunde ergeben hatten. Bei einer postnatalen Chromosomenanalyse sollen mindestens zehn Metaphasen numerisch ausgewertet (gezählt) werden. Davon sollen mindestens fünf Metaphasen strukturell analysiert und hiervon mindestens zwei Metaphasen in Form eines Bilddokuments karyotypisiert werden. Bei einigen Fragestellungen, z. B. gehäuften Aborten, ist jedoch eine Karyotypisierung von mehr als zwei Metaphasen angemessen.

5.6 Ergebnisse und Zuverlässigkeit

Die Diagnose von Aneuploidien durch postnatale Chromosomenanalyse aus Lymphozyten hat eine sehr hohe Zuverlässigkeit. Mosaike spielen eine geringere Rolle als bei pränatalen Chromosomenanalysen, können jedoch nicht gänzlich vernachlässigt werden. Bei einer klaren klinischen Verdachtsdiagnose sollte daher gegebenenfalls ein zweites Gewebe untersucht werden. Dabei wird es sich in der Regel um eine Fibroblastenkultur aus einer Hautstanze handeln. Nicht selten sind beispielsweise Mosaike bei Frauen mit Turner-Syndrom. Dies kann klinische Konsequenzen haben. Sollten bei diesen Frauen auch Zellen mit einem männlichen Chromosomensatz 46,XY vorliegen, besteht im Falle einer Gonadendysgenesie ein erhöhtes Risiko für die Entwicklung eines Gonadoblastoms.

Es sollte aber noch einmal darauf hingewiesen werden, dass in der absoluten Mehrzahl aller Fälle Aneuploidien mithilfe einer Chromosomenanalyse sehr sicher und schnell diagnostiziert werden können. In dringenden Fällen kann ein numerischer Befund, d. h. der Nachweis oder Ausschluss einer Aneuploidie, bereits nach zwei Tagen vorliegen. Zudem werden durch eine Karyotypisierung auch die seltenen Fälle erkannt, bei denen die Symptomatik auf das Vorliegen einer unbalancierten Translokation zurückgeht. Dies bringt häufig ein erhöhtes Wiederholungsrisiko mit sich. Diese Information ist daher von entscheidender Bedeutung für die genetische Beratung.

Das Ergebnis der Strukturanalyse nach hochauflösender Bänderung der Chromosomen kann in dringenden Fällen nach vier Tagen vorliegen. Meist wird die Befunderstellung jedoch länger dauern. Die Ergebnissicherheit postnataler Chromosomenanalysen hinsichtlich struktureller Chromosomenaberrationen ist von vielen Faktoren abhängig. Dabei spielt die Art der Aberration (balanciert, unbalanciert, Translokation, Inversion, Deletion, Duplikation) genauso eine Rolle wie das Bandenmuster und die Größe des betroffenen Bereichs. Entscheidend sind außerdem die Qualität der Präparation und die Erfahrung sowie das Talent des verantwortlichen Zytogenetikers. Zwar können in seltenen Fällen auch Aberrationen erkannt werden, die genomische Bereiche von ca. 2 Megabasenpaaren oder sogar weniger betreffen, in der Regel sind jedoch nur Aberrationen im Bereich von 10 Megabasenpaaren sicher zu diagnostizieren; auch in dieser Größenordnung gibt es jedoch nicht selten Konstellationen, die nicht erkannt werden können.

Ein unauffälliger Chromosomenbefund kann daher in keinem Fall ausschließen, dass nicht doch eine strukturelle Chromosomenveränderung vorliegt. Daher ist heute für viele Indikationen eine molekulare Karyotypisierung vorzuziehen oder spätestens nach einem unauffälligen Chromosomenbefund in Erwägung zu ziehen. Diese ermöglicht eine Auflösung von ca. 100 Kilobasen und gewährleistet so eine weitaus größere diagnostische Sicherheit hinsichtlich unbalancierter Veränderungen. Auf diese Techniken und die entsprechenden Indikationskriterien wird in Kapitel 6 ausführlicher eingegangen. Wie bereits mehrfach angesprochen, bleibt die Chromosomenanalyse aber die Methode der Wahl zum Nachweis balancierter Aberrationen.

Der Nachweis eines auffälligen Chromosomensatzes durch eine konventionelle Chromosomenanalyse kann als sehr sicher angesehen werden. Gegebenenfalls sollte der Befund jedoch mithilfe weiterer Untersuchungen bestätigt werden. Dies ist vor allem dann notwendig, wenn keine sichere Aussage darüber getroffen werden kann, ob es sich bei der beobachteten Veränderung um eine balancierte oder eine unbalancierte Aberration handelt. Beispielsweise kann bei einem klinisch auffälligen Patienten der Nachweis einer balancierten Translokation ein Zufallsbefund sein, der nicht mit der beobachteten Symptomatik zusammenhängt. Wenn nun durch molekularzytogenetische Methoden gezeigt werden kann, dass doch eine Imbalance vorliegt, wäre dadurch eine Diagnose gestellt. Wenn eine Chromosomenanalyse bei den Eltern oder bei einem gesunden Geschwister des Betroffenen nachwiese, dass die gleiche Aberration auch bei einem klinisch unauffälligen Familienangehörigen vorliegt, würde dies für einen Zufallsbefund ohne klinischen Zusammenhang sprechen.

Merk-Würdiges

- Für postnatale Chromosomenanalysen werden 2–5 ml heparinisiertes Vollblut benötigt.
- Die Temperatur für Lagerung und Versand der Proben sollte 4 °C bis 37 °C betragen.
- Nach einem Nachweis einer strukturellen Chromosomenaberration bei einem Kind oder Fetus sollte den Eltern in jedem Fall eine Untersuchung ihrer eigenen Chromosomen angeboten werden, um das Wiederholungsrisiko einschätzen zu können.
- Chromosomenanalysen aus Lymphozyten haben meist eine höhere Auflösung als solche aus Fruchtwasser, Chorionzotten oder Abortgewebe.

5.7 Literatur

S2-Leitlinie Humangenetische Diagnostik der Gesellschaft für Humangenetik (GfH) und des Berufsverbandes „Deutscher Humangenetiker (BVDH)“ (S2-LL HumDiag). Medgen 23: 281–323, 2010.

Caspersson T et al. Differential banding of alkylating fluorochromes in human chromosomes. Exp Cell Res. 1970, 60: 315–319.

Ford CE et al. A sex-chromosome anomaly in a case of gonadal dysgenesis (Turner's syndrome). Lancet 1959; 1 (7075): 711–3.

Jacobs P, Strong J. A case of human intersexuality having a possible XXY sex-determining mechanism. Nature 1959; 183 (4657): 302–3.

Lejeune J et al. Les chromosomes humains en culture de tissus. CR Hebd Séances Acad Sci 1959. (248): 602–603.

Yunis JJ. High resolution of human chromosomes. Science 1976; 191 (4233): 1268–70.

Moorhead et al. Chromosome preparations of leukocytes cultured from peripheral blood. Exp Cell Res 1960; 20: 613–616.

Rolf-Dieter Wegner und Markus Stumm

6 Molekular-zytogenetische Diagnostik

Neben den konventionellen zytogenetischen Methoden haben sich in den letzten 20 Jahren die molekular-zytogenetischen Methoden fest in der humangenetischen Diagnostik etabliert. Durch die molekulare Zytogenetik konnte die durch konventionelle Chromosomenanalysen erreichbare Auflösung deutlich übertroffen werden. Zudem wurden entscheidende Einsichten in den molekularen Aufbau der Chromosomen ermöglicht. Die methodische Grundlage der heutigen molekularen Zytogenetik ist die Fluoreszenz-in-situ-Hybridisierung (FISH).

6.1 Fluoreszenz-in situ-Hybridisierung (FISH)

Die Fluoreszenz-in-situ-Hybridisierung (FISH) vereinigt molekulargenetische und zytogenetische Methoden. Dabei werden fluoreszierende DNA-Sonden zum Nachweis von numerischen und strukturellen Chromosomenaberrationen eingesetzt. Bei der FISH werden DNA-Sequenzen in entsprechenden Vektoren (z. B. Cosmide, artifizielle P1-Chromosomen = PACs, artifizielle Bakterienchromosomen = BACs, artifizielle Hefechromosomen = YACs), mikrodissektierten DNA-Proben (z. B. *partial chromosome paints* = PCPs, *whole chromosome paints* = WCPs) oder Oligonukleotid-Sonden durch den Einbau von fluorophorkonjugierten Nukleotiden markiert. Die markierte DNA-Sonde und die Ziel-DNA werden zu einzelsträngiger DNA denaturiert und zusammen auf einem Objektträger bei einer spezifischen Temperatur hybridisiert. Komplementäre DNA-Sequenzen vereinigen sich und die FISH-Sonde bindet an ihre Zielsequenz auf Metaphasechromosomen oder in Interphasekernen. Nach der Hybridisierung wird unspezifisch gebundene Sonden-DNA durch einen stringenten Waschgang

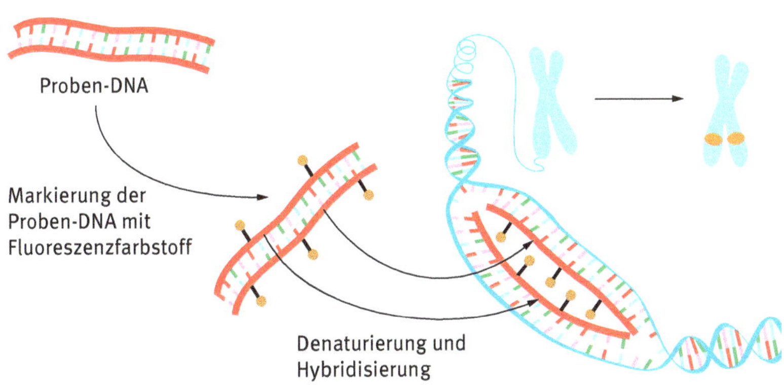

Abb. 6.1: Verfahren der Fluoreszenz-in situ-Hybridisierung.

entfernt. Die Chromosomen oder Zellkerne werden dann mit einem weiteren, andersfarbigen Fluoreszenzfarbstoff (z. B. DAPI oder Propidiumjodid) angefärbt und anschließend mit einem Mittel, welches das Ausbleichen der Signale verhindert (= *Antifading*-Mittel) eingedeckt. Die Fluoreszenzmarkierungen können dann unter einem Auflicht-Fluoreszenzmikroskop, das mit spezifischen Filtersätzen ausgestattet sein muss, analysiert und dokumentiert werden (Abb. 6.1).

Genauere Beschreibungen von FISH-Techniken finden sich in speziellen Methodenbüchern (Wegner, 1999; Rautenstrauss und Liehr, 2002).

Merk-Würdiges

- Die FISH ist eine molekular-zytogenetische Methode, die auf der spezifischen Bindung einzelsträngiger fluoreszenzmarkierter DNA-Sonden an Zielsequenzen auf Chromosomen oder Zellkernen basiert.

6.1.1 Die FISH in der klinischen Zytogenetik

Die technischen Errungenschaften der FISH haben dazu geführt, dass sich die Zytogenetik in kaum vorhersehbarer Art und Weise weiterentwickelt hat. Durch den Einsatz unterschiedlicher Fluorophore und entsprechender Anregungs- und Emissionsfilter können auch verschieden markierte DNA-Sonden gleichzeitig in der Diagnostik eingesetzt und ausgewertet werden. Heute wird eine große Auswahl an kommerziell verfügbaren FISH-Sonden angeboten, die für verschiedenste Untersuchungen zur Verfügung stehen:

- Einzelgen-Sonden binden spezifisch in Regionen, die die entsprechenden Gene enthalten.
- Zentromer-Sonden binden spezifisch an die Zentromer-Region einzelner oder aller Chromosomen.
- Subtelomer- und Telomer-Sonden binden spezifisch an den Chromosomenenden einzelner oder aller Chromosomen.
- *Whole-Chromosome-Painting*-Sonden binden spezifisch an ein ganzes Chromosom.
- *Partial-Chromosome-Painting*-Sonden binden spezifisch an einzelne Chromosomenarme oder Chromosomenregionen.

Beispiele von Hybridisierungen mit verschiedenen FISH-Sonden sind in Abbildung 6.2 dargestellt.

Die Verwendung verschiedener Fluorochrome erlaubt es, unterschiedlich markierte Sonden auch simultan in der FISH einzusetzen. So können durch mehrere Techniken (M-FISH, SKY-FISH oder COBRA-FISH) mit der Unterstützung entsprechender Software sogar alle 23 Chromosomen in unterschiedlichen Farben dargestellt werden (Abb. 6.3).

Abb. 6.2: Signalmuster nach FISH mit Sonden für typische, spezifische Untersuchungsziele.

Die FISH hat die diagnostischen Möglichkeiten in der Zytogenetik deutlich erweitert. Strukturelle Chromosomenaberrationen können mit FISH-Analysen exakter abgeklärt werden. Die FISH hat im Vergleich zur konventionellen Chromosomenanalyse auch eine deutlich bessere Auflösung. Während die konventionelle Zytogenetik ihre zuverlässige Nachweisgrenze nur ab ca. 5 Millionen Basenpaaren (Mb) hat, liegt diese Grenze bei der FISH im Bereich unter 100 Kilobasen (kb). Damit können mit der FISH auch noch strukturelle Aberrationen erkannt werden, die mit konventionellen Bänderungstechniken nicht mehr erfassbar sind. Mithilfe der FISH wurden auch die Mikrodeletions- und Mikroduplikationssyndrome entdeckt (Tab. 6.1 und Kap. 11). Dies sind DNA-Veränderungen, die unterhalb des mikroskopischen Auflösungsvermögens liegen und nur durch spezielle Methoden nachweisbar sind. Neben der FISH sind in der Routinediagnostik vor allem der *Multi Ligation Probe Assay* (MLPA) und die quantitative PCR wichtige Verfahren zum Nachweis von Mikrodeletionen und Mikroduplikationen (Kap. 7.3).

Die FISH macht außerdem den Interphasekern der zytogenetischen Analyse zugänglich und verbessert damit die mikroskopische Diagnostik in vielen Bereichen.

Merk-Würdiges
- Im Vergleich zur konventionellen Zytogenetik ist durch die FISH die Auflösungsgrenze für strukturelle Chromosomenaberrationen mehr als 50-fach erhöht: konventionelle Zytogenetik 5 Mb, FISH <100 kb.
- Mit der FISH können auch Chromosomenanomalien (Aneuploidien und Strukturaberrationen) in nicht teilungsfähigen Zellen, d. h. direkt im Interphasekern nachgewiesen werden.

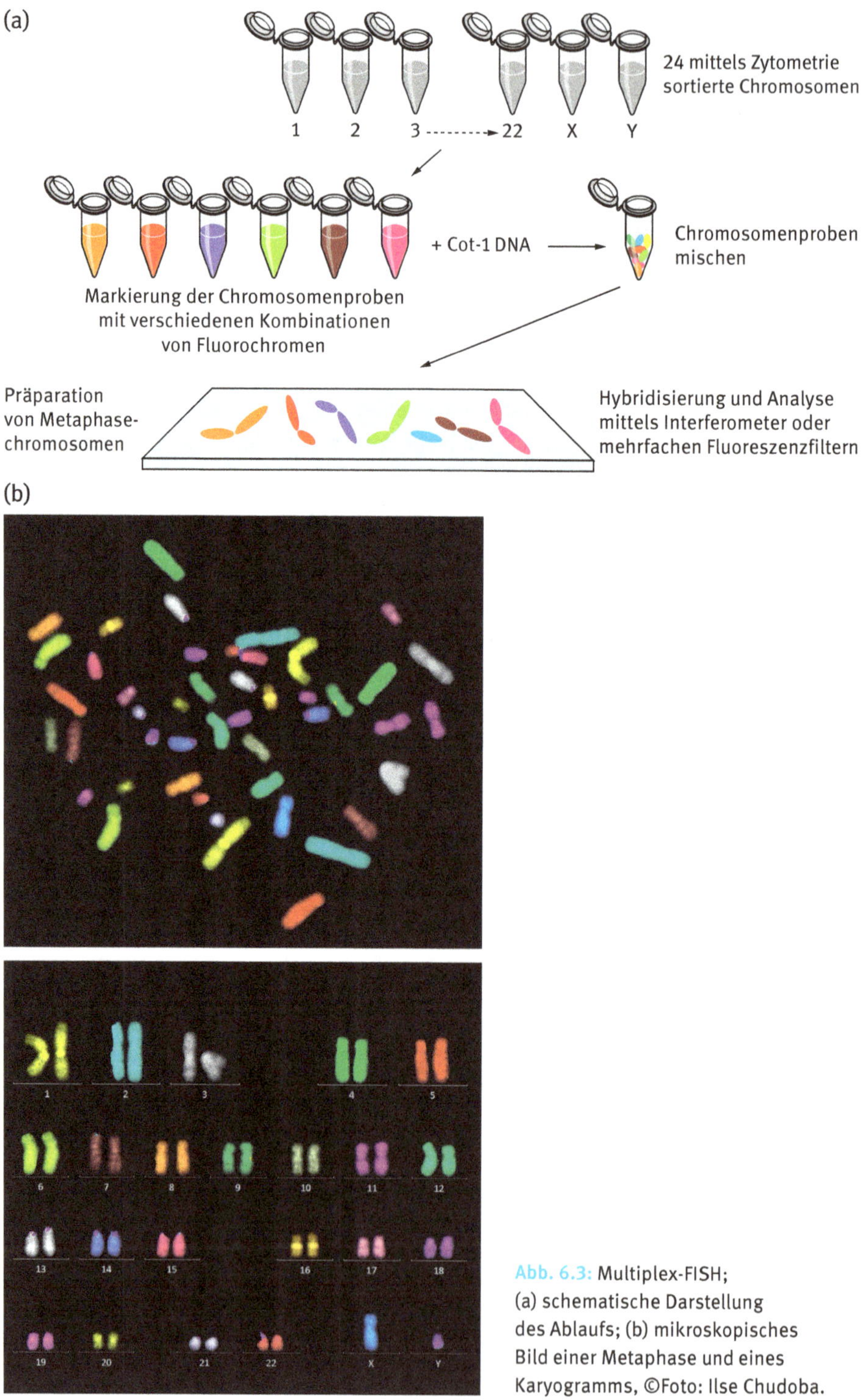

Abb. 6.3: Multiplex-FISH; (a) schematische Darstellung des Ablaufs; (b) mikroskopisches Bild einer Metaphase und eines Karyogramms, ©Foto: Ilse Chudoba.

6.1.2 Identifizierung von Aneuploidien

Durch die FISH auf Metaphasechromosomen oder Interphasekernen können Aneuploidien erkannt werden. Im Gegensatz zur Hybridisierung auf Metaphasen, welche die Kultivierung von teilungsfähigen Zellen erforderlich macht, ermöglicht die Interphase-FISH auch die Analyse von Zellkernen, die nicht teilungsaktiv sind. Diese Methodik erweiterte damit die Einsatzmöglichkeit von zytogenetischen Analysen erheblich. Im Bereich der Tumorzytogenetik können Amplifikationen, Deletionen und Translokationen direkt am Tumor oder auch an archiviertem Material nachgewiesen werden. Darüber hinaus kann die Interphase-FISH auch zur schnellen und akkuraten Identifizierung von Aneuploidien in der pränatalen Diagnostik und in der Reproduktionsmedizin eingesetzt werden.

Merk-Würdiges

- Die FISH kann in der Pränataldiagnostik und in der Präimplantationsdiagnostik (PID) als schnelles Nachweisverfahren für Aneuploidien und andere strukturelle Chromosomenaberrationen (z. B. Markerchromosomen) eingesetzt werden.

Die FISH in der pränatalen Diagnostik

Konventionelle Chromosomenuntersuchungen nach Amniozentese im zweiten Trimenon gelten auch heute noch als Goldstandard der pränatalen zytogenetischen Untersuchungen (Kap. 4). Die hohe Erfolgsquote und die diagnostische Zuverlässigkeit sind die klaren Vorteile dieser Methode. Die Risiken der Amniozentese sind gut untersucht und der Eingriff ist verhältnismäßig unproblematisch. Die relativ lange Untersuchungsdauer (im Durchschnitt ca. 10–14 Tage) sowie der späte Untersuchungszeitpunkt zählen aber zu ihren Nachteilen.

Mit Anwendung der FISH-Techniken in der pränatalen Diagnostik ergab sich die Möglichkeit einer raschen Analyse ausgewählter Aneuploidien an unkultivierten Fruchtwasserzellen. Die Interphase-FISH mit kommerziell erwerblichen Sonden (Abb. 6.4) erlaubt bei Verwendung zuverlässiger Protokolle und bei Beachtung maßgeblicher Grundregeln (s. Leitlinien zum „pränatalen Schnelltest“ der Gesellschaft für Humangenetik und des Berufsverbandes Deutscher Humangenetiker, 2009) eine zuverlässige Diagnostik numerischer Anomalien für eine begrenzte Anzahl von Chromosomen.

Dabei erfolgt vor der konventionellen Chromosomenanalyse an ein bis zwei Millilitern Fruchtwasser eine Aneuploidie-Diagnostik für die Chromosomen 13, 18, 21, X und Y. Durch die Analyse von 30–50 Zellkernen können mit über 98 %iger Sicherheit Aneuploidien der untersuchten Chromosomen innerhalb von weniger als 24 Stunden ausgeschlossen werden. Die 2 %ige methodische Unsicherheit resultiert aus chromosomalen Heteromorphismen oder strukturellen Besonderheiten in der Bindungsregion spezifischer Sonden oder aus speziellen Mosaikkonstellationen (s. Infobox 6.1).

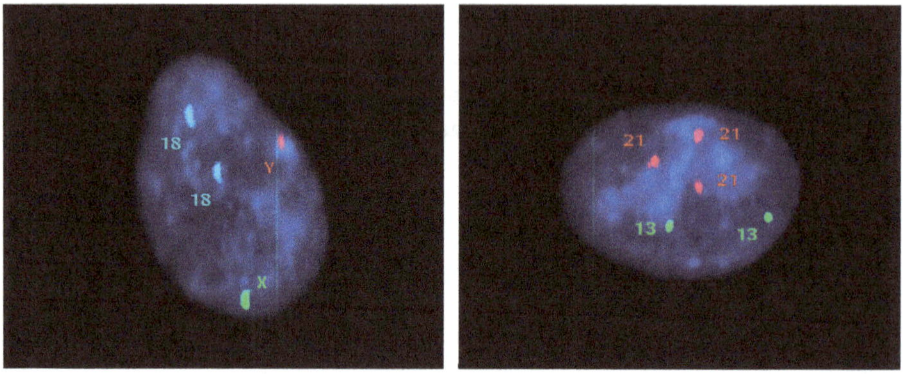

Abb. 6.4: (a) Drei-Farben-FISH mit den zentromer-spezifischen Sonden CEP X (grün), CEP Y (rot) und CEP 18 (blau) (VYSIS). Unauffälliges Signalmuster auf dem Zellkern einer Fruchtwasserzelle eines männlichen Feten; (b) Zwei-Farben-FISH mit den locus-spezifischen Sonden LSI 13 (grün) und LSI 21 (rot) (VYSIS). Das auffällige Signalmuster (3 rote Signale) ist auf eine Trisomie 21 in der analysierten Fruchtwasserzelle zurückzuführen.

Infobox 6.1: Probleme der FISH.

Beim pränatalen Schnelltest werden bei manchen kommerziell verfügbaren Testkits Zentromersonden zum Nachweis der Chromosomen 18 (D18Z1), X (DXZ1) und Y (DYZ1) eingesetzt. Die Zentromerregionen dieser Chromosomen zeigen jedoch in seltenen Fällen Varianten (Heteromorphismen), die dazu führen, dass die Zielsequenzen der entsprechenden Sonden fast völlig fehlen oder auch auf anderen Chromosomen zusätzlich vorhanden sind, was dadurch zu falsch negativen oder falsch positiven Ergebnissen führen kann.
In einem konkreten Fall wurde eine Trisomie 18 im Schnelltest nicht erkannt, da ein Chromosom 18 als Heteromorphismus einen nahezu vollständigen Verlust der Ziel-DNA in der Zentromerregion aufwies und damit nicht eindeutig nachweisbar war. Erst durch die konventionelle Chromosomenanalyse wurde die Trisomie 18 korrekt diagnostiziert. Zur Vermeidung derartiger Fehlerquellen wurden neue Sonden entwickelt, die außerhalb der Zentromerregion von Chromosom 18 binden.

Ingesamt betrachtet ist der pränatale Schnelltest mittels FISH jedoch ein zuverlässiger Bestandteil der pränatalen Diagnostik und wird nach wie vor in vielen Zentren erfolgreich eingesetzt. Als alternative Verfahren stehen die quantitative Fluoreszenz-Polymerasekettenreaktion (QF-PCR) und der MLPA zur Verfügung (Kap. 7).

Neben dem pränatalen Schnelltest an unkultivierten Amnionzellen haben die Methoden der Fluoreszenz-in-situ-Hybridisierung die anderen diagnostischen Möglichkeiten in der pränatalen Chromosomendiagnostik ebenfalls entscheidend verbessert. Dies gilt insbesondere für die weitergehende Analyse von Befunden, die früher häufig nicht weiter abgeklärt werden konnten (z. B. Markerchromosomen, komplexe Translokationen, Quantifizierung von Mosaiken).

Findet man bei der konventionellen zytogenetischen Analyse von Chorionzotten oder Fruchtwasserzellen den Hinweis auf ein chromosomales Mosaik, so kann mithilfe der FISH eine weitere Abklärung erfolgen, denn die FISH ermöglicht die Analyse einer großen Anzahl von Zellen auf Einzelzellniveau. Je nach Fragestellung können dazu neben Metaphasen auch Interphasezellen in die Analyse einbezogen werden und damit die diagnostischen Möglichkeiten deutlich erweitern.

Als Beispiel ist hier die molekular-zytogenetische Diagnostik des Isochromosoms für den kurzen Arm von Chromosom 12 [i(12p)] bei Zwerchfellhernien und daraus resultierendem Verdacht auf ein Pallister-Kilian-Syndrom zu nennen (s. Kap. 4, Tab. 4.4).

Zur Diagnostik von Markerchromosomen, auch im Mosaikstatus, ist die FISH die Methode der Wahl. Mithilfe der Mikrosezierung und reverser FISH sowie mittels der Vielfarben-FISH können die chromosomale Herkunft sowie die Zusammensetzung von Markerchromosomen bestimmt werden. Kommt das Markerchromosom in der Mehrzahl der konventionell analysierten Metaphasen vor, kann auch eine Array-CGH zur genauen Charakterisierung des Markerchromosoms eingesetzt werden.

Bei spezifischen Ultraschallbefunden kann eine gezielte FISH zum Nachweis oder Ausschluss von Mikrodeletionen durchgeführt werden. Eine Mikrodeletionsanalyse in der für das DiGeorge-Syndrom kritischen Region in der Chromosomenbande 22q11.2 ist z. B. bei Herzfehlern mit Anomalien des Ausflusstraktes indiziert (s. Infobox 6.2). Weitere relativ häufige Mikrodeletionssyndrome sind in der Tabelle 6.1 aufgeführt.

Tab. 6.1: Mikrodeletionssyndrome. ODR: Oxford Desk Reference; OMIM: Online Mendelian Inheritance in Man; Orphanet: Portal für seltene Erkrankungen, http://www.orpha.net.
* Die Häufigkeit bezieht sich auf alle Ursachen, nicht nur auf Mikrodeletionen.

Syndrom	Lokalisation	Häufigkeit*	Referenz
Alagille-Syndrom	20p12.2	1:70.000	OMIM
Angelman-Syndrom	15q11.2	1: 12.00–40.000	ODR
Cri-du-Chat-Syndrom	5p15.3	1:20.000–50.000	OMIM
Miller-Dieker-Syndrom	17p13.3	1: 85.000	Orphanet
Neurofibromatose 1	17q11.23	1: 25.000–30.000	OMIM1
Prader-Willi-Syndrom	15q11.2	1:29.000	ODR
Rubinstein-Taybi-Syndrom	16p13.3	1: 11.000–100.000	Orphanet
Smith-Magenis-Syndrom	17p11.2	1:25.000	OMIM
Williams-Beuren-Syndrom	7q11.23	1:10.000	OMIM
Wolf-Hirschhorn-Syndrom	4p16.3	1: 20.000–50.000	OMIM

Zusammenfassend zeigen die langjährig gesammelten Daten, dass die meisten nach konventioneller Chromosomenanalyse auffälligen, jedoch unklaren Fälle heute mithilfe von molekularen und molekular-zytogenetischen Methoden aufgeklärt werden können.

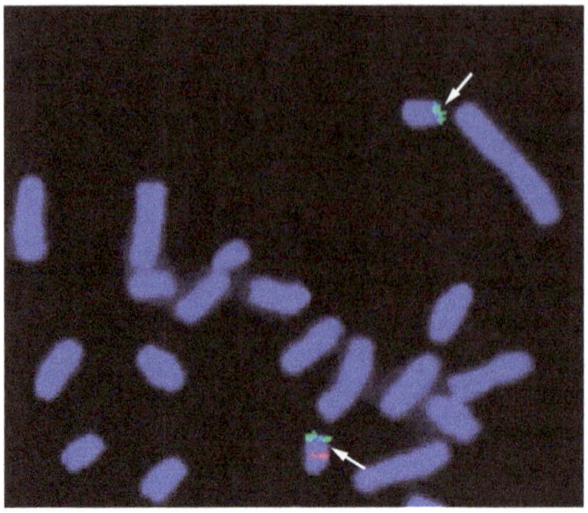

Abb. 6.5: Nachweis einer Mikrodeletion 22q11.2 durch eine FISH-Analyse mit der Zielsonde TUPLE1 (rot) und der Kontrollsonde SHANK3 (grün). Die beiden Chromosomen 22 (Pfeile) zeigen je ein grünes Signal für die Kontrollsonde während die rotmarkierte Test-Sonde nur auf einem Chromosom sichtbar ist, die Zielregion auf dem zweiten Chromosom also deletiert ist. Die Chromosomen sind mit DAPI gefärbt.

Infobox 6.2: Mikrodeletion 22q11.2.

Die Mikrodeletion 22q11.2 ist die häufigste Mikrodeletion des Menschen. Sie führt zu einem Verlust von genetischem Material in der Chromosomenbande 22q11.2. Diese Mikrodeletion ist mit konventionellen zytogenetischen Methoden nicht sichtbar, aber durch die FISH nachweisbar (Abb. 6.5). Sie kann zu isolierten Herzfehlern, aber auch zum DiGeorge-Syndrom führen. Ein häufiger Ultraschallbefund ist eine Ausflusstraktanomalie.

6.1.3 Die FISH in der Reproduktionsmedizin

Zur Beantwortung von spezifischen Fragestellungen waren zytogenetische Untersuchungsmethoden schon immer ein fester Bestandteil im Bereich der Reproduktionsmedizin. Klassische Indikationen zur Chromosomenanalyse sind dabei der hypergonadotrope Hypogonadismus der Frau sowie beim Mann die ätiologisch ungeklärte Azoospermie oder hochgradige Oligozoospermie. Zusätzlich hat sich die Chromosomenanalyse bei Paaren mit ätiologisch ungeklärter Fertilitätsproblematik etabliert. FISH-Analysen werden hier hauptsächlich zur weiteren Abklärung von chromosomalen Mosaiken sowie zur genaueren Charakterisierung von Strukturanomalien der Geschlechtschromosomen eingesetzt.

FISH-Analysen spielen auch bei der Polkörper- und Präimplantationsdiagnostik nach wie vor eine Rolle, werden in diesem Bereich aber mehr und mehr von der Array-CGH (Kap. 6.2) und den Methoden des Next-Generation-Sequencing (NGS, s. Kap. 7.3.7) verdrängt.

6.1.4 Möglichkeiten und Grenzen der FISH

Die entscheidenden Vorteile der FISH liegen in ihrer hohen Auflösung zur besseren Charakterisierung von sehr kleinen strukturellen Chromosomenanomalien und in der Möglichkeit der Einzelzellanalyse, vor allem bei unklaren Mosaikkonstellationen nach konventioneller zytogenetischer Diagnostik. Dabei wird eine sehr hohe diagnostische Aussagekraft erreicht (> 99 %).

Durch chromosomale Heteromorphismen oder spezifische strukturelle Chromosomenaberrationen können jedoch auch falsch positive oder falsch negative Befunde entstehen. Speziell beim pränatalen Schnelltest ist deshalb zu beachten, dass die Ergebnisse immer nur einen vorläufigen Charakter haben und erst bei Vorliegen des Ergebnisses der konventionellen Chromosomenanalyse endgültig bewertet werden können.

Bei strukturellen Chromosomenaberrationen kann mit der FISH als alleinige Untersuchungsmethode nur in seltenen Fällen eine exakte Bestimmung der Chromosomenbruchpunkte erfolgen. In den meisten Fällen kann ebenfalls nicht geklärt werden, ob die Umlagerung von chromosomalen Segmenten zusätzlich zu einem Zugewinn oder Verlust von Chromosomenmaterial (unbalancierter Status) führt. In diesen Situationen kann jedoch die Array-CGH entscheidende zusätzliche Informationen liefern. Deshalb sollte zum Beispiel bei *de-novo*-Translokationen immer eine Array-CGH durchgeführt werden.

6.2 Array-CGH

Die Array-CGH (aCGH) leitet sich von der vergleichenden genomischen Hybridisierung (*comparative genomic hybridisation*, CGH) ab. Diese Methode wurde 1992 zum ersten Mal von Kallioniemi et al. beschrieben. Mit der CGH kann in einem einzigen Experiment ein komplettes Genom auf den Zugewinn oder Verlust von genetischem Material analysiert werden.

Die CGH basiert auf der gleichzeitigen Hybridisierung einer fluoreszenzmarkierten Test- und Referenz-DNA, die mit unterschiedlichen Fluoreszenzfarbstoffen markiert sind. So kann grün markierte Test-DNA (Farbstoff Cy3) zusammen mit der rot markierten Referenz-DNA (Farbstoff Cy5) auf unauffällige Metaphasechromosomen hybridisiert werden. Dabei konkurrieren die beiden DNAs um die Bindung an die komplementären Zielsequenzen auf den Chromosomen. Nach der Hybridisierung wird unspezifisch gebundene DNA durch stringentes Waschen entfernt. Anschließend werden die Chromosomen mit einem Fluoreszenzmikroskop und einer entsprechenden Software analysiert. Durch die Quantifizierung und den Vergleich der Intensitäten der unterschiedlichen Fluoreszenzsignale können Zugewinne und Verluste in der Test-DNA detektiert werden. Die geringe Auflösung (5–10 Mbp), die durch die Hybridisierung auf chromosomale DNA bedingt war, sowie der hohe methodische Aufwand verhinderten jedoch den routinemäßigen Einsatz der CGH in der zytogenetischen Diagnostik.

Erst durch die Weiterentwicklung der Methode zur Array-CGH (aCGH) fand die CGH ihren Weg in die Routinediagnostik. Das Prinzip der aCGH ist dasselbe wie bei

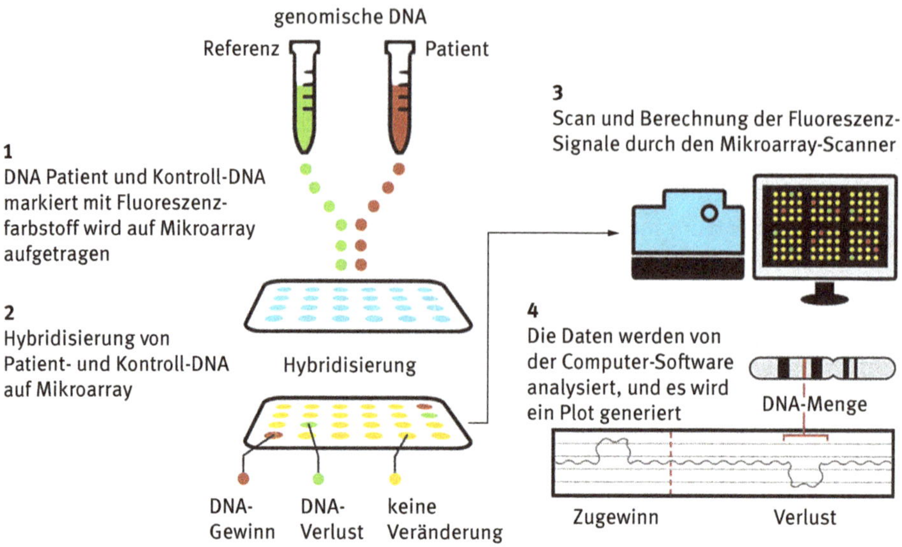

Abb. 6.6: Prozess der Array-CGH.

der CGH, nur dass bei der Hybridisierung die Chromosomen als Zielsequenz durch klonierte DNA-Fragmente (z. B. BACs) oder synthetisch erzeugte Oligonukleotide ersetzt werden (Abb. 6.6). Damit konnte die Sensitivität der Methode deutlich erhöht werden (BACs <200 kb; Oligos <100 kb).

Parallel dazu wurden auch SNP-Arrays entwickelt, bei denen nur die Test-DNA auf einen Array hybridisiert und anschließend die Hybridisierungsintensität gegen ein hinterlegtes Referenzkollektiv gemessen wird. Diese Methode ermöglicht nicht nur den Nachweis von DNA-Zugewinnen und DNA-Verlusten, sondern erfasst durch die Analyse von Einzelbasenpolymorphismen, sogenannten SNPs (*single nucleotide polymorphisms*), zusätzlich auch Homologien in der DNA-Sequenz. Dadurch können uniparentale Disomien (UPDs) aufgedeckt werden oder auch große Bereiche homologer DNA-Sequenzen (5 Mb), die auf den Verlust von Heterozygotie (*loss of heterozygosity*) oder auf homozygot vererbte DNA-Abschnitte (*homozygosity of descence*) zurückgehen.

Die Wahl des Arrays ist abhängig von der Fragestellung und dem Ziel der Untersuchung. In der Forschung werden vor allem hochauflösende Oligo- oder SNP-Arrays eingesetzt, die das gesamte Genom abdecken (*tiling-arrays*). In der Diagnostik werden dagegen in den meisten Laboratorien hochauflösende Arrays angewendet, die in klinisch relevanten Regionen angereichert sind (*targeted-arrays*). Die BAC-Arrays werden aus der Routinediagnostik nach und nach verdrängt, finden aber noch ihre spezifische Anwendung in der Pränatal- und Präimplantationsdiagnostik.

6.2.1 Postnatale Array-Diagnostik

In der postnatalen Diagnostik werden vor allem Oligo-oder SNP-Arrays eingesetzt. Indikationen zur postnatalen Array-CGH sind in Tabelle 6.2 aufgelistet.

Tab. 6.2: Indikationen zur postnatalen Array-CGH.

- isolierte mentale Retardierung (IQ<70)
- mentale Retardierung in Kombination mit Dysmorphien
- Entwicklungsstörungen aus dem Autismus-Formenkreis
- Fehlbildungen und schwere Funktionsstörungen des Gehirns
- multiple angeborene Fehlbildungen
- multiple Dysmorphien

Bei der postnatalen Array-Diagnostik wird eine hohe Auflösung angestrebt, um möglichst alle klinisch relevanten Imbalancen erfassen zu können. Dies führt jedoch auch immer wieder zu der Problematik, dass bisher nicht beschriebene Imbalancen (Copy number variation = CNV) detektiert werden und damit der kausale Zusammenhang zum klinischen Phänotyp unklar bleibt. Daher führen diese Untersuchungen häufig zu zeitaufwendigen Folgeuntersuchungen. Der genetische Berater bekommt nicht immer die gewünschte Klarheit und kann damit den Ratsuchenden nicht immer die erhofften Antworten liefern.

Derzeit bringen die postnatal durchgeführten Array-Analysen einen Zugewinn an diagnostischer Information in etwa 10–20 % der untersuchten Patienten im Vergleich zu Patienten, die nur mit konventionellen Chromosomenanalysen und/oder FISH-Analysen untersucht wurden. Die Detektionsrate ist dabei vom untersuchten Patientenkollektiv, der verwendeten Array-Plattform und dem verwendeten Array abhängig.

6.2.2 Pränatale Array-Diagnostik

Ähnlich wie in der postnatalen Diagnostik kann der Einsatz der Array-Technologien pränatal zu einer besseren ursächlichen Abklärung von phänotypischen Auffälligkeiten nach einem auffälligen Ultraschallbefund führen und damit die pränatale Diagnostik sinnvoll ergänzen. Auch bei der weiteren Abklärung von strukturellen Chromosomenaberrationen, die bei der konventionellen Chromosomenanalyse festgestellt wurden, kann die aCGH sehr hilfreich sein.

Indikationen zur pränatalen Array-Diagnostik

In der Pränataldiagnostik wird die Array-Diagnostik bislang nur eingeschränkt eingesetzt. Hauptindikationen sind dabei ein auffälliger Ultraschallbefund mit einem unauffälligen konventionellen Chromosomenbefund (s. Kasuistik 6.1) oder ein auffälliger Chromosomenbefund mit scheinbar balancierter Chromosomenaberration. Ein Einsatz der aCGH als Erstanalyse ist nach wie vor kein Standard in der pränatalen Diagnostik. Ergibt sich jedoch aufgrund eines auffälligen Ultraschallbefundes und/oder der anamnestischen Daten eine hohe Wahrscheinlichkeit für einen unbalancierten Chromosomenbefund, so erscheint es bei fortgeschrittener Schwangerschaftswoche gerechtfertigt, nach einem unauffälligen Schnelltestbefund unmittelbar eine Array-CGH durchzuführen (Tab. 6.3).

Tab. 6.3: Mögliche Indikationen zur pränatalen Array-CGH.

- Vorliegen eines auffälligen Ultraschallbefundes und ein unauffälliger konventioneller Chromosomenbefund
- Vorliegen eines auffälligen Ultraschallbefundes und eine *de novo* balancierte Chromosomenaberration nach konventioneller Chromosomenanalyse
- Vorliegen eines auffälligen Ultraschallbefundes und anamnestische Daten, die für ein hohes Risiko einer unbalancierten Chromosomenaberration sprechen

Kasuistik 6.1: Diagnose einer Mikrodeletion 18p durch Array-CGH.

Eine 28jährige Schwangere kommt in der 22+1 Schwangerschaftswoche zu einer Ultraschalluntersuchung. Folgende sonografische Anomalien des Feten werden gefunden: Brachycephalie, Microcephalie, Holoprosencephalie (Abb. 6.7a), Hypotelorismus und singulärer Nasenflügel.
Die Chromosomenanalyse aus Fruchtwasserzellen zeigt einen unauffälligen weiblichen Karyotyp.
Die aCGH aus DNA der Fruchtwasserzellen weist eine Deletion in der Größe von etwa 1,5 Mb auf (Abb. 6.7b).
Eine Deletion dieser Größe liegt weit unterhalb der Auflösungsgrenze einer klassischen Chromosomenanalyse, daher entspricht es der Erwartung, dass die homologen Chromosomen 18 keinerlei Auffälligkeiten im Lichtmikroskop zeigen (Abb. 6.7c). Von diagnostischer Relevanz ist der Verlust des in der Deletionsregion gelegenen *HPE4*-Gens (= *TGIF*-Gen, *Transforming growth factor-beta-induced factor*) wodurch das Auftreten der Holoprosenzephalie erklärt werden kann.

Pränatal durchgeführte Array-Analysen erzielen einen Zugewinn an diagnostischer Information in etwa 1,7–6 % der untersuchten Patienten im Vergleich zu Patienten, die nur mit konventionellen Chromosomenanalysen und/oder FISH-Analysen untersucht wurden. Die Anzahl an unklaren Ergebnissen lag in diesen Untersuchungskollektiven je nach aktuellem Wissensstand im Bereich von 1,5–3,4 % (Wapner et al., 2012). Die Detektionsraten sind dabei aber immer auch vom untersuchten Patientenkollektiv, der verwendeten Array-Plattform und dem verwendeten Array abhängig.

Die Array-CGH kann bereits im ersten Trimenon mit DNA aus nativen Chorionzellen durchgeführt werden. Sehr viel häufiger ist jedoch der Einsatz nach auffälligem Ultraschallbefund im zweiten und dritten Trimenon. Hier kann die erforderliche DNA aus Fruchtwasserzellen oder fetalen Lymphozyten gewonnen werden. Eine pränatale Array-Analyse ist sowohl an nativen als auch an kultivierten Zellen innerhalb von 3–5 Tagen möglich.

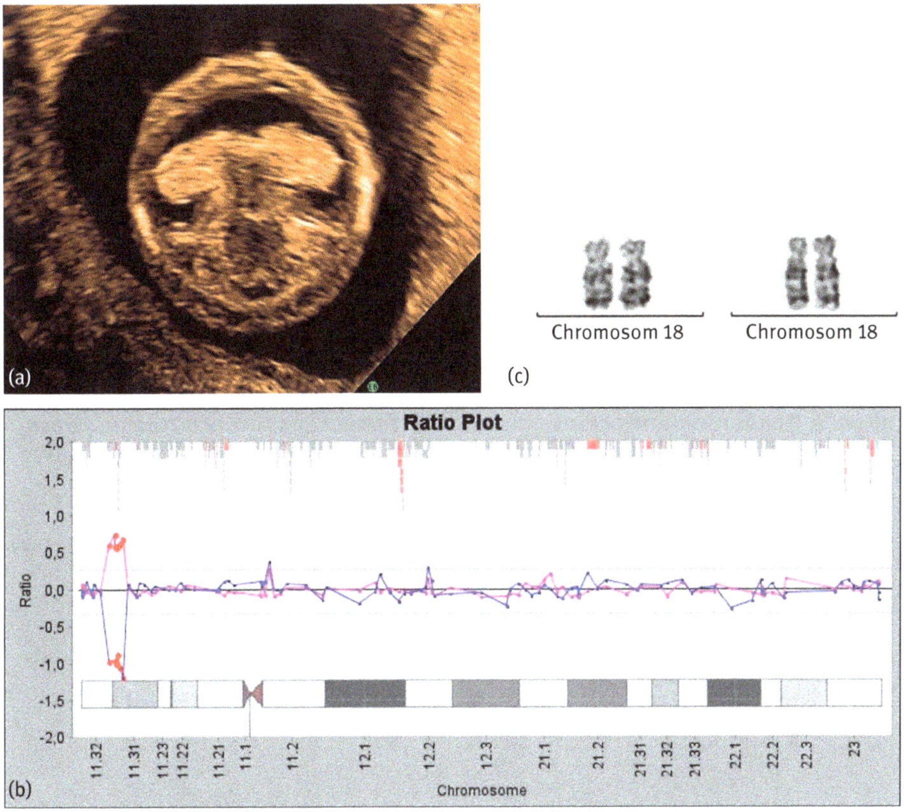

Abb. 6.7: Diagnose einer Mikrodeletion 18p durch Array-CGH, (a) Ultraschallbild einer fetalen Holoprosenzephalie in der 23. Schwangerschaftswoche; (b) aCGH-Befund mit eindeutigem Nachweis einer Mikrodeletion im kurzen Arm von Chromosom 18; (c) lichtmikroskopisches Bild von Chromosomenpaar 18 aus Fruchtwasserzellen.

Merk-Würdiges

- Die molekulare Karyotypisierung mittels aCGH ist bereits ein fester Bestandteil in der postnatalen zytogenetischen Routinediagnostik und wird als Erstanalyse bei spezifischen Indikationen eingesetzt.
- In der pränatalen Diagnostik erfolgt der Einsatz der aCGH wesentlich seltener, hauptsächlich bei ganz speziellen Fragestellungen.
- Die konventionelle Chromosomenanalyse bleibt jedoch nach wie vor ein wichtiges diagnostisches Instrument in der zytogenetischen Diagnostik, da die aCGH nicht in der Lage ist Polyploidien (z. B. Triploidie) oder balancierte Translokationen zu erkennen. Der Nachweis einer genetischen Imbalance durch aCGH erlaubt auch keinen eindeutigen Rückschlüsse auf die vorliegende Strukturveränderung des Karyotyps.
- Die Kombination von zytogenetischen und molekular-zytogenetischen Methoden kann momentan als Goldstandard der Chromosomendiagnostik betrachtet werden, doch auch hier werden neue technische Entwicklungen zu weiteren Veränderungen führen.

6.3 Literatur

Hagen A, Wegner RD, Stumm M, Entezami M. *P09.04:* Prognostic reliability of the prenatal FISH-test. Ultrasound Obstet Gynecol 2012; 40: 204–205.

Kallioniemi A, Kallioniemi OP, Sudar D, Rutovitz D, Gray JW, Waldman F, Pinkel. Comparative genomic hybridization for molecular cytogenetic analysis of solid tumors. Science 1992; 258: 818–821.

Leitlinien zum „pränataler Schnelltest", GfH und BVDH. Medgen 21, 393–396, 2009.

OMIM: www.ncbi.nlm.nih.gov/omim

Orphanet: www.orpha.net

Rautenstrauss BW, Liehr T, eds. FISH technology (Springer lab manuals). Berlin, Heidelberg: Springer-Verlag, 2002.

Röpke A, Stumm M, Wieacker P. Fluoreszenz-in-situ-Hybridisierung (FISH) an nichtkultivierten Amnionzellen zur Diagnostik häufiger Chromosomenstörungen. Reproduktionsmedizin 2002; 18(5): 289–294.

Stumm M, Tönnies H. Fluorescence in situ hybridization techniques in medical diagnostics. Expert Opinion on Medical Diagnostics 12/2008; 2 (12): 1381–90. DOI: 10.1517/17530050802558899.

Stumm M, Tönnies H, Wieacker P. Molecular cytogenetic techniques for the diagnosis of chromosomal abnormalities in childhood disease. Eur J Pediatr 1999; 158(7): 531–6.

Stumm M, Wegner RD, Bloechle M, Eckel H: Interphase M-FISH applications using commercial probes in prenatal and PGD diagnostics. Cytogenet Genome Res 2006; 114(3–4): 296–301.

Wapner RJ, Martin CL, Levy B, et al. Chromosomal microarray versus karyotyping for prenatal diagnosis. N Engl J Med 2012; 367 (23): 2175–2184.

Wegner RD, ed. Diagnostik cytogenetics (Springer lab manuals). Berlin, Heidelberg: Springer-Verlag, 1999.

Marc Trimborn und Claus-Eric Ott

7 Molekulargenetische Diagnostik

7.1 Einführung Molekulargenetik

Mit der Erfindung der Polymerase-Kettenreaktion oder kurz PCR Mitte der 1980er Jahre wurde die molekulargenetische Diagnostik revolutioniert. Dadurch war plötzlich die Möglichkeit gegeben, auch aus sehr geringen Mengen Ausgangsmaterial DNA derart zu vermehren, dass eine anschließende Analyse möglich wurde. Daraus resultierte auch der nächste Quantensprung in der molekularen Diagnostik – die Veröffentlichung des humanen Genoms im Jahr 2001. Diese stellte die Grundlage für die Entdeckung der molekularen Grundlagen einer großen Anzahl von Erkrankungen dar. Gleichzeitig wurden immer neue Techniken zur Detektion von Mutationen entwickelt und diese immer weiter hinsichtlich Geschwindigkeit, Durchsatz, Automatisierung und Kosteneffektivität verfeinert. Die nächste Revolution ist bereits im Gange. Die neuen Sequenziertechnologien erlauben die kostengünstige und schnelle Analyse gesamter Genome und beginnen bereits, auch in der Routinediagnostik Fuß zu fassen.

Das Tempo, mit dem sich die molekulargenetischen Analysetechniken und damit auch unser Wissen über die molekulare Basis genetischer Erkrankungen in den letzten Jahren entwickelt haben, ist erstaunlich. Ein Lehrbuch kann unmöglich das gesamte heute zur Verfügung stehende Methodenspektrum abbilden. Ebenso ist es zum gegenwärtigen Zeitpunkt unmöglich vorherzusagen, welche Richtung die molekulare Diagnostik in den nächsten Jahren einschlagen wird. Zu groß ist die Innovationskraft der wissenschaftlichen Gemeinschaft, zu unabsehbar ist die Reaktion unserer Gesellschaft auf die sich aus den Entwicklungen ergebenden ethischen Fragestellungen und ebenso unabsehbar ist die sich daraus gegebenenfalls ableitende Gesetzgebung.

Gerade in der Gynäkologie haben die letzten Gesichtspunkte besonderes Gewicht, lässt sich doch zumindest theoretisch die molekulare Basis jeder postnatal diagnostizierbaren, genetischen Erkrankung auch vorgeburtlich diagnostizieren – ein Umstand, der fundamentale Fragen über Werte des Lebens aufwirft. Mit der Einführung des Gendiagnostikgesetzes im Jahr 2010 hat der Gesetzgeber in beispielloser Weise Einfluss auf die Entwicklung der genetischen Diagnostik im Allgemeinen, aber auch ganz besonders auf die vorgeburtliche Diagnostik genommen. Und so fordern die rasante Entwicklung des gesamten Gebietes und auch der Gesetzgeber von praktizierenden Gynäkologen nicht nur solide Kenntnisse der Genetik, sondern auch der zur Diagnostik verwendeten Techniken und zudem eine permanente Fortbildung, um ihre Patientinnen fundiert und dem aktuellen Stand des Wissens entsprechend beraten zu können.

In der klinischen Genetik sind die Differenzialdiagnostik, Pränataldiagnostik, Heterozygotendiagnostik und prädiktive Diagnostik bei erblichen monogenen Erkrankungen Hauptanwendungsgebiete molekulargenetischer Methoden. In der

Tumorgenetik dienen sie der Erkennung von monogenen erblichen Tumorprädispositionssyndromen, aber auch zur Sicherung der Diagnose, zur Abschätzung der Prognose und zur Überwachung des Krankheits- bzw. Therapieverlaufs von sporadischen Tumorerkrankungen. Bei polygenen bzw. multifaktoriellen Erkrankungen spielt die molekulargenetische Diagnostik insbesondere aufgrund der schwierigen Interpretierbarkeit der erhobenen Befunde zurzeit noch keine wesentliche Rolle.

Molekulargenetische Techniken werden hauptsächlich zur Diagnostik von Veränderungen einzelner oder einiger weniger Nukleotide eingesetzt. Daher werden im Folgenden zunächst die verschiedenen Mutationstypen und ihre Konsequenzen auf Proteinebene dargestellt. Anschließend wird eine Auswahl der gängigsten molekulargenetischen Analysetechniken vorgestellt. Dabei soll neben dem technischen Grundverständnis besonderes Augenmerk darauf gelegt werden, welche Grundvoraussetzungen für eine erfolgreiche Diagnostik notwendig sind und an welchen Stellen möglicherweise Schwierigkeiten oder gar Fehler entstehen können. Dies wird in den abschließenden Abschnitten zur Durchführung von molekulargenetischen Analysen noch einmal aufgegriffen. Darüber hinaus werden Hinweise auf weiterführende spezialisierte Literatur bzw. Webseiten gegeben.

7.2 Genmutationen

Im Folgenden werden Sequenzveränderungen beschrieben, die durch molekulargenetische Methoden detektiert werden können. Bis auf die Trinukleotid-Repeat-Expansionen handelt es sich dabei um Veränderungen einzelner oder einiger weniger Nukleotide.

7.2.1 Veränderungen innerhalb der codierenden Sequenz eines Gens

Substitutionen

Bei Substitutionen werden einzelne Nukleotide ausgetauscht, z. B. wird ein Adenin durch ein Guanin ersetzt. Sie werden auch als *Single-nucleotide variants* (SNVs) oder Punktmutationen bezeichnet. Da der Begriff Mutation für Sequenzveränderungen mit Krankheitswert verwendet werden soll, wird hier im Allgemeinen lediglich von Veränderungen gesprochen.

Eine Basensubstitution innerhalb der codierenden Sequenz eines Gens kann auf Proteinebene verschiedene Effekte bewirken. Da einige Aminosäuren durch mehrere ähnliche Tripletts codiert werden, kann die Basensubstitution möglicherweise ohne jede Konsequenz bleiben. Es wird keine Aminosäure verändert und man spricht von einem synonymen Basenaustausch, auch als stille Veränderung oder **Sense-Veränderung** bezeichnet. Wenn es durch die Nukleotidsubstitution jedoch zu einem Aminosäureaustausch kommt, wurde die Bedeutung des Codons verändert; man spricht dann von einer **Missense-Veränderung**. Auch diese Basensubstitution muss nicht zwangsläufig Folgen für die Funktion des Proteins haben. Bei einem konservativen Aminosäureaustausch werden zwei Aminosäurereste mit ähnlichen Eigenschaften ausgetauscht. Dies ist für die Funktion des codierten Proteins oft tolerierbar. Bei einem nichtkonservativen Aminosäureaustausch werden zwei Aminosäuren mit unterschiedlichen chemischen Eigenschaften ausgetauscht. Dies führt häufiger zu einer Veränderung der Proteinstruktur und somit zu einer Funktionseinschränkung oder sogar zu einem völligen Funktionsverlust. Veränderungen in der Proteinsequenz können funktionell relevante Proteindomänen betreffen oder in einer verringerten Stabilität des Proteins und somit in einer verringerten Proteinmenge resultieren. Vorsicht ist jedoch auch bei synonymen und nicht-synonymen Basensubstitutionen geboten, wenn sie in der Nähe eines Exon-Exon Übergangs liegen, da sie eventuell Einfluss auf das korrekte Spleißen (siehe Kap. 7.2.2) haben können. Entsteht durch die Basensubstitution ein Stoppcodon, wird die Proteinsynthese vorzeitig abgebrochen und man spricht von einer **Nonsense-Veränderung**. Es erscheint logisch, dass ein vorzeitiges Stoppcodon meist gravierende Konsequenzen für die Funktion eines Proteins hat. Allerdings werden mRNAs mit vorzeitigen Stoppcodons in der Zelle meist erkannt und daraufhin durch einen Prozess, der *nonsense-mediated decay* genannt wird, sehr schnell abgebaut. Folglich entsteht durch dieses Allel kein oder nur extrem wenig Protein. Spät trunkierende Veränderungen stellen hier eine Ausnahme dar. Ob eine solche Veränderung letztendlich Krankheitswert hat oder nicht, hängt jedoch auch vom betroffenen Gen, seinem Krankheitsbezug und dem der Erkrankung zugrundeliegenden Erbgang ab. Beispiele für verschiedene Basensubstitutionen und ihre Konsequenzen auf Proteinebene sind in Abbildung 7.1 dargestellt.

Deletionen, Insertionen und Indels

Bei **Deletionen,** die bei einer Sequenzanalyse direkt erfasst werden können, gehen wenige oder einzelne Nukleotide innerhalb einer Gensequenz verloren. Bei **Insertionen** liegen wenige oder einzelne Nukleotide innerhalb einer Gensequenz zusätzlich vor. Findet man eine Kombination aus fehlenden und neu hinzugekommenen Nukleotiden, wird diese Veränderung zusammenfassend als **Indel** bezeichnet. Deletionen, Insertionen und Indels, bei denen die Anzahl der deletierten bzw. inserierten Nukleotide ungleich drei bzw. kein Vielfaches von drei ist, führen zu einer Verschiebung des Leserasters des genetischen Codes, da dieser ja in Tripletts organisiert ist (**Frameshift-Veränderung**). Im falschen Leseraster folgt üblicherweise früher oder später ein vorzeitiges Stoppcodon. Auch mRNAs, deren Translation aufgrund von Leserasterverschiebungen vorzeitig abgebrochen wird, unterliegen meist dem Abbau durch *nonsense-mediated decay*. Deletionen, Insertionen und Indels, bei denen das Leseraster erhalten bliebt, da die Anzahl der deletierten bzw. inserierten Nukleotide ein Vielfaches von drei beträgt, können mildere Effekte haben, da nur eine oder einige wenige Aminosäuren deletiert, inseriert oder verändert werden. Doch eine der

Original	TTT CAT GTA TGC GCC GGA Phe His Val Cys Ala Gly
Substitution Stille Mutation	TTT CAT GTG TGC GCC GGA Phe His Val Cys Ala Gly
Substitution Missense-Veränderung	TTT AAT GTA TGC GCC GGA Phe Asn Val Cys Ala Gly
Substitution Nonsense-Veränderung	TTT CAT GTA TGA GCC GGA Phe His Val Stopp
Insertion Frameshift-Veränderung	TTT TCA TGT ATG CGC CGG Phe Ser Cys Met Arg Arg
Insertion Insertion	TTT CAT GTA GCA TGC GCC Phe His Val Ala Cys Ala

Abb. 7.1: Basensubstitutionen. Dargestellt sind die Effekte verschiedener Basensubstitutionen auf DNA-Ebene (jeweils erste Zeile) und auf Proteinebene (jeweils zweite Zeile).

häufigsten Mutationen unter Europäern zeigt, welche Auswirkungen eine derartige Mutation haben kann: Bei der p.Phe508del-Mutation (ΔF508) im *CFTR*-Gen ist genau ein Triplett deletiert, das für die Aminosäure Phenylalanin (Phe bzw. F) an Position 508 des CFTR-Proteins codiert. Bei einer Mutation auch im zweiten Allel führt dies zu zystischer Fibrose.

7.2.2 Veränderungen außerhalb der codierenden Sequenzen

Auch Substitutionen, Deletionen und Insertionen außerhalb der codierenden Sequenzen von Genen können zu Effekten auf Proteinebene führen. Meist handelt es sich dabei um Mengeneffekte.

Spleiß-Veränderungen

Basensubstitutionen, Insertionen und Deletionen in intronischen, aber auch in exonischen Bereichen können Spleißsequenzen betreffen. Für ein korrektes Spleißen sind bestimmte Sequenzmotive in den betreffenden Exons und Introns notwendig. Veränderungen in diesen Motiven können zu fehlerhaftem Spleißen und somit zu fehlerhaft zusammengesetzten mRNA-Molekülen und in letzter Konsequenz zu fehlerhaften Funktionen oder zum völligen Funktionsverlust auf Proteinebene führen. Beispielsweise kann fehlerhaftes Spleißen durch Mutationen im *DMD*-Gen (Dystrophin) zum Fehlen ganzer Exons in der mRNA führen (*Exon-Skipping*). Wenn dies durch eine Verschiebung des Leserahmens zu nonsense-mediated decay und damit zu einem völligen Funktionsverlust auf Proteinebene führt, sind aufgrund der Lokalisation des Gens auf dem X-Chromosom Jungen von Muskeldsytrophie vom Typ Duchenne betroffen. Falls der Leserahmen der neu zusammengesetzten mRNA jedoch erhalten bleibt, kann das Restprotein unter Umständen eine eingeschränkte Funktionsfähigkeit aufrechterhalten. Dies führt dann bei betroffenen Jungen zur selteneren, aber milder verlaufenden Muskeldystrophie vom Typ Becker.

Promoter-Veränderungen

Basensubstitutionen, Insertionen und Deletionen im Promoterbereich eines Gens können zu vermehrter oder verminderter Expression des Gens führen. Glycosylphosphatidylinositol(GPI)-Defizienz kann beispielsweise durch homozygote Mutationen im Promoter des *PIGM*-Gens verursacht werden. Eine Substitution eines Nukleotids 270 Basenpaare vor dem Startcodon führt zu einer Blockierung der Bindungsstelle des Sp1-Transkriptionsfaktors, was eine stark reduzierte Transkription von *PIGM*, einer Mannosyltransferase, zur Folge hat. Die daraus resultierende unzureichende Mannosylierung von GPI-Ankern verschiedenster Proteine an der Plasmamembran hat klinisch eine Epilepsie verbunden mit einem erhöhten Thromboserisiko (GPI-Defizienz) zur Folge (Maeda et al., 2001; Almeida et al., 2006).

Varianten im Polyadenylierungssignal

Zum Export der mRNA aus dem Zellkern ist eine Polyadenylierung an ihrem 3'-Ende notwendig.

Die eigentliche Polyadenylierungsstelle befindet sich ca. 10–30 Nukleotide entfernt von dem Polyadenylierungssignal (meist AAUAAA). Mutationen in diesen Bereichen können zu einer fehlerhaften Polyadenylierung führen und somit den Export der mRNA aus dem Zellkern behindern oder die Stabilität der mRNA verändern. Beides kann zu einer verringerten Proteinmenge führen. Es kann aber auch das Gegenteil, also eine Stabilisierung der mRNA und somit eine verstärkte Translation, induziert werden. So sind ca. 2 % unserer Bevölkerung heterozygote Träger einer Mutation in der Polyadenylierungsstelle des *F2*-Gens (Faktor II, Prothrombin). Diese führt zu einer Stabilisierung der Prothrombin-mRNA. Über die vermehrte mRNA-Translation und Bildung des Prothrombin-Proteins erhöht sich das Risiko für Thrombosen und Gefäßverschlüsse um den Faktor 3–4 (Poort et al., 1996; Gehring et al., 2001).

7.2.3 Trinukleotid-Repeat-Expansionen

Diese Art der Mutation wird auch als dynamische Mutation bezeichnet. Grundlage für diese Mutationen ist, dass das humane Genom eine große Anzahl repetitiver Elemente enthält, darunter auch sich wiederholende Trinukleotide (Repeats). Derartige

Elemente können sich in nichtcodierenden Bereichen von Genen wie dem Promoter oder Introns, aber auch innerhalb von codierenden Sequenzen befinden. Insbesondere GC-reiche Repeats stellen *Hotspots* für Mutationen dar. Während der Replikation kommt es nach der Trennung des DNA-Doppelstrangs zur Bildung von Sekundärstrukturen der alten oder aber auch der neu synthetisierten Einzelstränge, die wie ein altes Telefonhörerkabel zusammenschnurren. Die entstehenden Längenunterschiede werden dann durch den Einbau unterschiedlich vieler Repeats ausgeglichen. Da bei der Replikation repetitiver Bereiche somit vermehrt Fehler auftreten, findet man Längenunterschiede in verschiedenen Körperzellen (somatisches Mosaik) aber insbesondere auch Repeatexpansionen in der Keimbahn. Eine Besonderheit bei den Trinukleotid-Expansionen ist daher ihre Dynamik bei der Vererbung. Mit zunehmender Länge der Repeats nimmt ihre Stabilität ab, sodass bei Überschreiten eines Schwellenwerts nicht nur die Erkrankung auftritt, sondern teilweise auch eine nahezu explosive Expansion der Wiederholungen. Dieses Phänomen ist vor allem in nichtcodierenden GC-reichen Repeats zu beobachten.

Über Methylierung GC-reicher Sequenzen im Promoterbereich werden Gene ausgeschaltet. Eine Repeat-Expansion innerhalb eines GC-reichen Promoters kann somit zu einer verringerten Expression oder sogar zum völligen Abschalten des betroffenen Gens führen. Dies ist zum Beispiel beim Fragilen X-Syndrom der Fall. In intronischen Sequenzen kann eine Repeat-Expansion ebenfalls eine verringerte Genexpression bewirken. In der codierenden Sequenz verursacht der wiederholte Einbau einer immer gleichen Aminosäure eine Störung der Proteinfaltung und/oder der Proteinfunktion. Dies kann bei so genannten Poly-Glutamin Erkrankungen wie der Chorea Huntington beobachtet werden, bei der die Wiederholung des CAG-Repeats über einen wiederholten Einbau der Aminosäure Glutamin letztendlich dazu führt, dass sich fehlgefaltete Proteine in Form von amyloiden Ablagerungen in den betroffenen Zellen anreichern, die zelluläre Funktion stören und irgendwann Apoptose auslösen. Da diese Prozesse im Laufe des Lebens stattfinden und ein gewisser Ausfall von Zellen zunächst noch toleriert werden kann, entwickeln sich die Symptome der Erkrankung erst allmählich. Wir beobachten also klinisch eine spät manifestierende chronisch progrediente Erkrankung.

Auch in der PCR stellen Repeat-Expansionen ein Problem dar. Daher können PCR-basierte Techniken zur Diagnostik bei Betroffenen, bei denen mit einer großen Repeatlänge zu rechnen ist, nicht oder nur eingeschränkt eingesetzt werden. Der Goldstandard für die Diagnostik des Fragilen X-Syndroms bleibt daher der klassische Southern Blot. Es gilt dabei besonders im Rahmen einer Pränataldiagnostik zu beachten, dass für derartige Diagnosen größere DNA-Mengen und mehr Zeit benötigt werden als für PCR-basierte Methoden.

7.2.4 Nomenklatur von Mutationen

Eine einheitliche Nomenklatur zur Beschreibung von Mutationen ist für die sichere Bewertung eines Befundes durch Dritte von großer Bedeutung. Aus diesem Grund und, um die internationale Vergleichbarkeit von Befunden zu ermöglichen, ist es sinnvoll, sich an die Empfehlungen der Human Genome Variation Society (HGVS) zu halten. Auf deren Webseite (www.hgvs.org/mutnomen/) finden sich ausführliche Erläuterungen zu den Regeln für die Beschreibung von Mutationen. Einige der grundlegenden Vereinbarungen werden im Folgenden dargestellt.

Die wichtigste Regel ist, dass alle Varianten auf der grundlegendsten Ebene, nämlich der DNA-Ebene, beschrieben werden sollen. Eine zusätzliche Beschreibung der Veränderung auf Proteinebene kann sinnvoll sein, da dadurch die molekularen Konsequenzen der Mutation sichtbar werden. Aufgrund der degenerierten Natur des genetischen Codes ist diese Angabe jedoch für sich alleine gesehen nicht eindeutig, da ein und derselbe Aminosäure-Austausch auf Proteinebene durch verschiedene Mutationen auf DNA-Ebene verursacht werden kann.

Prinzipiell soll die Angabe einer Sequenzveränderung immer im Verhältnis zu einer Referenzsequenz erfolgen. Dabei wird zunächst die Position benannt, an der eine Abweichung von der Referenz gefunden wurde, und dann wird beschrieben, was genau an dieser Position im Vergleich zur Referenz verändert ist. Referenzsequenzen für bestimmte Loci können unter www.ncbi.nlm.nih.gov/RefSeq/ und www.lrg-sequence.org/ gefunden werden. Der Befund sollte unbedingt die entsprechende Identifikationsnummer der verwendeten Referenzsequenz enthalten. Das offizielle Gensymbol des betroffenen Gens kann zur Erleichterung der Interpretation in Klammern nachgestellt werden. Um den verwendeten Referenztyp sofort klar zu machen, sollte der Formel ein entsprechendes Präfix vorangestellt werden. Dabei steht „g." für eine genomische Referenzsequenz, „c." für eine codierende DNA-Sequenz.
Insgesamt gibt es jedoch drei Möglichkeiten, eine DNA-Position zu benennen:

1. Sie kann innerhalb eines Referenzgenoms als chromosomale Position benannt werden. Dieses Format wird heute oftmals nach Hochdurchsatzsequenzierungen zur Auflistung der gefundenen Varianten verwendet (vcf = *Variant Call Format*). Da sich auch bei Positionen von Genen immer wieder Veränderungen ergeben können, ist stets die Versionsnummer (*assembly*) des Referenzgenoms (aktuell hg38) anzugeben. So ist zum Beispiel das erste spezifisch benannte Nukleotid auf Chromosom 1 ein Thymidin an der zehntausendsten Position, also hg38:chr1:10,001T.
2. Eine DNA-Position kann bezogen auf ein Gen benannt werden. Dann entspricht Position 1 dem Transskriptionsstart, also dem ersten Nukleotid der mRNA. Dies bezeichnet man als genomische Referenzsequenz. Sie wird durch ein vorangestelltes „g." gekennzeichnet. Genomische Referenzsequenzen enthalten flankierende Sequenzen vor dem Startcodon bzw. nach dem Stoppcodon sowie intronische Bereiche.

3. Eine DNA-Position kann bezogen auf die codierende DNA-Referenz-Sequenz eines Transkripts angegeben werden. Da bei der Sequenzierung nach Sanger routinemäßig nur die Exons einschließlich der angrenzenden intronischen Bereiche untersucht werden, um sich auf Veränderungen mit einem Effekt auf Proteinebene zu fokussieren, wird aus praktischen Gründen meist eine codierende DNA-Referenz-Sequenz bevorzugt. Bei codierenden Sequenzen entspricht der Translationsstart Position 1. Somit befindet sich hier das erste Nukleotid des Startcodons, also meist das Adenin des ATG (c.1A). Flankierende und intronische Sequenzen werden nicht mitgezählt. Um Veränderungen in diesen Bereichen dennoch benennen zu können, werden Nukleotide vor dem Startcodon mit negativem Vorzeichen vom Startcodon ausgehend rückwärts gezählt. Intronische Positionen werden in Relation zur nächstliegenden exonischen Position mit den Vorzeichen „+“ (im Intron, das der Spleißstelle folgt, Spleißdonor) und „–“ (im Intron vor der Spleißstelle, Spleißakzeptor) benannt.

Nach der Positionsangabe folgt die Beschreibung der Veränderung, die an der bezeichneten Stelle beobachtet wurde: Für Substitutionen wird das „>“-Zeichen verwendet, Deletionen werden mit dem Kürzel „del“ angezeigt, Duplikationen mit dem Kürzel „dup“ und Insertionen mit dem Kürzel „ins“. Die Angabe NM_004006.1(DMD):c.4C>T bezieht sich also auf die codierende Referenzsequenz NM_004006.1 des *DMD*-Gens, und beim untersuchten Individuum wurde an Position 4 ein Cytosin gegen ein Thymidin ausgetauscht. Auf Proteinebene führt dies zum Austausch eines Leucins gegen ein Phenylalanin NP_003997.1(DMD):p.Leu2Phe. In Tabelle 7.1 finden sich einige Beispiele für die Beschreibung von Mutationen auf cDNA-Ebene. Für komplexere Varianten und detailliertere Erklärungen sowie für eine korrekte Beschreibung von Mutationen auf Proteinebene wird noch einmal auf die Website der Human Genome Variation Society verwiesen. Für einige häufig auftretende und daher bekannte Mutationen wie die c.1521_1523delCTT (p.Phe508del)-Mutation im *CFTR*-Gen kann es sinnvoll sein, auch die traditionelle Bezeichnung ΔF508 in den Befund aufzunehmen. Diese sollte dann aber nur neben der aktuell gültigen Nomenklatur aufgeführt werden.

Tab. 7.1: Beispiele für die Beschreibung von Mutationen auf DNA-Ebene.

Formel	Interpretation
c.75A>C	Substitution an Position 75. A wurde durch C ersetzt.
c.-11T>C	Substitution in der 5'-UTR elf Nukleotide *upstream* des ATG-Startcodons. T wurde durch C ersetzt.
c.68+1G>C	Substitution des ersten Nukleotids eines Introns. Dieses liegt bezogen auf die codierende DNA zwischen den Nukleotiden 68 and 69. G wurde durch C ersetzt.
c.69-3A>T	Substitution des drittletzten Nukleotids eines Introns. Dieses liegt bezogen auf die codierende DNA zwischen den Nukleotiden 68 and 69. Das veränderte

Tab. 7.1: (fortgesetzt)

Formel	Interpretation
	Nukleotid liegt drei Nukleotide *upstream* des 3'-gelegenen Exons, also von Position 69. A wurde durch T ersetzt.
c.56_58del oder c.56_58delATC	Deletion von drei Nukleotiden (ATC) von Position 56 bis 58
c.62_64dup oder c.62_64dupGCG	Duplikation von drei Nukleotiden (GCG) der Position 62 bis 64
c.75_76insA	Insertion eines A zwischen den Nukleotiden 75 und 76
c.[75A>C];[75A>C]	Homozygote A-zu-C-Substitution an Position 75 = die gleiche Mutation auf beiden Allelen
c.[75A>C];[96T>G]	Compound-Heterozygotie: A-zu-C-Substitution an Position 75 auf dem einen Allel und T-zu-G-Substitution an Position 96 des anderen Allels
c.[75A>C; 96T>G]	Zwei Substitutionen auf dem gleichen Allel

7.2.5 Beurteilung von Mutationen

Es wurde bereits mehrfach darauf hingewiesen, dass der Nachweis einer Sequenzveränderung nicht zwangsläufig mit dem Auftreten einer genetischen Erkrankung einhergehen muss. Das heterozygote Vorliegen einer Mutation bei einer autosomal-rezessiv vererbten Erkrankung wird die Gesundheit des Trägers üblicherweise nicht negativ beeinflussen. Auch bei dominant vererbten Merkmalen muss keine Symptomatik auftreten, wenn bekannt ist, dass das Merkmal mit einer unvollständigen Penetranz vererbt wird. Um Mutationsnachweise richtig interpretieren zu können, ist also eine tiefgehende Kenntnis der Vererbungsmechanismen und des klinischen Manifestationsspektrums der untersuchten Erkrankung absolut unerlässlich. Des Weiteren kann die Funktion eines Genproduktes trotz erfolgter Sequenzveränderung erhalten bleiben und daher ohne klinische Auswirkung bleiben. Doch wie können derartige Polymorphismen von pathogenen Mutationen abgegrenzt werden? Folgende Analysen und Betrachtungen können angestellt werden:

Datenbanken: Die Sequenzveränderung ist in Mutationsdatenbanken als pathogen bzw. als Polymorphismus beschrieben.

Häufigkeit: Je häufiger Varianten in der Bevölkerung vorkommen, desto wahrscheinlicher können sie als Polymorphismen angesehen werden.

Segregationsanalysen: Tragen innerhalb einer Familie weitere Betroffene bzw. Nichtbetroffene den gleichen Genotyp?

Gegenbeispiele: Gesunde Individuen mit dem gleichen Genotyp sind bekannt (Vorsicht bei unvollständiger Penetranz).

Konsequenzen für das Genprodukt

- Deletionen des ganzen Gens sind meistens pathogen.
- Nonsense- und Frameshift-Mutationen führen in der Regel zum Abbau der mRNA (*nonsense-mediated decay*) und sind daher meistens pathogen.
- Spleiß-Mutationen, die zu einer Verschiebung des Leserasters oder zu großen Veränderungen im Genprodukt führen, sind meistens pathogen.
- Missense-Mutationen, die Aminosäuren betreffen, die evolutionär konserviert sind, sind sehr häufig pathogen.
- Missense-Mutationen, die in funktionell relevanten Proteindomänen liegen, sind häufig pathogen.
- Aminosäuresubstitutionen, die zu nichtkonservativen Aminosäureaustauschen führen (z. B. polare gegen nichtpolare Aminosäuren), sind häufig pathogen.

Mittlerweile gibt es Vorhersageprogramme, die jeweils verschiedene Aspekte der bis hierhin angestellten Überlegungen berücksichtigen. Prominente Beispiele sind die Vorhersageprogramme MutationTaster, PolyPhen und SIFT.

Funktionelle Untersuchungen: In seltenen Fällen lässt es sich durch *in-vitro*-Untersuchungen feststellen, ob die Funktion des Genproduktes durch eine Mutation gestört wird. Derartige Untersuchungen sind jedoch in der Regel sehr aufwendig und meist nur im Rahmen von Forschungsprojekten durchführbar.

All diese Überlegungen gelten insbesondere für monogene Erkrankungen und lassen sich nicht ohne weiteres auf polygene bzw. multifaktorielle Erkrankungen anwenden. Die Bewertung von Varianten ist durch die Einführung von Mutationsdatenbanken sowie durch genauere Kenntnisse über ihre Häufigkeiten, die anhand der großen Exomsequenzierungsprojekte gewonnen wurden, deutlich erleichtert worden. Die Tabelle 7.2 enthält die Adressen einiger bedeutender Mutationsdatenbanken und Browser. Die Inhalte einiger dieser Datenbanken sind im Internet frei verfügbar. Es ist jedoch sehr wichtig zu beachten, dass auch in diesen Datenbanken fehlerhafte Informationen enthalten sein können. Daher sind die Aussagen durch weitere Kriterien,

Tab. 7.2: Mutationsdatenbanken.

Leiden Open Variation Database	www.lovd.nl/2.0/index_list.php
The Human Gene Mutation Database	www.hgmd.org/
dbSNP	www.ncbi.nlm.nih.gov/snp
Exome Variant Server	evs.gs.washington.edu/EVS/
Exome Aggregation Consortium (ExAC) browser	exac.broadinstitute.org
Cystic Fibrosis Mutation Database	www.genet.sickkids.on.ca/cftr/app
BIC Breast Cancer Information Core	research.nhgri.nih.gov/bic/

Quellen und, wenn möglich, kritische Ansicht der Originalliteratur zu überprüfen. Die Angabe von Polymorphismen in molekulargenetischen Befunden kann sowohl bei Patienten als auch weniger fachkundigen Ärzten zu Fehlinterpretationen führen. Daher sollten Polymorphismen, da ohne klinische Relevanz, nur in begründeten Ausnahmefällen angegeben und dann deutlich als solche gekennzeichnet werden.

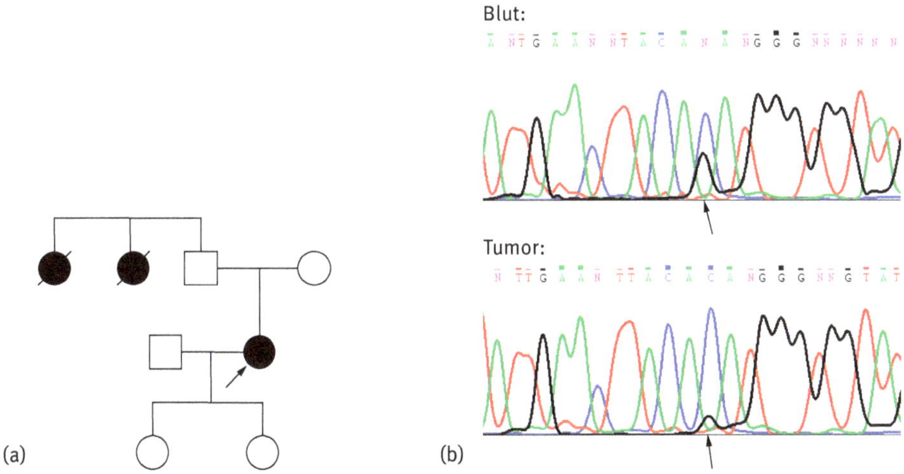

Abb. 7.2: a) Stammbaum bei familiär auftretenden Brustkrebs bei Anamneseerhebung. Die Indexpatientin ist durch einen Pfeil gekennzeichnet.
b) Elektropherogramme der DNA-Sequenz, die die fragliche Variante enthält. Dabei liegt in der DNA einer Blutprobe der Indexpatientin (oben) eine Heterozygotie (Pfeil) vor. Die DNA-Analyse aus Gewebe einer Tumorbiopsie der gleichen Patientin zeigt dagegen eine massives Überwiegen der Variante, also ein Vorliegen der Variante in den Tumorzellen. (Elektropherogramme zur Verfügung gestellt von Dr. R. Varon-Mateeva, Charité Berlin)

Kasuistik 7.1

Bei Karin Schäfer wird im Alter von 45 Jahren ein Mammakarzinom diagnostiziert. Bei der Anamneseerhebung wird festgestellt, dass zwei ihrer Tanten an Brustkrebs verstorben sind (Abb. 7.2a). Die Patientin selbst hatte fälschlicherweise angenommen, dass für sie kein erhöhtes Risiko bestünde, weil es sich um die Schwestern ihres Vaters gehandelt hatte. Da Männer ja nur äußerst selten an Brustkrebs erkranken, nahm sie an, dass sie von ihrem Vater dementsprechend auch kein Risiko für diese Erkrankung erben könnte. Die Patientin selbst hat zwei Töchter im Alter von 21 und 19 Jahren. Diese machen sich nun Sorgen, ein erhöhtes Brustkrebsrisiko zu haben.
Die Sequenzierung des *BRCA1*-Gens von Frau Schäfer ergibt einen unauffälligen Befund. Bei der Sequenzierung des *BRCA2*-Gens wird eine heterozygote Sequenzveränderung c.8167G>C in Exon 18 nachgewiesen. Dadurch wird ein Aspartat gegen ein Histidin ausgetauscht (p.D2723H). Eine Datenbankrecherche zeigt, dass es sich dabei um eine bislang unbekannte Variante handelt, deren klinische Signifikanz daher schwer eingeschätzt werden kann. Eine Segregationsanalyse ist nicht möglich, da von den beiden verstorbenen Tanten kein DNA-Material mehr existiert. Die

Sequenzanalyse beim Vater zeigt jedoch, dass dieser die Variante an seine Tochter vererbt hat. Es ist also durchaus möglich, dass es sich um eine pathogene Mutation handelt, die auch bei den beiden betroffenen Tanten vorlag. Daher wird nun auch aus dem Tumormaterial von Frau Schäfer DNA extrahiert und sequenziert. Dabei wird festgestellt, dass für *BRCA2* und hier für die zu untersuchende Variante ein LOH (loss of heterozygosity) durch eine zusätzliche Deletion auf dem zweiten Chromosom stattgefunden hat. Das Wildtyp-Allel lässt sich nur noch in geringem Maße nachweisen (Abb. 7.2b). Es ist daher sehr wahrscheinlich, dass im Tumor ein Funktionsausfall von BRCA2 stattfand, und es sich bei der festgestellten Variante um eine pathogene Mutation handelt. Nach ausführlichen Beratungen entschließen beide Töchter, sich prädiktiv auf das Vorliegen der bei ihrer Mutter identifizierten *BRCA2*-Mutation untersuchen zu lassen. Während die jüngere Tochter von ihrer Mutter das Wildtyp-Allel geerbt hat, wird bei der älteren Tochter die Mutation nachgewiesen. Somit sind bei der älteren Tochter intensivierte Früherkennungsuntersuchungen und Beratungen in einem Brustkrebszentrum bezüglich der Möglichkeiten prophylaktischer Operationen zu empfehlen.

Merk-Würdiges

- Die Auswirkungen von genetischen Veränderungen auf das Genprodukt können sehr unterschiedlich sein. Während einige Varianten das Genprodukt in seiner Funktion nicht beeinträchtigen, können andere zu einem völligen Funktionsverlust des Genproduktes führen. Ebenso sind auch Funktionsgewinn-Mutationen bekannt.
- Bei bisher unbekannten Varianten muss geprüft werden, ob es sich um Polymorphismen ohne klinische Konsequenz oder um pathogene Mutationen handelt. Polymorphismen sollten im Befund nur in Ausnahmefällen angegeben werden.
- Um die Eindeutigkeit und Vergleichbarkeit von Befunden zu gewährleisten, werden Mutationen mithilfe einer einheitlichen Nomenklatur beschrieben und in Bezug auf eindeutige Referenzsequenzen angegeben. Richtlinien zur Nomenklatur können unter www.hgvs.org/mutnomen/ abgerufen werden. Referenzsequenzen können unter www.ncbi.nlm.nih.gov/RefSeq/ oder www.lrg-sequence.org/ gefunden werden.

7.2.6 Diagnostik

Bekannte Punktmutationen und kleine Insertionen oder Deletionen in den codierenden, aber auch den nichtcodierenden Sequenzen von Genen können z. B. durch Restriktionsverdau, High-Resolution-Melting, denaturierende Hochdruckflüssigkeitschromatografie, Oligonukleotid-Ligations-Assays, Array-basierte Methoden, DNA-Sequenzierung und eine große Anzahl weiterer Verfahren nachgewiesen werden. Für den Nachweis unbekannter Punktmutationen und kleiner Indels stellt die DNA-Sequenzierung den Goldstandard dar. Zum Nachweis von Deletionen und Duplikationen größerer Abschnitte sind quantitative Verfahren wie Real-Time-PCR, MLPA oder Array-basierte Methoden erforderlich.

7.3 Molekulargenetische Methoden

Für alle heute üblicherweise eingesetzten molekulargenetischen Verfahren gilt, dass eine klare klinische Verdachtsdiagnose zu formulieren ist, wenn gezielt bestimmte Gene oder Gen-Panels für spezifische Erkrankungen untersucht werden sollen. Bei der Auswahl der Technik kommt es zunächst darauf an, ob nach bekannten oder bisher unbekannten Mutationen in einem Gen gesucht werden muss. Bei Erkrankungen, für die gute epidemiologische Daten über Mutationshäufigkeiten vorliegen, kann auch bei Erstdiagnosen auf Techniken zurückgegriffen werden, die lediglich bekannte Mutationen nachweisen, wenn dadurch ein Großteil des Mutationsspektrums abgedeckt wird. Diese sind häufig schneller, kostengünstiger und leichter zu interpretieren als die Sequenzierung aller kodierenden Abschnitte eines Gens. Zur korrekten Interpretation muss dabei die Häufigkeit der erfassten Mutationen unbedingt im Befund mit angegeben werden. Bei einem starken klinischen Verdacht muss nach einem negativen Sequenzbefund gegebenenfalls mit anderen Methoden zur Erfassung von Kopiezahlveränderungen in der DNA (*Copy number variations*) weiter untersucht werden. Dabei ist zu berücksichtigen, dass keines der heute einsetzbaren Verfahren eine 100 %ige Sensitivität aufweist. Bei der Bewertung eines negativen Befundes ist somit stets zu bedenken, welche Mutationstypen vorliegen könnten, und, ob diese mit den verwendeten Methoden überhaupt nachweisbar sind.

Dem gezielten Nachweis von Mutationen in durch eine klinische Verdachtsdiagnose klar definierten Genen stehen molekulargenetische Suchtests gegenüber. Wenn mehrere Gene in Frage kommen (genetische Heterogenität), das klinische Krankheitsbild noch nicht beschrieben wurde, das klinische Krankheitsbild noch nicht aufgeklärt wurde oder keine eindeutige Verdachtsdiagnose formuliert werden kann, kommen Gen-Panels, Exom- oder gar Genomsequenzierungen zum Einsatz (s.a. weiter unten Kap. 7.3.7 „Next generation sequencing" – NGS). In Deutschland werden NGS-Techniken hauptsächlich zur Aufklärung von molekulargenetischen Ursachen in Rahmen von Forschungsprojekten angewandt. In Ausnahmefällen ist in Deutschland bereits heute (Juni 2015) auf Antrag eine Kostenübernahme von Krankenkassen erfolgt. In anderen Ländern, z. B. Niederlande und USA, wird die Methode schon regelmäßig praktiziert. Um jedoch nach Anwendung solcher Methoden überhaupt eine Auswertung durchführen und ggf. einen Befund erstellen zu können, ist es umso wichtiger, eine Verdachtsdiagnose oder zumindest eine klare Beschreibung der abzuklärenden klinischen Auffälligkeiten zu haben. Andernfalls wird sich die zugrundeliegende genetische Veränderung in der großen Menge von Sequenzveränderungen nicht ausfindig machen lassen. Ohne die Formulierung einer klaren Fragestellung ist eine sinnvolle Befunderstellung kaum möglich – nützt es doch wenig, eine Anlageträgerschaft für Zystische Fibrose zu berichten, wenn es um die Suche nach einer für ein Tumorprädispositionssyndrom ursächlichen genetischen Veränderung geht. Ebenso umstritten ist, ob man bei der Untersuchung eines Kindes aufgrund einer Entwicklungsverzögerung in Verbindung mit körperlichen Auffälligkeiten eine Mutation für

Familiären Brust- und Eierstockkrebs im Sinne eines so genannten Zusatzbefundes berichten soll, oder nicht. Dies muss bereits im Vorfeld der Sequenzierung während der Aufklärung mit den Eltern besprochen und in der Einwilligungserklärung dokumentiert werden. Es gelten also besonderen Anforderungen bei der Aufklärung im Rahmen einer humangenetischen Beratung durch Humangenetiker oder durch Gynäkologen und andere Fachgruppen mit dem Zertifikat für eine fachgebundene genetische Beratung.

Wie bereits in der Einführung angedeutet, kann an dieser Stelle keinesfalls das gesamte molekulargenetische Methodenspektrum abgebildet werden. Die im Folgenden beschriebenen Methoden stellen eine Auswahl gängiger Techniken dar. Da unserer Erfahrung nach auch anfordernde Ärzte das Potenzial molekulargenetischer Methoden häufig überschätzen, wird nach der Vorstellung einzelner Techniken auf wichtige Limitationen hingewiesen. Ausführliche Beschreibungen weiterer Methoden und detailliertere Ausführungen finden sich beispielsweise in Patrinos und Ansorge, 2010. Sehr verständliche Beschreibungen molekulargenetischer Methoden finden sich in Mühlhardt, 2008.

7.3.1 Gelelektrophorese

Bei einer Gelelektrophorese bewegen sich geladene Moleküle innerhalb eines elektrischen Feldes durch ein Gel aus Polyacrylamid oder Agarose, das wie ein molekulares Sieb wirkt. Dabei werden die Komponenten eines Gemisches entsprechend ihrer Ladung aufgetrennt. Die Ladung von Nukleinsäuren ist unter den gewählten Bedingungen proportional zu ihrem Molekulargewicht. Daher gelingt eine Auftrennung der Moleküle eines Gemisches in Abhängigkeit von ihrem Gewicht und somit bei Nukleinsäuren in Abhängigkeit von der Basenanzahl. In der klassischen Agarosegelelektrophorese werden die Nukleinsäurefragmente unter UV-Licht durch Ethidiumbromidfärbung sichtbar gemacht. Durch das Mitführen von Standards können das Gewicht bzw. die ungefähre Basenanzahl bestimmt werden.

7.3.2 Restriktionsverdau

Der Verdau von DNA durch Restriktionsenzyme war zu Beginn der molekulargenetischen Diagnostik die Grundlage für fast alle wichtigen Verfahren. Auch heute noch werden Restriktionsenzyme in der molekulargenetischen Diagnostik eingesetzt. Dabei handelt es sich um Enzyme, die sequenzspezifisch doppelsträngige DNA schneiden. Die Sequenzspezifität basiert auf den für jedes Enzym spezifischen Erkennungssequenzen, die 4–10 Basenpaare umfassen und meist pallindromischer Natur sind. Ein bestimmtes Enzym erkennt also eine bestimmte DNA-Sequenz und trennt den DNA-Doppelstrang an dieser Stelle durch eine Hydrolyse auf.

Restriktionsenzyme können zum Nachweis bekannter Mutationen genutzt werden, wenn eine Mutation eine Schnittstelle entstehen oder verschwinden lässt. Nach vorausgegangener PCR-Amplifikation des zu untersuchenden Abschnitts wird das amplifizierte Fragment mit Restriktionsenzymen verdaut und anschließend gelelektrophoretisch aufgetrennt. Durch den Verdau entstehen DNA-Fragmente unterschiedlicher Länge, wodurch das Wildtyp-Allel vom mutierten Allel unterschieden werden kann. Wenn die notwendigen Kontrollen durchgeführt werden, können Mutationsanalysen mithilfe von Restriktionsenzymen schnell, sicher und kostengünstig durchgeführt werden.

Einige Enzyme schneiden nur methylierte DNA-Sequenzen. Diese können zur Unterscheidung von Methylierungsmustern und somit z. B. zur Unterscheidung aktiver und inaktiver Gensequenzen verwendet werden. Dies wird auch bei der Diagnostik des Fragilen X-Syndroms ausgenutzt, wo eine Vollmutation zu einer Hypermethylierung des *FMR1*-Promoters führt.

Limitationen: Ein Mutationsnachweis mithilfe von Restriktionsenzymen ist nur für bekannte Mutationen anwendbar und nur wenige Mutationen stören Schnittstellen von Restriktionsenzymen oder lassen neue entstehen.

7.3.3 Southern Blot

Ein Southern Blot erlaubt dem Untersucher, das Molekulargewicht von Restriktionsfragmenten nach dem Verdau genomischer DNA zu messen. Das Verfahren wurde im Jahr 1975 vom britischen Molekularbiologen Edwin Southern entwickelt. Dabei wird die genomische DNA des zu untersuchenden Individuums zunächst mit Restriktionsendonukleasen geschnitten. Daraufhin werden die entstandenen DNA-Fragmente ihrer Größe nach in einem Agarosegel elektrophoretisch aufgetrennt und anschließend denaturiert. Anschließend werden die Fragmente auf eine Nitrozellulose- oder PVDF-Membran transferiert. Dieser Prozess wird als Blotting bezeichnet und kann auf verschiedene Weisen bewerkstelligt werden. Beim Kapillarblot ist die treibende Kraft ein Flüssigkeitsstrom, der durch Kapillarkräfte von einem Pufferreservoir ausgehend durch das Agarosegel und die darauf liegende Membran zu einem saugfähigen Material läuft. Der Transfer kann durch ein angelegtes Vakuum oder beim Elektroblot durch eine angelegte Spannung beschleunigt werden. Vor der anschließenden Hybridisierung werden die DNA-Fragmente auf der Membran fixiert. Die Hybridisierung erfolgt mit zur gesuchten DNA-Sequenz komplementären DNA- oder RNA-Sonden. Zur Visualisierung sind diese chemisch, radioaktiv oder mit Fluoreszenzfarbstoffen markiert. Da der genomische Southern Blot kein PCR-basiertes Verfahren darstellt, ist die benötigte DNA-Menge vergleichsweise hoch. In der heutigen Routinediagnostik wird er jedoch beispielsweise immer noch zur Diagnose des Fragilen X-Syndroms genutzt, da PCR-basierte Methoden bei großen Repeat-Anzahlen schwierig oder gar nicht anzuwenden sind.

Limitationen: Ein großer Nachteil ist die notwendige große Ausgangsmenge an DNA. Für eine frühe Pränataldiagnostik wird daher auch eine größere Menge Chorionzottenbioptat benötigt, was entsprechende Ansprüche an das Geschick und die Erfahrung des Punkteurs stellt. Darüber hinaus ist die Auflösung eines genomischen Southern Blots relativ gering und seine Interpretation verlangt vergleichsweise viel Erfahrung.

7.3.4 PCR

Die Erfindung der PCR (*polymerase chain reaction*, Polymerase-Kettenreaktion) in den frühen 1980er-Jahren und ihre Weiterentwicklung stellen den Startpunkt und die Grundlage der revolutionären Entwicklung der molekularen Forschung und Diagnostik der letzten Jahrzehnte dar. Der Einfluss dieser Technik auf die biologisch-medizinische Forschung kann eigentlich gar nicht überschätzt werden. Ohne die PCR wäre die Entschlüsselung des humanen Genoms wohl immer noch Zukunftsmusik. Zudem basiert die Mehrzahl der im weiteren Verlauf dargestellten molekularen Diagnosetechniken ebenfalls auf diesem Prinzip. Auch der nächste Quantensprung des technischen Fortschritts, die Entwicklung der neuen Sequenziertechnologien durch massive parallele Sequenzierung, gründet letztlich auf einer Polymerase-Kettenreaktion. Es sei jedoch erwähnt, dass es auch PCR-unabhängige Sequenziertechnologien gibt.

Die PCR ermöglicht es, winzige DNA-Mengen exponentiell zu vermehren. Über die gezielte Vermehrung eines DNA-Abschnittes kann der unspezifische Hintergrund der restlichen genomischen DNA so reduziert werden, dass nachfolgend eine Analyse möglich wird. Das Prinzip dafür ist in der molekularen Struktur der DNA angelegt: Die beiden Stränge der DNA-Doppelhelix verlaufen antiparallel und jeder DNA-Einzelstrang kann, wie schon James Watson und Francis Crick in ihrem berühmten Artikel über die Struktur des DNA-Moleküls bemerkten, als Kopiervorlage für einen neuen DNA-Doppelstrang dienen. Dadurch findet in jedem Kopierzyklus eine Verdopplung der DNA-Moleküle und damit eine exponentielle Vermehrung statt. Dies ermöglicht es, selbst bei einer minimalen Anzahl von Ausgangsmolekülen zu einem verwertbaren Ergebnis in nachfolgenden Analysen zu kommen.

Es ist jedoch nicht so, dass bei einer gewöhnlichen PCR die gesamte in einem Reaktionsgemisch vorliegende DNA vermehrt wird. Vielmehr wird lediglich ein Abschnitt auf einem DNA-Molekül amplifiziert. Festgelegt wird der Abschnitt durch zwei sich reziprok an die komplementären Einzelstränge anlagernde sogenannte Primer. Diese begrenzen nicht nur den gewünschten Abschnitt, sondern sind vor allem als Startpunkte der folgenden Reaktion notwendig. Die DNA-Polymerasen, also die Enzyme, welche die DNA vermehren, können ihre Arbeit nicht an beliebiger Stelle aufnehmen. Sie benötigen Startpunkte und können die DNA-Moleküle nur in einer bestimmten Richtung (5'→3', siehe Kap. 2.1.1) kopieren. Die PCR-Primer werden synthetisch hergestellt. Es sind einzelsträngige DNA-Oligonukleotide, die in der Regel aus etwa 18 bis 25 Nukleotiden bestehen, deren Sequenz nur zu einer ganz bestimmten, für die Analyse gewünschten Sequenz im Genom komplementär ist. An genau diese Stelle eines DNA-Einzelstrangs lagern sich die Primer an, und von deren 3'-Ende startet die Syntheseaktivität der Polymerase.

Der DNA-Doppelstrang trennt sich jedoch nicht bereitwillig in seine Einzelstränge auf. In der Zelle sorgt ein fein abgestimmtes Netzwerk von Enzymen für die Auftrennung unter kontrollierten Bedingungen. Er lässt sich aber auch durch rohe thermodynamische Gewalt auftrennen, indem die DNA auf über 90 °C erhitzt wird. Das sind allerdings Temperaturen, die von der überwiegenden Mehrheit der Enzyme nicht toleriert werden. Die Entdeckung und Klonierung thermostabiler DNA-Polymerasen erlaubte es jedoch, die DNA in der Gegenwart hitzeresistenter Enzyme zu denaturieren. Die ersten dieser Polymerasen wurden aus in heißen Quellen lebenden thermophilen Bakterien wie *Thermus aquaticus* gewonnen und dementsprechend Taq-Polymerasen genannt. Nun waren alle Voraussetzungen für eine (thermo-)zyklische Amplifikation von DNA gegeben.

Eine PCR-Reaktion besteht aus etwa 20–40 Zyklen, die in einem sogenannten Thermocycler durchgeführt werden. Jeder Zyklus besteht aus drei Stufen (Abb. 7.3):

1. **Denaturierung:** Dabei wird die doppelsträngige DNA auf üblicherweise mindestens 94 °C erhitzt, um sie einzelsträngig zu machen.
2. **Primerhybridisierung oder Annealing:** Das Reaktionsgemisch wird abgekühlt. Die im Reaktionsgemisch im Überschuss vorliegenden Primer binden bei einer bestimmten Temperatur, der sogenannten Annealing-Temperatur, spezifisch an die komplementären Sequenzen der DNA-Einzelstränge.
3. **Elongation:** Die Polymerase verknüpft freie Nukleotide mit den freien Enden der Primer-Moleküle bzw. der sich bildenden DNA-Ketten.

Für eine erfolgreiche PCR bildet das Primerdesign die entscheidende Grundlage. Dafür wird zunächst eine genaue Kenntnis der zu amplifizierenden Sequenz vorausgesetzt. Aufgrund der sich stetig verbessernden DNA-Datenbanken wurde dies heutzutage stark vereinfacht. Die Primer dürfen spezifisch nur an die gewünschte DNA-Sequenz binden. Sie müssen außerdem einige weitere Bedingungen erfüllen: So müssen die beiden Primer ungefähr bei der gleichen Annealing-Temperatur auf dem Template-Molekül hybridisieren, sie dürfen nicht mit sich selbst hybridisieren und auch an die Stabilität der Bindung werden bestimmte Ansprüche gestellt. Glücklicherweise gibt es mittlerweile eine große Anzahl frei verfügbarer Primer-Design-Software, die bei diesen Fragestellungen weiterhilft.

Für viele anschließende Anwendungen ist eine Aufreinigung des Reaktionsgemisches notwendig. Es enthält übrig gebliebene Primermoleküle, die z. B. mit einer anschließenden Sequenzierung interferieren würden, und reaktionshemmende Abfallprodukte wie Pyrophosphate. Zudem können die Pufferbedingungen und Salzkonzentrationen geplante nachfolgende Reaktionen stören. Die Aufreinigung kann enzymatisch oder über spezielle Säulen erfolgen.

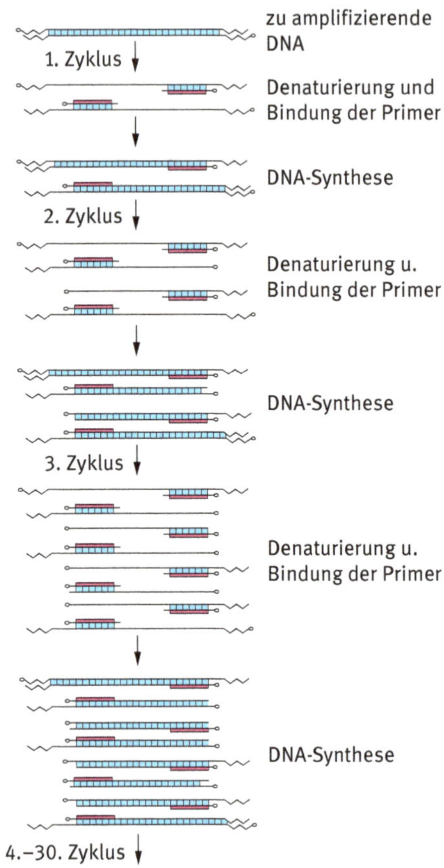

Abb. 7.3: PCR-Verfahren. Durch die exponentielle Anreicherung können nach mehrmaliger Wiederholung des Vorgangs (20–40 Zyklen) die DNA-Abschnitte nachgewiesen (s. DNA-Sequenzierung) oder für andere gentechnische Zwecke benutzt werden.

Limitationen

- **Kontaminationen:** Die exponentielle Vermehrung, die für die Effektivität der PCR sorgt, ist sicherlich ihr größter Vorteil. Gleichzeitig sorgt diese Eigenschaft aber auch für die größten Gefahrenquellen. So werden eben auch kleinste Mengen von Ausgangsmaterial amplifiziert. Dies bringt eine enorme Kontaminationsgefahr mit sich. Unsachgemäße Handhabung kann zur Amplifikation von Fremd-DNA und somit zu falsch negativen oder falsch positiven Befunden führen. Daher ist es zwingend notwendig, Arbeitsschritte vor der PCR (Prä-PCR) von Arbeitsschritten nach der PCR (Post-PCR) räumlich zu trennen und in allen anfälligen Prozessen die notwendigen Negativkontrollen mitzuführen, um Kontaminationen der eingesetzten Reagenzien mit Fremd-DNA oder fremden PCR-Produkten feststellen zu können. Genauso können z. B. schon schwache Anteile mütterlichen Gewebes in einer Pränataldiagnostik durch die Amplifikation maternaler DNA zu falschen Befunden führen. Eine maternale Kontamination der eingesetzten DNA muss daher zwingend ausgeschlossen werden.

- ***Allelic dropout*:** Die exponentielle Vermehrung sorgt zwar dafür, dass geringste Mengen an Ausgangsmaterial vermehrt werden können. Sollten jedoch mehrere Varianten in verschiedenen Konzentrationen im Ausgangsgemisch vorliegen, kann es zu einer präferentiellen Vermehrung eines dominant vorliegenden Templates kommen. Dies kann besonders bei Mosaikbefunden und in der Tumordiagnostik zu Schwierigkeiten führen. Auch eine Sequenzvariante an der Primerbindungsstelle eines Allels kann zur Folge haben, dass das andere Allel präferentiell vermehrt wird. In so einem Fall können familiäre Positivkontrollen (DNA des Indexpatienten oder der heterozygoten Träger) hilfreich sein.
- **Schwierige Templates:** Bestimmte DNA-Sequenzen lassen sich sehr schwer mittels PCR amplifizieren. Dazu gehören GC-reiche Sequenzen und Sequenzen, in denen bestimmte kurze DNA-Motive sehr häufig wiederholt werden (Repeats). Zudem lassen sich DNA-Abschnitte, die mehr als 1000 Basenpaare lang sind, häufig schwer amplifizieren. In derartigen Fällen sind oft besondere Polymerasen, Reaktionsgemische und aufwendige Optimierungsprozesse notwendig, um überhaupt eine erfolgreiche Amplifikation zu erreichen.

7.3.5 *Real-Time*-PCR

An sich stellt die PCR eine ausschließlich qualitative Nachweismethode dar. Es wird festgestellt, ob am Endpunkt der Reaktion ein bestimmtes Produkt vorliegt oder eben nicht. Im Laufe der Jahre wurden jedoch verschiedene Techniken entwickelt, die eine quantitative Anwendung der PCR möglich machten. Durchgesetzt haben sich schließlich Formen der sogenannten Real-Time-PCR. Diese sensitive und akkurate Technik erlaubt die Messung der Zunahme des PCR-Produkts in Abhängigkeit von der Zyklenzahl während der exponentiellen Phase der PCR. Dabei wird die Zunahme des PCR-Produkts durch Fluoreszenz gemessen. Dies kann durch verschiedene Methoden erreicht werden.

Besonders zwei Methoden haben sich dabei durchgesetzt. Zum einen kann die Detektion durch unspezifische, fluoreszierende Substanzen wie SYBR-Green erfolgen, die in doppelsträngige DNA interkalieren und somit zu einer Zunahme der Fluoreszenz in Abhängigkeit von der Menge des PCR-Produkts führen. Zum anderen können fluoreszenzmarkierte, sequenzspezifische DNA-Sonden (z. B. TaqMan®-Proben) verwendet werden, die zwischen den beiden PCR-Primern auf dem DNA-Template hybridisieren. Dabei wird die 5'-Nuklease-Aktivität der Taq-Polymerase ausgenutzt. Stößt die Polymerase auf die hybridisierte DNA-Sonde, wird diese abgebaut. Erst dann kann sich die Fluoreszenz entfalten, die zuvor von einem ebenfalls an die Sonde gebundenen Quencher-Molekül unterdrückt wurde. Somit kommt es zur Zunahme der Fluoreszenz in Abhängigkeit von der Menge des PCR-Produktes, da bei jedem Zyklus mehr Fluoreszenz freigesetzt wird.

Durch den Einsatz verschiedener Fluoreszenzfarbstoffe können mehrere Ziele gleichzeitig untersucht werden (Multiplex). Als Messwert dient, egal mit welcher Methode die Fluoreszenzzunahme detektiert wurde, der sogenannte Ct-Wert (*cycle threshold*) – der Wert, bei dem so viel PCR-Produkt entstanden ist, dass die Fluoreszenz die Basislinie (Hintergrundfluoreszenz der enthaltenen genomischen DNA bzw. Nachweisgrenze) eindeutig überschreitet. Die Menge an Ausgangs-DNA kann nun in Bezug auf die Ct-Werte einer Standard-Verdünnungsreihe mit definierten DNA-Mengen absolut bestimmt werden. Es kann aber auch eine relative Quantifizierung in Bezug auf eine interne Kontrolle durchgeführt werden.

In der molekularen Diagnostik kommen quantitative PCR-Tests besonders häufig in der Tumorgenetik zum Einsatz. So kann z. B. der Nachweis einer minimalen Resterkrankung bei hämatologischen Neoplasien über Real-Time-PCR erfolgen. In der Humangenetik kann die Real-Time-PCR beispielsweise im Rahmen eines pränatalen Schnelltests zum Nachweis einer Trisomie genutzt werden. Sie kommt unter anderem auch zum Einsatz, wenn ein quantitativer Befund, der mit einer anderen Methode wie z. B. einer Array-CGH ermittelt wurde, durch eine zweite Methode bestätigt werden soll.

Die Real-Time-PCR mit DNA-Sonden kann auch zum qualitativen Nachweis bekannter Mutationen genutzt werden, indem verschiedenfarbig markierte Sonden so gestaltet werden, dass sie jeweils nur an eine Variante binden. Es kann also nur ein Anstieg der für die vorliegende(n) Variante(n) spezifischen Fluoreszenz nachgewiesen werden.

Limitationen: Die Anzahl der gleichzeitig untersuchbaren Ziele ist beschränkt. Die Methode gibt nur eine Antwort auf die Frage wieviel pro Genom, nicht jedoch auf die Frage wo im Genom. Beim Nachweis chromosomaler Imbalancen wie einer Trisomie 21 mittels Real-Time-PCR gehen Informationen über das Wiederholungsrisiko verloren, da Translokationstrisomien von freien Trisomien nicht unterschieden werden können. Beim Einsatz der Real-Time-PCR zur Mutationsdiagnostik können nur bekannte Mutationen nachgewiesen werden. Ungewöhnliche Varianten können die Ergebnisinterpretation erschweren.

7.3.6 DNA-Sequenzierung nach Sanger

Bei einer DNA-Sequenzierung wird die Abfolge der DNA-Basen eines gesamten Gens oder bestimmter DNA-Abschnitte bestimmt. Die neueren Sequenziertechnologien werden in einem eigenen Kapitel (Kap. 7.3.7) vorgestellt. Im Folgenden wird die Kettenabbruch-Synthese oder auch Sanger-Sequenzierung beschrieben, die insbesondere für spezifische molekulargenetische Fragestellungen den Goldstandard darstellt. Die Methode wurde von Frederick Sanger entwickelt, der dafür den Nobelpreis für Chemie erhielt.

Wie bei der PCR wird hier eine thermozyklische DNA-Synthese, ausgehend von einem spezifisch an eine Zielsequenz bindenden Primer, durchgeführt. Dem Reaktionsgemisch der Sequenzreaktion wird jedoch lediglich ein Primer zugesetzt, sodass die Vermehrung nur in eine Richtung und somit linear und nicht exponentiell erfolgt. Voraussetzung ist daher eine ausreichend große Ausgangsmenge an lokusspezifischer DNA, die üblicherweise durch eine vorangegangene PCR-Reaktion hergestellt wurde. Das Prinzip der Kettenabbruch-Synthese besteht darin, dass dem Reaktionsansatz neben den vier Nukleotiden ATP, CTP, GTP und CTP in geringem Anteil Abbruchnukleotide, sogenannte Didesoynukleotide (ddNTPs), beigemischt werden, die keine 3'-OH-Gruppe besitzen. Da die 3'-OH-Gruppe jedoch essentiell für die Kettenverlängerung ist, kann die Polymerisation nicht weitergeführt werden, nachdem ein solches Nukleotid in den neu synthetisierten DNA-Strang eingebaut wurde - es kommt zum Kettenabbruch.

Alle vier verschiedenen ddNTPs sind dem Reaktionsgemisch in der gleichen, sehr geringen Konzentration beigesetzt. Daher werden diese Nukleotide bei der zugrunde liegenden Vielzahl an DNA-Fragmenten statistisch an allen Positionen eingebaut. Dementsprechend wird die DNA-Synthese statistisch auch an allen Stellen abgebrochen. Beim einen Ausgangsmolekül erfolgt der Abbruch schon nach dem Einbau des ersten Nukleotids, bei einer anderen Kette beispielsweise erst nach dem vorausgegangenen Einbau von 300 Nukleotiden. In der heute üblichen Form der Kettenabbruch-Synthese sind die vier ddNTPs mit vier verschiedenen Fluoreszenzfarbstoffen markiert. Dementsprechend wird das Ende einer Kette, die aufgrund des Einbaus z. B. eines ddATPs abgebrochen wurde, mit dem entsprechenden Farbstoff z. B. grün markiert, während das Ende einer andere Kette nach dem Einbau von ddTTP z. B. rot markiert wird.

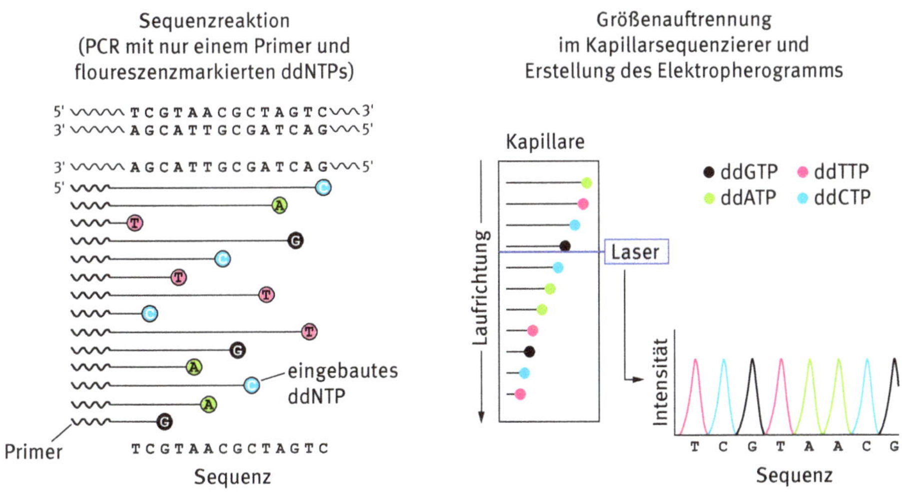

Abb. 7.4: Kettenabbruchmethode nach Sanger.

Trennt man nun die Produkte der Sequenzreaktion mittels Elektrophorese ihrer Länge nach auf, ergibt sich eine DNA-Leiter, in der sich die aufeinanderfolgenden DNA-Fragmente in ihrer Länge jeweils um genau ein Basenpaar unterscheiden. Über die Fluoreszenzmarkierung des Kettenendes kann die Basenabfolge in einem sogenannten Elektropherogramm ausgelesen werden (Abb. 7.4). Heute erfolgt die Auftrennung der Fragmente in sogenannten Kapillarsequenzierern, und die Detektion der Fluoreszenzmarkierungen mithilfe eines Farblasers.

Limitationen: Die Mehrzahl der im Folgenden genannten Einschränkungen stellt bei bekannten familiären Mutationen keine größeren Probleme dar. Bei Erstdiagnosen können sie jedoch gegebenenfalls zu großen Schwierigkeiten führen.

- **PCR-Fehler:** Die Qualität des Sequenzierergebnisses wird im Wesentlichen vom zugrunde liegenden Ausgangsmaterial bestimmt. Da dieses in der genetischen Diagnostik zunächst mithilfe einer PCR vermehrt wird, setzen sich alle bereits in der PCR-Amplifikation begangenen Fehler, wie z. B. *allelic dropout*, bei der Sequenzierung fort.
- **Leselängen:** Auch bei modernen Kapillarsequenzierern ist die Länge der sicher auszulesenden Sequenz begrenzt. Dabei gelten ähnliche Beschränkungen wie bei der PCR. Tatsächlich lassen sich üblicherweise die ersten ca. 20 Basenpaare gar nicht, und danach maximal 1.000 Basenpaare auslesen. Daher kann ein Gen meist nicht im Ganzen sequenziert werden, sondern es müssen zunächst einzelne Abschnitte (häufig einzelne Exons) per PCR amplifiziert und anschließend sequenziert werden. Dies führt dazu, dass die Sequenzierung größerer Gene immer noch sehr aufwendig ist. So nimmt etwa die Sequenzierung aller Exons des *BRCA1*-Gens sehr viel Zeit in Anspruch und verursacht entsprechend hohe Kosten.
- **Deletionen und Duplikationen:** Deletionen und Duplikationen, die größer als das zugrundeliegende PCR-Amplikon sind, lassen sich mittels Sanger-Sequenzierung nicht nachweisen. Wenn z. B. bei einer Patientin im Allel des paternal vererbten *BRCA1*-Gens ein ganzes Exon fehlt, wird bei der PCR mit der DNA der Patientin dennoch deren maternales Allel amplifiziert und anschließend sequenziert. Da weder die PCR noch die Sequenzierung eine quantitative Methode darstellen, wird die Deletion des paternal vererbten Allels nicht bemerkt. Daher wird die Sequenzanalyse eines Gens oftmals durch eine quantitative Methode wie z. B. eine quantitativen PCR oder MLPA ergänzt.
- **Mosaike:** Wesentlich für die Interpretation eines Elektropherogramms ist zu wissen, dass es sich bei jedem Peak um ein Summensignal einer Vielzahl gleichgroßer Fragmente handelt. Dementsprechend kann über die Peakhöhe oder das Größenverhältnis beider Peaks bei einer heterozygoten Sequenzveränderung kein sicherer Rückschluss auf das Verhältnis der zugrundeliegenden Ausgangsmoleküle getroffen werden. Da die restlichen drei Abbruchnukleotide stets ein schwaches Hintergrundsignal abgeben, können mithilfe der DNA-Sequenzierung nach Sanger allein keine Mosaikbefunde erhoben, und schwache Mosaike nicht erfasst werden.

- **Intronische Mutationen:** Üblicherweise werden zunächst nur die codierenden Sequenzen eines Gens (codierende Exons) einschließlich der flankierenden ca. 20 intronischen Basenpaare sequenziert. Mutationen, die tiefer in intronischen oder flankierenden nichtcodierenden Sequenzen liegen, aber dennoch zum Beispiel das Spleißen stören können, werden dabei nicht erfasst.
- **Veränderungen unklarer Signifikanz:** Diese sind eines der größten Probleme bei der Erstdiagnose, vor allem bei sehr seltenen Erkrankungen. Dabei werden häufig individuelle Veränderungen in Bezug auf die verwendete Referenz festgestellt, deren klinische Signifikanz nicht sicher eingeschätzt werden kann. Eine sorgfältige Abschätzung, ob es sich bei der Veränderung um eine ursächliche Mutation oder aber um einen Polymorphismus handelt, ist daher dringend notwendig (siehe auch Kap. 2.5.4 und Kap. 7.2.5).

7.3.7 DNA-Sequenzierung der zweiten und dritten Generation

Die im Folgenden beschriebenen Methoden stellen eine Auswahl neuerer Techniken dar und erheben keinen Anspruch auf Vollständigkeit. Zudem ist eine eindeutige Zuordnung einiger Sequenzierverfahren zur zweiten oder dritten Generation nicht einheitlich bzw. nicht möglich. Die Sequenziermethode der zweiten Generation (*Next generation sequencing*, NGS) wurde von der Zeitschrift Nature Methods zur Methode des Jahres 2007 gekürt. Verschiedene Firmen haben mittlerweile unterschiedliche Plattformen entwickelt, die sich insbesondere im Hinblick auf das Verfahren zur räumlichen Trennung der parallelen Sequenzreaktionen und die bei der Sequenzreaktion verwendete Chemie unterscheiden.

Was ist diesen Verfahren aber gemeinsam? Während bei der DNA-Sequenzierung nach Sanger jede PCR-Reaktion und danach auch jede Sequenzreaktion mit individuellen Primern in einem eigenen Ansatz erfolgt, werden bei den Sequenzierverfahren der zweiten Generation universelle Adapter an eine Vielzahl unterschiedlicher DNA-Fragmenten ligiert. Über Primer, die an diese Adaptersequenzen binden, können dann alle DNA-Fragmente parallel amplifiziert und anschließend sequenziert werden. Aufgrund des hohen Durchsatzes wird diese Methode auch als **Massiv Paralleles Sequenzieren** bezeichnet. Je nachdem, welche DNA-Fragmente tatsächlich sequenziert werden sollen, wird die zu untersuchende DNA zunächst entsprechend der verschiedenen Plattformen vorbereitet (*Library Prep*). Sollen nur ganz bestimmte Gene untersucht werden, können deren Exons vor der eigentlichen Library Prep mithilfe einer Multiplex-PCR amplifiziert und aufgereinigt werden (Amplicon- bzw. Multiplicon-Ansatz). Alternativ kann die Ziel-DNA nach der Library Prep über passende Sonden (z. B. Gen-Panels oder Exom-Sequenzierung) festgehalten und damit angereichert werden, wohingegen nicht zu den Sonden passende Fragmente weggewaschen werden. Auch bei den Sequenziermethoden der zweiten Generation müssen die DNA-Fragmente zunächst mittels PCR amplifiziert werden, da bei der Sequenzreaktion ein

Summensignal identischer Fragmente ausgelesen wird. Für die räumliche Trennung der PCR-Reaktionen werden Oligonukleotide, die zu den Sequenzen der universellen Adapter passen, zum Beispiel auf kleine Kügelchen (Beads) oder Oberflächen aufgetragen.

Bei **Bead-basierten Methoden** werden die DNA-Fragmente nach der Adapterligation in einem solchen Mengenverhältnis mit Beads zusammengebracht, dass möglichst nur ein Fragment an einen Bead bindet. Anschließend erfolgt eine PCR-Reaktion, nach der jedes Kügelchen mit einer homogenen Population identischer DNA-Fragmente besetzt ist. Vor der eigentlichen Sequenzreaktion werden die Beads mithilfe einer Platte mit Poren von der Größe genau eines Beads räumlich voneinander getrennt (454 *Pyrosequencing*). Dann wird die Sequenz in jeder dieser Poren parallel durch ein Luciferase basiertes Sequenzierverfahren (**Pyrosequencing**) bestimmt. Alternativ können Bead-gekoppelte DNA-Fragmente nach PCR-Amplifikation modifiziert, auf einer Trägerplatte befestigt und mittels **Zwei-Basen-Sequenzierung** (*Sequencing by Oligo Ligation Detection*, SOLiD) parallel sequenziert werden.

Die **Halbleitersequenzierung**, auch unter dem Namen Ion Torrent sequencing bekannt, ist eine Methode zur DNA-Sequenzierung, bei der freiwerdende Protonen während der DNA-Synthese eines komplementären Strangs mit einem Halbleiter detektiert werden. Auch hier erfolgt eine PCR-Amplifikation von Bead gekoppelten DNA-Fragmenten, deren Summensignal dann pro Bead parallel ausgelesen wird.

Am weitesten verbreitet und praktiziert wird zum jetzigen Zeitpunkt die **Sequenzierung mit Brückensynthese** (*Illumina/Solexa sequencing*). Dabei erfolgt die klonale Vermehrung der DNA-Fragmente mithilfe von zu den Adaptern passenden Oligonukleotiden auf einer besonderen Trägerplatte (*Flow Cell*). Bei der PCR entsteht dort für jedes erfolgreich vermehrte DNA Fragment ein DNA-Cluster. Die Sequenz der einzelnen Cluster wird anschließend unter Verwendung fluoreszenzmarkierter Nukleotide parallel ausgelesen. Weitergehende Literatur, auch über grundlegende Fragen zu Überschussinformationen durch NGS und Selbstbestimmung des/der Ratsuchenden, finden sich im Methodenheft „Next Generation Sequencing in der Humangenetik" der Medizinischen Genetik.

Die Sequenzierung der dritten Generation misst die Reaktion bei einzelnen DNA-Molekülen, wodurch eine der Sequenzierung vorangehende Amplifikation per PCR entfällt. Ohne die Synthese eines DNA-Strangs durch eine Polymerase kommen die Nanoporen-basierten Sequenziermethoden aus, bei denen die Sequenz eines DNA-Moleküls beim Durchtritt durch eine Nanopore quasi abgetastet wird. Basis anderer Methoden sind gentechnologisch modifizierte Polymerasen, die im Vergleich zu ihren natürlichen Verwandten in Zeitlupe, im Vergleich zur realen Zeit jedoch immer noch rasend schnell arbeiten. Diesen in einer Pore fixierten Polymerasen wird mithilfe von freigesetzten Protonen (als Variante der Halbleitersequenzierung) oder Fluorophoren (optische Auswertung) bei der Synthese des komplementären Stranges und damit quasi bei der Arbeit zugesehen. Um Summensignale zu erhalten, die klar vom Hintergrundrauschen unterschieden werden können, werden die untersuchten DNA-

Fragmente zuvor zu einzelnen Ringen zusammengeschlossen. Anschließend wird pro Pore ein Ring wie eine Endlosschleife wiederholt ausgelesen. Die wiederkehrende Signalabfolge wird durch den Computer erkannt und aufsummiert. Da hier die PCR entfällt, können auch epigenetische Modifikationen wie Methylierung von Nukleotiden beim Sequenzieren miterfasst werden.

Neben den hier kurz umrissenen und vereinfacht dargestellten Methoden sind noch jede Menge anderer DNA-Sequenziertechnologien in Entwicklung bzw. auf dem Markt, auf die hier jedoch nicht weiter eingegangen werden kann. Der Wettbewerb um die Entwicklung neuer Methoden und Geräte ist hoch und innovativ. Daher ist, auch durch die Verknüpfung alter und neuer Techniken, mit einem weiterhin schnellen technischen Fortschritt zu rechnen.

Limitationen: Alle genannten Verfahren haben ihre eigenen Stärken und Schwächen. Wesentliche Unterschiede betreffen Leselängen, Lesegenauigkeit, Sequenzierkosten und Sequenzierdauer. Manche Methoden haben Probleme mit homopolymeren oder palindromischen Sequenzen. Generell sind jedoch die hier aufgeführten Sequenziermethoden der zweiten Generation PCR abhängig und haben daher ebenfalls Limitationen der Kontamination und der Analyse schwieriger Templates (z. B. GC-Bias). Die genomische DNA wird in kurze, zufällige Fragmente zerkleinert. Nach der Sequenzierung müssen diese Fragmente dann mithilfe von Computerprogrammen wieder zusammengesetzt werden (*Aligner*). Auch dieser Prozess funktioniert nicht fehlerfrei, und Probleme bestehen insbesondere bei sehr ähnlichen Sequenzen, die dann nicht mehr eindeutig einem Gen oder beispielsweise seinem Pseudogen zugewiesen werden können. Auch kommen verschiedene Aligner nicht immer zu demselben Ergebnis, und es werden nicht alle möglichen Mutationstypen erfasst. Bei Anreicherungen (Multiplicon, Gen-Panels, Exom) werden intronische Bereiche entfernt und können somit nicht betrachtet werden. Sequenzierartefakte können während der PCR, der Sequenzierung und während der bioinformatischen Aufarbeitung der erhobenen Daten entstehen und können (zumindest heute noch) oftmals erst nach Betrachtung durch den „menschlichen Auswerter“ als solche entlarvt werden. Ein weiteres Problem stellen unklare Varianten, Zusatzbefunde und deren Mitteilung dar, also unklare Varianten oder gar krankheitsrelevante Mutationen in Genen, die aufgrund der ursprünglichen Fragestellung eigentlich gar nicht untersucht werden sollten. Der Flaschenhals der DNA-Sequenzierung verschiebt sich also von der Erhebung der Sequenzen hin zu deren computergestützter Auswertung, Bewertung und Interpretation durch einen erfahrenen Untersucher.

7.3.8 *Strip-Assays* – reverse Hybridisierung

Einige Hersteller bieten für die Detektion bekannter Mutationen leicht handhabbare Tests an, die auf dem Prinzip der reversen Hybridisierung basieren. Vom Anbieter werden DNA-Proben auf ein Trägermaterial aufgebracht, welche die zu untersuchende Wildtyp-Sequenz und bekannte Mutationen enthalten. Die zu untersuchenden Loci werden per PCR aus der DNA des Patienten amplifiziert, mit einem Reportermolekül (Fluoreszenz, Farbstoffe oder Ähnliches) markiert und auf den Träger hybridisiert. Wie bei einem Microarray dient also die DNA des Patienten als Sonde (reverse Hybridisierung). Nur bei perfektem Match wird ein Signal detektiert. Der Unterschied zu einem Microarray besteht lediglich in der geringeren Probenanzahl sowie darin, dass das Ergebnis gegebenenfalls auch per Auge ausgelesen werden kann.

Limitationen: Mit dieser Methode können nur bekannte Mutationen nachgewiesen werden, und selbstverständlich müssen diese auch im entsprechenden Assay enthalten sein. Ungewöhnliche gutartige Polymorphismen und ungewöhnliche pathogene Mutationen an Loci, die im Assay enthalten sind, können die Ergebnisinterpretation erschweren. Für sehr seltene Erkrankungen werden üblicherweise keine Tests angeboten.

7.3.9 Oligonukleotid-Ligations-Assay (OLA)

OLA ist eine schnelle, sensitive und spezifische Methode zum Nachweis bekannter einzelner Nukleotidvarianten. Die Methode basiert auf der Zusammenführung zweier benachbarter Oligonukleotidproben mittels einer DNA-Ligase. Die beiden Oligonukleotide binden spezifisch an ein DNA-Target, üblicherweise ein PCR-Produkt. Eines der beiden Oligonukleotide liegt jedoch in mehreren Varianten vor. Diese unterscheiden sich in ihren 3'-Enden, die entweder zum Wildtyp oder zur Variante komplementär sind (Capture). Das zweite Oligonukleotid bindet an die unmittelbar anschließende Sequenz des Targets (Reporter). Die Unterscheidung der Sequenzen (Alleldiskrimination) erfolgt über die Eigenschaft der DNA-Ligase, nur perfekt passende Proben ligieren zu können. Ein Oligonukleotid, das an seinem 3'-Ende die Wildtypsequenz trägt, kann auf einem Target, das die Variante beinhaltet, nicht verlängert werden. Die Detektion der verschiedenen Allele kann über verschiedene Tricks erfolgen. Beispielsweise kann das Reporter-Oligonukleotid Fluoreszenz-markiert werden; die beiden Capture-Nukleotide unterscheiden sich, abgesehen von ihrem 3'-Ende, auch in der Anzahl ihrer Nukleotide. Die Ligationsprodukte der beiden Allele unterscheiden sich somit in ihrer Länge und dieser Unterschied kann aufgrund der Fluoreszenzmarkierung durch eine Kapillarelektrophorese nachgewiesen werden. Sowohl die vorausgehende PCR als auch die Ligationsreaktion können Multiplexreaktionen sein, d. h., es kann eine große Anzahl potenzieller Mutationen gleichzeitig getestet werden.

Limitationen: Mit dieser Methode können nur bekannte Mutationen nachgewiesen werden, und selbstverständlich müssen diese auch im entsprechenden Assay enthalten sein. Ungewöhnliche gutartige Polymorphismen und ungewöhnliche pathogene

Mutationen an Loci, die im Assay enthalten sind, können die Ergebnisinterpretation erschweren. Für sehr seltene Erkrankungen werden üblicherweise keine Tests angeboten.

7.3.10 MLPA

MLPA (*multiplex ligation-dependent probe amplification*) ist eine Multiplex-PCR-Methode zum Nachweis abnormaler Kopienzahlen von Genorten. Das Prinzip ähnelt dem Oligonukleotid-Ligations-Assay. Die Unterschiede bestehen darin, dass es sich bei der MLPA um eine quantitative Methode handelt und in diesem Fall nicht das DNA-Target, sondern das Ligationsprodukt durch eine PCR amplifiziert wird.

Die MLPA bewährt sich vor allem beim Nachweis genomischer Deletionen oder Duplikationen, beispielsweise der genreichen Subtelomerregionen, und Deletionen oder Duplikationen einzelner Exons oder größerer Abschnitte von Genen. Da in der heterozygoten Situation ein Allel erhalten bleibt, ist die Analyse derartiger Konstellationen durch nichtquantitative PCR-Assays wie eine DNA-Sequenzierung nicht möglich. Solche Mutationen kommen z. B. häufig im *BRCA1*-Gen vor. Durch eine MLPA-Analyse können sämtliche Exons des Gens in einer einzigen Reaktion auf Deletionen bzw. Duplikationen untersucht werden.

Die Methode basiert auf der Zusammenführung zweier benachbarter Oligonukleotidproben mittels einer DNA-Ligase. Die beiden Oligonukleotide binden spezifisch an eine DNA-Sequenz, z. B. ein Exon des *BRCA1*-Gens. Dabei liegen das 3'-Ende des einen und das 5'-Ende des anderen Oligonukleotids unmittelbar nebeneinander und beide können nur durch eine Ligasereaktion miteinander verbunden werden, wenn beide Proben problemlos an ihre Zielsequenz binden konnten. Die Oligos sind an ihren Enden jeweils mit einer universalen Sequenz versehen, welche die Anlagerung eines weiteren Primerpaares für eine anschließende PCR-Reaktion möglich macht. Zwischen der zielspezifischen Sequenz und der Universal-Sequenz wird noch eine sogenannte Stuffer-Sequenz eingefügt, die sich in ihrer Länge bei jedem untersuchten Genort unterscheidet. Eines der Oligos ist wiederum mit einer Fluoreszenz-Markierung versehen. So wird eine Unterscheidung der verschiedenen Reaktionsprodukte durch eine Kapillarelektrophorese möglich.

Für eine quantitative Bewertung wird das detektierte Peakmuster der zu untersuchenden Patientenprobe mit dem einer Referenzprobe verglichen. So kann die relative Menge jedes Amplikons bewertet werden. Dafür muss die vorausgegangene PCR jedoch optimal eingestellt und in der Phase der exponentiellen Vermehrung vor Erreichen der Sättigung abgebrochen werden.

MLPA hat sich als schnelle und robuste Analysetechnik für die gezielte Untersuchung größerer Deletionen und Duplikationen bewährt. Die Anwendungsmöglichkeiten sind relativ breit. So können u. a. auch Methylierungsanalysen durchgeführt werden.

Limitationen: Die Etablierung einer MLPA ist schwierig. Somit muss im Normalfall auf das Angebot kommerzieller Anbieter zurückgegriffen werden. Für selten untersuchte Loci werden üblicherweise keine Tests angeboten. Kleine Variationen in den Bindungsstellen der Oligonukleotide (SNPs) können zu falsch positiven Ergebnissen führen. Die Methode gibt nur eine Antwort auf die Frage wieviel pro Genom, nicht jedoch auf die Frage wo im Genom. Bei der Untersuchung der Subtelomerregionen mittels MLPA können somit nur imbalancierte Aberrationen nachgewiesen werden. Reziproke Translokationen der Subtelomerbereiche bleiben unentdeckt.

7.3.11 Mikrosatellitenanalyse und indirekte Gendiagnostik

Mikrosatelliten, die auch STR-Marker (*short tandem repeats*) genannt werden, sind polymorphe Abschnitte im Genom, in denen sich kurze Basenpaarsequenzen (zwei bis sieben Basenpaare) mehrfach wiederholen (Repeats). Mikrosatelliten kommen im humanen Genom recht häufig vor – über 10.000 dieser Sequenzen sind bisher bekannt – und die Anzahl der Wiederholungen variiert zwischen verschiedenen Individuen, die dadurch unterschieden werden können. Unterschiedliche Sequenzwiederholungen führen nämlich bei der Amplifikation zu verschieden großen PCR-Produkten, welche durch Gelelektrophorese aufgetrennt und durch Fluoreszenzmarkierung auf einem Kapillarsequenzierer nachgewiesen und analysiert werden können.

Diese Technik wird auch für forensische DNA-Analysen und Abstammungsuntersuchungen genutzt. So kann z. B. nachgewiesen werden, dass die an einem Tatort gesicherte Blutspur nicht von einem Tatverdächtigen stammt, da die Spur für einen untersuchten STR-Marker ein Allel mit drei Wiederholungen und ein Allel mit vier Wiederholungen aufweist, während für die DNA des Tatverdächtigen ein Allel mit einer Wiederholung und ein Allel mit fünf Wiederholungen nachgewiesen wurden.

In der klinischen Genetik werden Mikrosatelliten unter anderem zur indirekten Gendiagnostik oder zum Kontaminationsausschluss genutzt. So kann in Fällen, in denen die familiäre Mutation in einem Gen (noch) nicht gefunden wurde, mitunter eine Diagnose mithilfe einer indirekten DNA-Diagnostik gestellt werden. Im Gegensatz zu direkten DNA-Analysen muss hierbei aber immer neben der zu untersuchenden DNA wenigstens auch die DNA des Indexpatienten und der Eltern des zu untersuchenden Individuums vorliegen. Es wird nun nicht das Gen selbst, sondern direkt in seiner Umgebung liegende Mikrosatellitenmarker untersucht. Dabei wird ein Phänomen genutzt, das man als Kopplung bezeichnet. Genorte, die auf dem gleichen Chromosom liegen, werden häufig gemeinsam vererbt: Sie sind gekoppelt. Je näher diese zwei Genorte auf einem Chromosom beieinander liegen, desto seltener werden sie bei der Meiose durch ein *Crossing Over* voneinander getrennt. Wird also bei der Untersuchung eines Patienten an einem Genort, an dem die Ursache der Erkrankung vermutet wird, die gleiche Markerkonstellation wie beim Indexpatienten festgestellt, deutet dies darauf hin, dass bei dem untersuchten Patienten die gleiche Erkrankung vorliegt. Das Prinzip der indirekten DNA-Diagnostik wird in der Kasuistik 7.2 an einem Fall beispielhaft vertieft.

In der Pränataldiagnostik werden Mikrosatelliten häufig zum Ausschluss einer maternalen Kontamination verwendet. Wenn sich die Markerkonstellation im untersuchten fetalen Gewebe von der der mütterlichen DNA unterscheidet, dabei maximal zwei Allele pro untersuchtem Lokus vorkommen und von den mütterlichen Allelen jeweils nur eines nachweisbar ist, kann davon ausgegangen werden, dass keine Kontamination der fetalen DNA durch mütterliche Zellen vorliegt. Der gegenteilige Befund schränkt die Aussagekraft der durchgeführten pränatalen Diagnostik selbstverständlich deutlich ein bzw. macht in vielen Fällen eine Aussage gänzlich unmöglich.

Limitationen: Eine indirekte Gendiagnostik macht nur Sinn, wenn die klinische Diagnose des Indexpatienten als gesichert angesehen werden kann. Ebenso ist außer in konsanguinen Beziehungen keine Diagnose von Erkrankungen mit Locusheterogenität möglich, da sämtliche Loci separat betrachtet werden müssten. Aufgrund der indirekten Natur des Befundes kann als Ergebnis letztendlich immer nur eine Wahrscheinlichkeitsangabe und kein absolut sicherer Nachweis oder Ausschluss stehen.

Kasuistik 7.2: Indirekte DNA-Diagnostik.

Beim zweijährigen Aarian wurde klinisch die Diagnose einer primären Mikrozephalie (MCPH) gestellt. Primäre Mikrozephalien sind seltene, autosomal-rezessiv vererbte, neuronale Entwicklungsstörungen mit einer deutlichen Verringerung der Gehirngröße und mentaler Retardierung. Es sind verschiedene Gene bekannt, die diese Entwicklungsstörungen auslösen können. Aarians Eltern sind Cousin und Cousine ersten Grades, also blutsverwandt (konsanguin). Nun ist Aarians Mutter erneut schwanger und wünscht eine Pränataldiagnostik. Bisher war bei Aarian keine Mutationsanalyse durchgeführt worden und somit ist nicht einmal bekannt, in welchem *MCPH*-Gen die Mutation liegt. Ein nun durchgeführter zytomorphologischer Vortest an T-Lymphozyten von Aarian deutet darauf hin, dass es sich um eine primäre Mikrozephalie vom Typ I handelt. Diese wird durch Mutationen im *MCPH1*-Gen ausgelöst. Tatsächlich zeigt die Mikrosatellitenanalyse, dass Aarians Genom rund um den *MCPH1*-Locus homozygot ist, er also von seinen Eltern den gleichen chromosomalen Abschnitt geerbt hat, wie es für betroffene Kinder konsanguiner Eltern bei autosomal-rezessiv vererbten Erkrankungen oft typisch ist. Bisher wurde jedoch das *MCPH1*-Gen, das 14 Exons umfasst, bei Aarian noch nicht untersucht. Eine Sequenzierung würde längere Zeit in Anspruch nehmen und ggf. könnte die ursächliche Mutation auch in einem intronischen Bereich des Gens liegen, der bei einer Routinediagnostik nicht erfasst wird.

Da die Schwangerschaft weiter voranschreitet, entscheiden sich die Eltern in der 14.SSW nach ausführlichen Beratungen mit ihrer Gynäkologin und einem genetischen Berater für die Durchführung einer indirekten DNA-Diagnostik an Chorionzotten. Parallel wird aus DNA von Aarian die Sequenzanalyse des *MCPH1*-Gens veranlasst. Die Mikrosatellitenanalyse weist nach, dass der Fetus am *MCPH1*-Locus eine von Aarian verschiedene Konstellation aufweist. Zwar hat er vom Vater den gleichen chromosomalen Abschnitt (Haplotyp) wie Aarian geerbt, von der Mutter jedoch den Haplotyp des anderen Chromosoms (Abb. 7.5). Da auch der zytomorphologische Vortest an den Chorionzotten keinen Hinweis auf das Vorliegen einer *MCPH1*-Mutation liefert, kann mit großer

Wahrscheinlichkeit davon ausgegangen werden, dass das ungeborene Kind nicht betroffen ist. Tatsächlich folgt nach einiger Zeit der Sequenzbefund. In Aarians DNA wurde eine homozygote Mutation im Exon 8 des *MCPH1*-Gens nachgewiesen, die beim Fetus, wie aufgrund der indirekten DNA-Analyse erwartet, nur in heterozygoter Form vorliegt. Somit konnte die Verdachtsdiagnose einer Mikrozephalie vom Typ I bei Aarian molekulargenetisch bestätigt werden. Das Kind der bestehenden Schwangerschaft ist mit großer Wahrscheinlichkeit nicht betroffen. Bald darauf wird ein gesundes Mädchen geboren.

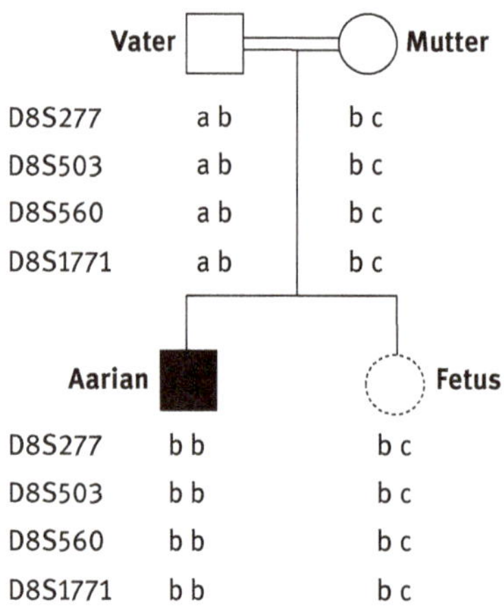

Abb. 7.5: Indirekte DNA-Diagnostik. Aarian hat von beiden Eltern den gleichen Haplotyp b vererbt bekommen. Die familiäre Mutation liegt sehr wahrscheinlich in diesem chromosomalen Abschnitt. Daher ist Aarian von der Krankheit betroffen. Der Fetus hat das Chromosom mit diesem Haplotyp nur von seinem Vater geerbt, während er von seiner Mutter das andere Chromosom vererbt bekommen hat.

Merk-Würdiges

- Für Verfahren, die nicht auf PCR basieren, sind größere Mengen Ausgangsmaterials notwendig.
- Bei PCR-basierten Verfahren ist es notwendig, Kontaminationskontrollen mitzuführen. Bei pränatalen Untersuchungen schließt dies den Ausschluss einer maternalen Kontamination mit ein. Dafür ist eine mütterliche DNA-Probe notwendig.
- Keines der heute einsetzbaren Verfahren kann eine 100 %ige Sensitivität gewährleisten. Vielmehr muss die angewandte Methode und ihre Mutationsdetektionsrate bei der Interpretation eines unauffälligen Befundes stets mit berücksichtigt werden.
- Die heute in der Routine regelmäßig eingesetzten Verfahren für molekulargenetische Diagnostik stellen allesamt keine gesamtgenomischen Screening-Methoden dar. Dies wird sich in der Zukunft durch die neuen Sequenziermethoden ändern. Unabhängig von der verwendeten Methode ist jedoch in jedem Fall eine klare klinische Verdachtsdiagnose zu formulieren oder es muss zumindest eine präzise Beschreibung des Phänotyps erfolgen, damit gezielt bestimmte Gene oder Gen-Panels untersucht bzw. Varianten auf ihre Relevanz für die klinische Fragestellung bewertet werden können.
- Bei der Auswahl der Verfahren ist in Betracht zu ziehen, welche Art von Mutationen mit dem entsprechenden Verfahren detektiert werden kann. So können beispielsweise größere Deletionen nicht mit rein qualitativen Nachweisverfahren wie DNA-Sequenzierung nachgewiesen werden; dafür sind quantitative Methoden notwendig.

7.4 Durchführung einer molekulargenetischen Diagnostik

7.4.1 Präanalytik

Jede molekulargenetische Labordiagnostik im Rahmen medizinisch-genetischer Fragestellungen bedarf einer begründeten ärztlichen Indikationsstellung. Nur bei einer klaren klinischen Verdachtsdiagnose kommt die Durchführung einer gezielten molekulargenetischen Untersuchung in Betracht. Zu den Voraussetzungen gehört dabei auch, dass das bzw. die möglicherweise entsprechenden krankheitsauslösende(n) Gen(e) bekannt ist/sind. Dabei sollte die Erkrankung jedoch keiner zu großen Locus-Heterogenität (Pathogene Mutationen in vielen verschiedenen Genen führen zu einem vergleichbaren klinischen Bild) unterliegen. So macht es sicherlich auch bei einem klaren klinischen Verdacht auf das Vorliegen einer Fanconi-Anämie keinen Sinn, alle bisher bekannten betroffenen Gene nach Sanger zu sequenzieren. Diese Diagnostik wäre nicht nur zu teuer, sondern auch zu langwierig. In einem solchen Fall wird traditionell die Diagnose zunächst durch zellbiologische Tests gesichert, um im positiven Falle durch weitere zielgerichtete Testverfahren das zu analysierende Gen einzugrenzen.

Dieses Szenario ändert sich mit dem zunehmenden Einsatz neuer Sequenziermethoden. Für Krankheiten mit hoher Locus-Heterogenität werden derzeit Gen-Panels für eine effektive Diagnostik entwickelt, z. B. für Ataxien oder Hörstörungen. Eine erste Liste zum Einsatz von NGS bei heterogenen Krankheitsbildern des Berufsverbandes Deutscher Humangenetiker (BVDH) ist erschienen (MedGen, 2015). Dabei wird deutlich gesagt, dass das NGS bisher keine im EBM aufgeführte Regelleistung ist. Die Liste soll Kriterien für die Beurteilung von Einzelfallanträgen bieten. Auch bei bisher noch nicht molekular aufgeklärten Krankheiten wäre unter bestimmten Voraussetzungen eine Exom- oder Gesamtgenom-Sequenzanalyse zu bedenken.

Des Weiteren ist die Durchführung einer molekulargenetischen Diagnostik nur indiziert, wenn sich aus dem Ergebnis auch ein Zugewinn in der diagnostischen Sicherheit, Informationen hinsichtlich der Prognose bzw. Konsequenzen etwa in Bezug auf das Wiederholungsrisiko und somit einer möglichen Pränataldiagnostik oder in der Behandlung des Patienten ergeben. Der betriebene Aufwand muss also vertretbar sein und in Relation zum klinischen Nutzen gestellt werden. So lässt sich eine Neurofibromatose vom Typ I bei einem Erwachsenen meist leicht und eindeutig klinisch diagnostizieren, wohingegen die molekulargenetische Diagnostik aufgrund der Größe des *NF1*-Gens, des Mutationsspektrums und des Vorliegens von Pseudogenen sehr aufwendig ist. Aus der Diagnose dieser Erkrankung lässt sich normalerweise auch keine Indikation für eine Pränataldiagnostik bei zukünftigen Schwangerschaften ableiten. Daher ist bei einem klinisch eindeutig betroffenen Erwachsenen eine molekulargenetische Diagnostik des *NF1*-Gens meist nicht indiziert. Bestehen jedoch bei einem Kind eine Entwicklungsverzögerung und milde Krankheitszeichen, die eine zeitnahe klinische Diagnose nicht ermöglichen, so sollte der Verdacht auf das Vorliegen einer Neurofibromatose Typ 1 molekulargenetisch abgeklärt werden.

Soll eine molekulargenetische Diagnostik erfolgen, so ist die Person, die untersucht werden soll, nach dem Gendiagnostikgesetz über Zweck, Art, Umfang, Aussagekraft und Konsequenzen der durchzuführenden Diagnostik für sich selbst und auch für weitere Familienmitglieder ausführlich aufzuklären, und es muss eine schriftliche Einwilligungserklärung vorliegen. Insbesondere im Hinblick auf die Aussagekraft einer molekulargenetischen Erst-Diagnostik gibt es stets drei Möglichkeiten, wie ein Befund ausfallen kann: 1) Findet man eine bekannte Mutation im untersuchten Gen, wäre die klinische Diagnose damit bestätigt. 2) Findet man Sequenzabweichungen, von denen man nicht weiß, ob sie ursächlich für die bestehende Symptomatik sind, kann die klinische Diagnose weder bestätigt noch ausgeschlossen werden. 3) Selbst wenn man keine Sequenzveränderung findet, kann die klinische Diagnose nicht endgültig ausgeschlossen werden, da nicht alle möglichen genetischen Veränderungen anhand der angewandten Untersuchungsmethode erfasst werden können. Möglicherweise liegt die ursächliche genetische Veränderung auch in einem anderen, eventuell sogar unbekannten Gen, das somit nicht untersucht werden kann. Im Klartext bedeutet dies, dass es keinen Gentest zum Ausschluss einer genetisch bedingten Erkrankung gibt, sofern die ursächliche Veränderung in einer Familie unbekannt ist.

Während viele labormedizinische Untersuchungen Routineverfahren darstellen, die von fast jeder labormedizinischen Institution angeboten werden können, werden Gene, die sehr seltene Erkrankungen verursachen können, meist nur von sehr wenigen spezialisierten Einrichtungen angeboten. Deutsche Anbieter können in der *Human Genetics Quality Network* (HGQN)-Datenbank des BVDH unter www.hgqn.org kostenfrei recherchiert werden. Für manche Erkrankungen gibt es jedoch in ganz Deutschland keinen Anbieter, sodass die Diagnostik gegebenenfalls im Ausland durchgeführt werden muss. Internationale Anbieter molekulargenetischer Diagnostik können beispielsweise in den Datenbanken von GeneClinics (www.geneclinics.org) oder Orphanet (www.orpha.net) gefunden werden.

Die Durchführung einer molekulargenetischen Labordiagnostik setzt die aufgeklärte Einwilligung des Patienten oder seines gesetzlichen Vertreters voraus. Vor jeder vorgeburtlichen und jeder prädiktiven genetischen Untersuchung muss eine genetische Beratung durch einen entsprechend qualifizierten Arzt erfolgen. Bei einer Diagnostik zur Absicherung einer klinischen Verdachtsdiagnose muss spätestens nach Erhebung eines auffälligen Befundes eine genetische Beratung angeboten werden.

Zur Untersuchung dürfen nur Proben angenommen werden, deren Art und Herkunft eindeutig bezeichnet ist. Weitere präanalytische Voraussetzungen und eine detaillierte Beschreibung der genannten Bedingungen können der S2-Leitlinie „Humangenetische Diagnostik und genetische Beratung“ der Deutschen Gesellschaft für Humangenetik e.V. (GfH) und des BVDH entnommen und unter www.gfhev.de/de/leitlinien/index.htm abgerufen werden.

7.4.2 Untersuchungsverfahren

Das verantwortliche Labor muss sicherstellen, dass die zur Diagnose verwendeten Verfahren und der Umfang der Untersuchung dem aktuellen Stand der Wissenschaft und Technik entsprechen und die analytische Zuverlässigkeit des Verfahrens validiert wurde. Aufgrund der wissenschaftlichen und technischen Dynamik der Molekulargenetik steht eine große Anzahl alternativer Methoden zur Verfügung. Die Auswahl des Verfahrens liegt letztlich in der Hand des verantwortlichen Laborleiters. Sie ist abhängig von der Fragestellung, dem klinischen Kontext und den dem Labor zur Verfügung stehenden Methoden. Folgende Fragen können dabei eine Rolle spielen:
- Welche Verdachtsdiagnose soll abgeklärt werden?
- Welche Gene müssen dafür untersucht werden?
- Soll nach einer bekannten familiären Mutation gesucht werden?
- Handelt es sich um eine Neumutation?
- Welche Art von Mutation soll untersucht werden (z. B. Chromosomenmutation oder Genmutation? Substitution oder Deletion?)?
- Handelt es sich um eine pränatale oder eine postnatale Untersuchung?
- Handelt es sich bei der postnatalen Untersuchung um eine prädiktive diagnostische Untersuchung?
- Welches Gewebe soll untersucht werden?

Auch wenn die Auswahl der Methoden in der Hand des beauftragten Labors liegt, steht es dem beantragenden Arzt selbstverständlich frei, sich bei verschiedenen Anbietern über die verwendeten Methoden und den gewählten Umfang der Untersuchung zu informieren.

7.4.3 Befundinterpretation

Die Interpretation molekulargenetischer Befunde ist oft schwierig und erfordert humangenetisches Fachwissen. Unabdingbar ist die Kenntnis der verwendeten Analysetechniken, deren Potenzial und deren Limitationen. Zudem müssen die der Erkrankung zugrunde liegenden Vererbungsmechanismen bekannt sein. Nur dadurch können Aussagen darüber getroffen werden, ob eine Mutation zur Ausprägung einer Erkrankung führt oder nicht. Ebenso hängt davon die Einschätzung des Wiederholungsrisikos ab. Bei negativen Befundergebnissen ist die Kenntnis über die Detektionsrate bei der durchgeführten Diagnostik unerlässlich. Diese ist nicht nur abhängig von den verwendeten Methoden, sondern auch von der Sicherheit der klinischen Verdachtsdiagnose und den untersuchten Loci. Nur so kann entschieden werden, ob und mit welcher Wahrscheinlichkeit ein negatives Befundergebnis tatsächlich an der klinischen Verdachtsdiagnose zweifeln lässt. Häufig ist für eine korrekte Interpretation eines Untersuchungsergebnisses die Kenntnis der parentalen Genotypen erforderlich.

So kann etwa eine Compound-Heterozygotie von zwei Mutationen auf dem gleichen Allel unterschieden werden. Hierbei ist jedoch zu berücksichtigen, dass nicht immer beide Eltern zur Verfügung stehen und dass ggf. Befunde erhoben werden können, die Zweifel an einer angenommenen Vaterschaft aufkommen lassen könnten.

Bei erstmaliger Diagnose kann der Nachweis einer bisher unbekannten DNA-Veränderung große Schwierigkeiten verursachen. Es muss eine Abschätzung darüber erfolgen, ob die nachgewiesene Variante tatsächlich die Ursache der beobachteten klinischen Symptomatik darstellt. Im pränatalen Kontext sollten daher nur Analysen durchgeführt werden, die in einer einfachen und eindeutigen Befundinterpretation resultieren.

7.4.4 Welche Informationen enthält ein Befund?

Ein molekulargenetischer Befund enthält eine Darstellung sowie eine wissenschaftlich begründete Beurteilung der Ergebnisse der durchgeführten Diagnostik. Er dient der Übermittlung der labordiagnostischen Untersuchung an den Auftraggeber. Die Beurteilung des Befundes sollte auch für Ärzte ohne humangenetisches Spezialwissen verständlich sein. Dabei sollen der Befund selbst und die Schlussfolgerungen daraus klar hervorgehoben und die diagnostische Fragestellung beantwortet werden.

Die notwendigen Inhalte eines solchen Befundes sind im Modul molekulargenetische Diagnostik der S2-Leitlinie „Humangenetische Diagnostik und genetische Beratung“ festgelegt. Neben den üblichen Stammdaten des Einsenders, des untersuchenden Labors und der zu untersuchenden Person sowie der Unterschrift aller maßgeblich an der Befunderstellung beteiligten Personen sollten unter anderem die Art des eingegangenen Untersuchungsmaterials (z. B. EDTA-Blut, Fruchtwasser etc.), das Eingangsdatum und die Verdachtsdiagnose bzw. diagnostische Fragestellung angegeben werden. Unerlässlich ist die Angabe der angewendeten Methode(n) und des Untersuchungsumfangs. Dies beinhaltet die Benennung der untersuchten Gene unter Angabe der verwendeten Referenzsequenzen, die untersuchten Mutationen sowie deren Detektionsraten. Der Genotyp wird als entscheidendes Untersuchungsergebnis in der international gültigen Nomenklatur (HGVS) angegeben. Polymorphismen ohne klinische Relevanz sollten dabei nur in begründeten Ausnahmenfällen aufgeführt und deutlich als solche gekennzeichnet werden.

Der Befund sollte eine an der diagnostischen Fragestellung des Einzelfalls orientierte Interpretation des Untersuchungsergebnisses und eine Stellungnahme zur klinischen Bedeutung des Befundes enthalten. Gegebenenfalls muss auf die eingeschränkte Aussagekraft des Befundes sowie auf mögliche Notwendigkeit und Erfolgsaussichten weiterer Untersuchungen auch von Familienangehörigen hingewiesen werden. Wird ein molekulargenetischer Befund diesen Anforderungen nicht gerecht, ist es ratsam, die fehlenden Informationen direkt nachzufordern.

Zum Umgang mit Befunden s. a. Kapitel 3 „Genetische Beratung“.

7.4.5 Vorbereitung einer pränatalen molekulargenetischen Diagnostik in der Praxis

Grundsätzlich lassen sich zwei verschiedene Indikationen für die Durchführung einer vorgeburtlichen molekulargenetischen Diagnostik unterscheiden. Entweder soll eine durch eine Ultraschalluntersuchung gestellte Verdachtsdiagnose durch eine molekulargenetische Analyse bestätigt werden oder – und das stellt die überwältigende Mehrheit der Indikationen dar – es soll eine familiär vorliegende genetische Erkrankung ausgeschlossen werden. Dabei erleichtert eine sorgfältige Vorbereitung der Analyse diese für alle Beteiligten schwierige Situation enorm.

Schließlich stellt eine pränatale Diagnostik besondere Anforderungen sowohl an die Ergebnissicherheit als auch den Zeitrahmen einer Analyse. Es ist wichtig, sich zu vergegenwärtigen, dass es eine riesige Anzahl molekulargenetisch diagnostizierbarer Erkrankungen gibt und diese durch eine noch größere Anzahl individueller Mutationen verursacht werden. Daher ist es mit den heute gegebenen technischen Möglichkeiten oft nicht einfach bzw. manchmal sogar unmöglich, jede Mutation spontan und innerhalb des von der vorgeburtlichen Situation vorgegebenen Zeitrahmens zu detektieren. Für manche Gene gibt es gar keine kommerziellen Anbieter, sondern lediglich hochspezialisierte Forschungslabore, die eine entsprechende Diagnostik durchführen könnten.

Es sollte daher idealerweise bereits bei Kinderwunsch, spätestens jedoch gleich zu Beginn einer Schwangerschaft mit den Eltern besprochen werden, ob familiäre Erkrankungen vorliegen und ob gegebenenfalls eine Pränataldiagnostik gewünscht wird. Wenn im Rahmen der genetischen Beratung ein substantielles Risiko für eine Erkrankung festgestellt wird und sich daraus Konsequenzen hinsichtlich der Fortführung der Schwangerschaft oder für das Geburtsmanagement ergeben, beginnt die Planung der Diagnostik. In jedem Fall ist bereits zu diesem Zeitpunkt eine intensive Kommunikation mit dem genetischen Labor, das die Analyse durchführen soll, angeraten. Auf diese Weise können viele Fehler oder Nachlässigkeiten vermieden werden, die zwar nur in äußerst seltenen Fällen zu Fehldiagnosen, aber – wie die Erfahrung zeigt – leicht zu erheblichen Verzögerungen bei der Diagnosestellung führen können. Die fachkompetenten Mitarbeiter des Labors werden im Normalfall auch alle nachfolgend beschriebenen Punkte ansprechen.

Am einfachsten ist es meist, die Analyse gemeinsam mit dem Labor durchzuführen, das auch die Diagnose des Indexpatienten gestellt hat. Hier liegen bereits alle notwendigen Befunde und häufig sogar noch Material des Indexpatienten vor, was eine sichere Diagnostik sehr erleichtert. Zudem ist die spezifische Diagnostik bereits etabliert. Sollte dies nicht möglich sein, z. B. weil die Diagnose des Indexpatienten im Ausland gestellt wurde oder irgendwelche anderen Gründe gegen eine Zusammenarbeit mit dem Ursprungslabor sprechen, muss der Kontakt mit einem alternativen, kompetenten Labor aufgenommen werden, das die entsprechende Diagnostik anbietet. Labore mit der notwendigen Spezialisierung können z. B. beim Humangenetischen Qualitätsnetzwerk unter www.hgqn.org/ gefunden werden. Sicherlich helfen aber auch der genetische Berater oder das genetische Labor, mit dem man üblicherweise zusammenarbeitet, bei der Suche nach einem Labor, das die erforderliche Diagnostik anbietet, gerne weiter.

Alle bestehenden Vorbefunde sollten so früh wie möglich eingeholt und mit Einverständnis der Ratsuchenden an das durchführende Labor weitergeleitet werden. Diese müssen die genaue Beschreibung der diagnostizierten Mutation(en) enthalten. Zuerst sollte geprüft werden, ob bei den Eltern eine Befundkonstellation vorliegt, die ein Risiko für eine Erkrankung des Kindes begründet, zum Beispiel bei einer autosomal-rezessiven Erkrankung eine Anlageträgerschaft beider Eltern der aktuellen Schwangerschaft.

Bei der Planung sollte besonderes Augenmerk auf den zeitlichen Ablauf gelegt werden. Dabei spielt natürlich eine große Rolle, welche Art der Probengewinnung sinnvoll ist. Häufig ist eine Chorionzottenbiopsie für molekulargenetische Fragestellungen am besten geeignet, da aus diesen zu einem frühen Zeitpunkt ausreichend DNA-Material ohne vorherige Kultivierung gewonnen werden kann. Bei strukturellen Chromomenaberrationen wäre gegebenenfalls eine Amniozentese vorzuziehen, da hier eine bessere Bandenauflösung erzielt werden kann. In einer anderen Situation wiederum kann eine Nabelschnurpunktion am geeignetsten sein.

Hinsichtlich des Zeitpunktes der Biopsie müssen eventuell entstehende Versandzeiten eingeplant werden. Trifft die Probe etwa in einem anderen Bundesland an einem Feiertag oder an einem Freitagnachmittag ein? Es empfiehlt sich auch, die Befundkommunikation im Vorhinein abzusprechen. Wie lange braucht das Labor für die Erstellung der Diagnose? Sind Urlaubszeiten des verantwortlichen Arztes zu bedenken, der den Befund kommuniziert? Oder plant die Patientin gar selbst einen Urlaub?

Am Tag der Chorionbiopsie oder Amniozentese muss die unterschriebene *Einwilligungserklärung zur genetischen Untersuchung gemäß Gendiagnostikgesetz* vorliegen. Aus dieser sollten die Indikation bzw. die gewünschte Analyse eindeutig hervorgehen. Gegebenenfalls kann dies in einem Anschreiben oder in einem vom durchführenden Labor zur Verfügung gestellten Formblatt noch detaillierter ausgeführt werden. Die benötigte Menge an Ausgangsmaterial hängt von der Indikation ab. So wird z. B. für eine Diagnostik des Fragilen X-Syndroms mittels Southern Blot eine deutlich größere DNA-Menge benötigt als für die PCR-basierte Detektion zweier familiär bekannter Mutationen im *CFTR*-Gen. Üblicherweise können die dazu notwendigen Informationen auf der Homepage des durchführenden Labors gefunden werden. Es empfiehlt sich jedoch, bei den geringsten Zweifeln noch einmal telefonisch nachzufragen.

In vielen Fällen ist es hilfreich, auch Proben der Eltern mit zu versenden, da diese ja gegebenenfalls Mutationsträger sind, oder, um bei Fragestellungen, bei denen die ursächliche Veränderung bislang unbekannt ist, die Ursächlichkeit einer gefundenen Sequenzveränderung anhand einer Kontrolle der Segregation unter Berücksichtigung beider Eltern untermauern zu können. Um ein verfälschtes Untersuchungsergebnis aufgrund einer maternalen Kontamination ausschließen zu können, ist in der überwiegenden Mehrzahl aller pränatalen molekulargenetischen Diagnostiken zumindest eine Probe der Mutter unerlässlich. Dabei kann es sich z. B. um eine Blutprobe, einen Mundschleimhautabstrich oder bereits isolierte DNA handeln. Auch Vergleichsmaterial des Indexpatienten kann als Positivkontrolle hilfreich sein. Alle Proben müssen in eindeutig beschrifteten, geeigneten Probenröhrchen vorliegen. Jede Probe sollte mindestens mit Name, Vorname und Geburtsdatum des Patienten, der Materialart und dem Entnahmedatum beschriftet sein, um eine eindeutige Identifikation zu ermöglichen. Es empfiehlt sich, die Beschriftung von den Patienten selbst kontrollieren zu lassen.

Der Probenversand sollte bei einem geeigneten Kurierdienst angemeldet sein. Das Material muss ordnungsgemäß verpackt, deklariert und adressiert werden. Für Blut, Chorionzotten und Fruchtwasser gilt, dass die Verpackung dreischalig und aus einem dichten Primärgefäß, dichter Sekundärverpackung mit Saugeinlage sowie einer starken Außenverpackung (Versandbox) bestehen muss. Zur ordnungsgemäßen Kennzeichnung gehören die Angabe des Absenders, des Empfängers und die Deklaration als UN3373, Biologischer Stoff, Kategorie B. Der Versand erfolgt ungekühlt. Auch bei einem Versand mit einem professionellen Kurierdienst können in seltenen Fällen Probleme auftreten. Daher ist es sinnvoll, den erfolgten Versand beim Empfängerlabor anzuzeigen bzw. sich die Ankunft des Materials bestätigen zu lassen.

Alle notwendigen Schritte zur Organisation sind noch einmal in der Checkliste (Tab. 7.3) zusammengefasst.

Im Grunde gelten natürlich viele der oben genannten Planungsschritte auch für molekulargenetische Analysen, die aufgrund von klinisch gesicherten, aber molekulargenetisch bisher nicht untersuchten Indexpatienten oder aufgrund von auffälligen Ultraschallbefunden eingeleitet werden. Der fundamentale Unterschied besteht jedoch darin, dass in diesem Fall keine molekulargenetischen Vorbefunde vorliegen. Während also bei einem familiären Fall normalerweise nur eine bzw. zwei Mutationen gezielt untersucht werden müssen und man so sehr schnell zu einem eindeutigen Befund kommt, muss nun entschieden werden, ob lediglich die häufigsten Mutationen untersucht werden oder möglicherweise das gesamte Gen sequenziert wird. Dies kann einen längeren Zeitraum beanspruchen und ein endgültiger Ausschluss kann an sich nicht erreicht werden, da keines der heutigen Testverfahren eine hundertprozentige Sensitivität aufweist. So ist es z. B. unmöglich, alle theoretisch möglichen Spleiß-Mutationen zu erfassen.

Zudem können bei einem derartigen Vorgehen Sequenzveränderungen detektiert werden, deren klinische Signifikanz nicht sicher eingeschätzt werden kann. Dies stellt im Rahmen einer vorgeburtlichen Diagnostik eine sehr schwierig zu handhabende Situation dar. Diese Limitationen müssen den Eltern vor der Durchführung der Diagnostik vermittelt und intensiv mit ihnen erörtert werden, denn es gilt abzuwägen, mit welcher Sicherheit und in welcher Zeit ein Ergebnis vorliegen kann. Alle weiteren Entscheidungen sollten unabhängig von der Erhebung molekulargenetischer Untersuchungsbefunde primär anhand des klinischen Verlaufs der Schwangerschaft getroffen werden. Sollten im weiteren Verlauf zusätzliche Befunde erhoben werden, die die ursprüngliche Verdachtsdiagnose unwahrscheinlich machen oder gar ausschließen, sollte dies dem genetischen Berater und dem Labor unverzüglich mitgeteilt werden, um unnötige Untersuchungsverfahren zu vermieden und den molekulargenetischen Untersuchungsauftrag ggf. anpassen zu können.

Tab. 7.3: Checkliste zur Organisation einer pränatalen molekulargenetischen Diagnostik.

Genetische Beratung durchgeführt?
Besteht ein klar definiertes Risiko für eine genetische Erkrankung in der Familie?
Besteht ein klar definiertes Risiko für eine genetische Erkrankung des Feten, d. h., sind die Eltern der aktuellen Schwangerschaft auf einen Trägerstatus hin untersucht?
Einwilligungserklärung zur genetischen Untersuchung gemäß Gendiagnostikgesetz liegt vor?
Welches Labor wird die Analyse durchführen?
Vorbefunde liegen vor und sind an das Labor kommuniziert?
Wenn notwendig: Material des Indexpatienten vorhanden?
Befundkommunikation geplant?
Termin zur Probenentnahme vereinbart?
Probenversand geplant und angemeldet?
Verpackungsmaterial liegt vor?
Ausreichend Material gewonnen?
Probe der Mutter zum Ausschluss maternaler Kontamination, ggf. auch des Vaters für Segregationsanalysen vorliegend?
Proben ordnungsgemäß verpackt und deklariert?
Erfolgter Versand beim Empfänger angezeigt?
Probe beim Empfänger eingetroffen?

Merk-Würdiges

- Für die Durchführung einer gezielten molekulargenetischen Analyse ist eine klare klinische Verdachtsdiagnose notwendig.
- Aus dem Ergebnis der Analyse müssen sich ein klarer Informationsgewinn bzw. klinische Konsequenzen ableiten, sonst ist die Durchführung der Diagnostik nicht indiziert.
- Die Interpretation molekulargenetischer Befunde erfordert humangenetisches Fachwissen. Es muss entschieden werden, ob eine Mutation vorliegt, diese zur Ausprägung einer Erkrankung führt und wie groß das Wiederholungsrisiko ist.
- Für die korrekte Interpretation von Ergebnissen ist häufig die Untersuchung der Eltern notwendig. Zudem werden deren Genotypen auch für die Einschätzung des Wiederholungsrisikos benötigt.
- Eine gute und vorausschauende Organisation erleichtert die Durchführung einer pränatalen molekulargenetischen Diagnostik sehr. Daher sollte zum frühestmöglichen Zeitpunkt mit dem durchführenden Labor Kontakt aufgenommen werden, um unnötige, jedoch aufgrund fehlender Informationen leider nicht selten vorkommende Verzögerungen bei der Diagnostik zu vermeiden.

7.5 Literatur

S2-Leitlinie Humangenetische Diagnostik der Gesellschaft für Humangenetik (GfH) und des Berufsverbandes „Deutscher Humangenetiker (BVDH)“ (S2-LL HumDiag). Medgen 23: 281–323, 2010.

Almeida AM, Murakami Y, Layton DM, et al. Hypomorphic promoter mutation in PIGM causes inherited glycosylphosphatidylinositol deficiency. Nature Med 2006; 12: 846–851.

Gehring NH, Frede U, Neu-Yilik G, et al. Increased efficiency of mRNA 3’ end formation: a new genetic mechanism contributing to hereditary thrombophilia. Nature Genet 2001; 28: 389–392.

Maeda Y, Watanabe R, Harris CL, et al. PIG-M transfers the first mannose to glycosylphosphatidylinositol on the lumenal side of the ER. EMBO J 2001; 20: 250–261.

Medizinische Genetik „Next Generation Sequencing in der Humangenetik“. Medgen Heft 2, 2014.

Mühlhardt C. Der Experimentator: Molekularbiologie/Genomics. 6. Aufl. Heidelberg: Spektrum Akademischer Verlag, 2009.

Patrinos GP, Ansorge WJ. Molecular Diagnostics. 2nd ed. London: Academic Press, 2010.

Poort SR, Rosendaal FR, Reitsma PH, et al. A common genetic variation in the 3’-untranslated region of the prothrombin gene is associated with elevated plasma prothrombin levels and an increase in venous thrombosis. Blood 1996; 88 (10): 3698–3703.

Rolf-Dieter Wegner und Markus Stumm

8 Nicht-invasive pränatale Diagnostik aus mütterlichem Blut

Eine nicht-invasive pränatale Diagnostik, durch den Einsatz von sicheren nicht-invasiven genetischen Tests (NIPT), die keine zusätzlichen Risiken für eine bestehende Schwangerschaft in sich bergen, ist ein seit Langem gehegter Wunsch in der pränatalen Diagnostik. Erste experimentelle Ansätze beschäftigten sich dabei mit der Gewinnung von fetalen Zellen aus dem mütterlichen Blut.

8.1 Fetale Zellen im mütterlichen Blut

Die Existenz fetaler Zellen im mütterlichen Blutkreislauf ist schon seit langer Zeit bekannt. Allerdings sind diese Zellen so selten, dass die Anreicherung und Isolation nach wie vor technisch zu aufwendig und zu kostenintensiv sind, um Einzug in die nicht-invasive genetische Routinediagnostik zu halten. Außerdem können fetale Zellen im mütterlichen Blut auch noch viele Jahre nach einer Schwangerschaft nachgewiesen werden, was bei Folgeschwangerschaften zu diagnostischen Problemen führen kann, da keine eindeutige Differenzierung zwischen Zellen der vorausgegangenen und der bestehenden Schwangerschaft möglich ist.

8.2 Fetale DNA

Im Gegensatz zu fetalen Zellen lässt sich sogenannte zellfreie fetale DNA (cffDNA – *cell free fetal DNA*) in ausreichender Quantität und Qualität aus dem mütterlichen Blut gewinnen, um damit eine genetische NIPT durchführen zu können. Die cffDNA stammt hauptsächlich aus Trophoblastzellen (Synzytio- und Zytotrophoblast) und gelangt durch apoptotische Abbauprozesse in das mütterliche Blut. Genau genommen handelt es sich damit nicht um fetale DNA im engeren Sinne, da die DNA-Fragmente nicht vom Feten sondern vom extraembryonalen Kompartiment stammen. Diese DNA hat eine kurze Halbwertszeit und erlaubt damit gezielte Rückschlüsse ausschließlich auf die aktuelle Schwangerschaft. Bereits wenige Stunden nach der Geburt ist die cffDNA im maternalen Blut nicht mehr nachweisbar. Der Anteil an der gesamten zellfreien DNA im mütterlichen Blut beträgt durchschnittlich 5–10 %, variiert aber in Korrelation mit dem Gestationsalter (3–30 %) mit maximalen Konzentrationen jenseits der 30. Schwangerschaftswoche. Die Konzentration der cffDNA ist bei einigen schwangerschaftassoziierten Komplikationen (z. B. Präeklampsie, IUGR) erhöht. So konnte für die Präeklampsie eindeutig nachgewiesen werden, dass diese Erhöhung der klinischen Manifestation einige Zeit vorausgeht. Damit könnte sie als weiterer Prädiktor neben Serummarkern (sFlt-1/PlGF-Quotient) für eine später einsetzende Präeklampsie genutzt werden. Bei der nicht-invasiven genetischen Diagnostik aus maternalem Blut gibt es zwei Hauptprobleme: Erstens kommt die fetale DNA in einem Gemisch mit der maternalen DNA vor und es muss deshalb immer ein methodischer Zugang gewählt werden, der den hohen maternalen DNA-Hintergrund berücksichtigt. Zweitens ist durch die Herkunft der cffDNA zu beachten, dass es biologisch bedingte genetische Diskrepanzen zwischen extraembryonalem und fetalem Genom geben kann, die – wie aus der CVS-Diagnostik gut bekannt (s. Kapitel 4) – zu falschpositiven oder falsch negativen NIPT-Befunden bezüglich der genetische Konstitution des Feten selbst führen.

8.3 Qualitative Analysen

Erste Untersuchungen mit cffDNA fokussierten deshalb auch auf den Nachweis von paternal vererbten DNA-Sequenzen, die im maternalen Blut nicht vorkommen. Der Nachweis von Y-chromosomalen Sequenzen im mütterlichen Blut kann zur nicht-invasiven Bestimmung des fetalen Geschlechts eingesetzt werden. Bei X-chromosomal rezessiv vererbten Erkrankungen und damit einem 50 %gen Risiko für die männlichen Nachkommen bietet sich die NIPT an, um das Geschlecht des Kindes zu bestimmen. Im Fall einer Schwangerschaft mit männlichem Feten lässt sich dann durch eine invasive Diagnostik abklären, ob der Fet das X-Chromosom mit dem normalen Allel vererbt bekommen hat oder das mutierte Allel aufweist und damit betroffen ist. Inzwischen wird dabei eine diagnostische Sensitivität von 99 % und eine Spezifität von annähernd 100 % erreicht.

Ein weiteres Beispiel der qualitativen Analyse ist der Nachweis von Rhesus-D-Sequenzen im Blut von Rhesus-D-negativen Frauen. Werden RhD-Gensequenzen im Blut von RhD-negativen Frauen nachgewiesen, stammen sie von einem RhD-positiven Feten. Durch den Kontakt mit den fetalen Erythrozyten, die das Antigen tragen, wird die Mutter sensibilisiert und es kommt zur Bildung von Antikörpern. Um eine Sensibilisierung zu vermeiden, wird jeder rhesus-negativen Patientin prophylaktisch Anti-D-Immunglobulin verabreicht. Werden jedoch keine Rhesus-D-Sequenzen im Blut der Mutter nachgewiesen, ist auch die prophylaktische Substitution von Anti-D-Immunglobulin nicht erforderlich. Aktuelle Publikationen zeigen bei der nicht-invasiven Rhesus-D-Diagnostik aus maternalem Blut eine Sensitivität von >99 %.

Aufgrund der hohen diagnostischen Sicherheit wurden die qualitativen Verfahren zum Nachweis des fetalen Geschlechts und zur Bestimmung des fetalen Rhesusfaktors in der klinischen Diagnostik etabliert. In einigen Ländern (z. B. Dänemark, Großbritannien, Niederlande) werden diese Verfahren bereits in der Routinediagnostik eingesetzt.

Durch neu entwickelte biotechnologische Verfahren wie das *Next Generation Sequencing* (NGS) und die digitale PCR (s. Kap. 7) gefolgt vom Einsatz bioinformatischer

Algorithmen zur Datenverarbeitung ist es in der Zwischenzeit gelungen, die fetalen DNA-Fragmente auch zuverlässig zu quantifizieren.

8.4 Quantitative Analysen

Durch die Bestimmung der relativen Dosis von spezifischen Allelen oder von spezifischen Chromosomensequenzen können sowohl monogene Erkrankungen als auch Aneuploidien nicht-invasiv diagnostiziert werden.

Zur Bestimmung der relativen Mutationsdosis (RMD) wird der relative Gehalt des mutierten und des normalen Allels eines spezifischen Gens quantitativ erfasst und verglichen. Ist eine Frau heterozygote Trägerin einer rezessiven Mutation und trägt der Fetus dieselbe Mutation im heterozygoten Status, so ist der Anteil mutationspositiver und mutationsnegativer Sequenzen gleich groß. Ist der Fetus jedoch homozygoter Träger dieser Mutation, finden sich proportional mehr mutationspositive Sequenzen im mütterlichen Plasma. Entsprechend lassen sich bei einem homozygot normalen Feten proportional mehr mutationsnegative Sequenzen im mütterlichen Plasma nachweisen (Abb. 8.1).

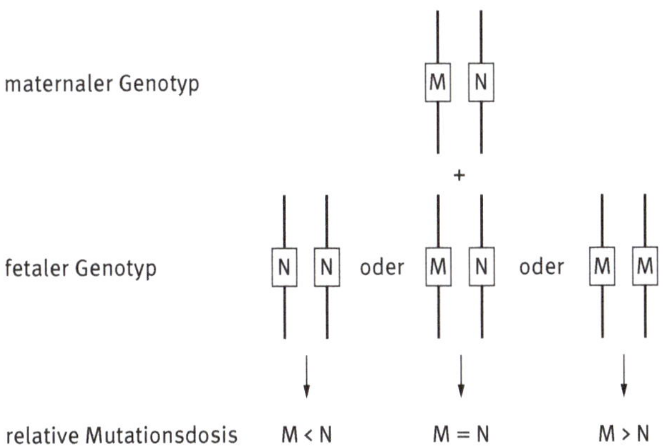

Abb. 8.1: Bestimmung der relativen Mutationsdosis.

Ein methodisches Verfahren zum quantitativen Nachweis von Einzelmolekülen ermöglicht neben der Diagnostik von spezifischen monogenen Erkrankungen auch die Bestimmung der chromosomalen Dosis. Man vergleicht dabei den genomischen Anteil eines spezifischen Chromosoms (z. B. Chromosom 21) mit den Anteilen von entsprechenden Referenzchromosomen. Eine Überrepräsentation von Chromosom-21-spezifischen Sequenzen ist dann ein Indikator für eine Schwangerschaft mit fetaler Trisomie 21, eine Dosisbalance dagegen für eine Schwangerschaft mit euploidem Feten.

Zur exakten Bestimmung der geringen Dosisunterschiede beim Nachweis fetaler Aneuploidien müssen Millionen chromosomaler Fragmente sequenziert und gezählt werden. Dies ist möglich geworden durch technische Weiterentwicklung von Sequenziermethoden und -geräten (*Next generation sequencing*) und von bioinformatischen Algorithmen zur Etablierung des Verfahrens der massiven parallelen Sequenzierung (MPS) (Kap. 7). Die NIPT der häufigsten fetalen Aneuploidien wird mittlerweile von mehreren kommerziellen Anbietern mittels MPS und Array-CGH durchgeführt und in der Pränataldiagnostik eingesetzt. Routinemäßig angeboten werden Testverfahren zum Nachweis der autosomalen Trisomien 13, 18 und 21 sowie der Aneuploidien der Geschlechtschromosomen. Methodisch unterscheiden sich die Testverfahren durch die Analyse entweder der gesamten DNA oder gezielter Sequenzen. Das erstgenannte Verfahren wird als „Random MPS“, das zweite als „Targeted MPS“ bezeichnet. Letzteres unterscheidet sich nochmals in der Auswahl der analysierten Sequenzen, die entweder nur chromosomenspezifisch sind oder zusätzlich auf die Unterscheidung einzelner Basenveränderungen (SNP, *Single Nukleotid Polymorphism*) abzielen. Interessanterweise gibt es nach einer großen Meta-Analyse von Gil et al. aus dem Jahr 2014 in der Genauigkeit der untersuchten vergleichbaren Parameter keine grundsätzlichen Unterschiede zwischen den verschiedenen methodischen Zugängen.

Einige wichtige Daten bezüglich NIPT von Aneuploidien aus dieser Meta-Analyse sollen nicht zuletzt auch in Hinblick auf die gesetzlich geforderte genetische Beratung von Schwangeren vorgestellt werden.

Die Ausfallquote der NIPT liegt zwischen 3,8 und 5,4 %, wobei die *Random* MPS die geringsten Probleme aufweist (Tab. 8.1). Die Sensitivität der NIPT lässt erst einmal eine chromosomenspezifische Abhängigkeit erkennen, mit der besten Erkennungsrate für das Chromosom 21 und den schlechtesten Werten für die Monosomie X (Tab. 8.2). Betrachtet man die Ergebnisse genauer, z. B. das relativ mäßige Abschneiden für das Chromosom 13, so ist kein Unterschied hinsichtlich der verschiedenen MPS-Strategien zu erkennen. Falsch positive Befunde sind bei der Analyse von Chromosom 13 und 18 relativ häufiger im Vergleich zum Chromosom 21. Als Ursache sind vor allem die eingangs genannten Diskrepanzen zwischen fetalem Chromosomensatz und Plazenta von Bedeutung. Zu falsch-positiven und zu falsch-negativen Ergebnissen kann es kommen, wenn z. B. fetoplazentare Diskrepanzen, Mosaike im Chorion oder schwache fetale Mosaike vorliegen (Tab. 8.3). Erste eigene Erfahrungen an 726 Patientinnen wiesen fünf Diskrepanzen zwischen NIPT-Ergebnis und fetaler Chromosomenkonstitution auf. Die vier falsch-positiven betrafen die Chromosomen 13 (1 ×), 18 (2 ×) und 21 (1 ×), das falsch-negative Ergebnis das Chromosom 18. Trotz der hohen Detektionsraten und wenigen falsch positiven Fällen wird die Aneuploidiediagnostik an zellfreier DNA aus mütterlichem Blut von den großen internationalen Fachgesellschaften nur als Screeningverfahren und nicht als Diagnostik bewertet. Daraus resultiert auch die Bezeichnung NIPT = nicht-invasiver pränataler Test. Dies hat den Vorschlag zur Folge, dass alle auffälligen Testergebnisse der NIPT durch eine invasive Diagnostik – am sinnvollsten durch eine Fruchtwasseranalyse – verifiziert werden sollten. Einer fetalen Ultraschalldiagnostik durch einen ausgewiesenen Pränataldiagnostiker kommt gleichfalls ein hoher Stellenwert in der Beurteilung eines NIPT-Ergebnisses zu.

In Tabelle 8.3 sind weitere Faktoren mit Auswirkungen auf die Erfolgsrate und Zuverlässigkeit der NIPT aufgeführt. Darunter Adipositas der Schwangeren, die den Anteil der cffDNA-Fragmente in Relation zur Gesamtzahl der Fragmente vermindert. Es hat sich auch gezeigt, dass die Applikation von niedermolekularem Heparin einen hohen Einfluss auf die Qualität der untersuchten cffDNA bei den gesamtgenomischen MPS-Technologien und damit auch auf die Aussagekraft des Testergebnisses hat. Eine direkte Blutentnahme für die NIPT nach Heparin-Applikation ist dabei besonders kritisch. Eine wichtige Erkenntnis für die diagnostische Sicherheit ist auch die Entdeckung, dass die cffDNA eines vorliegenden oder nicht erkannten Vanishing Twins (VT) ebenfalls im maternalen Blut nachweisbar ist. Ein chromosomal auffälliger VT kann dabei zu einem auffälligen Testergebnis führen, das für die intakte unauffällige Schwangerschaft aber nicht repräsentativ ist, wie es in der Kasuistik 8.1. beispielhaft dargestellt ist.

Kasuistik 8.1: Trisomie 21 – *Vanishing-Twin*-Schwangerschaft.

Nach NIPT in der 18. Schwangerschaftswoche ergab sich ein hochpathologischer Wert für eine Trisomie 21 (z-score = 13,5). Eine daraufhin durchgeführte Chromosomenanalyse an Fruchtwasserzellen resultierte in einem unauffälligen männlichen Karyotyp. Bei der vorangehenden Ultraschalluntersuchung wurde ein der Schwangerschaftswoche entsprechender Fetus mit männlichem Genitale gefunden. Gleichzeitig wurde eine zweite Fruchtblase mit einem Vanishing Twin entdeckt. Eine zweite Analyse in der 39. Schwangerschaftswoche wies einen unauffälligen z-score von −0,3 für das Chromosom 21 auf.
Es wurde ein phänotypisch unauffälliger Junge geboren mit einem aus Nabelschnurblut erhobenen 46,XY Karyotyp. Die Plazenta enthielt auch eine zweite Fruchthöhle mit einem Fetus papyraceus aus dem Zellen für eine FISH-Analyse und eine Zellkultur präpariert wurden. Die FISH ergab eine Signalkonstellation, die typisch für einen weiblichen Feten mit einer Trisomie 21 ist, die Kultur resultierte in einem 47,XX,+21 Karyotyp. Eine nachträgliche Bestimmung des Anteils der Y-chromosomalen cffDNA an den zugesandten Blutproben wies nach, dass bei der ersten Probe eine geringe Konzentration an Y-chromosomaler DNA vorlag, im Vergleich dazu war die Konzentration in der zweiten Probe kurz vor der Geburt stark erhöht. Als naheliegende Interpretation der Befunde ist eine deutlich erhöhte Apoptose der Trophoblastzellen des trisomen Feten im Vergleich zu der in Trophoblastzellen des männlichen Feten in der frühen Schwangerschaft, zum Zeitpunkt der partiellen Resorption des Feten, anzunehmen. Als Folge gab es einen großen Überschuss an fetaler DNA des betroffenen Feten. Später in der Schwangerschaft überwog die cffDNA des sich normal weiterentwickelnden männlichen Feten während der Resorptionsprozess des Fetus papyraceous praktisch zum Erliegen kam.

Neben den angebotenen Testsystemen zur Diagnose bestimmter Aneuploidien gibt es unterdessen auch solche, die strukturelle Chromosomenaberrationen in der Größenordnung von Mikrodeletionen (s. Mikrodeletionssyndrome) erkennen können. Erste Studiendaten zeigen jedoch, dass der Nachweis von Mikrodeletionen noch sehr

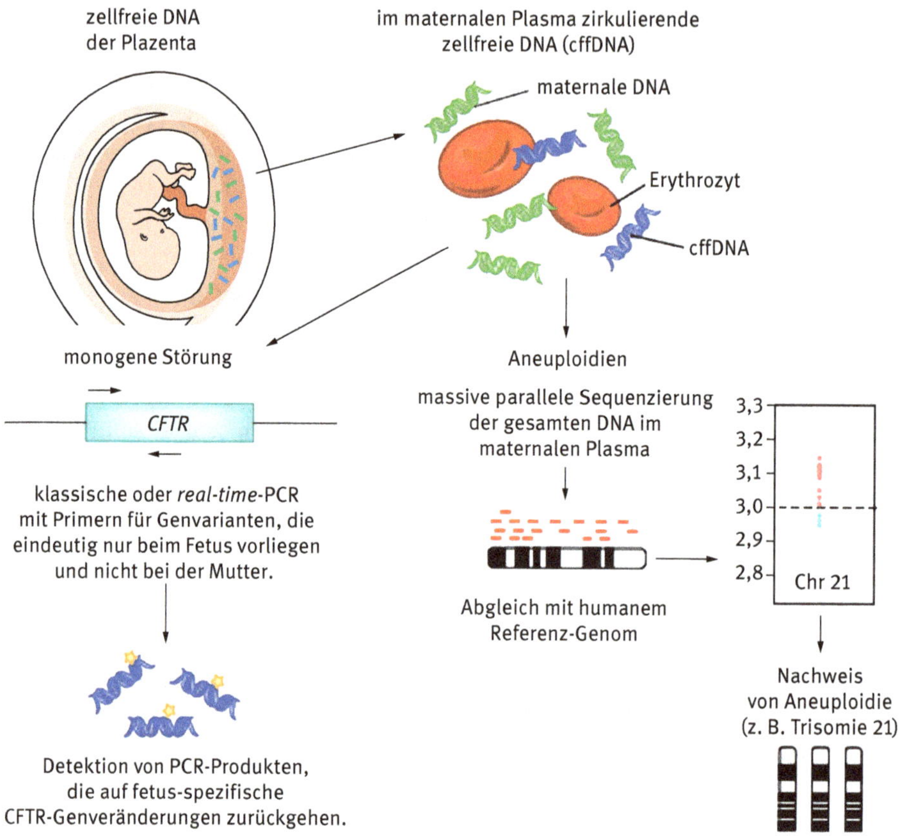

Abb. 8.2: Kombination einer qualitativen und quantitativen nicht-invasiven Pränatalanalyse aus mütterlichem Blut zum gleichzeitigen Nachweis des fetalen CFTR-Status und der fetalen chromosomalen Konstitution.

problematisch ist und eine Anwendung in der Routinediagnostik momentan nicht empfohlen werden kann. Weitere wissenschaftliche Studien haben gezeigt, dass auch das gesamte Genom eines Feten aus der cffDNA des maternalen Blutes dargestellt und daran eine genetische Diagnostik durchgeführt werden kann.

Qualitative und quantitative Testverfahren lassen sich auch methodisch kombinieren. So ist es möglich simultan eine Analyse des *CFTR*-Gen-Status des Feten und eine Analyse auf Aneuploidien durchzuführen. (Abb. 8.2).

Tab. 8.1: NIPT-Ausfallrate; MPS: massive parallele Sequenzierung; SNP: Single-Nukleotid-Polymorphismen; ChrSpez: chromosomenspezifisch.

	Analysen (n)	Ausfall (%)
MPS	1.916	3,8
MPS ChrSpez	3.228	4,6
SNP-basiert	242	5,4

Tab. 8.2: NIPT – Sensitivität und Falsch-positiv-Rate.

	Aneuploid	Normal	Sensitivität in %	Falsch-positiv-Rate in %	Studien (n)
Trisomie 21	809	12.272	99,0	0,08	18
Trisomie 18	301	11.646	96,8	0,15	15
Trisomie 13	85	8.339	92,1	0,20	11
XO	139	4.855	88,6	0,12	12
47,XXX;XXY;XYY	44	2.802	93,8	0,12	9

Tab. 8.3: Faktoren mit Einfluss auf Ergebnisse der NIPT.

Faktoren	
– **Vanishing Twin**	– Adipositas
– starke körperliche Belastung, Heparin	– Zwillingsschwangerschaften
– Plazenta begrenzte Mosaike	– Maternale Aneuploidien oder Tumore

8.5 Wissenswertes für den Praxisalltag

Die NIPT aus mütterlichem Blut unterliegt dem Gendiagnostikgesetz. Es gilt der Arztvorbehalt. Eine genetische Beratung von einem Facharzt für Humangenetik oder einem Facharzt mit der Qualifikation zur fachgebundenen genetischen Beratung ist vor jeder NIPT verpflichtend. Eine Mitteilung des fetalen Geschlechts durch den Arzt an die Schwangere darf erst mit vollendeter 12. Schwangerschaftswoche p. c. erfolgen.

Die folgenden Aussagen sind aktuell zutreffend, eine Weiterentwicklung der NIPT kann aber zu geänderten Einschätzungen führen: Aneuploidien der Chromosomen 13,18,21,X und Y sowie einige Genmutationen sind durch eine NIPT ohne Risiko für den Feten zu diagnostizieren.

Eine NIPT auf Aneuploidien sollte vorzugsweise in zeitlicher Nähe zu einer Ultraschalldiagnostik erfolgen (~12–13. SSW), um bei pathologischem NIPT-Befund eine unabhängige zweite Beurteilung vorzuhalten.

Die NIPT erkennt nur einen Teil aller Chromosomenstörungen des Feten, die Fruchtwasserzellanalyse bleibt der Goldstandard. So würden im Kollektiv des Zentrums für Pränataldiagnostik und Humangenetik durch eine NIPT auf Trisomie 21 nur etwa 37 % aller Chromosomenanomalien bei einer Gesamtzahl von 18.330 Fruchtwasserzellanalysen erkannt werden. Nicht diagnostiziert werden Aneuploidien, Duplikationen, Deletionen und unbalancierte Translokationen aller anderen Chromosomen sowie balancierte Chromosomenaberrationen aller Chromosomen, inklusive des Chromosoms 21.

Die NIPT erlaubt nicht die Unterscheidung zwischen einer freien Trisomie, z. B. 21 bzw. 13, und einer Translokationstrisomie. Dies ist aber für eine genetische Beratung mit einer Prognose für zukünftige Schwangerschaften essentiell. Eine invasive Pränataldiagnostik, ggf. Lymphozytenanalyse der Eltern können die notwendigen Ergebnisse liefern.

Ergebnisse der NIPT liegen nach bisherigen Erfahrungen nach 4–10 Arbeitstagen vor, ein Ergebnis aus Chorionzotten (Kurzzeitkultur) oder nach Pränatalem Schnelltest an Fruchtwasser kann innerhalb von 24 Stunden erstellt werden.

Merk-Würdiges

- Die NIPT untersteht dem Gendiagnostikgesetz.
- Eine NIPT ist eine genetische Diagnostik ohne Risiko für den Feten.
- Eine NIPT erkennt im Vergleich zur Fruchtwasserzellanalyse nur etwa 37–50 % aller Chromosomenanomalien.
- Eine NIPT sollte vorzugsweise zusammen mit einer fetalen Ultraschalldiagnostik erfolgen.
- Eine Geschlechtsbestimmung ist möglich. Das fetale Geschlecht darf der Patientin nicht vor der vollendeten 12. SSW p. c. mitgeteilt werden.
- Eine Reihe von Genmutationen, z. B. im CFTR-Gen (Cystische Fibrose) oder Rhesus-Gen, sind bereits durch NIPT diagnostiziert worden.
- Die Aneuploidieanalyse der Chromosomen 13, 18, 21, X und Y sind bereits jetzt Bestandteil der klinischen Routinediagnostik durch NIPT.
- Die Rate an falsch-positiven und falsch-negativen Befunden liegt leicht über der Rate nach CVS. Ursache sind überwiegend Diskrepanzen im Karyotyp zwischen extraembryonalen und fetalem Gewebe.

8.6 Literatur

Deutsche Gesellschaft für Humangenetik e.V. (GfH) und Berufsverband Deutscher Humangenetiker e.V. (BVDH). S2-Leitlinie „Humangenetische Diagnostik und genetische Beratung“. MedGen 2010; 23: 281–323.

Gendiagnostikgesetz – GenDG. Gesetz über genetische Untersuchungen bei Menschen. Bundesgesetzblatt 2445 G 5702, 2529–2538, Bonn 4.8.2009.

Gil MM, Akolekar R, Quezada MS, Bregant B, Nicolaides KH. Analysis of cell-free DNA in maternal blood in screening for aneuploidies: Meta-Analysis. Fetal Diagn Ther 2014, 35: 156–173.

Grömminger S,Yagmur E, Erkan S,Nagy S, Schöck U, Bonnet J, Smerdka P, Ehrich M, Wegner RD, Hofmann W, Stumm M. Fetal aneuploidy detection by cell-free DNA sequencing for multiple pregnancies and quality issues with vanishing twins. J Clin Med 2014; 3: 679–692.

Stumm M, Wegner RD, Hofmann W. Zellfreie fetale DNA im mütterlichen Blut: neue Möglichkeiten in der pränatalen Diagnostik. J Lab Med 2012; 36: 253–261.

Stumm M, Harasim T, Klein HG, Eichenlaub-Ritter U, Tüttelmann F. Update der AG Reproduktionsgenetik der DGRM: Nicht-invasive Pränataltests aus mütterlichem Blut. J Reproduktionsmed Endokrinol. 2014; 11: 186–188.

Markus Stumm und Rolf-Dieter Wegner

9 Polkörperdiagnostik und Präimplantationsdiagnostik

Die Polkörperdiagnostik (PKD) und die Präimplantationsdiagnostik (PID) bieten Paaren mit der Anlage für schwerwiegende monogene Erkrankungen oder Trägern balancierter struktureller Chromosomenaberrationen die Möglichkeit, bereits vor dem Eintreten einer Schwangerschaft betroffene Feten zu diagnostizieren und von einer Schwangerschaft auszuschließen. Dadurch können Schwangerschaftsabbrüche vermieden werden. Die international am häufigsten eingesetzte Methode ist die Blastomerbiopsie am Tag 3 nach der Befruchtung. Alternative Diagnostikverfahren sind die Polkörperdiagnostik (PKD) vor der Befruchtung und die Trophektodermdiagnostik (TED) am Tag 5 nach der Befruchtung.

9.1 Rechtliche Situation in Deutschland

Während die PKD bereits seit vielen Jahren praktiziert wird und als mit dem deutschen Embryonenschutzgesetz (ESchG) vereinbar gilt, gibt es seit 2011 auch eine rechtliche Regelung für die PID.

Nach langjährigen kontroversen Diskussionen hat der Deutsche Bundestag am 07.07.2011 für eine eingeschränkte Zulassung der PID in Deutschland abgestimmt. Vorausgegangen war ein Urteil des Bundesgerichtshofs im Juli 2010, welches besagte, dass aus dem Embryonenschutzgesetz kein Verbot der PID abgeleitet werden kann. Das Embryonenschutzgesetz ist daraufhin um einen Paragraphen erweitert worden, welcher die Voraussetzungen und die Verfahren der PID regelt. Die dazu gehörige Rechtsverordnung wurde am 14.11.2012 vom Deutschen Bundestag auf den Weg gebracht. Nach einigen Änderungen stimmte der Bundesrat der Rechtsverordnung am 01.02.2013 zu. Die PID ist nun in den Fällen zulässig, in denen eine Tot- oder Fehlgeburt droht oder ein oder beide Elternteile ein hohes genetisches Risiko für eine schwerwiegende Erbkrankheit in sich tragen. Die PID darf nur an wenigen lizensierten Zentren durchgeführt werden und die Indikation für eine PID ist in jedem Einzelfall durch eine Ethikkommission zu prüfen. Weitere Voraussetzungen für eine PID sind außerdem eine umfassende genetische Beratung und die diagnostische Sicherung der entsprechenden Risikoparameter.

9.2 Diagnostisches Vorgehen

Je nach genetischer Indikation sind **Untersuchungsverfahren** zu unterscheiden:
- Das **Aneuploidiescreening** zum Ausschluss von Chromosomenfehlverteilungen
- Der **Ausschluss chromosomaler Imbalancen** für Paare mit Anlageträgerschaft für balancierte strukturelle Chromosomenaberrationen
- Der **Ausschluss schwerwiegender monogener Erkrankungen** für Paare mit entsprechender Anlageträgerschaft

Je nach Zeitpunkt der Biopsie sind drei unterschiedliche **Diagnostikverfahren** zu differenzieren (Abb. 9.1):
- **Polkörperdiagnostik:** Entnahme des ersten und zweiten Polkörper der Eizelle innerhalb der ersten 16 Stunden nach intrazytoplasmatischer Spermieninjektion (ICSI),
- **Blastomerdiagnostik:** Entnahme von 1–2 Blastomeren im 8-Zellstadium am Tag 3 nach der Befruchtung,
- **Trophektodermdiagnostik:** Entnahme von mehreren Trophektodermzellen im Blastozystenstadium am Tag 5 nach der Befruchtung.

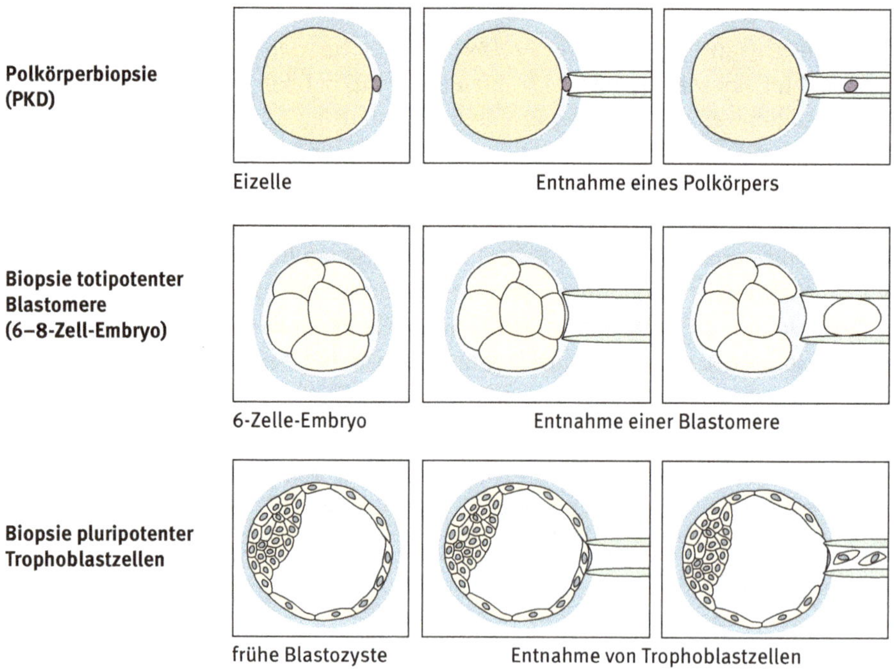

Abb. 9.1: Unterschiedliche Verfahren der humangenetischen Diagnostik vor der Konzeption bzw. Implantation.

9.3 Polkörperdiagnostik (PKD)

Bei der PKD werden die beiden Polkörperchen untersucht, die während der maternalen Meiose entstehen. Der erste Polkörper (PK1) wird direkt nach dem Eisprung und der zweite Polkörper (PK2) nach der Befruchtung der Eizelle gebildet. Dabei wird der diploide Chromosomensatz der Eizelle auf einen haploiden Status reduziert. Durch die Fusion der beiden haploiden Vorkerne von Ei- und Samenzelle entsteht dann eine diploide Zygote, aus der sich der Embryo entwickelt. Die beiden Polkörper degenerieren und spielen für die weitere embryonale Entwicklung keine Rolle. Die Untersuchung der beiden Polkörper ermöglicht jedoch Rückschlüsse auf die in der Eizelle vorhandene genetische Information. Eine Analyse des väterlichen Erbguts ist mit dieser Diagnostik aber nicht möglich.

Merk-Würdiges
- Die Polkörperdiagnostik (PKD) ist schon immer mit dem ESchG vereinbar.
- Bei der PKD werden die beiden Polkörperchen untersucht, die bei der meiotischen Teilung der Eizelle entstehen.
- Polkörperchen 1 enthält einen haploiden Chromosomensatz (1n) mit jeweils den beiden Chromatiden (2C), die nicht Bestandteil der Eizelle sind.
- Polkörperchen 2 enthält einen haploiden Chromosomensatz (1n) mit jeweils einer Chromatide (1C), die mit der in der Eizelle verbliebenen Chromatide genetisch identisch ist.
- Die PKD ermöglicht nur **Rückschlüsse** auf die genetische Information der Eizelle.
- Die PKD ermöglicht keine Aussagen zum paternalen Erbgut und zu postzygotischen Ereignissen.

Sowohl das erste als auch das zweite Polkörperchen sind direkt nach ihrer Entstehung über **Spindelbrücken** mit der Eizelle verbunden. Die Spindelbrücken sind Zytoplasmastränge, die Spindelfasern enthalten. Solange diese Spindelfasern persistieren, darf keine Biopsie erfolgen, da es sonst zu **artifiziell erzeugten Aneuploidien** kommen kann. Besonders problematisch sind in diesem Zusammenhang auch **fragmentierte Polkörper.** Jedes Polkörperfragment kann Chromosomen oder Chromatiden enthalten, d. h. ein nicht biopsiertes Fragment würde auch hier zu einem falschen Ergebnis und damit zu einem falschen Rückschluss auf die genetische Konstitution der Eizelle führen.

Da bei der PKD nur das Erbmaterial aus der Eizelle untersucht wird, können prinzipiell nur genetische Störungen diagnostiziert werden, die von der Mutter vererbt werden oder die während der maternalen Meiose entstehen.

Mögliche Indikationen für die PKD sind daher:
- Die Mutter ist Trägerin einer balancierten Translokation, Insertion oder Inversion.
- Die Mutter ist Überträgerin einer schwerwiegenden monogenen Erkrankung oder selbst von einer autosomal dominanten Erkrankung betroffen.
- Ausschluss einer chromosomalen Aneuploidie der Eizelle, z. B. nach mehrfachen Fehlgeburten oder mehreren erfolglosen ICSI/IVF-Zyklen mit Embryotransfer.

Trägerinnen **balancierter Chromosomenaberrationen** können diese Veränderungen sowohl balanciert als auch unbalanciert an ihre Nachkommen weitergeben (Kap. 2.6). Das heißt, es kann bei den Nachkommen zu einem Zugewinn oder Verlust von genetischem Material kommen. Diese chromosomalen Imbalancen resultieren häufig in einem Abort; sie können aber auch angeborene Fehlbildungen sowie körperliche und geistige Entwicklungsstörungen verursachen. Im Rahmen einer PKD können die Polkörper der jeweiligen Eizellen auf ihren Überträgerstatus untersucht werden. Eine Eizelle, deren Polkörper einen unbalancierten Chromosomenstatus aufweisen und damit auch auf einen unbalancierten Status der Eizelle rückschließen lassen, würde der Mutter in diesem Fall nicht übertragen werden.

Eine weitere Indikation für die PKD sind **schwerwiegende monogene Erkrankungen**, die von der Mutter übertragen werden. Die Hauptfragestellung sind dabei **X-chromosomale rezessive Erkrankungen** (Kap. 3.3.1). In diesem Fall liegt die krankheitsrelevante Mutation auf einem X-Chromosom der Überträgerin, die in der Regel selbst nicht betroffen ist. Da die Überträgerin aber in 50 % der Fälle das mutationstragende X-Chromosom an ihre Nachkommen weitergibt, sind 50 % ihrer Töchter selbst Überträgerinnen und 50 % ihrer Söhne von der Krankheit betroffen.

Merk-Würdiges: Geschlechtsspezifische Diagnostik
- Neben der medizinisch indizierten geschlechtsspezifischen Diagnostik (*medical sexing*) wird in einigen Ländern auch eine geschlechtsspezifische Diagnostik, basierend auf dem Wunsch der Eltern nach einem Kind mit einem bestimmten Geschlecht, angeboten.
- Eine alleinige geschlechtsspezifische Diagnostik aus nichtmedizinischen Gründen sollte nach internationalem Konsens nicht unterstütz werden und ist nach dem deutschen Embryonenschutzgesetz verboten.

Bei **autosomal-rezessiven Erkrankungen** (s. Kap. 3.3.1) gibt die Überträgerin das krankheitsrelevante Gen ebenfalls an 50 % ihrer Nachkommen weiter. Sind beide Eltern Anlageträger für die Erkrankung, kann aber durch die PKD nur erkannt werden, ob das mütterliche Allel mit der Mutation oder das Normalallel vorliegt. Alle Eizellen mit der mütterlichen Mutation würden von einer Befruchtung ausgeschlossen werden. Zusätzliche Embryonen mit genetisch gesicherter günstiger Konstellation erhält man durch die PID. So kann bei der Weitergabe der mütterlichen Mutation sofort auch analysiert werden, ob vom Vater das normale Allel (Kind: gesunder Überträger) oder das mutierte Allele (Kind: homozygot Betroffener) weitergeben wurde. Somit stehen statistisch gesehen 25 % mehr Embryonen für einen möglichen Transfer zur Verfügung.

Eine weitere Indikation für die PKD ist der **Ausschluss von Aneuploidien,** die während der maternalen Meiose entstehen. Ein entscheidender Risikofaktor für die Entstehung von Aneuploidien ist das zunehmende mütterliche Alter. Man geht davon aus, dass ca. 20 % der Eizellen von 20–25-jährigen Frauen, aber mehr als 70 % der Eizellen von 35–40-jährigen Frauen chromosomale Fehlverteilungen aufweisen. Die häufigsten Aneuploidien bei Lebendgeborenen sind die Trisomie 13, 18 und 21 sowie Aneuploidien der Geschlechtschromosomen. Andere häufige Aneuploidien, wie die Trisomien 15, 16 und 22, sind mit einem längeren embryonalen Überleben nicht vereinbar, finden sich aber häufig nach Chromosomenanalysen an habituellen Aborten (s. Kap. 15). In den Eizellen selbst treten auch andere Aneuploidien auf, die in der Regel nicht zu einem entwicklungsfähigen Embryo führen.

9.4 Präimplantationsdiagnostik (PID)

Bei Kinderwunschpaaren, bei denen der **Vater Träger einer balancierten strukturellen Chromosomenaberration oder einer monogenen Erkrankung** ist, hilft eine PKD nicht weiter, da dabei nur der genetische Status der Mutter analysiert werden kann. In diesen Fällen führt nur die **PID** zu einem aussagekräftigen Ergebnis, natürlich auch dann, wenn die Mutter entsprechende genetische Risikofaktoren trägt.

Eine PID ist nach deutscher Rechtsprechung an Zellen des Trophoblasten möglich, da der Trophoblast selbst über keine Totipotenz mehr verfügt. Trophektodermzellen sind an der Bildung der Plazenta beteiligt. Im Gegensatz dazu entwickelt sich der Embryo aus den totipotenten Zellen der inneren Zellmasse. Die Entnahme und Untersuchung einer totipotenten Zelle verstößt aber nach wie vor gegen das Embryonenschutzgesetz.

Mögliche Indikationen für die PID sind:

- Ein Elternteil ist Träger einer balancierten Translokation, Insertion oder Inversion.
- Ein Elternteil ist Überträger einer schwerwiegenden monogenen Erkrankung.
- Ausschluss einer chromosomalen Aneuploidie im Trophoblasten, z. B. nach mehrfachen Fehlgeburten oder mehreren erfolglosen ICSI/IVF-Zyklen mit Embryotransfer.

Zum Nutzen eines Aneuploidie-Screenings im Rahmen der PKD und PID (PGS = *preimplantation genetic screening*) werden nach wie vor kontroverse Diskussionen geführt. Mehrere prospektiv randomisierte Studien und eine daraus abgeleitete Metaanalyse haben wider Erwarten gezeigt, dass ein Aneupolidie-Screening mittels FISH an Blastomeren nicht geeignet ist, die Schwangerschaftsrate bei älteren (>37 Jahre) Kinderwunschpatientinnen zu erhöhen. Noch nicht einmal die Abortrate konnte in diesem Patientenkollektiv reduziert werden. Dementsprechend haben die großen Fachgesellschaften (*American Society for Reproductive Medicine*, ASRM und *European Society of Human Reproduction and Embryology*, ESHRE) auch von einer routinemäßigen Anwendung des Aneuploidie-Screenings mittels FISH an Blastomeren abgeraten. Entsprechende randomisierte Studien sind für Polkörper und Blastozysten noch nicht verfügbar. Die ESHRE hat jedoch im Sommer 2012 eine kontrollierte randomisierte

Multicenterstudie mit sieben europäischen Zentren gestartet, bei der nach Biopsie des ersten und zweiten Polkörpers alle Chromosomen mittels Array-CGH untersucht werden. Die Ergebnisse dieser Studie sollen nach der Auswertung der Geburten zur Verfügung stehen.

Die technischen Herausforderungen der PKD und PID liegen darin, dass nach der PKD nur Einzelzellen bzw. nach Trophoblastenbiopsie nur sehr wenige Zellen für die Diagnostik zur Verfügung stehen. Das bedeutet, dass ein Untersuchungsergebnis nicht an einer zweiten unabhängigen Probe verifiziert werden kann. Da die diagnostische Sicherheit bei diesen Analysen trotz größter Qualitätsanforderungen nicht bei 100 % liegen kann, wird nach PKD oder PID grundsätzlich eine invasive pränatale Diagnostik nach Chorionzottenbiopsie oder Fruchtwasserpunktion zur Bestätigung des Untersuchungsergebnisses empfohlen, wenn es zu einer Schwangerschaft kommt. In Zukunft könnten auch hier nicht-invasive genetische Analysen an zellfreier fetaler DNA aus mütterlichem Blut zum Einsatz kommen (s. Kap. 8).

9.5 Methodische Aspekte der PKD und PID

9.5.1 FISH-Analysen

Bei den FISH (Fluoreszenz-in-situ-Hybridisierungs)-Analysen werden spezifische fluoreszenzmarkierte DNA-Sonden eingesetzt, die an einen bestimmten Chromosomenabschnitt binden und diesen dadurch sichtbar machen (Kap. 6). Durch die Kombination mehrerer unterschiedlich gefärbter Sonden können damit auch die Chromosomenabschnitte, die an einer Translokation beteiligt sind, oder verschiedene Chromosomen für die Aneuploidiediagnostik optisch sichtbar gemacht werden (Abb. 9.2). Bei der Translokationsdiagnostik werden in der Regel Kombinationen von Zentromer- und Telomersonden eingesetzt, welche die Translokationsbruchpunkte einschließen. Diese Sonden sollten dabei vor der eigentlichen Diagnostik auf den Chromosomen des Überträgers vorgetestet werden, um die Lokalisation der Sonden und die Effizienz der Kohybridisierung der unterschiedlichen Sonden zu überprüfen. Da bei der FISH-Diagnostik immer nur eine begrenzte Anzahl unterschiedlicher Fluoreszenzfarbstoffe zur Verfügung steht, kann auch nur eine begrenzte Anzahl von Chromosomen bzw. von Chromosomenabschnitten parallel analysiert werden. Beim Aneuploidie-Screening wurden dabei in unserem Laborsetting nur die sechs Aneuploidien der Chromosomen 13, 15, 16, 18, 21 und 22 untersucht, die mit dem Leben vereinbar sind oder in habituellen Aborten am häufigsten vorkommen, (Abb. 9.2).

Alle anderen chromosomalen Fehlverteilungen konnten bei dieser Art der Diagnostik nicht detektiert werden. Unter optimalen Bedingungen können aber zwei bis drei Hybridisierungsrunden mit unterschiedlichen Sonden nacheinander durchgeführt werden. Damit erhöht sich die Anzahl der möglichen Analysen auf 12–15 Chromosomen.

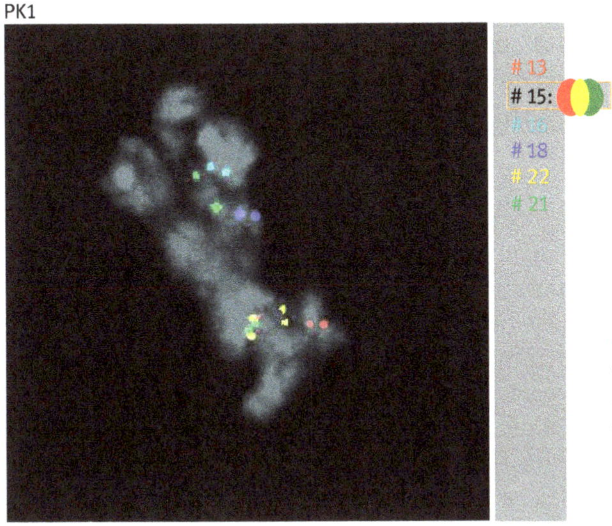

Abb. 9.2: FISH-Analyse eines unauffälligen Polkörpers 1. Sechs Chromosomenpaare sind durch unterschiedlich markierte Sonden bzw. Sondenmischungen spezifisch markiert.

9.5.2 Array-CGH-Analysen

Im Vergleich zu FISH-Analysen hat die Array-CGH (aCGH) den entscheidenden Vorteil, dass in einem Untersuchungsgang nicht nur einzelne Chromosomen oder Chromosomenabschnitte, sondern der gesamte Chromosomensatz auf genetische Imbalancen untersucht werden kann (Abb. 9.3).

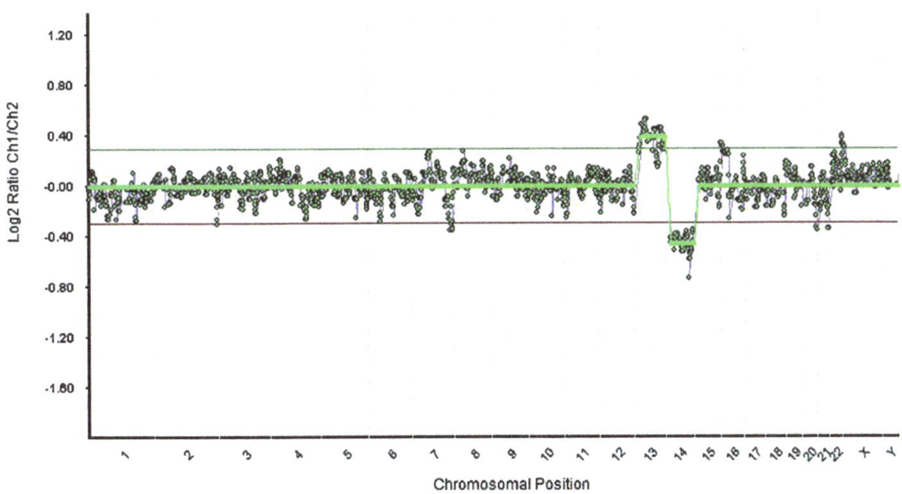

Abb. 9.3: Array-CGH zur Aneuploidiediagnostik. Das Profil zeigt den Zugewinn bzw. Verlust von DNA-Material der Chromosomen 13 bzw. 14 an.

Eine Voraussetzung für eine erfolgreiche Array-CGH ist eine ausreichende Menge an DNA. Deshalb muss die zelluläre DNA der biopsierten Polkörper (Einzelzellen) oder Trophektodermzellen (mehrere Zellen) vor der Array-CGH möglichst komplett amplifiziert werden. Dies geschieht mithilfe einer gesamtgenomischen Amplifikation (whole genome amplification = WGA). Dabei muss sorgfältig auf die Vermeidung einer Kontamination mit fremder DNA geachtet werden, weil diese sonst mitamplifiziert würde und die Ergebnisse somit verfälscht. Bei sorgfältiger Anwendung liefert die Array-CGH jedoch sehr zuverlässige Ergebnisse.

Eine ESHRE-Validierungsstudie zur Array-CGH an Polkörpern zeigte eine 94 %ige Konkordanz zwischen analysierten Polkörpern und korrespondierenden Eizellen. Bei der Untersuchung aller Chromosomen konnte außerdem gezeigt werden, dass mit den üblichen FISH-Sonden (13, 16, 18, 21 und 22) nur ca. 50 % aller Aneuploidien der Eizelle erfasst werden und sowohl im ersten als auch im zweiten Polkörper hohe Aneuploidieraten auftreten. Dies weist auf die Notwendigkeit hin, für eine aussagekräftige PKD alle Chromosomen in beiden Polkörpern zu analysieren, da ansonsten ein hohes Risiko für einen falsch-negativen Befund besteht. Eine weiterführende multizentrische, prospektiv randomisierte Studie der ESHRE ist momentan noch in Arbeit Diese Studie soll die Frage beantworten, ob eine PKD mithilfe der Array-CGH-Diagnostik bei der Behandlung von Kinderwunschpatienten mit erhöhtem mütterlichem Alter von Vorteil ist.

Array-CGH Studien ergaben zudem, dass die vorzeitige Zentromertrennung und Fehlverteilung von Einzelchromatiden (PCD, *Premature Centromere Division*), und nicht das klassische Non-disjunction von ganzen Chromosomen die Hauptursache für Aneuploidien bei der ersten meiotischen Teilung sind. Des Weiteren konnte gezeigt werden, dass im Gegensatz zu natürlichen Konzeptionen bei IVF-Schwangerschaften mehr als die Hälfte aller Aneuploidien auf Meiose-2-Fehler zurückzuführen sind. Zusätzlich wiesen viele auffällige Zygoten multiple Aneuploidien auf. Diese Unterschiede in der Ätiologie der Aneuploidien zwischen natürlichen Konzeptionen und IVF-Schwangerschaften könnten auf einen Effekt der ovariellen Stimulation auf die Meiose in alternden Eizellen zurückzuführen sein.

Weitere Array-CGH-Analysen haben gezeigt, dass die Effizienz der erforderlichen gesamtgenomischen Amplifikation vor der Array-CGH deutlich schlechter ist, wenn der zweite Polkörper zu früh entnommen wird (<6 Stunden nach ICSI), als bei einer Entnahme >6 Stunden nach ICSI.

Mit Validierungsstudien an Blastomeren und Blastozysten wurde festgestellt, dass meiotische und postzygotische Fehlverteilungen häufig auch zu chromosomalen Mosaiken führen. Da in diesen Studien die meisten Blastozysten mit Mosaikstatus jedoch einen hohen Anteil an Zellen mit chromosomalen Imbalancen aufwiesen, führte auch hier die Array-CGH zu repräsentativen Ergebnissen für den Embryo. Aneuploidien im Mosaikstatus können zuverlässig detektiert werden, wenn der Anteil der aneuploiden Zellen mehr als 50 % beträgt.

Mit der Array-CGH ist es auch möglich, unbalancierte Translokationen und Aneuploidien gleichzeitig zu erfassen und damit eine weitaus umfassendere Diagnostik durchzuführen (Abb. 9.4). Auch die aufwendigen Voranalysen der spezifischen FISH-Sonden für die Translokationsdiagnostik fallen bei der Array-CGH weg.

Ein grundlegendes Problem bei der Translokationsdiagnostik ist die geringe Zahl an chromosomal unauffälligen Gameten oder Embryonen. Nach einer Polkörperdiagnostik zeigen nur ca. 10 % der entstehenden Eizellen einen unauffälligen, d. h. balancierten Chromosomensatz. Nach einer Embryonenbiopsie sind auch nur 15–40 % der untersuchten Embryonen balanciert. In diesem Kontext wird schon lange vermutet, dass das Vorliegen einer Translokation den ordentlichen Ablauf der meiotischen Teilung stört und daher zusätzliche chromosomale Fehlverteilungen auftreten können. Erste Arbeiten mit Array-CGH-Analysen an biopsierten Embryonen konnten diese Vermutung bestätigen und zeigten auffällig hohe Aneuploidieraten auch für die Chromosomen, die nicht an der Translokation beteiligt sind.

9.6 Molekulargenetik

Die molekulargenetische Diagnostik wird zum Nachweis monogener Erkrankungen eingesetzt. Dabei können bekannte autosomal-dominante, autosomal-rezessive und X-chromosomale Gendefekte diagnostiziert werden. Vorher muss aber für jede Familie ein individuelles Testsystem etabliert werden. Dies beinhaltet einen direkten Mutationsnachweis (Kap. 7.3) der bei einem Elternteil oder bei beiden Eltern bekannten Mutation oder Mutationen. Vor jeder PID ist aber auch hier die Amplifikation der zu untersuchenden zellulären DNA erforderlich. Ein Problem bei dieser Amplifikation aus Einzelzellen ist das sogenannte **Allelic Dropout (ADO)**. Das bedeutet, beim ADO wird nur eines der beiden vorhandenen Allele amplifiziert, was zur Folge hat, dass nach der Amplifikation auch nur ein Allel nachweisbar ist und damit sowohl falsch positive als auch falsch negative Ergebnisse artifiziell generiert werden.

Deshalb muss bei jeder molekulargenetischen PID ein indirektes Untersuchungsverfahren (s. Kap. 7.3.11) in die Diagnostik integriert werden. Dabei werden zusätzlich für die Familie informative Marker analysiert, die in der Umgebung der bekannten Mutation liegen. Die Kombination dieser beiden Nachweisverfahren ist bei jeder Einzelzelldiagnostik erforderlich, um die diagnostische Sicherheit zu gewährleiten. Aufgrund der diagnostischen Komplexität und dem damit verbundenen Zeitaufwand ist daher im Zusammenhang mit molekulargenetischen Untersuchungen auch meist eine Kryokonservierung der Embryonen notwendig.

Mit dem Karyomapping wurde eine Methode entwickelt, die SNP-Arrays (s. Kap. 6.2) für eine genomweite Haplotypisierung einsetzt. Damit kann die Entwicklung von individualisierten Tests überflüssig und damit die PID von monogenen Erkrankungen einfacher werden.

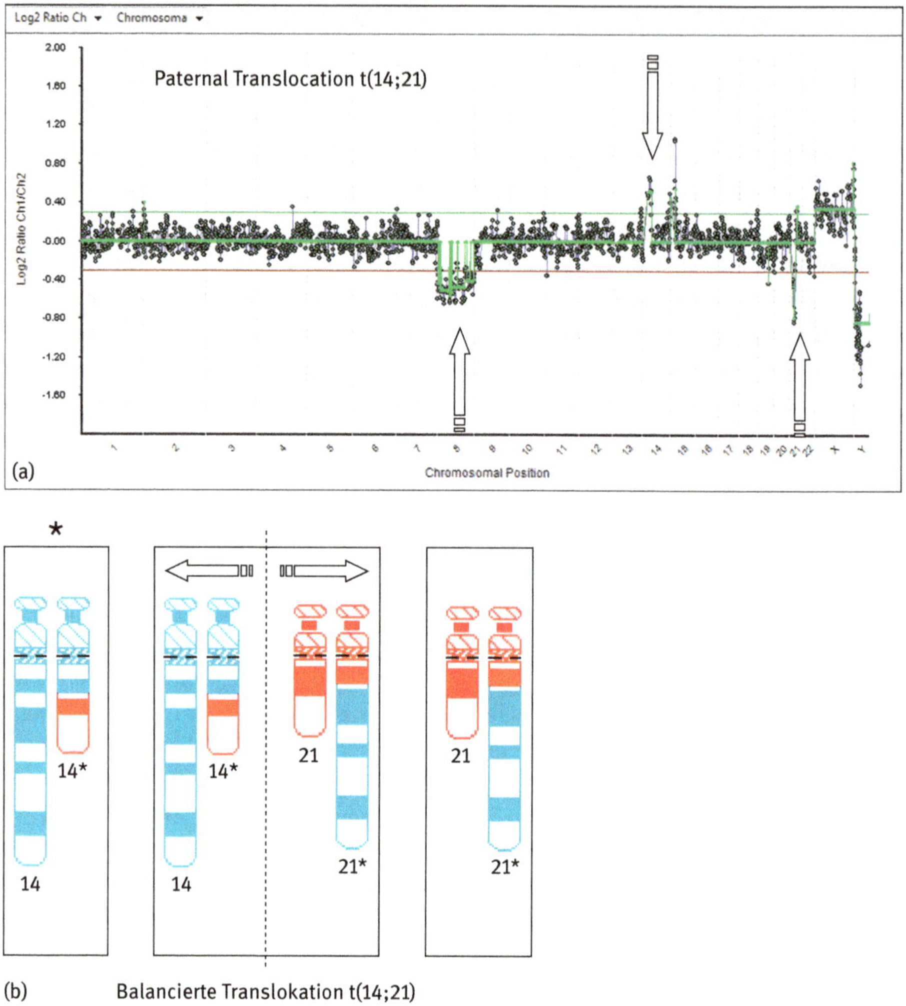

Abb. 9.4: Präimplantationsdiagnostik mittels Array-CGH bei Vorliegen einer paternalen Translokation t(14;21). (a) Array-CGH-Profil mit Aneuploidie (Fehlen) eines Chromosoms 8 und unbalancierter Translokation t(14;21); (b) schematische Darstellung der balancierten Translokation (mittleres Bild) und Reduktionsteilung mit unbalancierter Translokation der Meiosezellen (äußere Bilder).

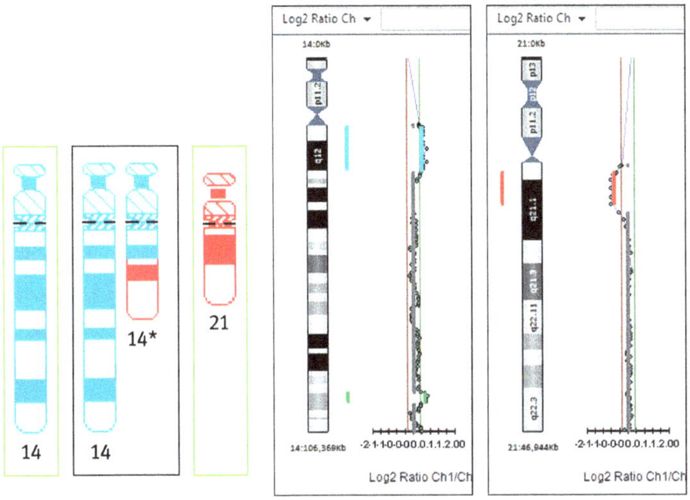

(c) #14 #21

Abb. 9.4: (c) Schema der unbalancierten Translokation der Zygote und die entsprechenden Arry-CGH-Profile.

9.7 Fazit für die Praxis

- Die Polkörperdiagnostik zur Untersuchung von numerischen und strukturellen Chromosomenaberrationen sowie von monogenen Erkrankungen ist in Deutschland zulässig.
- Die Untersuchungen sollten am ersten und zweiten Polkörperchen erfolgen.
- Zum Nachweis von Chromosomenaberrationen ist der Einsatz der Array-CGH von Vorteil.
- Ein Nachteil der PKD ist die Beschränkung der Analyse nur auf maternale genetische Veränderungen.
- Die Präimplantationsdiagnostik zur Untersuchung von numerischen und strukturellen Chromosomenaberrationen sowie von monogenen Erkrankungen ist unter bestimmten gesetzlichen Voraussetzungen in Deutschland zulässig.
- Die Untersuchungen erfolgen an nicht mehr totipotenten Trophektodermzellen des frühen Embryos.
- Dabei können parallel strukturelle und numerische Chromosomenstörungen unabhängig vom parentalen Ursprung am zuverlässigsten mittels Array-CGH diagnostiziert werden.
- Zum Nachweis von parental vererbten monogenen Mutationen muss für jede PID ein familienspezifisches Diagnostiksystem etabliert werden, das sowohl eine direkte als auch eine indirekte Mutationsanalyse einschließt.

9.8 Literatur

Bloechle M, Marr SG, Guillot PM, Mühlberger D, Wegner RD, Stumm M. Aneuploidy rates in 510 pregnancies after ART – with and without polar body analysis. Fertility and Sterility 2008; 90: S300.

Diedrich K, Ludwig M, Griesinger G. Reproduktionsmedizin. Heidelberg: Springer-Verlag, 2013.

Eckel H, Stumm M, Wieacker P, Kleinstein J. Fluorescence in situ hybridization analysis of unfertilized human oocytes using locus-specific DNA probes. Reprod Technol 2000; 10(3): 142–147.

Eckel H, Kleinstein J, Wieacker P, Stumm M. Multi-locus (ML)-FISH is a reliable tool for nondisjunction studies in human oocytes. Cytogenet Genome Res 2003; 103(1–2): 47–53.

Eckel H, Stumm M, Kleinstein J, Wieacker P. FISH-Analysen an unbefruchteten Eizellen. Reproduktionsmedizin 2003; 19(1): 48–54.

Fragouli E, Alfarawati S, Goodall NN, et al. Cytogenetic analysis of human blastocysts with the use of FISH, CGH and aCGH. Human Reproduction 2011; 26: 480–490.

Geraedts J, Montag M, Magli MC, et al. Polar body array CGH for prediction of the status of the corresponding oocyte. Part I: clinical results. Human Reproduction 2011; 26: 3173–3180.

Handyside AH, Montag M, Magli MC, et al., Multiple meiotic errors caused by predivision of chromatids in woman of advanced maternal age undergoing in vitro fertilization. Eur J Hum Genet 2012; 20: 742–747.

Hehr A, Paulmann B, Seifert B, Hehr U. Präimplantationsdiagnostik für monogen vererbte Erkrankungen. MedGen 2011; 23: 469–478.

Montag M, Toth B, Strowitzki T. Polkörperdiagnostik. Numerische und strukturelle Analyse von Chromosomenaberrationen. MedGen 2011; 23: 479–484.

Wegner RD, Stumm M, Mundt H, Bloechle M: Pre-implantation and polar body diagnosis in cases of parental chromosomal translocations applying array-CGH. Mol Cytogenet 2014; 21;7(1): 149.

Ute Knoll, Markus Stumm und Rolf-Dieter Wegner

10 Zur Genetik von Störungen und Krankheitsbildern des Fetus im Ultraschall

10.1 Fetale strukturelle Entwicklungsstörungen

Eine strukturelle Entwicklungsstörung eines Fetus wird zunächst als Fehlbildung registriert. Eine Grafik, die den Pathomechanismus und die Nomenklatur von Entwicklungsstörungen in einer einfachen Übersicht zeigen, ist in Abbildung 10.1 zu sehen.

Für den Umgang mit organstrukturellen fetalen Entwicklungsstörungen ist es sinnvoll, sich auf Definitionen zu stützen, die einen Zugang zur Ätiologie erlauben. Diese Definitionen weisen in gewisser Weise wiederum daraufhin, dass Ätiologie und Pathogenese vieler organstruktureller Entwicklungsstörungen des Menschen – bei enormem Wissenszugewinn in den letzten Jahren – noch wenig bekannt sind. Unter einer Fehlbildung versteht man eine gestörte Bildung eines Organs. Als primär entstanden bezeichnet man eine Fehlbildung, die auf einer intrinsischen Anlagestörung beruht. Wenn die primär regelrecht angelegte Entwicklung im Verlauf gestört wird, spricht man von einer sekundären Fehlbildung oder einer Disruption. Neben der isolierten Fehlbildung stehen Kombinationsfehlbildungen, wobei mehrere ein Organsystem betreffen und multiple Fehlbildungen mit der Betroffenheit unterschiedlicher Organsysteme des Körpers. Als Syndrom bezeichnet man die Kombination von Entwicklungsstörungen mit einer gemeinsamen Ursache, sei diese unbekannt oder – zu-

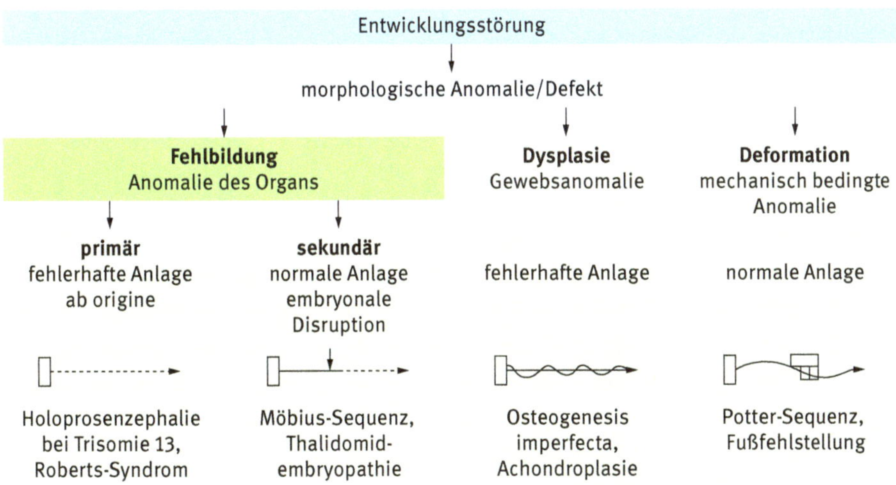

Abb. 10.1: Pathomechanismus und Nomenklatur von Entwicklungsstörungen (modifiziert nach Queißer-Luft und Spranger, 2006).

nehmend – bekannt. Davon grenzt man die Sequenz ab als Entwicklungsstörung, bei der eine Kaskade von Ereignissen beteiligt ist. Die überzufällig häufige Kombination von Defekten unklarer Ätiologie bezeichnet man als Assoziation. Strukturelle Entwicklungsstörungen, die nicht unmittelbar einer Behandlung bedürfen werden als kleine morphogenetische Fehler bezeichnet. Große angeborene Fehlbildungen sind per definitionem unmittelbar behandlungsbedürftig und/oder beeinträchtigen die Lebensfähigkeit des Betroffenen. Eine fetale organische Entwicklungsstörung kann nicht nur durch eine Fehlbildung bedingt sein. Abgegrenzt wird die Dysplasie, bei der die Struktur eines Gewebes/der Zelle gestört ist und die Deformation, bei der regelgerecht entwickeltes Gewebe durch mechanische Einflussfaktoren verändert wird. Mit zunehmendem Erkenntnisgewinn werden dabei die Grenzen zwischen den Dysplasien und Fehlbildungen, zwischen Stoffwechselerkrankungen und Fehlbildungssyndromen immer unschärfer. Je nach der – passiven oder aktiven – Erfassung sind 3–4 % bzw. 6–8 % der Neugeborenen von großen Fehlbindungen betroffen. Ungefähr 20 % davon sind schwer und lebensbedrohlich (Queißer-Luft u. Spranger, 2006). Abhängig vom Schwangerschaftsalter, Art der Fehlbildung und Familienanamnese ist bei Feten auch mit einem höheren Prozentsatz zu rechnen (Tab. 10.1 Becker et al., 2015).

Tab. 10.1: Fetale strukturelle Entwicklungsstörungen.

	Beschreibung	Beispiele
Primäre Fehlbildung	endogene Anlagestörung	Herzfehler LKG-Spalte Omphalozele
Sekundäre Fehlbildung (Disruption)	Störung der primär regelrecht angelegten Organentwicklung	Gastroschisis Thalidomid-Embryopathie
Deformation	sekundäre morphologische Störung, die meist in der Fetalperiode durch den Einfluss mechanischer Kräfte entsteht	Fußfehlstellung Schädeldeformation Hüftdysplasie
Syndrom	Kombination von Entwicklungsstörungen mit einer gemeinsamen Ursache – Bekannt – Unbekannt	 Noonan-Syndrom Fryns-Syndrom
Sequenz	Entwicklungsstörung, an der eine Kaskade von Ereignissen beteiligt ist	Pierre-Robin-Sequenz Urethralklappen-Sequenz
Assoziation	überzufällig häufige Kombination von Defekten unklarer Ätiologie ohne Hinweise auf genetische Ursache	VACTERL-Assoziation

Tab. 10.1: (fortgesetzt)

	Beschreibung	Beispiele
Dysplasie	morphologische Störung durch pathologische zelluläre Strukturen oder fehlerhafte Funktion eines Gewebes	Osteogenesis imperfecta Achondroplasie

Merk-Würdiges
Ein Teil der strukturellen Entwicklungsstörungen kommt am häufigsten isoliert vor. Das gilt insbesondere für Disruptionen, wie z. B. Gastroschisis oder für Herzfehler. Andere strukturelle Entwicklungsstörungen wie z. B. kleine Omphalozelen oder die Kombination mit Wachstumsstörungen weisen oft auf eine übergeordnete Entität („Syndrom") hin.

10.1.1 Fehlbildungen des Zentralnervensystems (ZNS)

ZNS-Fehlbildungen gehören zu den häufigen fetalen Fehlbildungen. Das extrem komplexe Zentralnervensystem – mit seinen vielen unterschiedlichen Zelltypen und den komplexen Verbindungen der Zellen untereinander – entsteht aus der Neuralplatte des frühen Embryos, den neuronalen Stammzellen. Die komplexen Abläufe der Entwicklung können den unterschiedlichsten Störungen unterliegen.

Neuralrohrdefekte (NRD)

Die Häufigkeit von Neuralrohrdefekten (Tab. 10.2) wird mit etwa 1:1.000 angegeben. Aus dem embryonalen Neuralrohr entwickeln sich das Gehirn und das Rückenmark. Das Neuralrohr schließt sich normalerweise in der frühen Embyonalentwicklung (ca. 23. bis 32. Tag p. c.). Ist dieser Vorgang gestört, entstehen Neuralrohrdefekte. Auf dem Weg zu einem Teil der klinischen Symptomatik ist ein „zweites Ereignis" erforderlich: Intrauterine Neurodegeneration durch das Fruchtwassermilieu. Die Ursachen von Neuralrohrdefekten werden auf der Basis epidemiologischer Daten seit den siebziger Jahren des 20. Jahrhunderts als zumeist multifaktoriell eingeordnet. Neuere Daten sprechen für eine multigenische Disposition des Embryos in Kombination mit Umweltfaktoren. Nach dem gegenwärtigen Kenntnisstand wird speziell die Beteiligung von Genen in zwei Prozessen diskutiert: im Folatmetabolismus (z. B. *MTHFR*-Gen) und in der frühen embryonalen Zellorientierung (*VANGL*-Gene). Zu den Umweltfaktoren gehören Folsäuremangelzustände, Valproat und maternaler Diabetes.

Das Spektrum der klinischen Symptomatik ist sehr weit; Schlussstörungen im anterioren Ende führen zur Anenzephalie. Im Sinne einer Sequenz wird als Folge auch die Exenzephalie-Anenzephalie-Sequenz diskutiert. Das Schädeldach und die Hirnstrukturen fehlen weitgehend oder komplett. Lebendgeborene Kinder sterben in der frühen Neonatalphase. Mit Schlussstörungen am posterioren Ende des Neuralrohrs wird eine Spina bifida (Abb. 10.2) erklärt. Je nach Lage und Ausmaß der Fehlbildung variiert der klinische Schweregrad. Je höher die Schlussstörung lokalisiert ist, umso stärker ausgeprägt sind die neurologischen Auswirkungen.

Abhängig von der Höhe des Defektes treten Blasen- und Darmfunktionsstörungen, Störungen der somatosensiblen und motorischen Nerven mit oder ohne Erreichen der Gehfähigkeit auf. Etwa die Hälfte der Kinder entwickelt (zumeist postnatal) eine Hydrozephalie. Eine sowohl anteriore als auch posteriore Schlussstörung des Neuralrohres liegt bei der Rachischisis vor. Nicht selten unscharf verwendet wird der Begriff der Spina bifida occulta: Man kennt innerhalb des Spektrums der NRD hautgedeckte Läsionen von zwei oder mehr Wirbelkörpern – nicht selten mit behaarten Malen, Hämangiomen, Lipomen oder anderen „Markern“ in der Region – die mit „*tethering*“, einer lokalen Fixierung der spinalen Strukturen, einhergehen. Neurologische Symptome an den unteren Extremitäten sowie Funktionsstörungen der Blasenentleerung sind klassische Symptome. Nicht in das Spektrum der NRD gehört der unvollständige Schluss von dorsalen Wirbelbögen ohne Krankheitswert (zumeist an L5/S1), der etwa 5 % der Allgemeinbevölkerung betrifft. Als Form des NRD wird zumeist auch die Enzephalocele angesehen. Dabei sind Hirnhäute aus einem Schädeldefekt ausgetreten, oft Hirngewebe enthaltend. Die Lokalisationen sind occipital, parietal oder fronto-ethmoidal. Epilepsie und Entwicklungsstörungen sind häufige Symptome. Eine Enzephalocele kommt häufiger als NRD im Rahmen übergeordneter Entitäten vor – damit auch auf andere pathogenetische Mechanismen hinweisend. Ein Einfluss der Folsäureversorgung auf die Entstehung ist möglich.

Das Wiederholungsrisiko für weitere Kinder eines Paares, das bereits ein Kind mit isoliertem Neuralrohrdefekt hat, ist erhöht und wird auf 2 bis 5 % (und 10 % bei zwei betroffenen Kindern) geschätzt. Nach dem gegenwärtigen Kenntnisstand ist die Reduktion der Häufigkeit von NRD durch perikonzeptionelle Folsäuresupplementierung belegt. Das gilt sowohl für die primäre Prävention – Frauen mit Kinderwunsch sollten täglich 400 μg Folsäure einnehmen – als auch für Frauen, die schon ein Kind mit einem NRD und die täglich 4 mg Folsäure erhalten sollten. Durch die perikonzeptionelle Folsäureeinnahme vier Wochen vor der Konzeption und in den ersten zwölf Wochen der Schwangerschaft können bis zu 70 Prozent der NRD verhindert werden. In nahezu allen europäischen Ländern wurden entsprechende Empfehlungen der Fachgesellschaften ausgesprochen.

Die meisten Neuralrohrdefekte können pränatal durch eine eingehende Ultraschalldiagnostik diagnostiziert werden, gestützt auf die Darstellung der Wirbelsäule einerseits und die Folgesymptome an ZNS (Arnold-Chiari-Malformation) sowie spinalen Nerven (Klumpfuß), siehe Tab. 10.2. Bei offenen Neuralrohrdefekten ist der AFP(Alphafetoprotein)-Wert im Blut der Schwangeren sowie im Fruchtwasser erhöht. Durch eine Fruchtwasseranalyse kann die Frage nach übergeordnete Chromosomenanomalien (und ggf. gezielt nach übergeordneten monogenen Entitäten) beantwortet werden.

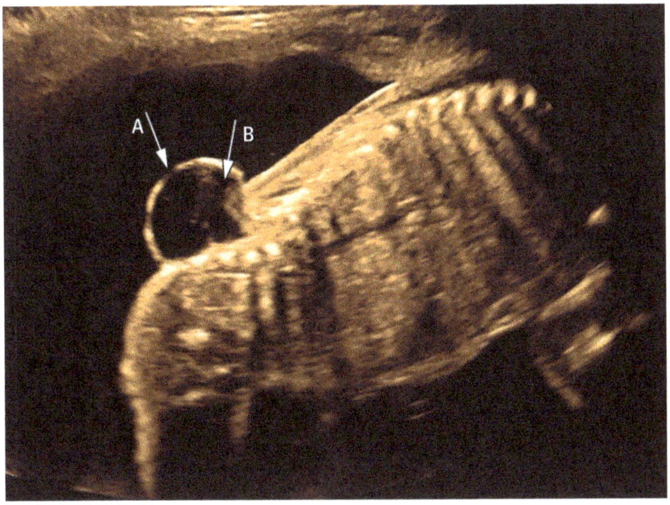

Abb. 10.2: Spina bifida. Längsschnitt des fetalen Rückens. Pfeil A, B: Myelomeningozele (aus Hagen A, Entezami M: Sonographische Pränataldiagnostik. Verlag Walter de Gruyter, Berlin, 2015).

Tab. 10.2: Neuralrohrdefekte.

Fehlbildung	Neuralrohrdefekte
Häufigkeit	1:1.000
Ursachen	– beim isolierten NRD multigenisch in Kombination mit Umweltfaktoren – symptomatische NRD im Rahmen von Aneuploidien (Trisomie 13, Trisomie 18) und selten monogenen Erkrankungen
Klinik	– abhängig von Ausmaß und Lokalisation des Defektes mit Letalität bei Anenzephalie und Craniorachischisis bzw. Bewegungsstörungen/Störung der Gehfähigkeit – Blasen- und Enddarmfunktionsstörungen – Sensibilitätsstörungen – intellektuelle Beeinträchtigung
Vorgeburtliche Ultraschallbefunde	– Anenzephalie – Enzephalozele – Spina bifida, Fußfehlstellung – „*lemon sign*“, „*banana sign*“
Pränatale Diagnostik	– Ultraschalldiagnostik – Bestimmung des AFP-Wertes – Chromosomenanalyse

Holoprosenzephalie

Die Holoprosenzephalie (HPE) ist zunächst die häufigste strukturelle Fehlbildung des Gehirns (Tab. 10.3). Die Häufigkeit der Holoprosenzephalie wird für die klassischen Formen mit etwa 1:16.000 angegeben, wesentlich häufiger findet sie sich bei Feten, wenn man auch spontan eingetretene frühe Fehlgeburten – mit einer Häufigkeit der Holoprosenzepahlie von 1:250 – berücksichtigt. Bei einer Holoprosenzephalie (Abb. 10.3) handelt es sich um die Folge einer Entwicklungsstörung des embryonalen Vorderhirns (18. bis 28. Tag nach der Befruchtung). Das Spektrum der Auswirkungen ist weit. Man unterscheidet innerhalb des Kontinuums die Formen:

- **Alobäre (komplette) Holoprosenzaphalie:** Keine Entwicklung zweier Hirnhemisphären, kleiner einzelner Großhirnventrikel, Corpus-callosum-Agenesie (CCA), fehlende Trennung des Hypothalamus und der Linsenkerne.
- **Semilobäre Holoprosenzaphalie:** Teilweise Separation der beiden rudimentären Hirnhälften, inkompletter Interhemisphärenspalt, CCA, variable Trennung des Hypothalamus und der Linsenkerne.
- **Lobäre Holoprosenzaphalie:** Entwicklung zweier Hirnhemisphären, vollständiger Interhemisphärenspalt, zwei Seitenventrikel mit Fusion der Frontallappen, unterschiedliche Entwicklungsstörungen des Corpus callosum.
- **Interhemisphärische Mittellinienvariante (Syntelenzephalie):** unvollständige Trennung des hinteren Anteils der Stirn- und Schläfenlappen, unterschiedliche Entwicklungsstörungen des Corpus callosum, ggf. Heterotopien der grauen Substanz.

Die Entwicklungsstörung des embryonalen Vorderhirns wird nicht selten von anderen Entwicklungsstörungen innerhalb des Entwicklungsfeldes begleitet. Bei den meisten Betroffenen finden sich faziale Symptome (Tab. 10.3, Abb. 10.4). Deren Ausprägungsgrad korreliert in ca. 80 % mit dem Ausmaß der ZNS-Befunde. Die klinische Symptomatik weißt eine hohe Variabilität auf, bis hin zu letalen Entwicklungsstörungen (s. Infobox 10.1). Unter den neurologischen Symptomen dominieren Entwicklungs-

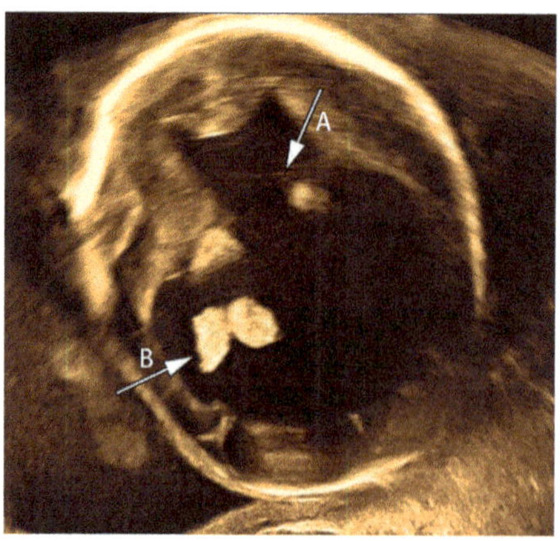

Abb. 10.3: Alobare Holoprosenzephalie, Pfeil A: Fehlen des Mittelechos; Pfeil B: Anteile des Plexus choroideus (aus Hagen A, Entezami M: Sonographische Pränataldiagnostik. Verlag Walter de Gruyter, Berlin, 2015).

verzögerung/intellektuelles Defizit und Epilepsie. Weitere Symptome sind Muskeltonus- und Bewegungsstörungen. Unter den funktionellen Auswirkungen der ZNS-Fehlbildung spielen Schluckstörungen eine bedeutsame Rolle. Ähnliches gilt für das autonome Nervensystem: Temperaturkontrolle, Herz- und Atemrhythmus sind oft gestört. Endokrine Störungen treten entsprechend der Beteiligung von Hypothalamus und Hypophyse auf und betreffen alle hormonellen Achsen mit Diabetes insipidus, Wachstumshormonmangel, Nebennierenunterfunktion, Hypogonadismus, Schilddrüsenunterfunktion.

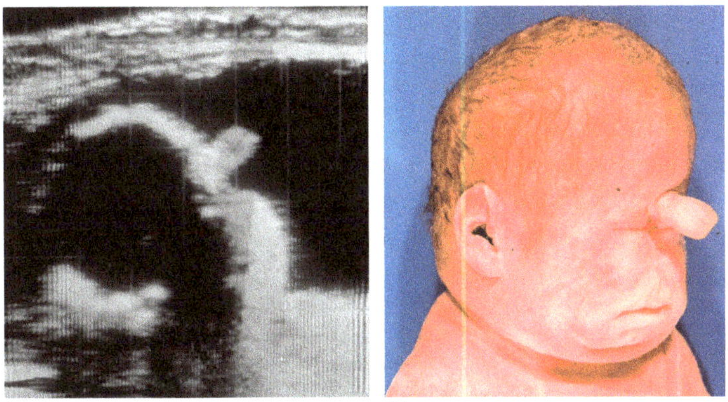

(a) (b)

Abb. 10.4: Proboscis durch eine fetale Trisomie 13 in einer Ultraschallaufnahme aus den späten 80er Jahren des letzten Jahrhunderts (a) sowie die fetale Fehlbildung nach der Geburt (b).

Infobox 10.1: Holoprosenzephalie.

Zusammenhänge zwischen fazialen Anomalien und den verschiedenen Formen der Holoprosenzephalie wurden erstmals 1964 ausführlich beschrieben und seitdem mehrfach für eine zeitgemäße Anwendung überarbeitet (Mochida, 2009). So korreliert die Proboscis mit der prognostisch sehr ungünstigen alobären HPE, während Hypotelorismus mit flacher Nase und medianer Lippenspalte mit der semilobären oder lobären HPE verknüpft sind. Während die klassischen Formen mit alobärer, semilobärer und lobärer HPE gut definiert sind, ist das milde Ende des Spektrums durchaus Gegenstand von Diskussionen, speziell nachdem nicht-klassische Symptome im Zusammenhang mit HPE-Gen-Veränderungen beobachtet worden sind. Gerade die milderen Formen stellen sich der vorgeburtlichen bildgebenden Diagnostik in der Regel nicht dar. Symptome beim Betroffenen schließt das nicht aus.

Die HPE ist sehr heterogen. Neben dem isolierten Vorkommen kennt man die HPE im Rahmen einer Reihe von syndromologischen Entitäten. Dazu gehören numerische und strukturelle Chromosomenanomalien, submikroskopisch kleine Zugewinne oder Verluste chromosomalen Materials (s. Kap. 6, Kasuistik 6.1) sowie monogen bedingte Erkrankungen. Daher ist bei entsprechenden Fehlbildungen auch pränatal eine Chromosomenanalyse indiziert. Bei einem unauffälligen Karyotyp kann ggf. zusätzlich eine Array-CGH hilfreich sein (s. Kap. 6). Relevante submikroskopische Veränderungen wurden bei etwa 5 % der Betroffenen beobachtet. Das empirische Wiederholungsrisiko für weitere Kinder eines Paares, das bereits ein Kind mit HPE hat, ist erhöht und wird mit zwischen ca. 5 und 13 % angegeben. Das Wiederholungsrisiko ist insbesondere von der Ätiologie abhängig. Die Familienanamnese einschließlich der Beachtung von Mikrosymptomen ist bei der Einschätzung eines Wiederholungsrisikos unbedingt zu berücksichtigen.

Tab. 10.3: Holoprosenzephalie.

Fehlbildung	Holoprosenzephalie
Häufigkeit	– Konzeptionen: 1:250 – Lebendgeborene: 1:16.000
Ursachen	– „Multihit"-Hypothese der Entstehung, multigenisch und/oder durch Gen-Umwelt-Interaktion, darunter – numerische und strukturelle Chromosomenstörungen in ca. 25–50 % (davon ca. 70 % Trisomie 13, auch nicht selten Trisomie 18, Triploidie), strukturelle Chromosomenanomalien – Gendefekte syndromal in ca. 25 % (z. B. CHARGE-, Pallister-Hall-, Smith-Lemli-Opitz-Syndrom) – Gendefekte nicht syndromal, dabei am wichtigsten Beteiligung des *SHH*-Gen bei etwa 12 % aller Betroffenen mit HPE; Genwirkung autosomal-dominant mit herabgesetzter Penetranz und hoher Variabilität – Umweltfaktoren, insbesondere maternaler IDDM
Klinik	– hohe Variabilität innerhalb des Kontinuums – Epilepsie, Gedeihstörung, Intelligenzdefizit, endokrinologische Störungen, kraniofaziale Symptome wie Mikrozephalie, Hypotelorismus oder Hypertelorismus, mediane oder laterale LKGS, flache Nase, Iriskolobome, einzelner mittlerer oberer Schneidezahn, Zyklopie – Prognose: etwa die Hälfte der Betroffenen verstirbt im ersten Lebensjahr bzw. der ganz überwiegende Teil der Betroffenen mit schwerwiegender Anlagestörung im Oberkieferbereich
Ultraschallbefunde	– auffällige Hirnventrikel, Thalami, CCA – Gesicht: Zyklopie, Augenabstand, orale Spalten, Mikrozephalie
Pränatale Diagnostik	– Ultraschalldiagnostik und Chromosomenanalysen – Array-CGH-Analyse – ggf. molekulargenetische Analyse(n)

Hydrozephalie

Im Zusammenhang mit ZNS-Fehlbildungen kann eine Hydrozephalie auftreten (Abb. 10.5, Tab. 10.4). Am häufigsten wird eine konnatale Hydrozephalie nach vorgeburtlichen Infektionen, bei Fehlbildungen und seltener nach Hirnblutungen gefunden. In etwa einem Viertel bis etwas weniger als der Hälfte der Betroffenen mit Hydrozephalie liegt eine Aquäduktstenose zugrunde. Als genetisch bedingte Entität ist hier insbesondere ein Teil der Aquäduktstenosen zu nennen. Bei einem Teil der männlichen Patienten mit Aquäduktstenose (1:25) findet sich als Ursache eine Veränderung im *L1CAM*-Gen auf dem X-Chromosom, welches für die ZNS-Entwicklung von Bedeutung ist. Die Betroffenen mit *L1CAM*-assoziierten Erkrankungen weisen – in der Regel bei einem großen Kopfumfang – eine Hydrozephalie, gelegentlich auch strukturelle Entwicklungsstörungen des ZNS auf wie z. B. Balkenmangel. Es finden sich bei den meisten Betroffenen spastische Bewegungsstörungen, als deren Ausdruck im weiteren Sinne auch ein adduzierter Daumen angesehen werden kann. Zu den Symptomen gehört auch eine geistige Entwicklungsstörung. Das Spektrum der Symptomausprägung ist weit, man gebraucht den Begriff der *L1CAM*-assoziierten Erkrankungen. Ein Teil der pathogenen Genmutationen entsteht als Neumutation im Zusammenhang mit der betreffenden Schwangerschaft. Ein anderer Teil wird seitens der Mutter übertragen. Die Genwirkung ist X-chromosomal-rezessiv.

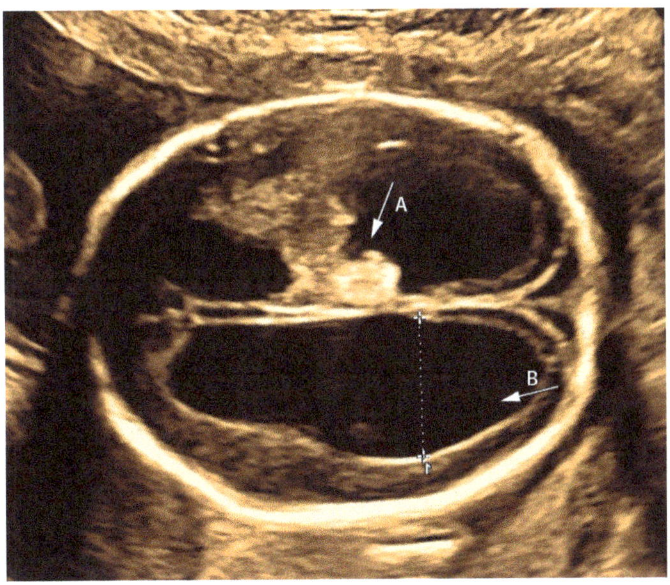

Abb. 10.5: Hydrozephalie, Pfeil A: sog. „*Dangling*" (Baumeln) des Plexus choroideus bei Hirnseitenventrikelerweiterung; Pfeil B: Messung der Hirnseitenventrikelweite quer zur Längsachse an der breitesten Stelle (aus Hagen A, Entezami M: Sonographische Pränataldiagnostik. Verlag Walter de Gruyter, Berlin, 2015).

Tab. 10.4: Hydrozephalie.

Fehlbildung	Hydrozephalie
Häufigkeit	1:2.000
Ursachen	– konnatale Infektionen, z. B. Toxoplasma – NRD – Gendefekte wie insbesondere *L1CAM* bei Aquäduktstenose in 1:25 männlichen Patienten – numerische und strukturelle Chromosomenstörungen – vorgeburtliche Hirnblutungen
Klinik	– Hirndrucksymptomatik – Intelligenzminderung, Seh- oder Hörstörungen, Anfallsleiden
Ultraschallbefunde	– erweiterte seitliche Hirnventrikel – Veränderung des Verhältnisses der Hirnventrikelweite zum Hirnmantel – ggf. Erweiterung des dritten Ventrikels als Hinweis auf eine Aquäduktstenose – ggf. Makrozephalie
Pränatale Diagnostik	– Ultraschalldiagnostik – Infektionsdiagnostik – Chromosomenanalyse, ggf. Array-CGH-Analyse – ggf. molekulargenetische Analyse

Störung der kortikalen Entwicklung

Als weitere relevante ZNS-Fehlbildungen im Kontext vorgeburtlicher Diagnostik sind Störungen der kortikalen Entwicklung zu nennen. Diese werden traditionell nach biologischen Kriterien klassifiziert als Proliferationsstörungen (z. B. bei primärer Mikrozephalie), Migrationsstörungen und Störungen der kortikalen Organisation (z. B. Polymikrogyrie, Schizenzephalie). Jede Gruppe ist wiederum in sich heterogen. Mutationen in vielen unterschiedlichen Genen sind als pathogen bekannt. Klassisches Beispiel aus der Gruppe der Migrationsstörungen ist die Lissenzephalie, häufig verbunden mit Epilepsie, Bewegungsstörungen, Gedeihstörung, Intelligenzdefizit und oft ungünstiger Prognose. Für die unterschiedlichen Formen der Lissenzephalie sind unterschiedliche Ursachen verantwortlich, die nach dem gegenwärtigen Kenntnisstand zum Teil bekannt sind. Bei einem Teil der Betroffenen mit isolierter Lissenzephalie finden sich konventionell zytogenetisch darstellbare oder häufiger submikroskopisch kleine (Mikro-) Deletionen an einem Chromosom 17 (17p13.3) – in der Regel mit sporadischem Vorkommen. Bei einem Teil der Betroffenen finden sich Veränderungen in einem Gen in dieser Region (*LIS1*). Die Gene *LIS1* und *DCX* sind gemeinsam für etwa drei Viertel der Fälle von isolierter klassischer Lissenzephalie verantwortlich, das *TUBA1A*-Gen zusätzlich für etwa 4 %. Obwohl Mutationen in *LIS1*, *DCX* und

TUBA1A vergleichbare Lissenzephalie-Phänotypen verursachen können, kann der ZNS-MRT-Befund nicht selten den Weg zur ursächlichen Mutation weisen. Zeichen der Lissenzephalie kommen daneben wiederum bei unterschiedlichen Entitäten wie kongenitalen Muskeldystrophien oder Fehlbildungssyndromen vor, am häufigsten auf autosomal-rezessiver Grundlage, jedoch kommen auch geschlechtsabhängige Ursachen vor.

Eine Reihe von auffälligen Befunden in der **fetalen hinteren Schädelgrube** kann Anlass zu genetischen Fragestellungen geben. Dabei lässt sich zunächst oft nicht klar zwischen relevanten Störungen und Befunden ohne unmittelbaren Krankheitswert unterscheiden. Das gemeinsame Auftreten einer Erweiterung der vierten Hirnkammer und einer damit in Verbindung stehenden zystischen Erweiterung der hinteren Schädelgrube in Kombination mit einer Unterentwicklung des Kleinhirnwurmes wird als Dandy-Walker-Sequenz bezeichnet und kann bedeutsame Auswirkungen haben. Häufiger als die Dandy-Walker-Sequenz findet sich eine sogenannte Dandy-Walker-Variante. Diese wird beschrieben als Erweiterung der vierten Hirnkammer mit (mehr oder weniger ausgeprägter) Unterentwicklung des Kleinhirnwurmes ohne Erweiterung der Fossa posterior. Auch hierbei können bedeutsame Symptome auftreten, zumeist jedoch auf der Basis begleitender struktureller Entwicklungsstörungen im Bereich des Gehirns. Dandy-Walker-Sequenz und -Variante können im Rahmen von Chromosomenanomalien und submikroskopisch kleinen Zugewinnen oder Verlusten chromosomalen Materials sowie monogen bedingten Entitäten auftreten. Beispiele sind Meckel-Syndrom, *Muscle-Eye-Brain-Disease*, Chromosom-6pter-p24-Mikrodeletions-Syndrom.

Als Entwicklungsstörungen des Kleinhirns sind die Pontocerebellären Hypoplasien (PCH) zu nennen. Es handelt sich eigentlich um seltene neurodegenerative Erkrankungen mit pränatalem Beginn. Die Gruppe ist wiederum heterogen – sowohl klinisch als auch genetisch: Mutationen in einer in jüngster Zeit rapide angestiegenen Zahl von Genen verursachen die Erkrankungen, die jeweils eine autosomal-rezessive Grundlage haben. Alle Typen der PCH gehen mit Hypoplasie bzw. Atrophie von Cerebellum und Pons einher, mit einer progressiven Mikrozephalie und unterschiedlicher Beteiligung weiterer ZNS-Bereiche. Epilepsie, Bewegungsstörungen und in der Regel schwere intellektuelle Einschränkungen sind die wesentlichen Symptome. Als am häufigsten kennt man derzeit Mutationen im Gen *TSEN54*, ursächlich vor allem für die PCH2, jedoch auch beobachtet bei der PCH4.

Merk-Würdiges
- Neuralrohrdefekte zeigen eine Inzidenz von etwa 1:1000.
- Bei Paaren mit einem Kind mit isoliertem Neuralrohrdefekt ist das Wiederholungsrisiko auf 2–5 % erhöht.
- Die Inzidenz der Holoprosenzephalie wird mit etwa 1:16000 angegeben. Die Holoprosenzephalie des Fetus weist eine Inzidenz von etwa 1:250 auf.
- Die Häufigkeit eines Hydrozephalus liegt bei etwa 1:2000. Bei männlichen Individuen mit Aquäduktstenose liegt in ca. 4 % eine X-chromosomal rezessiv vererbte Mutation des *L1CAM*-Gens vor.
- ZNS-Auffälligkeiten weisen eine breite Entwicklungsprognose auf. Fetales MRT und genetische Analysen können wegweisend sein sowohl für die Prognose als auch für die Wiederholungswahrscheinlichkeit.

10.1.2 Herzfehler

Kongenitale Herzfehler gehören zu den häufigsten fetalen Fehlbildungen (Tab. 10.5). Bei ungefähr 1 % aller neugeborenen Kinder liegt ein Herzfehler vor. Das Gros der Herzfehler tritt isoliert auf. In der Regel ist wiederum von einem komplexen Ursachengefüge auszugehen. Dabei wird es sich sowohl um anlagebedingte als auch um exogene Faktoren handeln (polygen-multifaktorielle Grundlage). Mehr als 50 Gene mit Einfluss auf die Herzentwicklung sind gegenwärtig identifiziert, eine lange Reihe weiterer Genloci wird untersucht. Im Wesentlichen sind die bekannten Gene an Prozessen der Transkription und der Signalübertragung von Zelle zu Zelle, der Bildung von Strukturproteinen und der Bildung von epigenetischen Regulationsfaktoren beteiligt.

Dabei wird in der neueren Forschung offensichtlich, dass unterschiedliche Ursachen(gruppen) für einzelne Untergruppen von Herzfehlern verantwortlich sein dürften. So scheint ein Teil der Herzfehler, die die linke Ausflussbahn des Herzens betreffen (z. B. hypoplastisches Linksherz) eine stärker genetisch bedingte Ursache zu haben. Dabei ist dann – im Vergleich zu anderen isolierten Herzfehlern – prinzipiell von einem eher höheren Wiederholungsrisiko für weitere Kinder auszugehen.

Bei einer langen Reihe syndromaler Entitäten kommt ein Herzfehler als eines der Symptome vor. In der Häufigkeit, mit der ein Herzfehler überhaupt Symptom einer übergeordneten Entität ist und ggf. dann selbst richtungsweisend für die Diagnose sein kann, unterscheiden sich die einzelnen Herzfehler. Eine Transposition der großen Arterien (Abb. 10.6) ist selten mit Chromosomenanomalien verbunden. Der Atrio-ventrikuläre Septum-Defekt (AVSD) (Abb. 10.7) weist eine enge Assoziation mit Trisomie 21 auf – etwa 50 bis 60 % der Kinder mit AVSD haben eine Trisomie 21. Beim Turner-Syndrom finden sich gehäuft Anomalien des Ausflusstraktes des linken Herzens wie eine bikuspide Aortenklappe, Aortenisthmusstenose und auch das HLHS. Konotrunkale Anomalien wie unterbrochener Aortenbogen, Truncus ar-

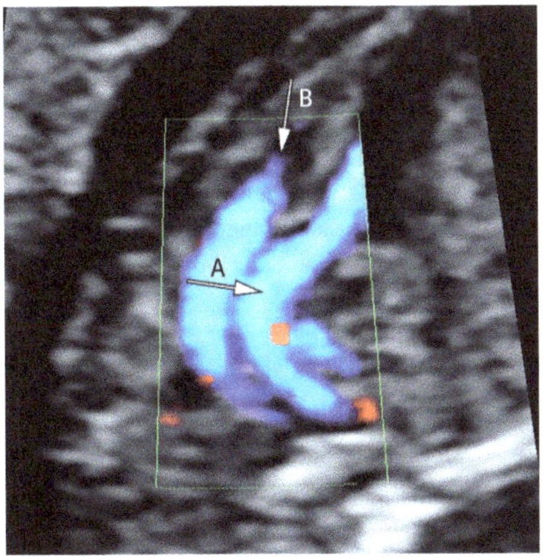

Abb. 10.6: Transposition großer Arterien mit parallelem Verlauf von Truncus pulmonalis (Pfeil A) aus dem linken Ventrikel und Aorta ascendens (Pfeil B) aus dem rechten Ventrikel ohne Überkreuzung
(aus Hagen A, Entezami M: Sonographische Pränataldiagnostik.
Verlag Walter de Gruyter, Berlin, 2015).

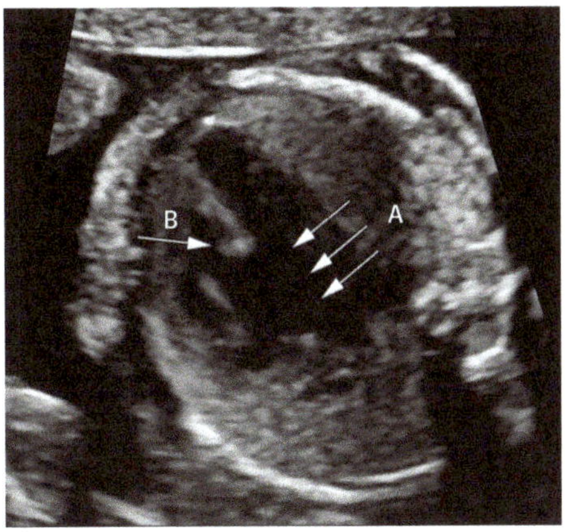

Abb. 10.7: AVSD. Zentraler Defekt mit Öffnung der dysplastischen AV-Klappe (Pfeile A). Vorhof-und Ventrikelseptumdefekt im Bereich des Klappenkreuzes und singuläre AV-Klappe (AV-Kanal, AVSD); rechter Ventrikel (Pfeil B). (aus Hagen A, Entezami M: Sonographische Pränataldiagnostik. Verlag Walter de Gruyter, Berlin, 2015).

teriosus communis oder Fallot-Tetralogie weisen eine bedeutsame Assoziation mit dem Mikrodeletionssyndrom 22q11.2 auf. In Verbindung mit monogenen Entitäten zu nennen sind AVSD als häufiger Herzfehler bei Smith-Lemli-Opitz-Syndrom, Pulmonalarterienstenose als richtungsweisender Herzfehler bei Noonan-Syndrom und supravalvuläre Aortenstenose bei Williams-Beuren-Syndrom. Diese Assoziationen sind bedeutsam für die Planung auch der vorgeburtlichen Diagnostik. Neben einer Chromosomenanalyse können entsprechende FISH-Analysen oder eine gezielte molekulargenetische Diagnostik angezeigt sein.

Merk-Würdiges

- Strukturelle Herzfehler liegen in ca. 1 % aller Neugeborenen vor.
- Herzfehler können isoliert vorkommen oder als Symptom einer Vielzahl von Syndromen.
- Bei fetalem Herzfehler ist daher die Erkennung oder der Ausschluss von Begleitsymptomen wichtig.

Tab. 10.5: Herzfehler.

Fehlbildung	Herzfehler
Häufigkeit	1:100
Ursachen	– fassbare Ursache in etwa 15–20 % der Betroffenen – numerische und strukturelle Chromosomenstörungen insgesamt: 8–20 % mit großen Unterschieden zwischen ca 3 % und 70 % je nach Art des Herzfehlers – monogene Erkrankungen: 3–5 % – exogene Noxen (maternaler Diabetes, Alkohol, Retinoide)
Klinik	– Herzfehler – Syndrome
Ultraschallbefunde	– Je nach Art des Herzfehlers – ggf. begleitende Fehlbildungen und/oder Wachstumsstörungen – ggf. Hydramnion
Pränatale Diagnostik	– Ultraschall – Chromosomenanalyse – Je nach Art des Herzfehlers FISH-Analysen – ggf. Array-CGH-Analysen – ggf. Gen-Analysen

10.1.3 Lippen-Kiefer-Gaumenspalten (LKGS) und Gaumenspalten (GS)

Schlussstörungen im Bereich von Oberkiefer und Oberlippe entstehen als Hemmungsfehlbildung in der 6. und 7. embryonalen Entwicklungswoche. Hierbei ist der Prozess der Vereinigung der embryonalen Oberkieferwülste mit dem medialen Nasenwulst bzw. dem Zwischenkiefersegment, aus welchem das Philtrum, der primäre Gaumen und der mediale Teil des Oberkiefers, der die Schneidezähne trägt gestört. Sie können als einseitige oder beidseitige Lippenspalten oder LKGS (Abb. 10.8) auftreten. Dabei betrachtet man historisch Lippenspalten oder LKGS als unterschiedliche Schweregrade eines Spektrums und geht von einer großen entwicklungsgeschichtlichen Nähe beider aus. Schlussstörungen bei der Entwicklung des sekundären Gaumens, der durch Wachstum und Vereinigung der Gaumenwülste ab der 7. Entwicklungswoche gebildet wird, können zu Gaumenspalten führen. Eine Schlussstörung des sekundären Gaumens kann – im Sinne einer Sequenz – auch entstehen, wenn bei Mikrogenie die Zunge retropositioniert ist und die horizontale Orientierung somit die Vereinigung der Gaumenwülste behindert, wie bei der Pierre-Robin-Sequenz. Die unterschiedliche Entstehung trennt die Lippen-/LKG-Spalte von der Gaumenspalte. Von Ausnahmen abgesehen, ist dieser Unterschied zwischen Lippen-/LKG-Spalte und Gaumenspalte in der klinischen Praxis durchaus relevant. Eine Lippen-Kiefer-Gaumenspalte betrifft etwa 1:500 bis 1:1.000 Neugeborene (Tab. 10.7). Das einseitige

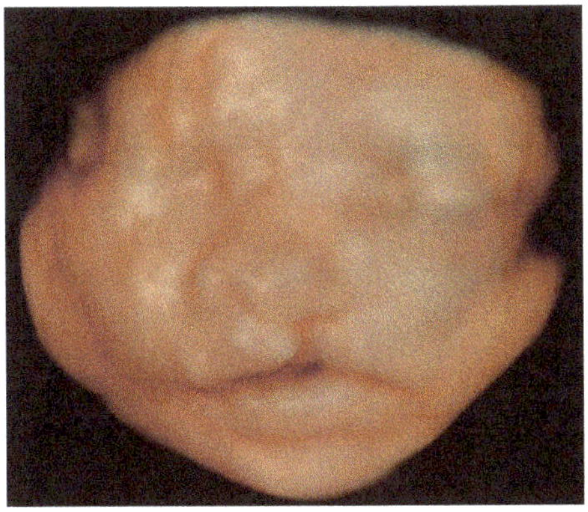

Abb. 10.8: Aufsicht auf die Oberlippe von vorn, hier Lippenspalte (aus Hagen A, Entezami M: Sonographische Pränataldiagnostik. Verlag Walter de Gruyter, Berlin, 2015).

Vorkommen bei etwa 80 % aller Betroffenen mit Spaltbildungen ist häufiger als das beidseitige. Die Häufigkeit der Gaumenspalte wird mit etwa 1:2.000 bis 1:5.000 angegeben (Tab. 10.6), die der Pierre-Robin-Sequenz mit 1:8.500.

Die Mehrzahl der oralen Spaltbildungen kommt isoliert vor. Das gilt für ca. 70 % der Lippen-/LKG-Spalten, Knaben sind dabei etwa doppelt so häufig betroffen wie Mädchen. Isoliert kommen etwa 50 % der Gaumenspalten vor, Mädchen sind dann etwa doppelt so häufig betroffen wie Knaben.

Bezüglich der Ätiologie wird nach dem gegenwärtigen Kenntnisstand von einem komplexen Ursachengefüge bei den meisten Betroffenen ausgegangen. Ein oder mehrere anlagebedingte Faktoren spielen eine Rolle, führen aber erst beim Vorliegen zusätzlicher exogener Faktoren zu Schlussstörungen im Bereich von Lippe, Kiefer und Gaumen (polygen-multifaktorielle Grundlage). Pathogene Mutationen in mehreren Genen sind gegenwärtig als an orofazialen Schlussstörungen kausal beteiligt anzusehen, eine Reihe weiterer Gene und Genloci wird untersucht. Im Wesentlichen sind das Gene mit Beteiligung an Prozessen der Transkription und Regulation (z. B. *PAX7*-Gen) und Gene, deren Veränderung als ursächlich für monogene Entitäten mit LKGS bekannt sind (z. B. *IRF6*-Gen). Während eine Reihe von Untersuchungen deutliche Hinweise auf eine Rolle der Folsäure im Ursachengefüge für zumindest einen Teil von orofazialen Schlussstörungen fand, ließen sich diese Ergebnisse nicht regelmäßig reproduzieren. Das Wiederholungsrisiko für weitere Kinder eines Paares, das bereits ein Kind mit isolierter LKGS hat, ist erhöht und hängt von der Ausprägung, dem Geschlecht und der Zahl betroffener Angehöriger ab. Unter Berücksichtigung dieser Faktoren liegt das empirische Wiederholungsrisiko zwischen 2 % und etwa 10 %. Eine LKGS ist daneben wiederum als Symptom im Rahmen einer langen Reihe syndromaler Entitäten bekannt. Die allgemein häufigsten darunter sind das Van-der-Woude-Syndrom mit LKGS und das Stickler-Syndrom bei GS. Im Kontext vorgeburtlicher Diagnostik sind insbesondere das Mikrodeletionssyndrom 22q11.2 zu nennen sowie das Smith-Lemli-Opitz-Syndrom.

Tab. 10.6: Gaumenspalte.

Fehlbildung	Gaumenspalten
Häufigkeit	1:2.000 bis 1:5.000
Ursachen	– isoliert: multifaktoriell – syndromal: v. a. strukturelle Chromosomenstörungen (z. B. Mikrodeletionssyndrom 22q11.2) sowie monogene Entitäten (Stickler-Syndrom, Smith-Lemli-Opitz-Syndrom)
Klinik	– operationsbedürftige Schlussstörung – Trinkschwäche – Hörstörungen – Sprachstörungen – velopharyngeale Insuffizienz – Atemstörungen bei Glossoptose im Rahmen der Pierre-Robin-Sequenz
Ultraschallbefunde	– ggf. weitere Symptome bei syndromaler Gaumenspalte – ggf. Mikrogenie
Pränatale Diagnostik	– Ultraschalldiagnostik – Chromosomenanalyse – FISH insbesondere an 22q11.2

Tab. 10.7: Lippen-Kiefer-Gaumenspalten.

Fehlbildung	Lippen-Kiefer-Gaumenspalten
Häufigkeit	1:500 bis 1:1.000
Ursachen	– isoliert: multifaktoriell – syndromal: numerische und strukturelle Chromosomenstörungen (z. B. Trisomie 13, Deletion 4p16.3) sowie monogene Entitäten (EEC-Syndrom, Opitz-Syndrom)
Klinik	– operationsbedürftige Schlussstörung – Trinkschwäche – Hörstörungen – Sprachstörungen – velopharyngeale Insuffizienz
Ultraschallbefunde	– Kontinuitätsstörung der Oberlippe mit oder ohne Betroffenheit von Kiefer und Gaumen – ggf. Hydramnion – ggf. weitere Symptome bei syndromaler LKGS
Pränatale Diagnostik	– Ultraschalldiagnostik – Chromosomenanalyse – ggf. FISH-Analysen – ggf. Molekulargenetische Diagnostik

Merk-Würdiges
- Gaumenspalten (GS) haben eine Häufigkeit von 1:2000 bis 1:5000; Lippen-Kiefer-Gaumenspalten (LKGS) eine von 1:500 bis 1:1000.
- GS und LKGS haben meist eine unterschiedliche Ätiologie.
- Eine GS ist eher Indikator für eine übergeordnete Entität als eine LKGS.

10.1.4 Bauchwand und Gastrointestinaltrakt

Bauchwanddefekte

Die Häufigkeit angeborener Bauchwanddefekte wird mit etwa 1:10.000 (bis 1:2.500) für die Gastroschisis und mit 2,5:10.000 für die Omphalozele angegeben. Während es über die vergangenen Jahrzehnte eine zunehmende Häufigkeit für Gastroschisis zu geben schien, ist die Frequenz des Auftretens von Omphalozelen unverändert.

Bei der Omphalozele finden sich definitionsgemäß Anteile der Bauchorgane wie Darm oder auch Leber durch den Nabelring nach außerhalb des Bauchraumes verlagert (Abb. 10.9). Eine Omphalozele kann isoliert oder – wie in etwa 50 bis 70 % der Fälle – im Rahmen übergeordneter Störungen wie multipler Fehlbildungen oder komplexer Syndrome vorkommen. Dabei treten kleine Omphalozelen häufiger im Rahmen übergeordneter, insbesondere chromosomaler Störungen auf als große Omphalozelen.

Die Häufigkeit von Chromosomenanomalien bei Omphalozele wird mit etwa 30 % angegeben. Auch im Rahmen von Assoziationen (OEIS-Komplex, Cantrell-Pentalogie) oder im Zusammenhang mit der Exposition gegenüber potentiellen Noxen (Valproatembryopathie) kann eine Omphalozele auftreten. Unter den verschiedenen syndromalen Entitäten, in deren Rahmen eine Omphalozele vorkommen kann, ist das Beckwith-Wiedemann-Syndrom am häufigsten (s. a. Infobox 10.2).

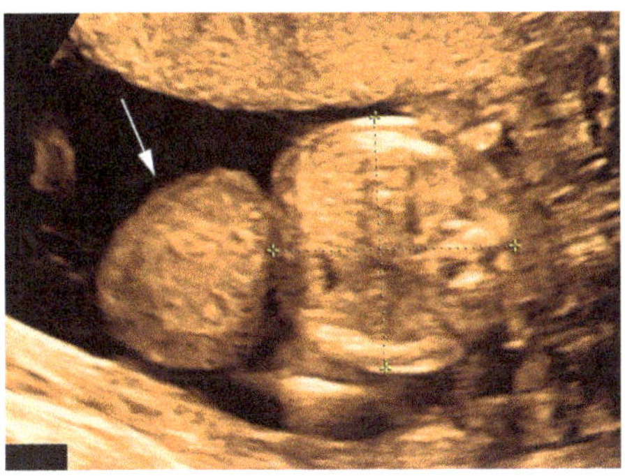

Abb. 10.9: Bauchwanddefekt, hier Omphalozele (Pfeil). Querschnitt durch das fetale Abdomen (aus Hagen A, Entezami M: Sonographische Pränataldiagnostik. Verlag Walter de Gruyter, Berlin, 2015).

Infobox 10.2: Beckwith-Wiedemann-Syndrom.

Das Beckwith-Wiedemann-Syndrom (oder Wiedemann-Beckwith-Syndrom) beschreibt klassischerweise die Kombination aus Übermaßigkeit, Omphalozele und Makroglossie. Die Übermaßigkeit ist Ausdruck eines beschleunigten Wachstums im frühen Kindesalter, etwa ab dem 7.–8. Lebensjahr wachsen die Kinder nicht mehr schneller als andere (und müssen dann auch keine große Endlänge erreichen). Beobachtet wird eine Hemihyperplasie, diese kann als vermehrtes Wachstum eines Körpersegmente oder nur einzelner Organe auftreten.

Bei einer **Gastroschisis** besteht definitionsgemäß keine Beziehung des Bauchwanddefektes zum Nabelring. Die Ursachen sind – nach derzeitigem Kenntnisstand – uneinheitlich, diskutiert wird z. B. eine vaskuläre Disruption. Zum weit überwiegenden Teil stellt eine Gastroschisis – im Unterschied zur Omphalozele – eine isolierte Störung dar. In etwa 10 % der Fälle finden sich auch weitere Symptome. Etwa in der gleichen Größenordnung kommen bei Gastroschisis intestinale Obstruktionen vor. Bei den **intestinalen Obstruktionen** als angeborene Fehlbildungen stehen die Atresien im Vordergrund. Intestinale Atresien (Tab. 10.8) betreffen am häufigsten das Duodenum, jejunale und ileale Atresien machen gemeinsam etwa 40 % der Fälle aus (Häufigkeit 1:3.000 bis 1:5.000 Geburten).

Als Ursache wird wiederum insbesondere die vaskuläre Disruption diskutiert, daneben eine inkomplette Rekanalisation in der Embryonalentwicklung. Das gilt insbesondere für das isolierte Auftreten (bzw. das Auftreten in Verbindung mit einer vermutlich pathogenetisch verwandten Symptomatik wie Gastroschisis). Bei etwa der Hälfte der betroffenen Kinder mit Duodenalatresie kommt diese isoliert vor.

Dünndarmatresien kommen daneben nicht selten als Symptom komplexer Entitäten vor. Bei etwa 25 % der Patienten mit Dünndarmatresie wurden Chromosomenanomalien beobachtet, bei der Duodenalatresie ist bei ca. 1/3 der Betroffenen mit Down-Syndrom zu rechnen. Bei etwa 25 % der Patienten mit Dünndarmatresie mit unauffälligem Chromosomensatz wurden neben der Atresie weitere organstrukturelle Probleme beobachtet.

Tab. 10.8: Intestinale Atresien.

Fehlbildung	Intestinale Atresien
Häufigkeit	Ca. 1:3.000
Ursachen	– isoliert : hypothetische vasculäre Disruption – Duodenalatresie: in 30 % Down-Syndrom – Dünndarmatresien insgesamt: ca. 25 % Chromosomenanomalien – monogene Ursachen, Assoziationen

Tab. 10.8: (fortgesetzt)

Fehlbildung	Intestinale Atresien
Klinik	– Symptome der Darmpassagestörung mit Erbrechen, Distension, Ruptur – ggf. Frühgeburtlichkeit (Hydramnion) – ggf. begleitende Symptome/Symptomatik der übergeordneten Entität
Ultraschallbefunde	– je nach Position der Atresie: „*double bubble*“ bei Duodenalatresie – vergrößerter Magen, insbesondere bei Jejunalatresie, erweiterte Darmschlingen – zystische intrabdominelle Veränderungen – echogene intrabdominelle Bereiche – Hydramnion ab etwa 20. SSW bis 28. SSW
Pränatale Diagnostik	– serieller Ultraschall – Chromosomenanalyse – ggf. Gen-Analysen

Eine vergleichbare pränatale Symptomatik mit Hinweisen auf eine Obstruktion mit oder ohne Mekoniumperitonitis (Aszites, erweiterte Darmschlingen, echogene intrabdominelle Bereiche) kann auch bei zystischer Fibrose (CF) des Fetus – insbesondere im Zusammenhang mit einem Mekoniumileus – auftreten. Die CF kann sich als vorgeburtliche Dünndarmobstruktion manifestieren. Häufiger kommen mildere Symptome vor (s. a. Infobox 10.3 und Kap. 11.2.1). Die Wahrscheinlichkeit für CF beim isolierten **echogenen Darm** wird in einer Population mit geringem Risiko (d. h., die Familienanamnee ist leer bezüglich Mukoviszidose oder verwandter Probleme) im einstelligen unteren Prozentbereich liegen.

Infobox 10.3: Zystische Fibrose-Diagnostik

Die zystische Fibrose ist eine Erkrankung auf autosomal-rezessiver Grundlage (s.a. Kap. 11.2.1). Das schließt die Tatsache ein, dass entscheidend für eine kindliche Erkrankung der – klinisch nicht erkennbare – Anlagenträgerstatus beider Eltern ist.
Als diagnostische Möglichkeiten stehen zur Verfügung:

– Heterozygotendiagnostik bei den werdenden Eltern. Dabei ist zu beachten, dass es im krankheitsrelevanten *CFTR*-Gen eine Vielzahl von Mutationen gibt, die Untersuchungsmöglichkeiten in der Praxis sich in der Regel aber auf die häufigen Veränderungen beschränken und damit ein Ausschluss eines Mukoviszidose-Anlagenträgerstatus nur mit einer Restunsicherheit möglich sein kann.
– Molekulargenetische vorgeburtliche Diagnostik am *CFTR*-Gen an DNA aus z. B. Fruchtwasserzellen, primär oder bei Anlagenträgerstatus beider Elternteile.

Für den Fall des Mutationsnachweises bei einem Elternteil bzw. auf einem fetalen Allel ist für die Einschätzung der Erkrankungswahrscheinlichkeit beim Fetus auch die Sensitivität des jeweiligen diagnostischen Verfahrens zu beachten.

Im Unterschied zur isolierten Dünndarmatresie sind genetische Faktoren an der Entstehung des **Morbus Hirschsprung** (HSCR) als Beispiel für eine distale Darmpassagestörung maßgeblich beteiligt. Distale Darmpassagestörungen stellen sich der vorgeburtlichen Ultraschalldiagnostik nur sehr selten dar. Die Häufigkeit von HSCR in der hiesigen Allgemeinbevölkerung wird mit etwa 1:5.000 angegeben.

Zwerchfelldefekte

Während man die embryonale Entwicklung des Zwerchfells traditionell als Fusion von Septum transversum, Mesenterium des Oesophagus, pleuroperitonealen Falten und seitlicher Bauch- bzw. Thoraxwandmuskulatur versteht, sprechen neuere Untersuchungen dafür, dass zunächst eine mesodermale nicht-muskuläre Diaphragmaanlage entsteht, in die Muskelvorläuferzellen über die pleuroperitonealen Falten einwachsen. Die Bildung des Zwerchfells erfolgt zwischen der vierten und zehnten Entwicklungswoche. Zwerchfelldefekte (Abb. 10.10, Tab. 10.9) stellen eine Kontinuitätsunterbrechung oder – seltener – eine Hypomuskularisation dar. Etwa 80–85 % der Zwerchfellhernien betreffen die linke Seite, etwa 10–15 % die rechte Seiten, nur wenige sind beidseitig lokalisiert. Jeweils sind insbesondere laterale und posteriore Bereiche des Diaphragmas betroffen.

Klinisches Hauptproblem ist die sowohl auf der Seite der Hernie gelegene als auch die kontralaterale Lungenhypoplasie, die sich regelmäßig einstellt. Die Verdrängung durch die Eventration abdomineller Organe in den Thorax ist als Hauptursache anzusehen, ggf. auch eine primäre Entwicklungsstörung der Lunge im Kontext der Entstehung der Zwerchfellhernie. Neben der Lungenhypoplasie können als hämodynamische oder mechanische Konsequenzen der Hernie weitere Symptome vorliegen wie z. B. intestinale Malrotationen oder persistierender Ductus arteriosus. Bei etwa 60 % der Betroffenen liegt die Zwerchfellhernie isoliert vor. Zu den Ursachen der isolierten Zwerchfellhernie ist wenig bekannt, von einer Heterogenität ist auszugehen. Das familiäre Vorkommen der isolierten Zwerchfellhernie ist sehr selten. Bei etwa

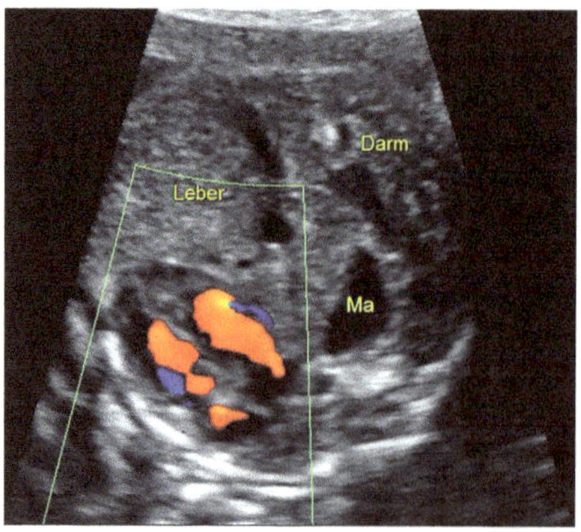

Abb. 10.10: Linksseitige Zwerchfellhernie: Das Herz ist zur rechten Thoraxseite verdrängt, auf gleicher Höhe links ist die Magenblase darstellbar. Zusätzlich ist auch die Leber als prognostisch ungünstiges Kriterium im Thorax erkennbar (liver-up).

40 % der Betroffenen liegt die Zwerchfellhernie als Symptom einer übergeordneten Entität vor, so etwa beim Pallister-Killian-Syndrom (s. Infobox 10.4). Konventionell zytogenetisch darstellbare Chromosomenanomalien betreffen 10 bis 20 % der Patienten mit Zwerchfellhernien.

Infobox 10.4: Pallister-Killian-Syndrom.

Bei 10 bis 20 % der Kinder mit Pallister-Killian-Syndrom liegt eine Zwerchfellhernie vor. Ursache ist eine Chromosomenaberration, eine Tetrasomie 12p bzw. ein Tetrasomie-12p-Mosaik, d. h. ein zusätzliches chromosomales Element, das aus zwei miteinander verbundenen kurzen Armen von Chromosom 12 besteht (Isochromosom 12p). Die Zellen mit pathologischem Chromosomensatz treten zumeist nur in einem Anteil der Zellen des Körpers auf, selten in allen, wodurch der pränatale Nachweis der Chromosomenaberration eine große Expertise benötigt.
Betroffene mit Pallister-Killian-Syndrom sind mit in der Regel schwerer geistiger und körperlicher Entwicklungsstörung beschrieben. Die Kinder sind im Allgemeinen anfällig für Infekte, haben Probleme mit der Nahrungsaufnahme, zeigen meist wenig Interesse an ihrer Umwelt und wenig Eigeninitiative. Sie benötigen lebenslang intensive Betreuung und Förderung. Im Kleinkindalter können sich epileptische Anfälle entwickeln. Es finden sich in der Regel milde äußerliche Auffälligkeiten mit hoher, zentral vorgewölbter Stirn, kurzer Nase und breitem Nasenrücken, spärlichem Haarwuchs insbesondere im Scheitelbeinbereich mit nach hinten verschobener, unregelmäßiger Stirnhaargrenze. Als weitere organische Symptome kommen Herzfehler vor oder Passagestörungen des Magen-Darm-Traktes. Bei einer Mosaik-Konstitution ist prinzipiell mit einem breiten Spektrum der Symptomausprägung zu rechnen. Ein Isochromosom 12 p entsteht in der Regel zufällig. Bei der vorgeburtlichen Diagnostik wurde wiederholt die – unspezifische – Kombination von großem Kopfumfang und vergleichsweise kurzen Gliedmaßen beobachtet.

Die Liste der monogenen Syndrome, zu deren Symptomspektrum eine Zwerchfellhernie gehört, umfasst eine Reihe gut definierter Entitäten mit zum Teil bekannter Ursache, so dass im Einzelfall – bei richtungsweisenden zusätzlichen Symptomen – auch eine gezielte molekulargenetische Diagnostik angezeigt sein kann. Zu diesen gehört z. B. das Cornelia-de-Lange-Syndrom, auf das eine IUGR und/oder eine Reduktionsanomalie der oberen Extremitäten und/oder eine ausgeprägte Mikrogenie hinweisen können. Zu diesen gehört ebenso das Simpson-Golabi-Behmel-Syndrom, auf das vorgeburtlich eine Übermaßigkeit, eine Polydaktylie und ggf. Herzfehler bei männlichem fetalem Geschlecht hinweisen kann.

Tab. 10.9: Zwerchfelldefekte.

Fehlbildung	Zwerchfelldefekte
Häufigkeit	1:4.000 bis 1:3.000
Ursachen	– isoliert: unbekannt – numerische und strukturelle Chromosomenstörungen insgesamt: 10 % – monogene Erkrankungen

Tab. 10.9: (fortgesetzt)

Fehlbildung	Zwerchfelldefekte
Klinik	– Atemprobleme bis hin zur respiratorischer Insuffizienz – „leeres Abdomen“ – ggf. begleitende Symptome/Symptomatik der übergeordneten Entität
Ultraschallbefunde	– Verlagerung des Herzens – Verlagerung intraabdomineller Strukturen in denThorax – ggf. Hydramnion
Pränatales Vorgehen	– Ultraschall – Chromosomenanalyse – FISH z. B. Tetrasomie 12p-Mosaik – ggf. Array-CGH-Analysen – ggf. Gen-Analysen – MRT zur Beurteilung des Grades der Lungenhypoplasie – erste Erfahrungen mit fetalchirurgischer Trachealokklusion zur Verbesserung der Lungenprognose

Merk-Würdiges
- Die Omphalozele hat eine Häufigkeit von 2,5:10.000. 50–70 % treten im Rahmen einer übergeordneten Störung auf. 30 % haben eine Chromosomenstörung als Ursache.
- Die Gastroschisis hat eine Häufigkeit zwischen 1:10.000 und 1:2500. Sie tritt in 90 % der Fälle isoliert auf.
- Intestinale Atresien haben eine Häufigkeit (VUR) von etwa 1:3000. Etwa 25 % der Dünndarmatresien gehen auf eine Chromosomenanaomalie zurück. Einer Duodenalatresie liegt in 30 % eine Trisomie 21 zugrunde.
- Zwerchfelldefekte haben eine Häufigkeit von ca. 1:3500. Chromosomenanomalien sind in 10 % der fetalen Zwerchfellhernien ursächlich.

10.1.5 Nieren und Harnwege

Nieren und ableitende Harnwege gehören zu den Organsystemen, die am häufigsten von angeborenen Fehlbildungen betroffen sind. Dabei besteht eine große pathogenetische Nähe zwischen unterschiedlichen Fehlbildungen, zusammengefasst unter dem Begriff CAKUT (*Congenital Anomalies of the Kidney and Urinary Tract*). Darunter finden sich Nierenagenesie, multizystische Nierendysplasie (Infobox 10.5 und Abb. 10.11), Nierenhypoplasie, Ureterabgangsanomalien, Uretermündungsanomalien, vesikouretraler Reflux (VUR), Doppelungen, Anomalien von Blase und Urethra (Tab. 10.10). Die Häufigkeit liegt bei etwa 3 bis 6 auf 1000 Lebendgeborene. CAKUT sind für etwa 40 bis 50 % der chronischen Nierenerkrankungen im Kindesalter verantwortlich. Wenn um den 28. Tag der embryonalen Entwicklung die Ureterknospe (aus den Wolff‘schen Gängen) in das metanephrische Mesenchym aussprosst, wird die Entwicklung der definitiven Niere initiiert. Störungen in den Interaktionen zwi-

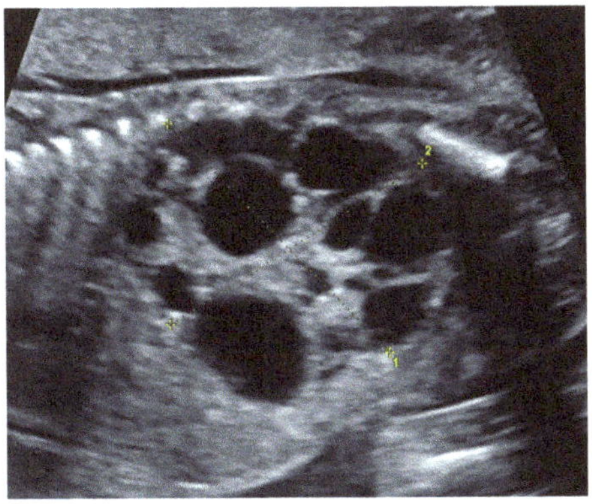

Abb. 10.11: Multizystische Nierendysplasie
Einseitige multizystische Nierendysplasie mit zahlreichen, gut voneinander abgrenzbaren Zysten (aus Hagen A, Entezami M: Sonographische Pränataldiagnostik. Verlag Walter de Gruyter, Berlin, 2015).

schen Ureterknospe und metanephrischem Mesenchym, die zu zeitlichen und räumlichen Verschiebungen führen, können dann offenbar unterschiedliche Anomalien verursachen. Wiederum gilt, dass die Anomalien entweder isoliert oder im Rahmen übergeordneter Entitäten vorkommen können.

Etwa in 15 % der isolierten CAKUT findet sich ein familiäres Auftreten, am häufigsten auf autosomal-dominanter Grundlage mit herabgesetzter Penetranz. Als Ursachen für die isolierten CAKUT wurden in jüngster Zeit pathogene Mutationen in etwa 20 Genen beschrieben. Jedes der aktuell bekannten Gene ist wiederum lediglich bei einem kleinen Teil der Patienten ursächlich beteiligt, so dass sich derzeit noch wenige Anwendungen in der klinischen Praxis ergeben.

HNF1B- und *PAX2*-Gen sind dabei die wichtigsten bekannten Gene, die abhängig vom Phänotyp zusammen etwa 5 bis 20 % der CAKUT-Fälle ausmachen. Mit Symptomen aus dem CAKUT-Spektrum assoziierte Syndrome sind z. B. das Beckwith-Wiedemann-Syndrom (mit großen und dysplastischen Nieren – s. Abbildung 10.11 – mit oder ohne Zysten) oder das Mikrodeletionssyndrom 22q11.2 mit Nierenagenesie, Nierendysplasie und VUR.

Infobox 10.5: Multizystische Nierendysplasie.

Bei etwa 1:4.000 bis 1:2.500 Neugeborenen findet sich eine multizystische Nierendysplasie (MCKD, *Multicystic Kidney Diease*) mit zystischen Strukturen unterschiedlicher Größe und einer in der Regel auf der betreffenden Seite funktionslosen Niere. Bei etwa 30 bis 50 % der Betroffenen finden sich an der kontralateralen Niere mildere Symptome wie ein VUR oder Harnwegsstenosen. Das bilaterale Vorkommen ist sehr viel seltener und je nach Ausprägung mit dem Bild der Potter-Sequenz verbunden. Bei ähnlicher Nomenklatur ist die Abgrenzung der MCKD von den polyzystischen Nierenerkrankungen bedeutsam: Sowohl die autosomal-rezessive als auch die autosomal-dominante polyzystische Nierenerkrankung sind monogene prozesshafte Erkrankungen mit Zystenbildung in Nieren und ggfs. anderen Organen.

Tab. 10.10: Fehlbildungen an Nieren und Harnwegen.

Fehlbildung	Fehlbildungen an Nieren und Harnwegen
Häufigkeit	3 :1.000 bei passiver bis 1:100 bei aktiver Erfassung
Ursachen	– isoliert: in ca. 5 % derzeit monogene Ursache fassbar – numerische und strukturelle Chromosomenanomalien – monogene Erkrankungen
Klinik	– Harnwegsinfektionen – Niereninsuffizienz-, Bluthochdruckrisiko je nach Befund erhöht – Syndrome
Ultraschallbefunde	– Nierenbeckenerweiterung/Hydronephrose unilateral oder bilateral – Hydroureter unilateral oder bilateral – Nierenzysten – Kleine oder dysplastische Niere(n) – Nierenagenesie – Harnblasenwandauffälligkeiten – bei beiderseitiger MCKD oder Agenesie Oligo- bzw Anhydramnie, Zeichen der Potter-Sequenz
Pränatale Diagnostik	– Ultraschall – Chromosomenanalyse – ggf. FISH – ggf. Array-CGH – ggf. Gen-Analysen

Der häufigste Befund an den fetalen Harnwegen in der vorgeburtlichen Ultraschalldiagnostik ist die isolierte **Nierenbeckenerweiterung**. Dieser wird bei mindestens 1:100 bis 1:20 Feten erhoben. Eine Reihe von Untersuchungen zeigte, dass der weit überwiegende Teil der pränatal diagnostizierten Nierenbeckenerweiterungen keine postnatalen Probleme bereitet. Es besteht eine Abhängigkeit vom Ausprägungsgrad. Die Wahrscheinlichkeit, mit der Feten mit einer anterio-posterioren Nierenbeckenweite (APD) von weniger als 7 mm postnatale Auffälligkeiten aufweisen, wurde mit etwa 12 % gefunden. Das Risiko stieg auf ca. 45 % für Feten mit einer moderaten Erweiterung (7 bis 10 mm) und auf 88 % bei Hydronephrose (> 10mm) und insbesondere bei Ureterabgangsstenose. Der Diagnosezeitraum lag dabei jeweils im zweiten Trimenon. Primär ist eine postnatale Ultraschallkontrolle – bei milden Befunden am 3. oder 4. Lebenstag – indiziert.

Merk-Würdiges
- Nierenfehlbildungen treten mit einer Häufigkeit von 3-6:1000 unter Neugeborenen auf.
- Bei der isolierten CAKUT zeigen 15 % ein familiäres Auftreten. Mutationen in ca. 20 Genen sind bisher als Ursache bekannt.
- Die häufigste fetale Auffälligkeit im Ultraschall ist die isolierte Nierenbeckenerweiterung mit einer Frequenz von 1:100 bis 1:20. Überwiegend ist diese postnatal ohne klinische Konsequenz. Es besteht eine Korrelation zwischen dem Grad der Erweiterung und der klinischen Ausprägung.

10.1.6 Skelettentwicklungsstörungen

456 verschiedene Entitäten wurden systematisiert, mehr als 300 wurden bis 2011 mit einem oder mehreren von 220 Genen assoziiert (s. Tab. 10.11). Angesichts der Komplexität ist die Systematisierung bei weitem nicht abgeschlossen. Die Entitäten sind im Einzelnen selten bis sehr selten, betreffen zusammen jedoch etwa 1:5.000 Neugeborenen.

Als „klassische" Entitäten mit skelettären Symptomen werden im Allgemeinen die Skelettdysplasien betrachtet. Dabei entsteht die morphologische Störung durch pathologische zelluläre Strukturen oder fehlerhafte Funktion eines Gewebes. Am Skelettsystem kommen dabei speziell defekte Strukturproteine und Stoffwechselprozesse sowie Regulationsstörungen der Wachstumszonen des Knochens in Betracht. Im Kontext der vorgeburtlichen Diagnostik ist insbesondere die Trennung in letale Skelettdysplasien und nicht-letale Skelettdysplasien von Bedeutung. Für letztere gilt, dass angesichts des prozesshaften Charakters der Symptomentstehung – speziell ohne gesicherte Diagnose – eine vorgeburtliche Aussage über den Ausprägungsgrad der Symptomatik problematisch ist. Die klassischen Skelettdysplasien sind genetisch bedingt. Dabei ist die Gruppe sehr heterogen. Das gilt auch für die zugrunde liegenden Erbgänge: Autosomal-dominante – dabei zumeist als Neumutationen – autosomal-rezessive und X-chromosomale Vererbungsmodi sind möglich. Für eine zunehmend lange Reihe der Skelettdysplasien ergeben sich gezielte molekulargenetische Untersuchungsmöglichkeiten. Die letalen Skelettdysplasien sind zumeist gekennzeichnet durch die ausgeprägte Verkürzung der langen Röhrenknochen und eine Lungenhypoplasie infolge eines geringen Thoraxdurchmessers, d. h. verkürzter Rippen. Die Körperproportionen sind deutlich verschoben. In unterschiedlichen – sowohl retrospektiven als auch prospektiven – Erfassungen wurden als die am häufigsten vorgeburtlich diagnostizierten Entitäten die Thanatophore Dysplasie (Abb. 10.12), die Osteogenesis imperfecta Typ 2 und die Achondrogenesis Typ 2 beobachtet. Alle drei sind letal. Die thanatophore Dysplasie, die Achondrogenesis Typ 2 und zuallermeist auch die Osteogenesis imperfecta Typ 2 haben eine autosomal-dominante Grundlage.

Während das Auftreten einer schwerwiegenden Skelettdysplasie bei einem Fetus auf eine Neumutation hinweist, ist dies nicht die einzige Erklärung (s. Infobox 10.6).

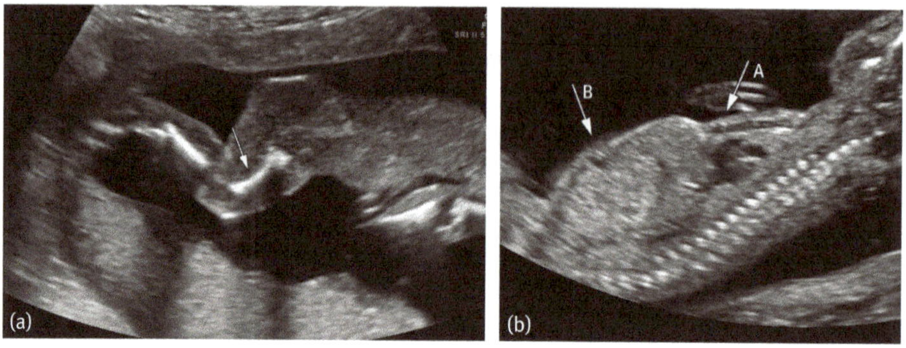

Abb. 10.12: Thanatophore Dysplasie, a) mit verkürztem und etwas gebogenem Femur (Pfeil); b) mit typischem „Sektkorkenphänomen" im Übergangsbereich Thorax, Abdomen (Pfeil A) mit vorgewölbt erscheinendem Abdomen (Pfeil B) (aus Hagen A, Entezami M: Sonographische Pränataldiagnostik. Verlag Walter de Gruyter, Berlin, 2015).

Familiäre Fälle bei klinisch unauffälligen Eltern wurden beobachtet, so dass von der Möglichkeit eines Keimzellmosaiks auszugehen ist. Das unterstreicht die Bedeutung der molekulargenetischen Diagnostik beim betroffenen Fetus, um die Option der vorgeburtlichen molekulargenetischen Diagnostik in einer nachfolgenden Schwangerschaft ggf. nutzen zu können.

Infobox 10.6: Osteogenesis imperfecta – Keimzellmosaik.

Bei der überwiegenden Mehrzahl der Betroffenen mit OI ist heute die zugrundeliegende pathogene Mutation im *COL1A1*-Gen oder im *COL1A2*-Gen nachweisbar. Sie liegt nur in einem der beiden Allele vor, entsprechend einer autosomal-dominanten Vererbung. Daneben kennt man bei der *COL1A1/2*-Gen-assoziierten OI auch betroffene Geschwister beiderlei Geschlechts als Kinder gesunder Eltern: Dies lässt auf ein Keimzellmosaik schließen, bei dem ein Elternteil Zellen mit der Mutation in der eigenen Keimbahn aufweist – und diese Mutation dann an eigene Kinder weitergeben kann, ohne selbst betroffen zu sein. Die Häufigkeit von Keimzellmosaiken wird bei der OI mit ca. 3–5 % der Fälle angegeben. Das Wiederholungsrisiko für weitere Kinder eines Paares mit einem Kind mit OI wird empirisch mit ca. 7 % angegeben. Sehr selten wurde bei Formen der OI mittels molekulargenetischer Diagnostik eine autosomal-rezessive Grundlage nachgewiesen.

Tab. 10.11: Skelettdysplasien.

Fehlbildung	Skelettdysplasien
Häufigkeit	insgesamt etwa 1:5.000 bis 1:2.500
Ursachen	autosomal-dominante Neumutationen, autosomal-rezessive, selten X-chromosomale Grundlage
Klinik	– prä- und perinatale Letalität bei den letalen Formen – je nach Entität Kleinwuchs, Skelettdeformation – je nach Entität ggf. Knochenbrüchigkeit – orthopädische und neurologische Probleme
Ultraschallbefunde	– abweichende Thorax-Abdomen-Ratio zuungunsten des Thorax – abweichende Kopf-Thorax-Ratio zugunsten des Kopfes – Hypomineralisation an Schädel, Wirbelkörpern und Frakturen ggf. mit Verbreiterung durch Kallusformation – symmetrisch deutlich kurze Extremitäten, ggf. mit Verbiegungen – insbesondere des Femurs – Polydaktylie – ggf. Nackenhygrom, ggf. Hydramnion – flaches Profil, *frontal bossing*, auffällige Kopfform – fehlende Darstellbarkeit der Scapulae – Befunde abhängig vom Gestationsalter
Pränatale Diagnostik	– Mutationsanalysen – Asservierung von DNA

Thanotophore Dysplasie

Die thanotophore Dysplasie (TD) ist als klassisches Beispiel für eine letale Skelettdysplasie anzusehen (Abb. 10.12a, b). Klinisch ist die Erkrankung durch Rhizomelie und Thoraxhypoplasie (sehr kurze, gerade Rippen) gekennzeichnet, daneben ggf. durch Makrozephalie oder Kleeblattschädel. Betroffene Kinder sterben meist in den ersten Lebensstunden durch respiratorische Insuffizienz, sehr selten ist das längere Überleben möglich. Die thanatophore Dysplasie ist auf Mutationen im *FGFR3*-Gen zurückzuführen (Tab. 10.12). Die Grundlage ist autosomal-dominant. Die Häufigkeit wird mit 1:20.000–40.000 angegeben. Es gibt zwei klinische Subtypen:

- Typ 1 mit kurzem, gebogenem Femur,
- Typ 2 mit geradem, vergleichsweise „langem“ Femur und mehr oder weniger ausgeprägtem Kleeblattschädel.

Unter den nicht-letalen Skelettdysplasien wird die Liste der relativ häufigsten von der Achondroplasie und der Osteogenesis imperfecta in allen ihren Formen angeführt.

Tab. 10.12: Thanatophore Dysplasie.

Fehlbildung	Thanatophore Dysplasie
Häufigkeit	1:20.000–40.000
Ursachen	Neumutationen im FGFR3-Gen
Klinik	– disproportionaler Kleinwuchs – kurzer, gebogener Femur (Typ1) – Makrozephalus/Kleeblattschädel (Typ 2)
Ultraschallbefunde	– disproportionale Wachtumsretardierung – kurzer, gebogener Femur – Kleeblattschädel
Pränatale Diagnostik	– Ultraschalldiagnostik – Mutationsanalyse im FGFR3-Gen

Achondroplasie

Die Achondroplasie beruht auf einer Dysregulation der echondralen Ossifikation. Diese Verknöcherungsstörung betrifft vor allem die großen Röhrenknochen und führt zu einem disproportionalen Kleinwuchs (Tab. 10.13). Typisch sind dabei ein Makrozephalus und kurze plumpe Extremitäten. Die Wirbelsäule zeigt häufig eine lumbosakrale Lordose. Die Erkrankung entsteht durch Mutationen im FGFR3-Gen (*fibroblast growth factor receptor 3*), die zu Veränderungen der FGF-abhängigen Calcium-Signaltransduktion führen. Dies verursacht verfrühte Verknöcherungen der Wachstumszonen und damit Kleinwuchs. Feten mit homozygoten Mutationen weisen den Phänotyp der thanatophoren Dysplasie auf. Die Erkrankung hat eine Inzidenz von 1:20.000 und wird autosomal-dominant mit 100 %iger Penetranz vererbt. Die überwiegende Mehrheit (80 %) der Erkrankungen ist auf Neumutationen zurückzuführen. In den restlichen 20 % wird die Erkrankung von einem betroffenen Elternteil vererbt. Das *FGFR3*-Gen gehört zu den Regionen mit der höchsten Neumutationsrate. Die Mutationsrate ist gegenüber der durchschnittlichen Mutationsrate im menschlichen Genom um den Faktor 1.000 erhöht. Die Neumutationen entstehen ausschließlich in der paternalen Keimbahn. Die spontane Mutationsrate korreliert auch mit dem steigenden Alter des Kindsvaters und ist bei 40-jährigen Männern gegenüber 20-Jährigen etwa 10-fach erhöht. Erkranken Geschwister bei gesunden Eltern, ist davon auszugehen, dass bei einem der Elternteile ein Keimzellmosaik vorliegt und damit auch ein entsprechend erhöhtes Wiederholungsrisiko gegeben ist.

Tab. 10.13: Achondroplasie.

Fehlbildung	Skelettdysplasie: Achondroplasie
Häufigkeit	1:20.000
Ursachen	meist Neumutationen im FGFR3-Gen
Klinik	– disproportionierter Kleinwuchs mit Endhöhe von ca. 120 bis 140 cm – relative oder absolute Makrozephalie – kurze plumpe Extremitätten – Kyphose und Lordose – muskuläre Hypotonie, motorische Entwicklungsverzögerung – ggfs. neurologische Symptome durch Einengung im Bereich von Foramen magnum und Spinalkanal
Ultraschallbefunde	– verkürzte Extremitäten ab der etwa 22. bis 24. SSW – relative Makrozephalie mit vorgewölbter Stirn und eingesunkener Nasenwurzel – ggfs. kurze Hände und Füße – Hydramnion
Pränatale Diagnostik	– Ultraschalldiagnostik – Mutationsanalyse FGFR3

Osteogenesis imperfecta

Die Osteogenesis imperfecta (OI) stellt eine Gruppe klinisch und molekulargenetisch verwandter Erkrankungen dar, die jeweils auf Störungen des Kollagenhaushalts zurückzuführen und durch eine verminderte Knochendichte gekennzeichnet sind (Tab. 10.14). Insbesondere ist die Synthese von Kollagen Typ I gestört. Mutationen in unterschiedlichen Genen, deren wichtigste das *COL1A1*-Gen und das *COL1A2*-Gen sind (zusammen ca. 90 bis 95 % der genetischen Ursachen für OI) führen zu Strukturveränderungen des Kollagens. Die Erkrankungen gehen mit einer erhöhten Brüchigkeit der Knochen einher (Glasknochenkrankheit). Das Spektrum von Krankheitszeichen bei den Formen der OI insgesamt ist sehr weit und bewegt sich zwischen etwas vermehrter Knochenbrüchigkeit in Kombination mit weiteren Zeichen der Bindegewebsstörung bis hin zu schwersten Formen, die nicht mit dem Leben vereinbar sind. Die OI hat eine Häufigkeit von 1:10.000 bis 1:15.000 und wird in den meisten Formen autosomal-dominant vererbt. Bei den schweren Formen entstehen die meisten Mutationen *de novo*: Das gilt insbesondere für die perinatal letale Form OI Typ 2 und die progressiv deformierende Form OI Typ 3. Bei der klassischen nicht-deformierenden OI Typ I oder bei Typ 4 entstehen etwa 60 % *de novo*, die anderen sind familiärer Herkunft. Im Spektrum der milderen Formen ist das familiäre Auftreten also nicht selten – durchaus auch mit sehr unterschiedlichem Grad der Symptomatik bei Betroffenen innerhalb einer Familie. Bei Patienten mit Mutationen in den Typ1-Kollagen-Genen *COL1A1* und *COLA1A2* werden folgende vier Erkrankungstypen klassifiziert.

- **OI Typ I** (*classic non-deforming OI with blue sclerae*) als häufigste Form (~50 %) mit einer milden Verlaufsform und mäßiger Knochenbrüchigkeit, blauen Skleren, vorzeitiger Schwerhörigkeit, normaler Körperhöhe ohne Knochenverbiegungen.
- **OI Typ II** (*perinatally lethal OI*) als schwerste Verlaufsform mit multiplen Rippenfrakturen, Hypomineralisation des Schädels, Platyspondylie, Verkürzung der langen Röhrenknochen durch Kompression, multiplen Frakturen und Deformitäten.
- **OI Typ III** (*progressively deforming OI*) in ~5 % der Fälle, charakteristisch sind phänotypische Variabilität, Grazilität von Rippen und Röhrenknochen, abnorme Kochenbrüchigkeit (Kindheitsphase >100), ausgeprägter Kleinwuchs, schwere Deformitäten, Schwerhörigkeit.
- **OI Typ IV** (*common variable OI with normal sclerae*), klinische Variabilität, charakterisiert durch milde bis mäßige Ausprägung, mäßige Knochenbrüchigkeit, ggf. Kleinwuchs, milde bis mäßige Skelettdeformitäten. Die klinische Variabilität wird vermutlich durch modifizierende Gene beeinflusst.

Zusätzlich sind weitere seltenere klinische Formen klassifiziert worden. In Einzelfällen mit schwerer klinischer Symptomatik wurden Mutationen in anderen Genen gefunden (z. B. *CRTAP, LEPRE1, PPIB*). Therapeutische Ansätze umfassen neben physikalischen und orthopädischen Maßnahmen die pharmakologische Behandlung mit Bisphosphonaten.

Tab. 10.14: Osteogenesis imperfecta.

Fehlbildung	**Skelettdysplasie: Osteogenesis imperfecta**
Häufigkeit	6 bis 7:100.000, dabei mehr als die Hälfte Typ 1 und Typ 4 zusammen
Ursachen	– meist autosomal-dominante Mutationen in den Kollagengenen *COL1A1* und *COL1A2* – Neumutationen und familiäre Herkunft der Mutation
Klinik	– Knochenbrüchigkeit – Skelettdeformation, Kleinwuchs – Schwerhörigkeit – Dentinogenesis imperfecta
Ultraschallbefunde	– abhängig vom Schweregrad/Typ: Letale Form vor der 20. SSW mit Hypomineralisation, multiple Rippenfrakturen, Verkürzung und Frakturzeichen an den langen Röhrenknochen – bei milderen Formen pränatale Frakturen oder Deformierungen: einzelne Frakturen ggf. mit Verbreiterung durch Kallusformation
Pränatale Diagnostik	– Ultraschalldiagnostik – Mutationsanalyse *COL1A1* und *COL1A2* – ggf. Mutationsanalyse *CRTAP*, *LEPRE1*, *PPIB*

Symptome am Skelett können daneben durch Disruptionen entstehen oder im Rahmen von Assoziationen oder Syndromen vorkommen. Außerhalb der einführenden Systematisierung der organstrukturellen Entwicklungsstörungen wird auch der Begriff der Dysostosen gebraucht: Dysostosen betreffen einzelne Knochen oder bestimmte Regionen des Skeletts. Sie entsprechen in ihrer Entstehung im Wesentlichen einer Fehlbildung. Da es sich dabei in der Regel um die erkennbare Auswirkung des angenommenen Fehlerereignisses handelt, ist – wenn man den Einfluss des Wachstums berücksichtigt – aus dem vorgeburtlichen Befund bereits vergleichsweise gut auf die spätere Symptomatik zu schließen.

Nach der aktuellen Klassifikation genetisch bedingter Skeletterkrankungen von 2010 betreffen mehrere Gruppen die Dysostosen, anatomischen Kriterien der Beteiligung des Skeletts entsprechend. Während zusätzliche Kriterien grundlegende Prinzipien der Pathogenese widerspiegeln, wird mit zunehmendem Erkenntnisgewinn über die genetischen Ursachen der zahlreichen komplexen Entitäten mit Skelettbeteiligung immer deutlicher, wie ausgeprägt die Heterogenität von Skelettentwicklungsstörungen ist.

Zu den Entitäten mit Dysostosen werden die Kraniosynostose-Syndrome gezählt.

Kraniosynostosen

In Hinblick auf die Störungen im Prozess der Schädelnahtverknöcherung gehören Fibroblastenwachstumsfaktor (*FGF*)-Gene und Fibroblastenwachstumsfaktor-Rezeptor (*FGFR*)-Gene zu den am besten untersuchten. Fibroblastenwachstumsfaktoren sind in eine Reihe von Entwicklungskaskaden eingebunden, die die allgemeine embryonale Entwicklung betreffen (Zellmigration im Stadium der Gastrulation, epitheliomesenchymale Transition, z. B. bei der Ausbildung der Extremitätenknospen, Induktion des Neuroderms aus ektodermalen Zellen). Bei der Entwicklung des Kraniums sind die Fibroblastenwachstumsfaktoren dann speziell an der Entwicklung der epithelialen wie auch der mesenchymalen Vorstufen der Gesichts- und Schädelknochen (aus Zellen der Neuralleiste) beteiligt. Zwischen der 8. und 13. Woche der Entwicklung entstehen die Schädelknochen durch intramembranöse Ossifikation. Während der normalen Entwicklung verbleiben die Schädelnähte unossifiziert, während die intramembranöse Ossifikation in den Wachstumszonen fortschreitet. Das erfordert die Koordination zwischen der Existenz unreifer Mesenchymzellen und der Bildung von Osteoblasten (sowie die Interaktion mit osteoklastischen Zellen). Hohe Spiegel von Fibroblastenwachstumsfaktoren sind mit der Zelldifferenzierung zu Osteoblasten verbunden (Abb. 10.13, Tab. 10.15).

Vermehrte FGFR1-Signale scheinen in diesem Kontext zu einer prematuren Fusion der Nähte zu führen, während vermehrte FGFR2- und FGFR3-Signale die Proliferation von Vorläuferzellen der Osteoblasten steigern.

Kraniosynostosen (Abb. 10.13) können zunächst als einfache (eine betroffene Naht) oder komplexe (mehrere betroffene Nähte) Ossifizierungsstörungen des Schä-

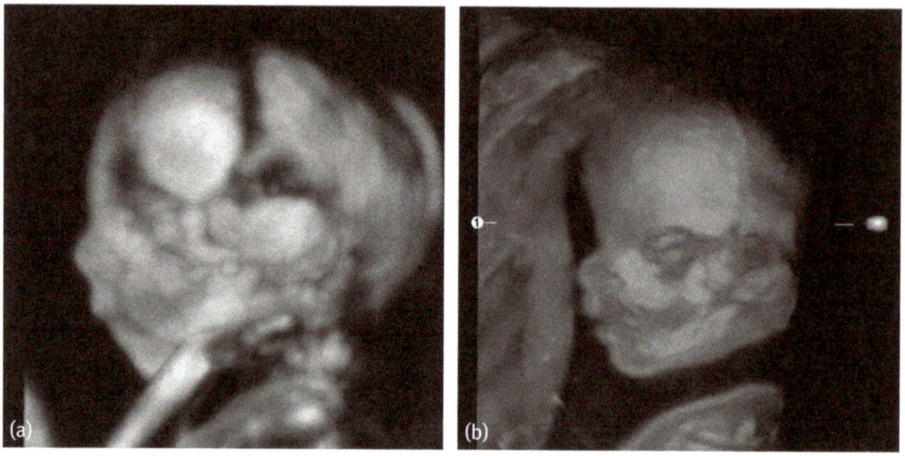

Abb. 10.13: 3-D Ultraschall-Skelett-Modus: a) Darstellung des Schädels mit offener Koronarnaht (Normalbefund); b) Schädel mit geschlossener Naht in Verbindung mit prominenter Stirn beim Muenke Syndrom.

dels vorkommen. Kraniosynostosen können weiterhin isoliert oder im Rahmen übergeordneter Entitäten vorkommen. Die Kraniosynostose der Sagittalnaht – mit der klinischen Konsequenz der Skaphozephalie – ist die häufigste einfache Kraniosynostose und betrifft etwa 40–50 % der Patienten. An zweiter Stelle steht die Koronarnahtsynostose in 20 bis 25 % der Betroffenen, die zumeist das Bild einer (anterioren) Plagiozephalie aufweisen. Eine Trigonozephalie durch Synostose der Sutura metopica tritt bei etwa 15 % und eine posteriore Plagiocephalie durch einseitige Synostose der Lambdanaht bei bis zu 5 % der Betroffenen auf. Bei etwa 5 bis 15 % der Betroffenen sind mehrere Nähte beteiligt. Die genetischen Grundlagen der isolierten Schädelnahtsynostosen sind – speziell auch im Vergleich zu denen der syndromalen Formen, vgl. unten – bisher wenig verstanden. Neben primären genetischen Ursachen sind auch intrauterine Faktoren vorstellbar, die z. B. die FGFR2-Aktivität an den Wachstumszonen beeinflussen.

Bei Patienten mit jeweils isolierter Sagittalnahtsynosose, Trigonozephalie und Lamdanahtsynosose lassen sich gegenwärtig in der Regel keine Genveränderungen darstellen.

Etwa 15 % der Kraniosynostosen kommen im Rahmen einer syndromalen Entität vor. Weitere Symptome betreffen dann insbesondere den Gesichtsschädel mit möglichen Auswirkungen auf Augen, Atemwege und Hörvermögen, das periphere Extremitätenskelett (z. B. bei den Kraniosynostose-Polysyndaktylie-Syndromen), ggf. das ZNS und innere Organe. Mittlerweile wurden mehr als 180 Kraniosynostosesyndrome identifiziert, mehr als 60 ursächliche Mutationen wurden gefunden. Die meisten Mutationen betreffen das *FRFR2*-Gen. Andere bedeutsame Gene im Zusammenhang mit Kraniosynostose-Syndromen sind *FGFR1*, *FGFR3*, *TWIST*, *MSX2* und *EFNB1*. Die wichtigsten Formen der Kraniosynostose-Syndrome haben eine autosomal-dominante Grundlage, andere Erbgänge wie z. B. X-chromosomal beim kraniofrotonasalen Syndrom kommen vor. Bei den ursächlichen Genveränderungen handelt es sich häufig um Neumutationen. Daneben ist zu bedenken, dass auch familiäre Formen vorkommen, wobei die weitere Symptomatik bei Kraniosynostose-Syndromen subtil und die Variabilität bei Betroffenen innerhalb einer Familie beträchtlich sein kann.

So weist die Darstellung der ursächlichen Mutationen bei ca. 10 % der Betroffenen mit komplexer Nahtsynostose bzw. ca. 33 % der Betroffenen mit bilateraler Koronarnahtsynostose darauf hin, dass auch bei syndromalen Formen nicht regelmäßig richtungsweisende zusätzliche Symptome auftreten müssen. Beispielsweise ist gerade beim Muenke-Syndrom die Weitergabe der ursächlichen Mutation im *FGFR3*-Gen durch ein mild betroffenes Elternteil bekannt.

Daneben kommen – insbesondere in Kombination mit Symptomen, die andere Organsysteme betreffen – Kraniosynostosen, z. B. der Sutura metopica oder der Koronarnaht auch bei strukturellen Chromosomenanomalien vor.

Tab. 10.15: Kraniosynostosen.

Fehlbildung	**Kraniosynostosen**
Häufigkeit	1:2500 Lebendgeborene
Ursachen	– 85 % isoliert, vor allem Sagittalnaht Synostose und Lamda Nahtsynosose – 15 % syndromal, vor allem bei Koronarnahtsynostose und bei zusätzlichen Symptomen
Klinik	– i. d. R. operationsbedürftige Schädeldeformation – obstruktive Atemstörungen – Hörstörungen, Augensymptome – Entwicklungsstörungen, neurologische Auffälligkeiten – ggf. weitere Symptome je nach Entität
Ultraschallbefunde	– auffällige Schädelform, ggf. mit Asymmetrie – Mittelgesichtshyoplasie, ggf. mit Exophthalmie – ggfs. Syndaktylie – ggfs. Balkenmangel
Pränatale Diagnostik	– Ultraschalldiagnostik – Chromosomenanalyse, ggfs Array-Analyse – Mutationsanalyse *FGFR3*, ggfs. *FGFR1*, *FGRF2*, *TWIST* je nach Symptomatik

Merk-Würdiges

- Skelettdysplasen zeigen eine Inzidenz von 0,5–1:2500.
- Es liegt eine massive Heterogenie vor. So gibt es mehr als 450 verschiedenen Entitäten von denen mehr als 300 mit ca. 220 verschiedenen Genen korreliert sind.
- Es gibt sowohl letale Formen wie die thanatophore Dysplasie (Häufigkeit 0,5–1:20.000) als auch eine breit gefächerte klinische Ausprägung wie bei der Ostegenesis imperfecta. Hier gibt es vier klassische Subtypen von letaler bis milder klinischer Ausprägung (Häufigkeit 6–7:100.000). Die fetale Ultraschalldiagnostik kann im zweiten Trimester Typ 2 und meist Typ 3 erkennen. Die konkrete Diagnose einer Skelettdysplasie ist primär radiologisch.
- Die Kraniosynostosen haben eine Prävalenz von 1:2500. In 15–20 % liegt eine syndromale Basis zugrunde. Bei den isolierten Formen ist die Ätiologie meist nicht zu ermitteln. Eine fetale Ultraschalldiagnose ist ab zweitem Trimester möglich.

10.1.7 Genitaltrakt

Als Störungen bzw. Varianten der Geschlechtsentwicklung des Menschen werden angeborene Variationen der genetischen, gonadalen, hormonalen und genitalen Anlagen eines Menschen verstanden, die nicht eindeutig mit einer Zuordnung zu den biologischen Kategorien „männlich" oder „weiblich" verbunden sind. Störungen bzw. Varianten der Geschlechtsentwicklung stellen eine heterogene Gruppe dar. Seit 2006 verwendet man in der internationalen wissenschaftlichen Literatur den Begriff Disorder(s) of Sex Development (DSD). Eine eingehende Darstellung der Ursachen, Häufigkeiten und des Vorgehens bei DSD ist in Kapitel 13 zu finden.

Um die Begriffswahl selbst gibt es eine Kontroverse, die verdeutlicht, dass die Medizin nicht ausschließlich naturwissenschaftlich, sondern auch kulturell und gesellschaftlich geprägt wird. Das gilt im Kontext der vorgeburtlichen Diagnostik z. B. für Ultraschallbefunde, die – entgegen den Erwartungen für die gegebene Schwangerschaftswoche – keine genaue Unterscheidung zwischen männlichem und weiblichem Genitale des Fetus zulassen. So lässt sich ein solcher Ultraschallbefund z. B. durch eine ausgeprägte Hypospadie erklären, die als isolierte Problematik nicht notwendigerweise die Kriterien der DSD erfüllt. Ebenso lässt ein vorgeburtlicher Ultraschallbefund mit kleinem Phallus und nicht klassisch darstellbarem Skrotum die Erklärung durch eine Androgenisieirung eines weiblichen Genitales zu. Unmittelbare Konsequenzen für die postnatale Betreuung können sich ergeben, speziell wenn als relevante Ursache der vorgeburtlichen Androgenisieirung eines weiblichen Genitales das Adrenogenitale Syndrom mit den Symptomen der Nebennierenrindeninsuffizienz berücksichtigt wird.

Eine vorgeburtliche Chromosomenanalyse – u. a. zur Darstellung des chromosomalen fetalen Geschlechts – ist zu empfehlen: Ggf. kann sich je nach chromosomalem fetalen Geschlecht und weiteren Befunden eine weitere gezielte Diagnostik anschließen. Wie bei den anderen organstrukturellen Symptomen gilt: Eine Störung in der Entwicklung des äußeren Genitale kann von anderen Symptomen begleitet sein und nur einen Teil einer übergeordneten Störung darstellen.

Das Adrenogenitale Syndrom

Das AGS kann Ursache einer pränatalen Geschlechtsauffälligkeit bzw. einer Diskrepanz zwischen sonographischem und chromosomalem Geschlecht beim weiblichen Fetus (XX DSD) sein. Etwa 95 % der Fälle von AGS werden durch Mutationen des *CYP21A2*-Gens verursacht. Das Gen ist neben anderen Genen an der Kortisol- und Aldosteronsynthese beteiligt. Die Mutationen werden autosomal rezessiv vererbt und führen bei bi-allelischer Verteilung zu einer fehlenden oder reduzierten Kortisol- und Aldosteronsynthese. Durch erhöhte Sekretion von ACTH und vermehrte Androgenbildung bereits während der Embryonalentwicklung kommt es zur Nebennierenrindenhyperplasie. Unbehandelt führt dies zum klinischen Bild des AGS (s. Kap. 13 und Kap. 11) mit im Ultraschall nachweisbarer Klitorishypertrophie und häufig auch Sinus urogenitalis. Zu den Möglichkeiten in der frühen Schwangerschaft bei bekanntem Risiko für klasisches AGS eines Embryos siehe Kapitel 11.2.2.

Merk-Würdiges

- Fetale Genitalauffälligkeiten können im Rahmen von Disorder(s) of sex development (DSD) vorkommen.
- Die Inzidenz fetaler Genitalauffälligkeiten oder -diskrepanzen im Ultraschall ist > 1:1000.
- Für DSD ist eine große Zahl ursächlicher Genmutationen bekannt.
- Die fetale Ultraschalldiagnostik muss abklären, ob eine isolierte Auffälligkeit vorliegt oder Begleitsymptome, ggf. syndromale Konstellationen, erkennbar sind.

10.2 Unspezifische Anomalien

10.2.1 Abnorme Fruchtwassermenge

Während bei der Bewertung der Oligohydramnie bzw. der Polyhydramnie genetische Aspekte allgemein nicht im Vordergrund stehen, sind bei beiden Situationen jedoch relevante genetische Ursachen möglich: Beim Oligohydramnion in Kombination mit Auffälligkeiten der Nieren (Hypoplasie/Agenesie, bilaterale multizystische oder polyzystische Veränderungen/Nierenvergrößerung) sind genetische Ursachen sowohl für Fehlbildungen (vgl. Kap. 10.1.5) als auch für fortschreitende Erkrankungen der Nieren wie bei der autosomal-rezessiven polyzystischen Nierenerkrankung (ARPKD) bekannt.

Bei ggf. infauster Prognose bei konsekutiver Potter-Sequenz ist auf die Bedeutung der jeweiligen Diagnose für die Abschätzung des Wiederholungsrisikos für weitere Kinder des Paares hinzuweisen. Nach dem gegenwärtigen Kenntnisstand sind für einen Teil der Betroffenen mit ARPKD die ursächlichen Genveränderungen darstellbar. Eine gezielte molekulargenetische Diagnostik kann im Einzelfall sinnvoll und möglich sein, die Indikation richtete sich z. B. nach den Ergebnissen einer feingeweblichen Untersuchung der fetalen Niere.

Zu den Ursachen für eine Oligohydramnie, speziell in Kombination mit fetalem Wachstumsrückstand gehören insbesondere auch numerische und strukturelle Chromosomenanomalien. Eine vorgeburtliche Chromosomenanalyse/Fruchtwasseruntersuchung kann weiteren Aufschluss geben und ist insbesondere im Falle von Hinweisen auf organstrukturelle fetale Auffälligkeiten bedeutsam. Das gilt zunehmend auch für die vorgeburtliche Analyse submikroskopisch kleiner Strukturanomalien der Chromosomen durch Array-CGH.

Bei etwa 1% aller Schwangerschaften findet sich eine vermehrte Fruchtwassermenge. Insbesondere drei Ursachengruppen für die Polyhydramnie berühren genetische Aspekte: Passagestörungen des Magen-Darm-Traktes (vgl. Kap. 10.1.4) können im Rahmen von Chromosomenanomalien vorkommen.

Störungen des fetalen Schluckaktes mit oder ohne allgemeine Beeinträchtigung der fetalen Bewegungsmöglichkeiten (Hypokinesie/Akinesie) können eine Polyhydramnie erklären. So konnten in jüngerer Zeit ein Teil der Ursachen für die heterogene Gruppe der Erkrankungen mit frühmanifester Bewegungsstörung des Fetus molekulargenetisch dargestellt werden. Viele haben eine autosomal-rezessive Grundlage, verbunden mit einem Wiederholungsrisiko von 1:4 für weitere Kinder des Paares. Hinweise auf fetale Bewegungsstörungen wie z. B. Fußfehlstellungen und/oder Pterygien verdienen besondere Beachtung.

Als dritter Aspekt soll berührt werden, dass eine Polyhydramnie – speziell in Kombination mit großer Plazenta – im Rahmen genetisch bedingter Großwuchssyndrome auftreten kann.

10.2.2 Intrauteriner Wachstumsrückstand (IUGR)

Eine intrauterine Wachstumsrestriktion (IUGR = intrauterine growth restriction) ist ein reduziertes fetales Wachstum unterhalb der 5. Perzentile. Vergleichbar der abweichenden Fruchtwassermenge, stehen im Allgemeinen genetische Ursachen nicht im Vordergrund der Ursachen für eine IUGR.

Umso bedeutsamer ist die Beachtung solcher Ursachen, wenn es um prognostische Aspekte geht. Unter den bekannten genetischen Ursachen besteht eine Abhängigkeit der Zukunftsaussichten nicht vordergründig vom Ausmaß des Wachstumsrückstandes, sondern von dessen Ursache: Fetale Entwicklungsstörungen selbst – gegebenenfalls in Kombination mit Entwicklungsstörungen der Plazenta – können im Rahmen genetisch bedingter Entitäten zu einem fetalen Wachstumsrückstand führen. Dazu gehören zunächst wiederum numerische und strukturelle Chromosomenanomalien. Eingeschlossen sind dabei auch Mikrodeletionssyndrome wie Mikrodeletionssyndrom 4p (Wolf-Hirschhorn-Syndrom) oder Mikrodeletionssyndrom 22q11.2. Zusätzliche fetale Ultraschallauffälligkeiten können einen Hinweis auf eine übergeordnete Problematik darstellen. Als genetische Ursachen für eine IUGR kommen auch monogen bedingte Entitäten in Betracht wie zum Beispiel Smith-Lemli-Opitz-Syndrom oder Silver-Russell-Syndrom. Die Indikation zu einer – in der Regel gezielten – diesbezüglichen vorgeburtlichen Diagnostik hängt nach dem gegenwärtigen

Wissensstand von richtungsweisenden zusätzlichen Symptomen ab und ist bei den oft unspezifischen Zeichen selten zielführend. Im Einzelfall ist die Abgrenzung einer IUGR von einer nicht-letalen fetalen Skelettdysplasie schwierig. Das Wissen um die monogen bedingte isolierte IUGR ist noch sehr unvollständig. Man hat z. B. Type I insulin-like growth factor receptor-Gen-Mutationen beobachtet. Vermutlich sind solche Ursachen für eine IUGR sehr selten.

10.2.3 „Marker"

Oft unspezifischen Charakter tragen auch die so genannten „Marker" für Chromosomenanomalien. In der Gruppe der untersuchten Feten mit einem „Marker"-Befund lag öfter eine Chromosomenaberration vor als in der Gruppe derjenigen ohne den Befund. Daraus resultiert dann aus dem Befund eine Risikoerhöhung für eine der wichtigsten numerischen Chromosomenaberrationen.

Die Systematik der „Marker" ist nicht abgeschlossen. Daher ist im Einzelfall für einen Befund seine Stellung innerhalb der Reihe der „Marker" für die wichtigsten numerischen Chromosomenaberrationen noch nicht sicher bestimmt bzw. einem Wandel unterworfen. Ein Teil der „Marker" wurde in Systeme einer individuellen Risikoberechnung einbezogen.

Insgesamt ist zu beachten, dass die meisten „Marker" zwar in Hinblick auf die vorgeburtliche Erkennung der wichtigsten numerischen Chromosomenaberrationen wie insbesondere Trisomie 21 etabliert wurden, jedoch nicht spezifisch für diese sind. Eine vorgeburtliche Diagnostik ausschließlich bezogen auf die wichtigsten numerischen Chromosomenaberrationen wie z. B. mittels NIPT muss im Einzelfall kritisch bewertet werden.

Einerseits trägt die Berücksichtigung der unterschiedlichen „Marker" der Tatsache Rechnung, dass bei einer Kombination von auffälligen fetalen Ultraschallbefunden die Wahrscheinlichkeit für eine übergeordnete – z. B. genetisch bedingte – Ursache größer ist als bei einem isolierten Befund und kann daher bei der vorgeburtlichen Diagnostik sehr hilfreich sein. Andererseits sollte bei der Bewertung und Vermittlung solcher Befunde berücksichtigt werden, dass ihnen in der Regel kein unmittelbarer Krankheitswert innewohnt und sie sich zum Beispiel als gewisse Entwicklungsimbalancen erklären lassen.

10.3 Literatur

Becker R, Keller T, Wegner R-D, Neitzel H, Stumm M, Knoll U. Consanguinity and pregnancy outcomes in a multi-ethnic, metropolitan European population. Prenat Diagn 2015; 35(1): 81–9.

Chaoui R, Hehr U. Pränataldiagnostik bei fetaler Mikrozephalie. Medgen 27, 351–361, 2015.

Entezami M, Albig M, Gasiorek-Wiens A, Becker R. Sonographische Fehlbildungsdiagnostik. Stuttgart, New York: Thieme Verlag, 2001.

Gelb BD. Recent advances in understanding the genetics of congenital heart defects. Curr Opin Pediatr 2013; 25(5): 561–6.

Hemming V, Rankin J. Small intestinal atresia in a defined population: occurrence, prenatal diagnosis and survival. Prenat Diagn 2007; 27(13): 1205–11.

Krakow D. Skeletal Dysplasias. Clin Perinatol 2015; 42(2): 301–19, viii.

Leslie EJ, Marazita ML. Genetics of cleft lip and cleft palate. Am J Med Genet C Semin Med Genet 2013; 163C(4): 246–58.

Mochida GH. Genetics and biology of microcephaly and lissencephaly. Semin Pediatr Neurol 2009; 16(3): 120–6.

Queißer-Luft A, Spranger J. Fehlbildungen bei Neugeborenen – Congenital Malformations. Dtsch Arztebl 2006; 103(38): A-2464/B-2136/C-2060.

Teven CM, Farina EM, Rivas J, Reid RR. Fibroblast growth factor (FGF) signaling in development and skeletal diseases. Genes Dis 2014; 1(2): 199–213.

Warman ML, Cormier-Daire V, Hall C, Krakow D, Lachman R, LeMerrer M, u. a. Nosology and classification of genetic skeletal disorders: 2010 revision. Am J Med Genet A 2011; 155A(5): 943–68.

Rolf-Dieter Wegner, Markus Stumm und Ute Knoll

11 Genetisch bedingte Störungen – Chromosomenaberrationen und monogene Erkrankungen

11.1 Chromosomenstörungen

Bei **numerischen Aberrationen** wird die Anzahl ganzer Chromosomen oder Chromosomensätze durch eine meiotische oder mitotische Fehlverteilung verändert. Im Gegensatz dazu finden bei **strukturellen Aberrationen** chromosomale Umbauten innerhalb eines oder mehrerer Chromosomen statt.

11.1.1 Polyploidien

Das mehr als zweifache Vorliegen des gesamten haploiden Chromosomensatzes in einer Zelle nennt man Polyploidie. In einigen Zellen des menschlichen Körpers, wie in Leberzellen oder den Zellen des Synzytiotrophoblasten, kommen Polyploidien im natürlichen Kontext vor. Betreffen Polyploidien jedoch den gesamten Köper, haben sie einen pathologischen Charakter. Polyploidien werden auch häufig in Tumorzellen nachgewiesen.

11.1.2 Triploidie

Das dreifache Vorliegen des haploiden Chromosomensatzes wird als Triploidie bezeichnet und je nach der Konstellation der Geschlechtschromosomen als Karyotyp **69,XXY, 69,XYY** oder **69,XXX** geschrieben.

Ursache von Triploidien ist in ca. 40 % der Fälle eine Fehlfunktion des Spindelapparates in der 1. und 2. meiotischen Teilung der Eizellen. Die daraus resultierende Zygote trägt dann zwei maternale Chromosomensätze **(digyne Triploidie).** In ca. 60 % der Fälle entsteht die Triploidie durch eine Doppelbefruchtung mit zwei Spermien oder eine fehlende Chromosomenverteilung in einem Spermium. Die daraus resultierende Zygote trägt dann zwei paternale Chromosomensätze **(diandrische Triploidie).** Das maternale Alter ist kein Risikofaktor für die Entstehung von Triploidien.

Ungefähr 1–2 % aller Konzeptionen weisen eine Triploidie auf, die meist in einem Spontanabort endet. Mit ca. 7,5 % gehören die Triploidien mit zu den häufigsten Ursachen von Spontanaborten, und nur in sehr seltenen Fällen werden Kinder mit einer Triploidie lebend geboren. Die Häufigkeit liegt unter 1:30.000 (s. Tab. 11.1).

Die digyne Triploidie (zwei maternale und ein paternaler Chromosomensatz) ist durch einen extremen fetalen Wachstumsrückstand mit einer kleinen, fibrotischen Plazenta charakterisiert. Im Gegensatz dazu entwickelt sich bei der diandrischen Tri-

Tab. 11.1: Triploidie.

Syndrom	Triploidie
Häufigkeit	< 1:30.000
Genotyp	– ca. 50 % 69,XXX – ca. 50 % 69,XXY – <1 % 69,XYY
Phänotyp	– Hypotrophie – angeborene Fehlbildungen – Gesichtsdysmorphien – ZNS-Fehlbildungen – Syndaktylien
Ultraschallbefunde	– auffällige Plazenta – Oligohydramnion – schwere Wachstumsrestriktion – ZNS-Fehlbildungen, Holoprosenzephalie – Herzfehler und Nierenfehlbildungen – Syndaktylien (3. und 4. Finger; 2. und 3. Zehe)
Diagnostik	– pränatale Ultraschalldiagnostik – maternale Serumdiagnostik – pränatale und postnatale Chromosomenanalyse

ploidie (zwei männliche und ein weiblicher Chromosomensatz) eine große Plazenta mit hydatidiformer Degeneration und mäßiger Wachstumsretardierung des Feten. Eine hydatidiforme Degeneration der Plazenta kann im 2. Trimenon bei der Schwangeren zu einer schweren therapieresistenten Gestose führen. Charakteristisch dafür sind eine niedrige Östriol-Ausscheidung sowie ein exzessiv erhöhter Serum-Choriongonadotropin-Wert. Die unterschiedliche Entwicklung der digynischen und diandrischen Triploidie ist auf Imprintingeffekte zurückzuführen (s. Kap. 12).

Weitere phänotypische Auffälligkeiten sind u. a. Syndaktylien, ungleich lange Finger und Zehen, Gesichtsdysmorphien, ZNS-Fehlbildungen wie Holoprosenzephalie, Herz- und Nierenfehlbildungen. Reine Triploidien führen in den meisten Fällen schnell zum Tod, nur im Mosaikstatus ist je nach Ausprägung des Mosaiks ein längerfristiges Überleben möglich.

11.1.3 Tetraploidie

Das vierfache Vorliegen des haploiden Chromosomensatzes bezeichnet man als Tetraploidie. Tetraploidien treten sehr viel seltener als Triploidien auf und sind bei lebenden Neugeborenen nur in sehr seltenen Fällen beschrieben. Nur im Mosaikstatus mit einer normalen diploiden Zelllinie steigt die Überlebenschance betroffener Feten.

Polyploidien werden aufgrund ihrer schweren Fehlbildungen in den allermeisten Fällen bereits bei Ultraschalluntersuchungen im ersten Trimester erkannt. Eine definitive diagnostische Aussage erfolgt durch eine invasive Pränataldiagnostik.

11.1.4 Autosomale Aneuploidien

Die meisten autosomalen Aneuploidien enden mit einer spontanen Fehlgeburt bereits vor der 12. Schwangerschaftswoche. Damit sind sie vom Zeitpunkt der Konzeption an gesehen die häufigste Todesursache des Menschen. Spezifische Aneuploidien treten je nach chromosomalem Ursprung mit unterschiedlicher Häufigkeit auch bei Lebendgeburten auf.

Trisomie 21 – Down-Syndrom

Die Trisomie 21 ist die häufigste Aneuploidie des Menschen. Die Häufigkeit bei Neugeborenen hängt stark von demographischen Faktoren ab und beträgt heute 1:500 bis 1:800. Das männliche Geschlecht ist etwas häufiger betroffen als das weibliche (1,3:1). Das Risiko für ein Kind mit Trisomie 21 steigt mit dem Alter der Mutter. Im Alter von 29 Jahren liegt es bei 1:1.000 und steigt bis zum Alter von 40 Jahren auf ein Risiko von 9:1.000. Die Trisomie 21 entsteht am häufigsten durch eine Fehlverteilung während der Meiose der Eizellen. Die Trisomie 21 führt zum klinischen Bild des Down-Syndroms (s. Tab. 11.2).

Das Down-Syndrom ist die häufigste genetische Ursache für geistige Behinderung beim Menschen. Der IQ von Betroffenen liegt im Durchschnitt bei 50, wobei in Einzelfällen starke Abweichungen auftreten können. Die soziale und emotionale Entwicklung ist jedoch meist unauffällig. Der Phänotyp ist ebenfalls variabel, aber häufig durch ein typisches faziales Erscheinungsbild, Vierfingerfurchen, Sandalenlücken und Organfehlbildungen, besonders am Herzen, charakterisiert. Die Entwicklung von Kindern mit Down-Syndrom ist pränatal und postnatal verzögert, die Körpergröße von Erwachsenen beträgt durchschnittlich 150 cm. Menschen mit Down-Syndrom neigen zusätzlich zur Entwicklung der Alzheimer-Erkrankung, leiden häufig an einer Immunschwäche und haben ein 10- bis 20-fach erhöhtes Risiko, an Leukämien zu erkranken. Die durchschnittliche Lebenserwartung liegt heute dennoch bei ca. 60 Jahren. Eine pränatale Risikoabschätzung ist im Rahmen des Ersttrimester-Screenings (ETS) möglich. Eine definitive diagnostische Aussage kann aber nur durch eine invasive Pränataldiagnostik erfolgen. Seit kurzem besteht auch die Möglichkeit der nicht-invasiven molekulargenetischen Pränatalanalyse an zellfreier fetaler DNA aus mütterlichem Blut (s. Kap. 8).

Tab. 11.2: Down-Syndrom.

Syndrom	Down-Syndrom
Häufigkeit	1:500–1:800
Genotyp	– 95 % freie Trisomie 21 – 3 % Translokationstrisomie 21 – 2 % Trisomie-21-Mosaike
Phänotyp	– organische Fehlbildungen (Herzfehler, Duodenalstenose) – geringe Körperhöhe – faziale Dysmorphien – Intelligenzminderung
Ultraschallbefunde	– verdickte Nackenfalte – Hydrops fetalis – Wachstumsretardierung – verkürzter Femur und Humerus – Herzfehler – Duodenalstenose – Omphalozele
Diagnostik	– pränatale Risikoabschätzung – pränatale Ultraschalldiagnostik – pränatale und postnatale Chromosomenanalyse – NIPT an zellfreier fetaler DNA

Trisomie 18 – Edwards-Syndrom

Die Trisomie 18 ist nach der Trisomie 21 die zweithäufigste Trisomie und tritt heute mit einer Häufigkeit von ca. 1:8.000 unter Neugeborenen auf. Dabei ist die unterschiedliche Geschlechtsverteilung mit einer deutlichen Häufung im weiblichen Geschlecht (>75 %) auffällig. Auch bei dieser Trisomie korreliert eine erhöhte Wahrscheinlichkeit mit dem steigenden Alter der Mutter. Ursächlich ist auch hier in den meisten Fällen eine freie Trisomie 18, die überwiegend aus einer meiotischen Fehlverteilung der Mutter resultiert. Mosaike sind selten, Translokationen vollständiger Chromosomen äußerst selten. Die Quote an Spontanaborten und Totgeburten ist bei der Trisomie 18 sehr hoch (s. Tab. 4.3).

Lediglich 5 % der Konzeptionen mit Trisomie 18 überleben bis zur Geburt. Postnatal versterben die meisten Kinder innerhalb des ersten Lebensjahres. Betroffene Kinder haben häufig kraniofaziale Fehlbildungen mit Lippen-Kiefer-Gaumenspalten. Gehirnfehlbildungen sind variabel und schließen die Holoprosenzaphalie, die Balkenagenesie und den Hydrozephalus ein. Typische Zeichen für eine Trisomie 18 sind eine Flexionskontraktur der Finger mit einer Fingerüberlagerung sowie sogenannte Tintenlöscherfüße mit abgeflachtem Fußgewölbe und prominenter Ferse. Klumpfüße werden ebenfalls in vielen Fällen beschrieben. Bei der überwiegenden Zahl der be-

Tab. 11.3: Edwards-Syndrom.

Syndrom	Edwards-Syndrom
Häufigkeit	1:8.000
Genotyp	– 90 % freie Trisomie 18 – 5 % Partielle Trisomien – 5 % Mosaike
Phänotyp	– Hypotrophie – schwere Entwicklungsstörung – organische Fehlbildungen wie Herzfehler, Omphalozele, LKGS – faziale Dysmorphien – Flexionskontraktur der Finger, prominenter Calcaneus
Ultraschallbefunde	– Verdickte Nackenfalte – Frühe Wachstumsrestriktion – Hydramnion – Neuralrohrdefekte, Omphalozele – Herzfehler – eingeschlagene Finger mit Überkreuzungen – Tintenlöscherfüße
Diagnostik	– pränatale Risikoabschätzung – pränatale Ultraschalldiagnostik – pränatale und postnatale Chromosomenanalyse – NIPT an zellfreier fetaler DNA

troffenen Kinder treten auch Fehlbildungen des Herzens auf. Bereits vorgeburtlich kommt es zu einer intrauterinen Wachstumsrestriktion. Eine pränatale Risikoabschätzung ist auch für die Trisomie 18 im Rahmen des Ersttrimester-Screenings (ETS) möglich. Eine definitive diagnostische Aussage kann aber ebenfalls nur durch eine invasive Pränataldiagnostik erfolgen. Es besteht auch die Möglichkeit der nicht-invasiven molekulargenetischen Pränatalanalyse an zellfreier fetaler DNA aus mütterlichem Blut, jedoch ist die Testgenauigkeit nicht so zuverlässig wie die entsprechende Trisomie-21-Diagnostik (s. Kap. 8).

Trisomie 13 – Pätau-Syndrom

Die Trisomie 13 ist die dritthäufigste autosomale Trisomie des Menschen und tritt mit einer Häufigkeit von ca. 1:10.000 unter Neugeborenen auf. In den meisten Fällen liegt auch hier eine freie Trisomie 13 vor. Die Häufigkeit der Trisomie korreliert auch hier mit dem Alter der Mutter. Die Rate von Aborten und Totgeburten ist etwas niedriger als bei der Trisomie 18 (Tab. 4.3). Die Prognose für lebendgeborene Kinder ist jedoch sehr schlecht, sie haben schwerste körperliche und geistige Behinderungen (s. Tab. 11.4).

Tab. 11.4: Pätau-Syndrom.

Syndrom	Pätau-Syndrom
Häufigkeit	1:10.000
Genotyp	– 95 % freie Trisomie 13 – 3 % Translokationstrisomie 13 – 2 % Trisomie-13-Mosaike
Phänotyp	– Hypotrophie – Schwere Entwicklungsstörung – Mikrozephalie – organische Fehlbildungen, Herzfehler LKGS – faziale Dysmorphien
Ultraschallbefunde	– frühe Wachstumsrestriktion – Holoprosenzephalie – beidseitige Lippen-Kiefer-Gaumenspalte – Mikrophthalmie – Polydaktylie – Herzfehler
Diagnostik	– pränatale Risikoabschätzung – pränatale Ultraschalldiagnostik – pränatale und postnatale Chromosomenanalyse – NIPT an zellfreier fetaler DNA

Die Trisomie 13 ist durch das häufige Auftreten von Holoprosenzephalie unterschiedlichen Schweregrades, Mikrozephalie, beidseitige Lippen-Kiefer-Gaumenspalten und Mikrophthalmie charakterisiert. Lebend geborene Kinder mit dem Pätau-Syndrom sind häufig blind, taub und leiden unter Epilepsien. Häufig tritt auch eine postaxiale Hexadaktylie auf. Auch die inneren Organe zeigen Fehlbildungen. Schwere Organveränderungen des Herzens und der Nieren führen dazu, dass viele Feten schon vor der Geburt sterben. Lebend geborene Kinder sterben oft innerhalb des ersten Lebensjahres, ein Überleben bis ins Erwachsenenalter ist sehr selten. Als weitere Befunde können Genitalhypoplasie, intestinale Malrotation, Skalpdefekte sowie hyperkonvexe Fingernägel auftreten. Auch für die Trisomie 13 ist eine pränatale Risikoabschätzung im Rahmen des Ersttrimester-Screenings (ETS) möglich. Eine definitive diagnostische Aussage kann aber auch hier nur durch eine invasive Pränataldiagnostik erfolgen. Es besteht auch die Möglichkeit der nicht-invasiven molekulargenetischen Pränatalanalyse an zellfreier fetaler DNA aus mütterlichem Blut, jedoch ist die aktuelle Testgenauigkeit nicht so zuverlässig wie die entsprechende Trisomie-21-Diagnostik (s. Kap. 8).

Als seltene Aneuploidien können auch Trisomien von anderen Chromosomen (z. B. Trisomie 8, 9 oder 10) auftreten, speziell als Mosaik. Komplette Trisomien dieser Chromosomen sind in der Regel nicht mit dem fetalen Überleben vereinbar.

11.1.5 Gonosomale Aneuploidien

Fehlverteilungen der Geschlechtschromosomen (= Gonosomen) resultieren in weniger stark auffälligen Phänotypen als autosomale Aneuploidien.

Klinefelter-Syndrom

Das Klinefelter-Syndrom ist die häufigste Fehlverteilung der Geschlechtschromosomen. Die Häufigkeit bei männlichen Neugeborenen beträgt etwa 1:800. Es existiert ein signifikanter maternaler Alterseffekt mit einer Inzidenz von 1:2.500 mit 33 Jahren und 1:300 mit 43 Jahren. Die Chromosomenkonstitution ist durch zwei X-Chromosomen und ein Y-Chromosom gekennzeichnet, damit liegt der Karyotyp 47,XXY vor. Aufgrund des Y-Chromosoms sind die Patienten phänotypisch männlich. In seltenen Fällen können auch zwei (48,XXXY) oder drei (49,XXXXY) zusätzliche X-Chromosomen vorkommen. Bei steigender Zahl der X-Chromosomen verstärken sich in der Regel die phänotypischen Auffälligkeiten der Betroffenen, auch eine intellektuelle Einschränkung wird dann deutlich. Bei Mosaiken ist eher mit einer Abschwächung der phänotypischen Merkmale zu rechnen (s. Tab. 11.5).

Tab. 11.5: Klinefelter-Syndrom.

Syndrom	Klinefelter-Syndrom
Häufigkeit	1:800
Genotyp	– Häufig 47,XXY – Selten 48,XXXY, 49,XXXXY, 47,XY,i(Xq) und Mosaike
Phänotyp	– relativer Großwuchs – reduziertes Hodenvolumen (<6 ml) – Gynäkomastie – hypergonadotroper Hypogonadismus – Unfruchtbarkeit meist durch Azoospermie, selten durch OAT-Syndrom
Ultraschallbefunde	– keine Auffälligkeiten
Diagnostik	– pränatale und postnatale Chromosomenanalyse

Das Syndrom wird meist sehr spät oder auch gar nicht diagnostiziert, da die betroffenen Patienten in den frühen Jahren keine körperlichen Beschwerden haben und sich normal entwickeln. Auch die geistige Entwicklung ist unauffällig, die Patienten sind normal intelligent. Die sprachliche Entwicklung wird jedoch als gering unterdurchschnittlich eingeschätzt und bedarf häufig einer logopädischen Betreuung. Im Vergleich zu chromosomal unauffälligen Geschwistern zeigen die Patienten eine etwas geringere Intelligenz. Bei steigender Zahl der zusätzlichen X-Chromosomen ist die

Intelligenzminderung jedoch stärker ausgeprägt. In der Pubertät können die Patienten dann durch vermindertes Hodenwachstum, spärliche Körperbehaarung, ausbleibenden Stimmbruch, langgliedrigen Großwuchs, Tendenz zur Adipositas und eine Gynäkomastie klinisch auffällig werden. Häufig sind die Symptome aber so schwach ausgeprägt, dass viele Patienten erst durch das Auftreten der Fertilitätsproblematik diagnostiziert werden. Das Klinefelter-Syndrom ist eine wesentliche Ursache des unerfüllten Kinderwunsches, denn aufgrund des Testosteronmangels werden nur wenige oder meist gar keine Spermien produziert. Falls Spermien bzw. Spermatogonien vorhanden sind, besteht die Chance einer Schwangerschaft der Partnerin nach künstlicher Befruchtung. Je nach hormonellen Befunden ist oft eine therapeutische Testosteronsubstitution ab dem Pubertätsalter indiziert.

47,XYY-Konstitution

Patienten mit der XYY-Konstitution besitzen ein X-Chromosom und zwei Y Chromosomen. Der Chromosomensatz lautet 47,XYY. Das Geschlecht ist männlich. Die Häufigkeit ist ca. 1:1.000. Das zusätzliche Y-Chromosom stammt aus einer Fehlverteilung der paternalen Meiose, ein paternaler Alterseffekt konnte aber nicht nachgewiesen werden. Das Risiko für eigene Kinder mit Gonosomenaberrationen ist gering. Männer mit der XYY-Konstitution sind häufig groß gewachsen, haben leichte Fertilitätsprobleme, zeigen ansonsten aber keine phänotypischen Auffälligkeiten. Bei höhergradigen Y-Aneuploidien (48,XYYY) ist die Fertiltätsproblematik stärker ausgeprägt. Es zeigt sich dann auch eine Tendenz zur Intelligenzminderung (s. Tab. 11.6).

Tab. 11.6: 47, XYY.

Konstitution	47,XYY
Häufigkeit	1:1.000
Genotyp	– häufig 47,XYY – selten 48,XYYY, 49,XYYY und Mosaike
Phänotyp	– überdurchschnittliche Körpergröße – Fertilität leicht herabgesetzt
Ultraschallbefunde	– keine Auffälligkeiten
Diagnostik	– pränatale und postnatale Chromosomenanalyse

Die meisten XYY-Männer werden vermutlich nie diagnostiziert und nur durch Zufall bei Familienabklärungen oder anlässlich einer vorgeburtlichen Diagnostik entdeckt. Im Vergleich zu ihren Geschwistern zeigen XYY-Männer meist schlechtere Schulleistungen und Defizite in der sozialen Anpassung.

Turner-Syndrom

Mädchen und Frauen mit Turner-Syndrom haben nur ein X-Chromosom (Monosomie X). Ihr Karyotyp lautet 45,X. Das phänotypische Geschlecht ist weiblich. Die Häufigkeit unter Neugeborenen liegt bei 1:2.500. Der überwiegende Teil (bis zu 99 %) der Embryonen mit 45,X stirbt sehr früh in der Schwangerschaft. 60 % der Frauen mit Monosomie X haben ein mütterliches und 40 % ein väterliches X-Chromosom. 45,X/46,XX Mosaike oder Mosaike mit strukturellen X-chromosomalen Aberrationen (z. B. Isochromosom Xq oder Ringchromosom X) sind sehr häufig. Bei Mosaiken mit einer Zellinie, die Y-chromosomale Sequenzen enthält, sollte wegen der Gefahr eines Gonadoblastoms eine präpubertäre Gonadenexstirpation erfolgen (s. a. Kap. 13). In Fällen mit Auffälligkeiten der äußeren Genitalien ist in den meisten Fällen eine Korrektur in Richtung weiblicher Identität vorzuziehen (s. Tab. 11.7).

Tab. 11.7: Turner-Syndrom.

Syndrom	Turner-Syndrom
Häufigkeit	– 1:100 Konzeptionen – 1:2.500 Neugeborene
Genotyp	– ca. 46 % 45,X – ca. 7 % 45,X/46,XX Mosaike – ca. 39 % Mosaike mit X-chromsomalen Strukturaberrationen – ca. 6 % Mosaike mit Y-chromosomalen Strukturaberrationen – ca. 2 % Mosaike mit anderen Aberrationen
Phänotyp	– Kleinwuchs – Stranggonaden – primäre Amenorrhoe – Infertilität – Kardiovaskuläre Fehlbildungen – Nierenfehlbildungen
Ultraschallbefunde	– zystisches Hygroma colli – Hydrops fetalis – Aortenisthmus-Stenose – Nierenfehlbildungen
Diagnostik	– pränatale Ultraschalldiagnostik – pränatale und postnatale Chromosomenanalyse – NIPT an zellfreier fetaler DNA

Bereits im pränatalen Ultraschall lassen sich phänotypische Auffälligkeiten nachweisen. Auffällig sind dabei ein intrauteriner Wachstumsrückstand, zervikale Lymphödeme oder ein generalisiertes Ödem (Hydrops fetalis). Häufig zeigen sich auch Herzfehler und Nierenfehlbildungen (Hufeisenniere). Eine definitive diagnostische Aussage kann auch hier durch eine invasive Pränataldiagnostik erfolgen. Es besteht ebenfalls die Möglichkeit der nicht-invasiven molekulargenetischen Pränatalanalyse an zellfreier fetaler DNA aus mütterlichem Blut, jedoch ist auch hier die Testgenauigkeit nicht so zuverlässig wie die entsprechende Trisomie-21-Diagnostik (s. Kap. 8).

Die Ausprägung der Symptome bis ins Erwachsenenalter kann sehr variabel sein. Kennzeichnend sind der Kleinwuchs, bei einem Teil der Betroffenen ein Pterygium colli, ein tiefer Haaransatz, ein Schildthorax, verkürzte Ossa metakarpalia IV und V sowie Fehlbildungen von Herz, Nieren und Gonaden. Charakteristisch sind bindegewebsartige Stranggonaden, in denen das funktionelle Ovarialgewebe fehlt. Daraus resultieren primäre Amenorrhö und Sterilität. Die weiblichen sekundären Geschlechtsmerkmale lassen sich medikamentös induzieren. Die Intelligenzentwicklung wird als normal beschrieben. Das Wachstum bleibt reduziert, je nach familiärem Hintergrund werden Körpergrößen von 1,35 bis 1,50 Meter erreicht.

Triple-X-Konstitution

Personen mit Triple-X-Konstitution besitzen drei X-Chromosomen. Der Chromosomensatz lautet 47,XXX. Das Geschlecht ist weiblich. Die Häufigkeit beträgt ca. 1:1.000. Das zusätzliche X-Chromosom stammt meist aus einer Fehlverteilung der maternalen Meiose. Es existiert auch hier ein signifikanter maternaler Alterseffekt mit einer Inzidenz von 1:2500 mit 33 Jahren und 1:450 mit 43 Jahren (s. Tab. 11.8).

Tab. 11.8: Triple X.

Konstitution	Triple X
Häufigkeit	1:1.000
Genotyp	– häufig 47,XXX – selten Mosaike
Phänotyp	– unauffällig
Ultraschallbefunde	– keine Auffälligkeiten
Diagnostik	– pränatale und postnatale Chromosomenanalyse

Frauen mit der Triple-X-Konstitution sind häufig groß gewachsen, zeigen ansonsten aber keine phänotypischen Auffälligkeiten. Viele Triple-X-Frauen werden vermutlich nie diagnostiziert. Die meisten Trägerinnen werden durch Zufall bei Familienabklärungen oder anlässlich einer vorgeburtlichen Diagnostik entdeckt. Im Vergleich zu ihren Geschwistern zeigen Triple-X-Frauen meist schlechtere Schulleistungen und haben ein niedrigeres Ausbildungsniveau. Die Fertilität kann leicht herabgesetzt sein. Das Risiko für eigene Kinder mit Gonosomenaberrationen wird manchmal als geringfügig erhöht beschrieben.

Höhergradige Hyperdiploidien des X-Chromosoms mit dem Chromosomensatz 48,XXXX oder 49,XXXXX resultieren in einem auffälligen Phänotyp. Das Intelligenzdefizit dieser Patientinnen ist deutlich ausgeprägt und auch die Fertilität ist deutlich herabgesetzt. Zusätzlich zeigen sich Gesichtsdysmorphien und Skelettfehlbildungen.

11.1.6 Strukturelle Chromosomenaberrationen

Syndrome mit strukturellen Chromosomenaberrationen entstehen durch den Verlust oder Zugewinn von Chromosomenabschnitten. Fehlen und/oder Zugewinn hat meist schwerwiegende Konsequenzen für die embryonale Entwicklung und führt in der Regel zu schweren phänotypischen Auffälligkeiten. Das Cri-du-Chat- und das Wolf-Hirschhorn-Syndrom, die im Folgenden beschrieben werden, sind zwei bekannte Syndrome mit kleinen strukturellen Chromosomenaberrationen.

Cri-du-Chat-Syndrom

Das Cri-du-Chat-Syndrom (Katzenschrei-Syndrom) wird häufig durch eine distale Deletion des kurzen Arms eines Chromosoms 5 verursacht. Diese Deletion wurde als erste strukturelle Chromosomenaberration 1963 von der Arbeitsgruppe um Lejeune beschrieben. Typische klinische Symptome sind ein katzenartiges Schreien der Neugeborenen – bedingt durch eine Larynxhypoplasie – Mikrozephalie, Hypertelorismus, Epikanthus, tiefsitzende Ohren und eine schwere psychomotorische und mentale Retardierung (s. Tab. 11.9). Die Deletion in 5p ist in vielen Fällen bereits mit konventionellen zytogenetischen Methoden nachweisbar, jedoch verursachen auch Mikrodeletionen der Region 5p15.2 die typischen klinischen Symptome. Der charakteristische Katzenschrei tritt jedoch nur dann auf, wenn die benachbarte Region 5p15.3 deletiert ist. Die Inzidenz wird auf 1:50.000 geschätzt. Der Großteil der Deletionen (90 %) tritt *de novo* auf und ereignet sich im väterlichen Genom (80–90 %). Ungefähr 10 % der Deletionen haben eine familiäre Ursache (z. B. balancierte Translokation bei einem Elternteil), aus der ein hohes Wiederholungsrisiko resultiert.

Tab. 11.9: Cri-du-Chat-Syndrom.

Syndrom	Cri-du-Chat-Syndrom
Häufigkeit	1:50.000
Entstehung	– 90 % *de novo* – 10 % familiär
Phänotyp	– katzenartiges Schreien – Mikrozephalie – Faziale Dysmorphien – Mentale Retardierung – Psychomotorische Retardierung
Ultraschallbefunde	– Mikrozephalie – Mikroretrognathie – Wachstumsrestriktion – Herzfehler
Diagnostik	– pränatale und postnatale Chromosomenanalyse – molekular-zytogenetische Analysen – molekulargenetische Analysen

Wolf-Hirschhorn-Syndrom

Das Wolf-Hirschhorn-Syndrom wird durch eine Deletion im kurzen Arm eines Chromosoms 4 verursacht (s. Tab. 11.10). Die Deletion wurde erstmals 1965 nach Untersuchungen mit konventionellen zytogenetischen Methoden beschrieben. Patienten mit einer Deletion 4p zeigen eine schwere Wachstumsrestriktion und eine mentale Retardierung, Mikrozephalie, Retrogenie, Iriskolobom, Lippen-Kiefer-Gaumenspalten, Klumpfüße sowie Fehlbildungen von Herz, Nieren und der Genitalien beim männlichen Geschlecht (Hypospadie). Die Mehrzahl der Deletionen entsteht *de novo* (90 %) im väterlichen Genom, ist mit konventionellen zytogenetischen Methoden nicht nachweisbar und erfordert daher eine molekular-zytogenetische oder molekulargenetische Diagnostik. 10 % der Fälle werden durch elterliche Translokationen oder Inversionen verursacht. Das für das Syndrom kritische chromosomale Segment ist die Bande 4p16.3. Die Häufigkeit beträgt mindestens 1:100.000.

Tab. 11.10: Wolf-Hirschhorn-Syndrom.

Syndrom	Wolf-Hirschhorn-Syndrom
Häufigkeit	1:100.000
Entstehung	– 90 % de novo – 10 % familiär
Phänotyp	– Mikrozephalie – Faziale Dysmorhien – Mentale Retardierung – Schwere Wachstumsrestriktion – Hypotonie
Ultraschallbefunde	– schwere Wachstumsrestriktion – Mikrozephalie – Corpus-callosum-Agenesie – Iriskolombom – Retrogenie – Lippen-Kiefer-Gaumenspalten
Diagnostik	– pränatale und postnatale Chromosomenanalyse – FISH-Analysen – Array CGH

Weitere Beispiele für Syndrome mit strukturellen Aberrationen finden sich in der folgenden Tabelle 11.11 aufgelistet.

Tab. 11.11: Syndrome mit chromosomalen, strukturellen Aberrationen.

Syndrom	Lokalisation	Hauptsymptome im pränatalen Ultraschall
Jacobsen-Syndrom	11q-Deletion	– Wachstumsrestriktion – Mikrozephalie – Holoprosenzephalie – Mikrogenie – Herzfehler – Fehlbildungen der Nieren und Genitalien
Pallister-Killian-Syndrom	12p-Tetrasomie/ 12p-Tetrasomie-Mosaik	– Maße entsprechend normalem bis erhöhtem Geburtsgewicht mit postnataler Dezeleration des Längenwachstums – Normaler bis großer Kopfumfang – Hydramnion – Herzfehler – Fehlbildungen der Nieren und Genitalien – Zwerchfellhernie

Tab. 11.11: (fortgesetzt)

Syndrom	Lokalisation	Hauptsymptome im pränatalen Ultraschall
De-Grouchy-Syndrom Typ 1	18p-Deletion	– Holoprosenzephalie – Augenfehlbildungen – Herzfehler – Nierenfehlbildungen
De-Grouchy-Syndrom Typ 2	18q-Deletion	– Brachyzephalie – Lippen-Kiefer-Gaumenspalten – Herzfehler – Hypospadie – Klumpfüße
Cat-Eye-Syndrom	Tetrasomie 22q11.2	– Herzfehler, komplette Lungenvenenfehlmündung – Nierenfehlbildungen

11.1.7 Kryptische strukturelle Chromosomenaberrationen

Mikrodeletionen

Bei Mikrodeletionen handelt es sich um kleine, kryptische chromosomale Verluste, die mit konventionellen zytogenetischen Methoden nicht mehr nachweisbar sind. Zur Diagnostik müssen hier gezielte molekular-zytogenetische (z. B. FISH, Array-CGH) oder molekulargenetische (z. B. MLPA) Analysen erfolgen. Entsprechende Mikrodeletionen sind nicht regelmäßig durch einen typischen, wiedererkennbaren syndromalen Phänotyp gekennzeichnet. Der pathogene Mechanismus ist eine aus dem DNA-Verlust resultierende Haploinsuffizienz eines bestimmten chromosomalen Bereiches. Von der Deletion können einzelne oder mehrere Gene (*Contigous Gene Syndrome*) betroffen sein. Typische Beispiele für Mikrodeletionssyndrome mit Symptomen, die auch im Ultraschall nachweisbar sind, finden sich in der folgenden Tabelle (Tab. 11.12) aufgelistet.

Das 22q11.2-Mikrodeletionssyndrom

Das 22q11.2-Mikrodeletionssyndrom tritt unter Neugeborenen mit einer Häufigkeit von etwa 1:4000 bis 1:3.500 auf und ist damit die häufigste Mikrodeletion beim Menschen. Diese Mikrodeletion wird in den meisten Fällen durch eine interchromosomale unbalancierte Rekombination in der maternalen Meiose verursacht, häufig bedingt durch eine familiär vorliegende kleine parazentrische Inversion. Eine wichtige diagnostische Fragestellung im Rahmen der Pränataldiagnostik ist der Nachweis oder Ausschluss einer Mikrodeletion 22q11.2 bei auffälligen Ultraschallbefunden mit konotrunkalen Herzfehlern vor allem in Kombination mit einer Gaumenspalte und/oder

Tab. 11.12: Mikrodeletionssyndrome.

Syndrom	Lokalisation und Gene	Hauptsymptome im Ultraschall
1p36-Deletionssyndrom	1p36	– Brachyzephalie – Mikrozephalie, strukturelle ZNS-Auffälligkeiten – Herzfehler, Kardiomyopathie – Wachstumsrestriktion
Williams-Beuren-Syndrom	7q11.23 Elastin-Gen	– supravalvuläre Aortenstenose – Nierenfehlbildungen – Wachstumsrestriktion
Angelman-Syndrom	15q11.2q12 maternal UBE3A	– Mikrobrachyzepahlie – Wachstumsrestriktion
Prader-Willi-Syndrom	15q11.2q12 paternal SNRPN	– stark verminderte Kindsbewegungen – Hydramnion
Rubinstein-Taybi-Syndrom	16p13.3 CREB binding protein	– Mikrozephalie – Wachstumsrestriktion
Miller-Dieker-Syndrom	17p13.3 LIS	– Mikrozephalie – Lissenzephalie – Agyrie, Pachygyrie – Herzfehler – Nierenfehlbildungen – Duodenalatresie
22q11.2 Deletions-Syndrom (DiGeorge/Sphrintzen-Syndrom)	22q11.2	– konotrunkale Herzfehler und Aortenbogenanomalien – Aplasie oder Hypoplasie des Thymus – Gaumensspalte – Mikrogenie – Mikrozephalie

einer Aplasie oder Hypoplasie des Thymus. Unter den Herzfehlern stehen dabei der unterbrochene Aortenbogen und die Fallot'sche Tetralogie im Vordergrund. Differentialdiagnostisch ist es dabei wichtig, einen isolierten Herzfehler vom 22q11.2 Mikrodeletionssyndrom zu unterscheiden, da sich damit die Prognose für den betroffenen Fetus verändert. In der Mehrzahl der Fälle tritt das 22q11.2 Deletionssyndrom als Neumutation auf. Die Vererbung von einem Elternteil auf einen Nachkommen ist in bis zu 10 % der Fälle beschrieben. Dabei kann aber die intrafamiliäre Variabilität der klinischen Befunde, vor allem auch der Herzfehler, extrem variabel ausgeprägt sein.

Das bedeutet in der Praxis, dass beim Nachweis einer fetalen Mikrodeletion 22q11.2 auch immer eine entsprechende FISH-Diagnostik sowie eine klinische Untersuchung beider Eltern veranlasst werden sollte.

Andere kryptische Chromosomenaberrationen

Die Möglichkeit zum Nachweis von kryptischen Deletionen und Duplikationen mittels FISH oder Array CGH hat das Spektrum der Chromosomenaberrationen um eine Dimension erweitert. Viele neue Chromosomenaberrationen wurden mit den neuen Technologien entdeckt und neue Syndrome definiert. Bei etwa 5–10 % der Patienten mit geistiger Retardierung liegt eine submikroskopisch kleine Deletion an den Chromosomenenden im sogenannten Subtelomerbereich vor. Die Subtelomere sind genreiche Regionen, die in der Meiose oft Veränderungen unterliegen bei denen auch Deletionen entstehen können. Diese Deletionen können durch ein Subtelomerscreening mittels FISH- oder MLPA- oder durch Array CGH-Analysen detektiert werden. Durch die Array CGH werden zahlreiche neue submikroskopisch kleine Chromosomenveränderungen detektiert, deren klinische Einordnung jedoch häufig sehr schwierig ist, da die klinischen Phänotypen unspezifisch oder sehr variabel sein können. Ob es sich dann bei den chromosomalen Veränderungen um echte Aberrationen oder nur um chromosomale Polymorphismen handelt, bleibt dabei häufig ungeklärt. Durch den Einsatz von sehr hochauflösenden Arrays wird auch der Übergang zwischen molekularer Zytogenetik und molekularer Genetik immer fließender, da durch diese Arrays gegebenenfalls auch intragenische Veränderungen detektiert werden können.

11.2 Monogene Erkrankungen

Monogene Erkrankungen werden den Mendelschen Regeln folgend vererbt. Es ist davon auszugehen, dass neben der jeweils erforderlichen pathogenen Veränderung eines einzelnen Gens auch weitere genetische und exogene Faktoren die Ausprägung der Symptomatik beeinflussen.

Nach dem gegenwärtigen Kenntnisstand werden sie jedoch als einzelgenbedingt – monogen – oder als Mendel'sche Erkrankungen bezeichnet.

Für das menschliche Genom sind bis jetzt (Juni 2015) Mutationen in 6548 Genen bekannt, die zu einem klinischen Bild führen. Die OMIM-Datenbank (= *Online Mendelian Inheritance in Man*) ist die umfangreichste, täglich aktualisierte Online-Datenbank (http://www.ncbi.nlm.nih.gov/omim) mit Angaben zu monogenen Erkrankungen.

Aus der Vielzahl der monogenen Entitäten soll im Folgenden eine kleine Auswahl vorgestellt werden. Diese umfasst Erkrankungen, die zum einen relativ häufig sind und zum anderen einen gewissen Beispielcharakter aufweisen.

So können unterschiedliche Mutationen im selben Gen zu einer klinischen Heterogenität innerhalb einer monogenen Erkrankung führen (Beispiel Cystische Fibrose) oder Mutationen in unterschiedlichen Genen zu einer genetischen Heterogenität innerhalb eines Syndroms (Beispiel Adrenogenitales Syndrom). Beide genannten Erkrankungen folgen dem autosomal rezessiven Erbgang.

Daneben gibt es Mutationen innerhalb eines Gens (allelische Mutation), die zu unterschiedlichen Erbgängen führen. So werden die meisten pathogenen Mutationen im β-Hämoglobin-Gen (*HBB*-Gen) autosomal rezessiv vererbt, während einzelne Mutationen zu Allelen führen, die einen dominanten Erbgang aufweisen.

Bei der dominanten Vererbung sind Gene bekannt, die eine von Generation zu Generation zunehmende klinische Symptomatik hervorrufen, ein Phänomen, dass mit dem Begriff Antizipation beschrieben wird (Beispiel Myotone Dystrophie).

Beim X-chromosomal rezessiven Erbgang ist die klinische Ausprägung im männlichen Geschlecht durch die vorliegende Mutation bestimmt. Bei heterozygoten Frauen, also den in der Regel weitgehend gesunden Überträgerinnen der Mutation, kann es durch Mechanismen wie die Inaktivierung des nicht betroffenen X-Chromosoms in der Mehrzahl aller Zellen (*Skewed Inactivation*) zu einer Manifestation von Symptomen der Erkrankung kommen (Beispiel Muskeldystrophie).

11.2.1 Zystische Fibrose (OMIM* 602421)

Die zystische Fibrose (Cystic Fibrosis, CF) wird durch eine Fehlfunktion der Chloridkanäle der exokrinen, sekretproduzierenden Drüsen verursacht. Es wird ein vermehrt visköses Sekret gebildet. Es kommt deshalb zu einem zystisch-fibrösen Umbau der Gewebe und zu Funktionsstörungen der Organe. Die CF ist eine Multisystemerkrankung mit pulmonalen, gastrointestinalen und hepatobilären Symptomen. Die exokrinen Schweißdrüsen sind ebenfalls betroffen. Männer mit CF zeigen zudem eine kongenitale bilaterale Vas-deferens-Aplasie (CBAVD). Die CF wird autosomal rezessiv vererbt. Mit einer Inzidenz von 1:2.500 und einer Hetereozygotenfrequenz von 1:25 ist die CF die häufigste Stoffwechselstörung in der mitteleuropäischen Bevölkerung. Das kausale Gen ist das *CFTR* (Cystic fibrosis transmembrane conductance regulator)-Gen auf Chromosom 7. Es codiert für einen Chloridkanal, dessen Funktion durch unterschiedliche Mutationen verschiedenartig gestört werden kann. Es sind mehr als 1.500 Mutationen im CFTR-Gen beschrieben. Je nach Mutationstyp kann man schwere und milde Mutationen unterscheiden. Die bei weitem häufigste schwere Mutation in der nord- und mitteleuropäischen Bevölkerung ist die Mutation F508del, eine Deletion von 3 Nukleotidbasen im Exon 10 des CFTR-Gens, die zu einem Verlust der Aminosäure Phenylalanin in Position 508 und damit zu einer Funktionseinschränkung des Proteins führt. Bei CF-Patienten werden in den beiden CFTR-Genen häufig unterschiedliche Mutationen gefunden, man spricht dann von einer Compound-Heterozygotie. Der Krankheitsverlauf wird in diesen Situationen von der milderen Mutation bestimmt. Der Krankheitsverlauf kann interfamiliär stark variieren und wird sowohl von exogenen Faktoren als auch von modifizierenden Faktoren in anderen Genen beeinflusst.

Die molekulargenetische CFTR-Diagnostik erfolgt gegenwärtig in zwei Stufen. Zuerst werden in einer ersten Untersuchung die häufigen Mutationen analysiert. Werden dabei nicht die verursachenden Mutationen detektiert, erfolgt im zweiten Schritt eine komplette Sequenzierung des CFTR-Gens. Schwere Mutationen verursachen eine frühe Manifestation der Erkrankung mit charakteristischen Befunden wie Mekoniumileus, Gedeihstörung, chronische Bronchitis, Atelektasen und Bronchiektasen. Milde Mutationen verursachen sehr milde Krankheitsverläufe, die sich häufig erst im Erwachsenenalter, z. B. als isolierte obstruktive Azoospermie oder exokrine Pankreasinsuffizienz manifestieren.

Merk-Würdiges
- Die Zystische Fibrose wird autosomal rezessiv durch Mutationen im CFTR-Gen vererbt.
- Es sind mehr als 1500 Mutationen im CFTR-Gen bekannt, die zu einer großen klinischen Variabilität beitragen.
- Es gibt auf der einen Seite des Spektrums schwere Mutationen, die zum Vollbild der Zystischen Fibrose führen, auf der anderen Seite leichte Mutationen, die sich nur als Infertilität im männlichen Geschlecht durch eine Vas deferens Aplasie präsentieren.

11.2.2 Adrenogenitales Syndrom (OMIM #201910)

Das Adrenogenitale Syndrom (AGS) entsteht durch Aktivitätsminderung von Enzymen im Kortisol-Synthese-Weg (s. Kap. 13, Abb. 13.3). Der Kortisolmangel führt zu einer kompensatorischen Erhöhung der Synthese des adrenokortikotropen Hormons (ACTH). Es werden vermehrt Kortisolvorstufen gebildet. Sekundär resultieren daraus eine Hyperplasie der Nebennierenrinde und eine vermehrte Androgenproduktion. Im weiblichen Geschlecht kommt es zu einer Virilisierung des äußeren Genitale. Ist gleichzeitig die Produktion von Aldosteron gestört, entsteht zusätzlich ein sogenanntes Salzverlustsyndrom. Bei den klassischen Formen des AGS beginnt die vermehrte Androgenproduktion während der Embryonalentwicklung. Virilisierungszeichen bei einem weiblichen Fetus können sich bereits intrauterin manifestieren.

Das AGS wird autosomal rezessiv vererbt. Bei nachgewiesener Anlagenträgerschaft beider Eltern kann beim Eintritt einer Schwangerschaft (vor der 8. SSW p. m.) so lange eine prophylaktische Dexamethasongabe an die Schwangere erfolgen, bis durch eine pränatale Diagnostik des Geschlecht und/oder der Mutationsstatus des heranwachsenden Kindes bestimmt wurden. Bei männlichen und nicht betroffenen weiblichen Feten kann die Therapie abgebrochen werden. Bei den meisten Patienten mit klassischem AGS sind Mutationen im *CYP21A2*-Gen nachweisbar, die zu einem 21β-Hydroxylase-Mangel oder -Ausfall führten. Dieser resultiert letztendlich in einem

Kortisolmangel (Kap. 13, Abb. 13.3). Die Inzidenz dieses AGS-Typs liegt in unserer Bevölkerung bei ca. 1:6.400, mit einer entsprechenden Heterozygotenfrequenz von 1:40. Unterschiedliche Mutationen bedingen auch unterschiedliche enzymatische Restaktivitäten, was wiederum zu einem breiten klinischen Manifestationsspektrum führt. Im Wesentlichen können drei klinische Hauptgruppen differenziert werden:

1. **Klassisches AGS:** Unkomplizierte Form mit 21β-Hydroxylase-Mangel und normaler Mineralkortikoidsynthese. Mädchen zeigen Virilisierungserscheinungen des äußeren Genitales und Jungen eine Pseudopubertas praecox. In beiden Geschlechtern manifestiert sich der Kortisolmangel etwa nach der zweiten Lebenswoche. Die Therapie besteht aus einer Kortisoldauersubstitution.
2. **AGS mit Salzverlustsyndrom:** Form mit 21β-Hydroxylase-Mangel und gestörter Mineralkortikoidsynthese. Mädchen zeigen starke Virilisierungserscheinungen. Kinder, die nicht behandelt werden, zeigen ein Salzverlustsyndrom und sterben nach den ersten Lebenswochen. Die Therapie besteht aus einer lebenslangen Substitution von Kortisol und Mineralkortikoiden.
3. **Nicht-klassisches (Late-onset)-AGS:** Leichte Form mit 21β-Hydroxylase-Mangel, die sich meist in der Pubertät als Hyperandrogenismus manifestiert. Mädchen zeigen leichte Virilisierungserscheinungen. Bei erwachsenen Frauen treten Symptome wie Hirsutismus, androgenetische Alopezie, primäre oder sekundäre Amenorrhoe oder Oligomenorrhoe auf. Jungen und erwachsene Männer entwickeln selten klinische Symptome.

Sehr viel seltener sind bei AGS-Patienten Mutationen im 11β-Hydroxylase-Gen, *CYP17*-Gen oder 3β-Hydroxysteroid-Dehydrogenase-Gen nachweisbar. Auch dadurch kann die Kortisolsynthese gestört werden. Patientinnen mit 11β-Hydroxylase-Mangel haben ein intersexuelles Genitale, männliche Mutationsträger zeigen eine vorzeitige Geschlechtsreifung. Zusätzlich leiden die Patienten an Bluthochdruck. Ein Salzverlustsyndrom tritt aber nicht auf. Im Gegensatz dazu kommt das Salzverlustsyndrom bei Trägern von 3β-Hydroxysteroid-Dehydrogenase-Mutationen häufig vor.

Merk-Würdiges

- Das Adrenogenitale Syndrom (AGS) wird autosomal rezessiv vererbt.
- AGS wird durch Mutationen in verschiedenen Genen verursacht, somit liegt genetische Heterogenie vor. Mutationen im *CYP21A2*-Gen sind mit über 90 % für die klassische Form des AGS verantwortlich.
- Abhängig von der klinischen Symptomatik wird das AGS in drei Gruppen eingeteilt: 1) klassische Form, 2) klassische Form mit Salzverlust und 3) nicht-klassische Form (*Late Onset*).
- Von praktischer Bedeutung ist die differentialdiagnostische Abgrenzung der *Late-Onset*-Form des AGS vom Syndrom der polyzystischen Ovarien (PCO).

11.2.3 Beta-Thalassämie (OMIM #613985 und #603902)

Für die Beta-Thalassämie ist eine verringerte Konzentration von Hämoglobin A1 (HbA1, Abb. 11.1) typisch. Ursache ist eine reduzierte Synthese der Beta-Globin Ketten im Verhältnis zu den Alpha-Globin-Ketten, wodurch es zu einer Störung der normalen Erythropoese kommt. Ein Fehlen von β-Ketten verursacht die β-0-Thalassämie.

Die klinische Manifestation ist sehr vielgestaltig und wird in drei Klassen eingeteilt:
1. Thalassämia major (transfusionspflichtig),
2. Thalassämia intermedia (intermediärer Schweregrad) und
3. Thalassämia minor (gesunde Überträger).

Patienten mit Thalassämia major zeigen bereits in den ersten Lebensjahren eine schwere mikrozytäre hypochrome Anämie. Es liegt eine pathologisch erniedrigte Hämoglobin-A_1-Konzentration unter 5 gm/dl vor. Dadurch kommt zu einer kompensatorisch gesteigerten Erythropoese und in der Folge auch zur Eisenüberladung durch vermehrte intestinale Absorption mit Schädigung innerer Organe und Skelettdeformierungen. HbF ist erhöht und der Blutausstrich enthält Erythroblasten.

Individuen mit Thalassämie intermedia haben eine klinisch mildere Form der Anämie. Es besteht ein erhöhtes Risiko für eine Eisenüberladung aufgrund der ineffektiven Erythropoese.

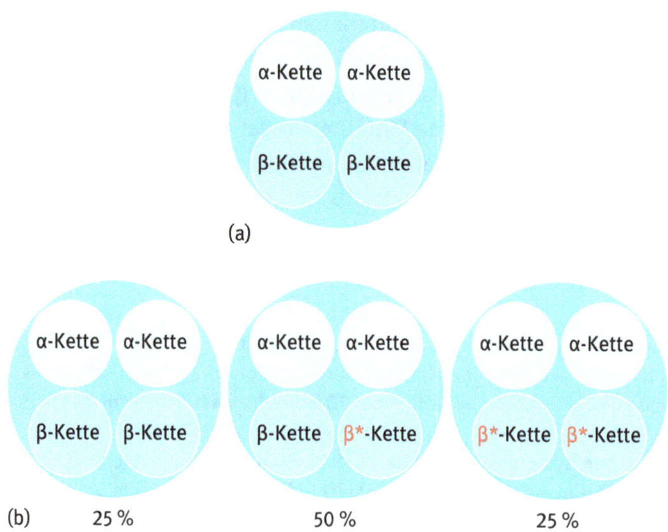

Abb. 11.1: Hämoglobin-Molekül. a) Normaler Aufbau des Hämoglobin-A1-Moleküls aus zwei α-Globin- und zwei β-Globin-Ketten. b) Pathogene Hämoglobin-A1-Moleküle durch Inklusion von trunkierten β-Ketten (rot), dominante Mutation im β-Globin-Gen mit Mengenverhältnis in % der verschiedenen Molekültypen zueinander.

Die Thalassämia minor ist durch eine meist subklinische mikrozytäre hypochrome Anämie charakterisiert.

Die β-Thalssämie ist eines der weltweit häufigsten autosomal rezessiven Erbleiden mit sehr unterschiedlichen Prävalenzen. Diese ist hoch bei Menschen aus dem Mittelmeerraum und in weiten Teilen Asiens sowie Afrikas. Die höchsten Inzidenzen für Heterozygote treten in Zypern (14 %) und Sardinien (12 %) auf. Das Mutationsspektrum ist in verschiedenen ethnischen Gruppen sehr unterschiedlich, daher ist für eine genetische Beratung die ethnische Herkunft der Ratsuchenden von Bedeutung.

Mutationen auf beiden Kopien des *HBB*-Gens auf dem Chromosom 11p15.5 sind zumeist Ursache der β-Thalassämia major. Es sind mehr als 200 unterschiedliche Mutationen bekannt (www.ncbi.nlm.nih.gov/books/NBK1426). Bei Patienten mit Thalassämia major und intermedia liegen eine Homozygotie oder eine Compound-Heterozygotie vor. Heterozygotie führt zur Thalassämia minor. Modifizierende genetische Faktoren und Umweltfaktoren tragen zur klinischen Variabilität bei. Die autosomal rezessiv vererbten Mutationen führen durch Translation der veränderten RNA zu einem instabilen Polypeptid, das sehr schnell abgebaut wird und nicht als eine Untereinheit des HbA eingesetzt wird.

Eine Besonderheit der β-Thalassämie ist, dass neben der üblichen autosomal rezessiven auch eine dominante Vererbung auftritt. Mutationen, die autosomal rezessiv vererbt werden, führen zu anomalen mRNA-Molekülen, die einem schnellen Abbau (Nonsense mediated decay) unterliegen. Dadurch liegt eine stark reduzierte Konzentration der defekten Polypeptide vor und es werden hauptsächlich normale Hämoglobinmoleküle gebildet. Diese Konzentration ist bei Heterozygoten ausreichend, um keine klinische Symptomatik entstehen zu lassen. Bei autosomal dominant vererbten Mutationen im *HBB*-Gen wurden Stoppcodons in der Nähe von Splicing sites gefunden. Durch diese Lage wird nach Transkription der mRNA der Mechanismus des Nonsense mediated Decay nicht aktiviert. Dies führt nach Translation der RNA in den Zellen zum Aufbau eines verkürzten, aber nicht funktionsfähigen Polypeptids und diese defekte β-Kette wird nach dem Zufallsprinzip in das Hämoglobinmolekül integriert. Damit kommt es nicht zu einer stark ausgeprägten Reduktion der HbA-Konzentration aber sehr wohl zu einem funktionellen Ausfall von statistisch gesehen 75 % der im Blut vorliegenden HbA1-Moleküle (Abb. 11.2).

Bei klinischem Verdacht auf β-Thalassämie ist eine Sicherung der Verdachtsdiagnose durch eine Hämoglobin-Elektrophorese und Blutbildanalyse möglich. Molekulargenetische Analysen des *HBB*-Gens führen in der Regel zur Identifizierung der Mutation.

Merk-Würdiges
- Die β-Thalassämie ist weltweit eine der häufigsten autosomal rezessiven Erkrankungen.
- Mutationen im *HBB*-Gen sind dafür verantwortlich.
- Eine Besonderheit ist das Auftreten von pathogenen Mutationen, die einer autosomal dominanten Vererbung folgen.
- Die β-Thalssämie weist weltweit sehr unterschiedliche Prävalenzen und Mutationsspektren auf. Daher ist für die Beratung die ethnische Herkunft der Patienten von Bedeutung.

11.2.4 Myotone Dystrophie Typ 1 (OMIM #160900)

Die myotone Dystrophie Typ 1 (DM1) gehört zu den myotonen Muskelerkrankungen, wobei sie in dieser Gruppe am häufigsten vorkommt. Typische Symptome sind Muskelhypotonie mit Muskelschwäche, Katarakt, Hypogonadismus und EKG-Auffälligkeiten. Die klinische Manifestation der DM1 kann sowohl angeboren sein als auch im Laufe des Lebens auftreten. Die Lebenserwartung der Patienten kann reduziert sein. Die Prävalenz der DM1 wird auf 1 in 8.000 Fällen geschätzt.

DM1 wird autosomal dominant vererbt. Die Mutation besteht in einer Repeat-Expansion. Die genetische Ursache ist damit keine klassische Mutation wie Basenveränderung oder Deletion, sondern die Vermehrung des Trinukleotid Repeats (CTG) im Dystrophia-Myotonica-Proteinkinase(*DMPK*)-Gen auf Chromosom 19. Bei mehr als 50 Wiederholungseinheiten des CTG-Trinukleotids im heterozygoten Zustand liegt eine pathogene Anzahl der Repeats vor. Darüber hinaus bestimmt die Anzahl der Repeats den Schweregrad der klinischen Manifestation (Tab. 11.13). Die klinisch schwerste Form, die kongenitale DM1, tritt bei mehr als 2.000 Repeats (Meola, 2013) auf. Die Kinder zeigen schwerwiegende Atem- und Ernährungsstörungen, im Verlauf ist mit einer Verzögerung der motorischen Entwicklung und Lernstörungen zu rechnen.

Bereit vorgeburtlich können sich sonografische Hinweise auf eine kongenitale MD ergeben: Hydramnion und reduzierte fetale Bewegungen und Klumpfuß beim Fetus sind zwar unspezifisch, sollten aber an eine MD denken lassen.

Jenseits der Neugeborenenperiode besteht eine umgekehrte Korrelation zwischen Repeatanzahl und Manifestationsalter.

Ein für die genetische Beratung wichtiges Merkmal der DM1 ist die genetische Antizipation. Damit wird die Expansion der Repeatanzahl bei der Weitergabe eines pathogenen Allels des *DMPK*-Gens an die nächste Generation bezeichnet. Interessant ist dabei die geschlechtsspezifische Expansion der Repeats. So kommt es bei parentalen Allelen mit 40–80 Repeats zu einer stärkeren Expansion im männlichen Geschlecht als im weiblichen. Nachkommen einer betroffenen Mutter zeigen eine schwerere klinische Manifestation als die eines betroffenen Vaters Die schwere kongenitale Form wird fast ausnahmslos von der Mutter vererbt.

Eine Verringerung der Repeatzahl beim Durchlaufen der Meiose wird in 4,2 bis 6,4 % der untersuchten Familien nachgewiesen.

Tab. 11.13: Klinischer Schweregrad der myotonen Dystrophie Typ1 in Abhängigkeit von der Anzahl der CTG-Repeats.

Allelgruppe	Anzahl CTG-Repeats	Klinische Symptomatik
– Normalallel	– 5 bis 37	– keine
– intermediäres Allel	– 35–49	– keine, meiotische Instabilität des Allels
– pathogenes Allel	– 50 bis 150	– milde klinische Symptomatik, späte Manifestation
– pathogenes Allel	– 100 bis 1.000	– klassische DM1
– pathogenes Allel	– > 2.000	– kongenitale DM1

Merk-Würdiges
- Die myotone Dystrophie Typ 1 wird autosomal dominant vererbt. Sie gehört zur Gruppe der Syndrome mit Repeat-Expansion.
- Eine Anzahl von über 50 Repeats ist pathogen. Es besteht eine Korrelation zwischen Repeatanzahl und Schwere der klinischen Symptomatik sowie Manifestationsalter.
- Ein besonderes Merkmal der DM1 ist die genetische Antizipation. Dieser Begriff beschreibt die Expansion der Repeats bei der Weitergabe eines pathogenen Allels an die nächste Generation.

11.2.5 Muskeldystrophie Typ Duchenne (OMIM #310200) und Typ Becker (OMIM #300376)

Die Muskeldystrophien vom Typ Duchenne (DMD) und vom Typ Becker (BMD) werden durch Anomalien des Proteins Dystrophin hervorgerufen, das vom *DMD*-Gen kodiert wird. Die DMD ist dabei die klinisch schwer verlaufende Form. Sie ist eine progressive proximale Muskeldystrophie. Die Muskulatur des Skeletts, der inneren Organe, des Myokards, des Gastrointestinaltraktes und der Retina sind betroffen. Als pleiotroper Effekt wird auch eine mäßige mentale Retardierung bei einem Teil der Patienten gefunden. In einem Alter von 10 Jahren (Median) sind die Patienten auf einen Rollstuhl angewiesen. Der Median für die Lebenserwartung liegt bei 17 Jahren, wenige erreichen das dritte Lebensjahrzehnt. Hauptsächliche Todesursachen sind Kardiomyopathie und respiratorische Probleme. DMD führt zu einer starken Erhöhung der Serum-Kreatinkinase, deren Nachweis ein diagnostisches Kriterium ist.

Patienten mit BMD zeigen eine im Vergleich zur DMD erst spät auftretende und leichtere Muskeldystrophie. Hauptproblem sind Kardiomyopathien mit letalem Ausgang. Die mittlere Lebenserwartung liegt bei etwa 45 Jahren.

Sowohl DMD als auch BMD werden X-chromosomal rezessiv vererbt.

Damit sind Patienten mit DMD fast nur männliche, hemizygote Mutationsträger, während heterozygote weibliche Individuen Überträgerinnen sind und ein geringes Risiko aufweisen, aufgrund der Besonderheit der X-Chromosom-Inaktivierung (s. unten), eine leichtere Symptomatik zu entwickeln.

Die Populationsprävalenz von DMD wird mit 1,8 bis 4,8/100.000 angegeben.

Genetische Ursache von DMD und BMD sind Mutationen im *DMD*-Gen, das auf dem X-Chromosom in Xp21.2 lokalisiert ist. Das Gen ist mit einer Länge von mehr als 2,2 Mb das größte Gen des Menschen und umfasst 85 Exons. Mehr als 400 Mutationen sind beschrieben, etwa 2/3 davon sind Deletionen eines oder mehrerer Exons, während Duplikationen etwa 10 % ausmachen. Der Leserahmen der DNA-Tripletts wird in mehr als 90 % der Deletionen und in ca. 66 % der Duplikationen eingehalten (*In-frame*-Mutationen). Dies indiziert, dass Leserahmenverschiebungen (*Frame shifts*) häufig letal sind. *Nonsense* (~15 %) und *Splice-site*-Mutationen (~5 %) sind weitere Mutationstypen im *DMD*-Gen. In etwa 2/3 der Fälle wird die Mutation von der heterozygoten Mutter (Konduktorin) übertragen, etwa 1/3 der Fälle gehen auf Neumutationen zurück.

Der vollständige Ausfall von Dystrophin führt zur DMD, während bei der BMD noch Restaktivitäten des veränderten Proteins vorliegen.

Grundsätzlich tragen Konduktorinnen von X-chromosomal rezessiven Genen das Risiko einer klinischen, meist milden Manifestation. Hierin unterscheidet sich der X-gebundene vom autosomal rezessiven Erbgang. Eine Hauptursache dafür ist die – abweichend vom Üblichen – nicht-zufällige Inaktivierung (Skewed Inactivation) eines der beiden X-Chromosomen in Zellen weiblicher Individuen (s. unten).

Konduktorinnen eines pathogenen *DMD*-Allels können daher eine erhöhte Serum-Kreatinkinase zeigen und ca. 20 % entwickeln eine milde bis mäßige Muskelschwäche. In 5–10 % der DMD-Konduktorinnen tritt eine dilatative Kardiomyopathie auf. Die Analyse der X-Chromosomeninaktivierung in symptomatischen DMD-Heterozygoten zeigte häufig eine Abweichung von der üblichen, zufälligen Inaktivierung (Abb. 11.2). Bei einer zufälligen X-Chromosom Inaktivierung liegen in einem weiblichen Individuum zwei etwa gleichhäufige Zelllinien vor, eine mit einem inaktiven mütterlichen und eine mit inaktivem väterlichen X-Chromosom (Abb. 11.2, Mitte). Die in den Zellen vorliegende Konzentration von funktionsfähigem Dystrophin ist ausreichend, um eine klinische Ausprägung des pathogenen Allels zu verhindern. Kommt es aber durch Zufall oder durch Selektionsprozesse zu einer nicht-zufälligen Inaktivierung mit einem sehr hohen Anteil der Zelllinie mit dem pathogenen DMD-Allel auf dem aktiven X-Chromosom, so ist die Menge an gebildetem Dystrophin nicht ausreichend, um eine normale Funktion der Zellen zu gewährleisten und es kommt zur klinischen Manifestation (Abb. 11.2, rechts).

Seltenere Mechanismen, die zu einer DMD im weiblichen Geschlecht führen können, sind vollständige oder partielle Monosomie X mit Verlust des normalen *DMD*-Allels, X-Autosom-Translokationen (s. Kap. 12) und Uniparentale Disomie (s. Kap. 12).

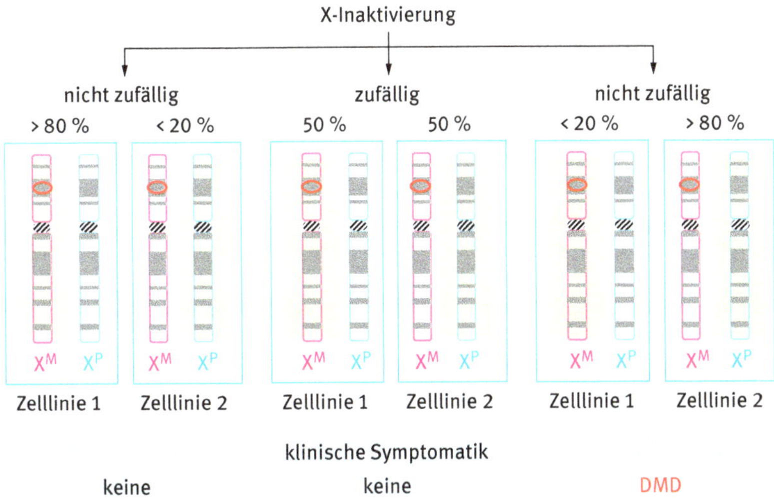

Abb. 11.2: Verschiedene Konstellationen der X-Chromosom-Inaktivierung zwischen den beiden Zelllinien jeweils eines weiblichen Individuums und die daraus folgenden klinischen Konsequenzen. Das mutierte Allel ist durch das rote Oval gekennzeichnet. Das inaktive X-Chromosom ist mit einem grauen Rechteck unterlegt.

Vor der pränatalen Diagnostik einer DMD oder BMD muss die vom GenDG geforderte genetische Beratung sowohl auf die Konsequenzen einer pathogenen Mutation in einem männlichen Feten als auch in einem weiblichen Feten eingehen.

Merk-Würdiges

- Die Muskeldystrophien vom Typ Duchenne (DMD) und vom Typ Becker (BMD) werden X-chromosomal rezessiv vererbt.
- DMD und BMD werden durch Mutationen im *DMD*-Gen verursacht. Deletionen sind mit ca. 66 % am häufigsten. Die Neumutationsrate liegt bei etwa 33 %.
- Patienten mit DMD zeigen eine klinisch schwere, diejenigen mit BMD eine klinisch milde Manifestation auf.
- Heterozygote Trägerinnen (Konduktorinnen) eines pathogenen Alles können eine klinische Symptomatik entwickeln. Ursache sind z. B. Abweichungen von der üblichen zufälligen Inaktivierung eines der beiden X-Chromosomen im weiblichen Geschlecht.

11.3 Literatur

Cao A, Galanello R. Beta-thalassemia. Genet Med 2010; 12: 61–76.

http://www.genecards.org/

Entezami M, Albig M, Gasiorek-Wiens A, Becker R. Sonographische Fehlbildungsdiagnostik. New York: Thieme Verlag, 2001.

Gardner RJ, Sutherland GR, Shaffer LG. Chromosome abnormalities and genetic counselling. New York: Oxford University Press,2012.

Meola G. Clinical aspects, molecular pathomechanisms and management of myotonic dystrophies. Acta Myol 2013; 32: 154–165.

Schade van Westrum, SM, Hoogerwaard EM et al. Cardiac abnormalities in a follow-up study on carriers of Duchenne and Becker muscular dystrophy. Neurology 2011; 77: 62–66.

Udd B, Krahe R. The myotonic dystrophies: molecular, clinical, and therapeutic challenges. Lancet Neurol. 2012; 11: 891–905.

Rolf-Dieter Wegner

12 Uniparentale Disomie und genomische Prägung

Bei einer uniparentalen Disomie (UPD) stammen die Homologen eines Chromosomenpaares nur von einem Elternteil und nicht – wie üblich – von je einem Elter. Molekulargenetisch kann unterschieden werden zwischen einer uniparentalen Isodisomie (iUPD), d. h., die beiden Chromosomen sind genetisch identisch, und einer uniparentalen Heterodisomie (hUPD), bei der die beiden Homologen eines Chromosomenpaares vererbt wurden. Weiterhin gibt es eine segmentale UPD, bei der nur Chromosomenabschnitte und nicht das gesamte Chromosom eine UPD aufweisen. Zytogenetisch lässt sich eine UPD in der Regel nicht erkennen.

Die Ursache für die Entstehung der UPD eines kompletten Chromosoms liegt hauptsächlich in einer fehlerhaften Chromosomenverteilung in der Meiose, während eine segmentale UPD postzygotisch entsteht (Infobox 12.1). Weitergehende Informationen zur Entstehung und den Konsequenzen einer UPD bietet das ausgezeichnete Review von Lapunzina und Monk (2011).

Infobox 12.1: Uniparentale Disomie.

Eine uniparentale Disomie (UPD) liegt vor, wenn in einem diploiden Chromosomensatz beide Chromosomen eines Chromosomenpaares nur von einem Elternteil stammen. Ein Chromosom des zweiten Elternteils ist nicht vorhanden.
Ein diagnostischer Nachweis kann nur molekulargenetisch erfolgen, eine lichtmikroskopische Chromosomendiagnostik erlaubt nicht die Erkennung einer UPD.
Kommen beide Chromosomen von der Mutter, liegt eine maternale UPD vor [UPD(mat)], sind beide vom Vater, wird dies als paternale UPD [UPD(pat)] bezeichnet. Unterschieden wird zwischen einer Heterodisomie und einer Homodisomie. Im ersteren Fall sind die beiden Chromosomen eines Chromosomenpaares mit ihren genetischen Unterschieden an den Nachkommen weitergegeben worden, im zweiten Fall tragen beide Chromosomen eine identische Erbinformation, stammen also von ein und demselben Chromosom ab.
Neben der UPD vollständiger Chromosomen gibt es auch eine segmentale UPD, d. h. nur ein Teil eines Chromosomenpaares stammt von einem Elternteil, die restlichen Segmente des betroffenen Chromosomenpaares zeigen biparentale Vererbung.
Für die Häufigkeit einer UPD unter Neugeborenen gibt es keine zuverlässigen Zahlen. Liehr (2010) errechnet in seinem Review eine Frequenz von maximal 1:5.000.

Von klinischer Bedeutung ist vor allem die UPD von Chromosomen, die Gene oder Genregionen mit einer genomischen Prägung (*Imprinting*) tragen. Eine unterschiedliche Prägung von mütterlichen und väterlichen Genen wird durch epigenetische Prozesse, wie etwa DNA-Methylierung oder Histon-Modifikation hervorgerufen. Davon betroffen sind nach aktuellen Daten etwa 100–200 der 25.000 Gene des Menschen. Das Imprinting führt zu elternspezifischen funktionellen Unterschieden in der Aktivität einzelner Gene oder Gengruppen. Der Aktivitätszustand eines geprägten Gens wird in somatischen Zellen in der Regel stabil vererbt. Als Folge führt im Normalfall

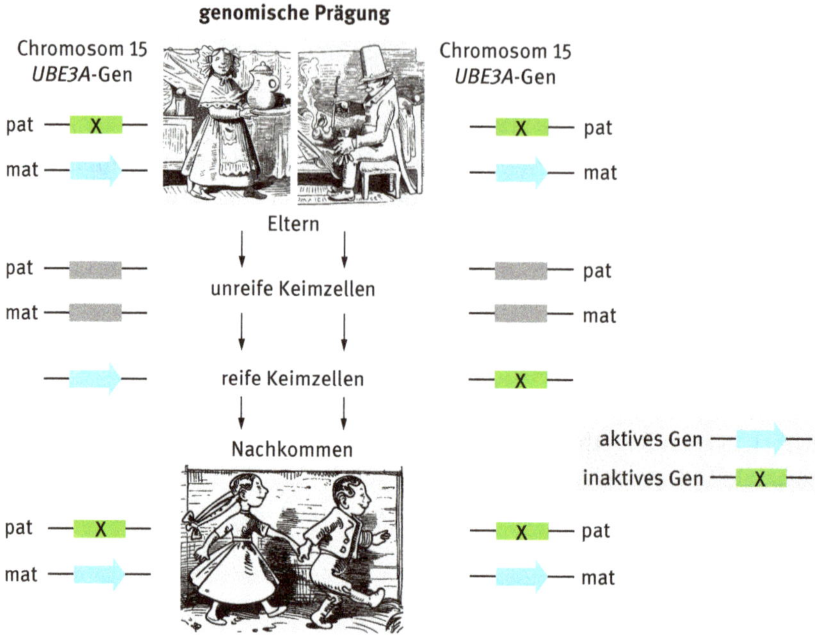

Abb. 12.1a: Genomische Prägung eines Gens mit Festlegung des Imprintingmusters im Verlauf der Keimzellbildung am Beispiel des *UBE3A*-Gens. (a) Situation bei biparentaler Vererbung.

einer biparentalen Vererbung die unterschiedliche Aktivität elterlicher Gene zu einer physiologisch balancierten Konzentration von Genprodukten in den Zellen.

Kommt es dagegen bei einem Nachkommen zu einer UPD, ist dieses Gleichgewicht gestört. Daraus resultieren genetisch bedingte Erkrankungen des Kindes, die teilweise bereits vorgeburtlich zu erkennen sind. Dabei sind zwei Situationen möglich: Entweder liegt das uniparental vererbte Chromosomenpaar mit dem aktiven Gen(bereich) vor, dann wäre eine überhöhte Konzentration des Genprodukts in der Zelle die Folge. Oder das elterliche Chromosom mit dem abgeschalteten Gen(en) ist paarweise vorhanden, was zu einem Fehlen des Genproduktes führt. Die Abbildung 12.1 stellt in einem stark vereinfachten Modell die genomische Prägung eines Gens mit Festlegung des Imprintingmusters im Verlauf der Keimzellbildung dar. Die Auswirkung einer UPD wird am Beispiel des Angelman-Syndroms (AS) gezeigt (Abb. 12.1b). Nicht eingegangen wird dabei auf die komplexe Situation eines gewebespezifischen Imprintingmusters.

Eine eindeutig belegte Kausalität zwischen der UPD bestimmter Chromosomenabschnitte und der klinischen Symptomatik besteht für die Chromosomen 2, 6, 7, 11, 14, 15 und 20 (Tab. 12.1). Die früher angenommenen klinischen Auswirkungen der UPD

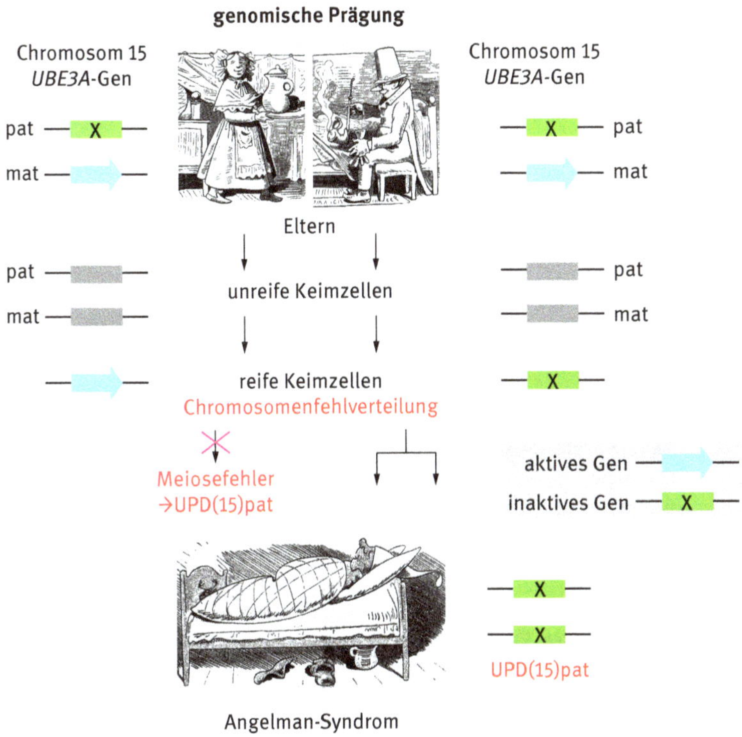

Abb. 12.1b: Genomische Prägung eines Gens mit Festlegung des Imprintingmusters im Verlauf der Keimzellbildung am Beispiel des *UBE3A*-Gens. (b) Situation bei einer UPD15(pat). Der Träger der UPD wird unabhängig von seinem eigenen Geschlecht die klinische Symptomatik des Angelman-Syndroms zeigen.

für das Chromosom 16 – UPD(16) – sind nicht sicher bewiesen. Da Feten mit einer UPD(16) meist im Zusammenhang mit einem extraembryonalen Trisomie-16-Mosaik entdeckt werden und nicht in allen Fällen eine klinische Symptomatik zeigen, wird vermutet, dass das Vorliegen eines versteckten Trisomie-16-Mosaiks die Ursache der Auffälligkeiten ist.

Im Folgenden wird auf die UPD und deren Konsequenzen im Zusammenhang mit der Pränataldiagnostik eingegangen. UPD oder Abweichungen von der üblichen genomischen Prägung, die postnatal erworbenen sind und zu gynäkologischen Tumoren führen können, sind nicht Gegenstand dieses Kapitels.

Bemerkenswert ist, dass eine UPD in mindestens 30 % der Fälle zusammen mit einer Chromosomenaberration auftritt. So besteht eine erhöhte Wahrscheinlichkeit für eine UPD beim Auftreten von Mosaik-Trisomien, überzähligen kleinen „Markerchromosomen“ oder elterlichen Translokationen. In den S2-Leitlinien Humangenetische Diagnostik wird für die Pränataldiagnostik aufgeführt, dass bei erhöhtem Risiko für eine

Tab. 12.1: Klinisch relevante uniparentale Disomie mit Angaben zur Symptomatik und Häufigkeit. Sonografisch erkennbare fetale Auffälligkeiten sind in Fettdruck aufgeführt. IUGR: Intrauterine Wachstumsrestriktion, PNGR: postnatale Wachstumsretardierung, MR: mentale Retardierung. Der Anteil der UPD (5 %) an der Gesamthäufigkeit ist in der Spalte „Häufigkeit" angegeben.

UPD	Syndrom	Symptome	Häufigkeit	OMIM
6pat	transienter neonataler Diabetes mellitus	**IUGR, Omphalozele,** Makroglossie, **Klumpfüße,** transienter Diabetes	1:800.000 – 1:1.000.000 (40 %)	601410
7mat	Silver-Russell-Syndrom	**IUGR, Körperasymmetrie,** relative Makrozephalie, Minderwuchs, dreieckiges Gesicht, PNGR	1:10.000 (6–10 %)	180860
11pat	Beckwith-Wiedemann-Syndrom	**Omphalozele, Hemihypertrophie, Makroglossie, pränataler Großwuchs,** postnataler Großwuchs, Organomegalie, neonatale Hypoglykämie	1:15.000 (20 % segmental)	130650
14mat	Temple-Syndrom	**IUGR, Skoliose,** PNGR, frühzeitige Pubertät, Hypotonie	? (>95 %)	–
14pat	Wang-Syndrom	**IUGR, Polyhydramnion, Bauchwanddefekte, glockenförmiger Thorax**	? (~100 %)	608149
15mat	Prader-Willi-Syndrom	**verminderte fetale Bewegungen, schwere IUGR, Polyhydramnion** Hypotonie, Adipositas, Hypogonadismus, moderate MR, Mikromelie	1:10.000–25.000 (29 %)	176270
15pat	Angelman-Syndrom	postnatale Mikrozephalie, schwere MR, Gangataxie, unmotiviertes Lachen, Krämpfe, spezifische klinische Symptomatk erst ab 1 Jahr	1:12.000–20.000 (2 %)	105830

UPD(15)mat oder UPD(15)pat eine UPD-Diagnostik indiziert ist, bei UPD(7), UPD(11) oder UPD(14) muss eine UPD-Diagnostik im Rahmen der genetischen Beratung diskutiert werden. Auf die Möglichkeit einer UPD der anderen Chromosomen sollte im Befundbericht hingewiesen werden. Eine für die Praxis hilfreiche Übersicht dazu findet sich in einer umfassenden, frei zugänglichen Datenbank auf der Website http://upd-tl.com.

Im vorgeburtlichen Kontext sind insbesondere die Robertson'schen Translokationen mit Beteiligung eines Chromosoms 14 und/oder eines Chromosoms 15 (Prävalenz von etwa 1:1.100 Neugeborenen) und die relativ hohe Häufigkeit von Schwangerschaften mit Trisomie 15/Trisomie-15-Mosaik (s. auch Kap. 15) als Risikogruppen für eine UPD herauszuheben.

Betrachten wir einmal die Situation für das Chromosom 15 genauer. In den von der Mutter kommenden Chromosomen 15 sind die Gene SNRPN, ZNF217, NDN und MAGEL2 durch Methylierung in somatischen Zellen dauerhaft inaktiviert, während in den vom Vater stammenden Chromosomen 15 diese Gene aktiv sind. Dagegen ist die Region um das Gen UB3A in den väterlichen Chromosomen 15 inaktivert, in den mütterlichen aber aktiv. Kommt es in einem Feten zu einer UPD der mütterlichen Chromosomen 15 – UPD(15)mat – liegen die Genprodukte aus der auf den väterlichen Chromosomen aktiven Genregion nicht in der Zelle vor, und das Kind weist ein Prader-Willi-Syndrom (PWS) auf. Umgekehrt führt eine väterliche UPD – UPD(15)pat – durch Fehlen der Genprodukte des mütterlichen Chromosoms 15 – zum Angelman-Syndrom (AS) (Abb. 12.1b).

Es gibt mehrere weitere genetische Ursachen für das Auftreten von PWS und AS, wie Mikrodeletionen in 15q11 und Genmutationen. Beim PWS ist die UPD(15)mat mit 29 % die zweithäufigste Ursache, dagegen wird die UPD(15)pat beim AS nur in 2 % aller Fälle nachgewiesen. Der Grund dafür liegt in der unterschiedlichen Biologie der Keimzellbildung zwischen Frau und Mann (Kap. 2.4). So sind im weiblichen Geschlecht meiotische Chromosomenfehlverteilungen, die zu Keimzellen mit einem zusätzlichen Chromosom 15 führen, weitaus häufiger als im männlichen Geschlecht. Nach der Befruchtung einer Eizelle mit einem haploiden Spermium liegen dann zwei Chromosomen 15 der Mutter und ein Chromosom 15 des Vaters vor.

Embryonen mit Trisomie 15 werden früh in der Schwangerschaft durch einen spontanen Abort eliminiert. Ein Überleben des Embryos ist aber möglich, wenn früh in der Embryogenese durch eine (weitere) zufällige, jetzt somatische Chromosomenfehlverteilung in einer Zelle ein Chromosom 15 verloren geht. Dieser Prozess wird *als Embryo Rescue* oder präziser als *Trisomy Rescue* bezeichnet. Betrifft bei dem Trisomy-15-Rescue der Verlust zufällig das väterliche Chromosom, führt dies zu einer mütterlichen uniparentalen Disomie 15. Geht dagegen eines der beiden mütterlichen Chromosomen verloren, so resultiert daraus eine übliche biparentale Chromosomenkonstellation der Zelle. Durch Trisomy Rescue entsteht regelmäßig ein Mosaik aus Zellen mit Trisomie 15 und Zellen mit zwei Chromosomen 15. Dabei ist die natürliche Selektion so stark, dass in der überwiegenden Mehrzahl der Schwangerschaften der Fetus einen diploiden Chromosomensatz aufweist und das Mosaik nur noch im extraembryonalen Gewebe vorliegt. Dieses Trisomie-15-Mosaik kann also durch eine CVS erkannt werden und weist auf ein erhöhtes Risiko für das Vorliegen einer UPD hin. Eine UPD-Diagnostik diploider Zellen, die in der Regel als reine Zelllinie im Fruchtwasser auftreten, ist dann indiziert. Die Wahrscheinlichkeit für eine UPD beträgt bei einer pränatal nachgewiesenen Robertson'schen Translokation unter Beteiligung eines Chromosoms 14 und/oder Chromosoms 15 ca. 0,6 %.

Die Kasuistik 12.1 beschreibt die Situation eines erhöhten UPD-Risikos sowie das diagnostische Vorgehen.

Kasuistik 12.1: Pränatale zytogenetische Konstellation mit erhöhtem Risiko für eine UPD.

Zum Ausschluss einer Stoffwechselstörung wurde bei einer 29-jährigen Patientin mit unauffälligem Ultraschallbefund eine CVS durchgeführt. Die Chromosomenanalyse an Metaphasen nach Kurzzeitkultur ergab ein Mosaik aus Zellen mit Trisomie 15 und Zellen mit normalem Chromosomensatz. Dieses Mosaik bestätigte sich auch in zwei unabhängigen Züchtungsansätzen der Langzeitkultur. Es lag also ein Level-3-Mosaik vor (Kap. 4). Nach genetischer Beratung über die Konsequenzen einer UPD(15) bzw. eines Trisomie-15-Mosaiks im Feten wünschten die Eltern entsprechende Untersuchungen an Fruchtwasserzellen. Sowohl die FISH-Diagnostik an nativen Zellen mit einer Sonde für das Zentromer von Chromosom 15 als auch die Chromosomenanalyse ergaben keinen Hinweis auf ein Trisomie-15-Mosaik des Feten. Die molekulare Diagnostik bewies das Vorliegen von je einem mütterlichen und einem väterlichen Chromosom 15, wodurch eine UPD(15) ausgeschlossen war.
Da auch die Analyse hinsichtlich der familiären Stoffwechselstörung einen unauffälligen Befund ergeben hatte, wurde die Schwangerschaft weitergeführt und durch eine eingehende Ultraschalldiagnostik in der 22. SSW die Entwicklung eines unauffälligen Feten bestätigt.

Im Folgenden wird auf eine weitere genetische Konstellation eingegangen, die ebenfalls zu klinischen Auswirkungen einer UPD führen kann. Bei Heterozygotie für eine Mutation mit autosomal-rezessivem Erbgang in nur einem Elternteil kann es durch eine uniparentale Isodisomie des Chromosoms, das das mutierte Allel trägt, unerwartet zur Homozygotie und damit zur Manifestation der Erkrankung kommen. In der Kasuistik 12.2 wird dies am Beispiel der zystischen Fibrose dargestellt. Im Prinzip ist dieser Entstehungsmechanismus für jede monogene autosomal-rezessive Mutation denkbar.

Kasuistik 12.2: Beispiel zystische Fibrose.

Ein Paar kommt zur genetischen Beratung, da nach drei gesunden Kindern beim vierten Kind einige Zeit nach der Geburt klinisch eine zystische Fibrose (CF) diagnostiziert wurde (Abb. 12.2a). Da in der Familie der Ratsuchenden bereits ein Kind mit CF (homozygot für deltaF508) geboren wurde, hatte sich diese vor der ersten Schwangerschaft untersuchen lassen und war als heterozygote Trägerin der deltaF508-Mutation diagnostiziert worden. Auf Wunsch des Partners wurde auch er untersucht, wobei die deltaF508 und weitere in Deutschland häufige Mutationen bei ihm ausgeschlossen wurden. Die Geburt eines Kindes mit Homozygotie für die deltaF508-Mutation war für die Ratsuchenden daher vollkommen unerwartet. Die folgende molekulargenetische Analyse des Indexpatienten ergab, dass die in Mitteleuropa häufigste Mutation, deltaF508 (60–70 % aller CFTR-Genmutationen), homozygot vorliegt. Der Locus des CFTR-Gens liegt auf dem Chromosom 7.

Prinzipiell kommen drei Ursachen als Erklärung für das Vorliegen der homozygoten Mutation des Kindes infrage:

1. Vererbung einer Neumutation des Partners,
2. illegitime Vaterschaft,
3. eine uniparentale Isodisomie mütterlichseits, d. h., die beiden Chromosomen 7 des Kindes stammen von der Mutter, sind genetisch identisch und tragen beide daher das mutierte CFTR-Allel.

Eine molekulargenetische Analyse an DNA aus EDTA-Blut des betroffenen Kindes und des Paares wies nach, dass der Patient homozygot für alle untersuchten Mikrosatelliten und SNPs des die Mutation tragenden mütterlichen Chromosoms 7 war (Abb. 12.2b). Die beiden Chromosomen waren genetisch identisch, sodass Hypothese 3 zutreffend war. Es lag eine uniparentale Isodisomie 7 der Mutter vor: iUPD(7) mat. Hätte die Mutter ihre beiden homologen Chromosomen 7 weitergegeben, läge also eine uniparentale Heterodisomie vor, so wäre der Sohn nur heterozygoter Überträger der CF und klinisch gesund.

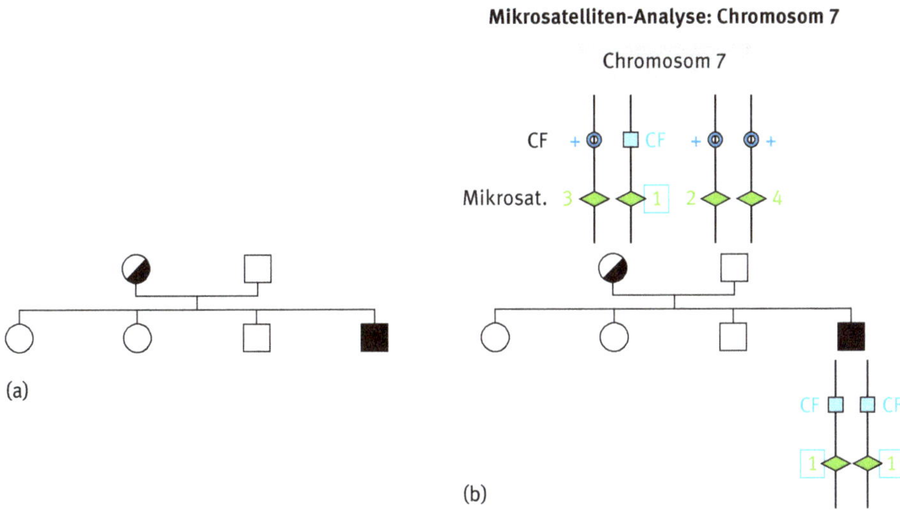

Abb. 12.2: Stammbaum einer Familie mit einem Kind, das unerwartet von einer zystischen Fibrose betroffen ist. Die Mutter ist heterozygote Trägerin der deltaF508-Mutation, ihr Partner besitzt zwei normale Allele. (a) Stammbaum der Familie; (b) molekulargenetische Diagnostik zum Nachweis der UPD7(mat). Aufgezeigt ist nur einer von mehreren gestesteten Mikrosatelliten bzw. SNPs. CF: Zystische Fibrose, Mikrosat.: Genlocus eines untersuchten Mikrosatelliten.

Merk-Würdiges
- Eine uniparentale Disomie führt zu klinischen Auswirkungen, wenn genomisch geprägte Gene von funktioneller Bedeutung involviert sind oder autosomal-rezessive Gene durch uniparentale Isodisomie homozygot werden.
- Die Chromosomen 2, 6, 7, 11, 14, 15 und 20 weisen klinisch hoch relevante genomisch geprägte Regionen auf. Mosaik-Trisomien, Markerchromosomen und Translokationen dieser Chromosomen stellen ein erhöhtes Risiko für eine UPD dar.
- In der Pränataldiagnostik ist bei erhöhter Wahrscheinlichkeit für eine UPD(15)mat oder UPD(15)pat eine UPD-Diagnostik indiziert. Bei erhöhtem Risiko für eine UPD(7), UPD(11) oder UPD(14) muss eine eingehende Ultraschalldiagnostik erfolgen und eine UPD-Diagnostik im Rahmen einer genetischen Beratung diskutiert werden.
- Im Ultraschall erkennbare Anomalien sind für Feten mit UPD 6, 7, 11, 14 und 15 beschrieben (Tab. 12.1).
- Eine UPD-Diagnostik analysiert die Weitergabe väterlicher Allele, folglich ergeben sich daraus Aussagen zur Vaterschaft.

12.1 Literatur

Lapunzina P, Monk D. The consequences of uniparental disomy and copy number neutral loss-of-heterozygosity during human development and cancer. Biol Cell 2011; 103: 303–317.

Liehr T. Cytogenetic contribution to uniparental disomy (UPD). Mol Cytogen 2010; 3: 8.

S2-Leitlinie Humangenetische Diagnostik der Gesellschaft für Humangenetik (GfH) und des Berufsverbandes Deutscher Humangenetiker (BVDH)“ (S2-LL HumDiag). Medgen 23:281–323, 2010.

Rolf-Dieter Wegner und Birgit Köhler

13 Genetisch bedingte Störungen der Geschlechtsdifferenzierung und Geschlechtsentwicklung

Abweichungen der Geschlechtsentwicklung und deren Folgen betreffen insbesondere drei Spezialisierungen der Gynäkologie. Diese sind die Pränatalmedizin mit fetalen Auffälligkeiten im Ultraschall sowie die gynäkologische Endokrinologie und die Reproduktionsmedizin. Dieses Kapitel geht auf die Pränataldiagnostik ein, während endokrinologische und reproduktionsmedizinische Aspekte im Kapitel 14 behandelt werden.

Für Abweichungen von einer biologisch typischen weiblichen oder männlichen Geschlechtsentwicklung wird nach internationaler Vereinbarung die Abkürzung DSD (*Disorder(s) of Sex Development*, s. Infobox 13.1) verwendet. DSD ist definitionsgemäß ein atypisches Vorliegen des chromosomalen, gonadalen oder phänotypischen Geschlechts. Begriffe wie Intersex, Pseudohermaphroditismus oder Hermaphroditismus sind obsolet. Die Mehrzahl der Betroffenen werden postnatal diagnostiziert oder bei geringer phänotypischer Manifestation, wie beim Klinefelter-Syndrom (47,XXY) oder bei der Triple-X-Frau (47,XXX), zeitlebens nicht erkannt. Demgegenüber führt die zunehmende Anzahl von pränatalen Ultraschalluntersuchungen bei hoher bildgebender Qualität der Ultraschallgeräte zu einer vermehrten Erkennung von Feten mit DSD und damit für den behandelnden Arzt zu Fragen nach dem weiteren Vorgehen. Im Hinblick darauf wird im Folgenden auf Ursachen von DSD, auf Diagnostik und auf weitergehende Betreuung eingegangen. Vorangestellt wird die Beschreibung der normalen Geschlechtsentwicklung.

Infobox 13.1: Störungen der Geschlechtsentwicklung – *Disorder(s) of Sex Development* (DSD).

Seit 2006 werden als Ergebnis einer Konsensus-Konferenz in Chicago Abweichungen von einer biologisch typischen weiblichen oder männlichen Geschlechtsentwicklung unter dem Oberbegriff *Disorder(s) of Sex Development* (DSD) zusammengefasst. Bei DSD handelt es sich definitionsgemäß um ein atypisches Vorliegen des chromosomalen, gonadalen oder phänotypischen Geschlechts. Die neue Klassifikation ist in Tab. 13.1 übersichtlich zusammengestellt. Dabei wird abhängig vom Karyotyp in drei Subgruppen unterteilt: 46,XX DSD; 46,XY DSD und Gonosomenaberrationen – DSD. Zu letzterer zählen beispielsweise Klinefelter-Syndrom (47,XXY), Turner-Syndrom (45,X) und numerische gonosomale Mosaike (z. B. mos 45,X0/46,XY). Strukturelle Aberrationen der Geschlechtschromosomen sind in dieser Klassifikation nicht dezidiert aufgeführt, können jedoch auch zu Gonadendysgenesie mit späterer Infertilität führen. In die Gruppe 46,XY DSD gehören Störungen der testikulären Entwicklung, der Androgensynthese oder -wirkung. und der AMH-Synthese oder -wirkung. 46,XX DSD wird hervorgerufen durch Störungen der fetalen ovariellen Entwicklung oder durch Androgenexzess, z. B. bei fetalem adrenogenitalen Syndrom (z. B. 21-Hydroxylasemangel) oder bei bestimmten maternalen Tumoren.

Je nach vorhandenem Gonadengewebe wird unterteilt in testikuläres, ovarielles, ovotestikuläres und dysgenetisches Gewebe. Die Gonadendysgenesie wird weiter unterteilt in die Kategorien

komplett, partiell oder gemischt. Die komplette Gonadendysgenesie ist charakterisiert durch bilaterale komplett dysgenetische Gonaden (Stranggonaden), normalem Uterus (als Derivat der Müller'schen Gänge) und weiblichen Phänotyp mit 46,XX oder 46,XY Karyotyp. Die partielle 46,XY-Gonadendysgenesie beschreibt Patienten mit partieller Testesdifferenzierung, Anteilen der Müller'schen Gänge und auffälligem uneindeutigem äußeren Genitale.
Die gemischte Gonadendysgenesie ist charakterisiert durch asymmetrische Gonadenentwicklung, z. B. auf Grund chromosomaler Mosaike, sowie interne und externe Genitale, die von weiblich über uneindeutig bis zu männlich reichen können. Anomalien der Geschlechtsentwicklung können durch Genmutationen, Chromosomenaberrationen oder exogene Faktoren bedingt sein.

Tab. 13.1: Klassifikation von Störungen der Geschlechtsentwicklung (*Disorder(s) of Sex Development*, DSD) modifiziert entsprechend dem „Chicago Konsensus" (Hughes, 2008). CAIS: *engl.* Complete Androgen Insensitivity Syndrome = komplette Androgeninsensivität; PAIS: *engl.* Partial Androgen Insensitivity Syndrome; AMH: Anti-Müller-Hormon; MURCS: Murcs-Assoziation: Aplasie der Müller'schen Gänge, Nierenaplasie und Dysplasie der zerviko-thorakalen Somiten.

Gonosomenaberration DSD	**46,XY DSD (früher: männlicher Pseudohermaphrodismus)**	**46,XX DSD (früher: weiblicher Pseudohermaphrodismus)**
1. 45,X Turner-Syndrom inkl. Mosaike 2. 47,XXY Klinefelter-Syndrom inkl. Mosaike 3. mos 45,X/46,XY gemischte Gonadendysgenesie, ovotestikulärer DSD 4. 46,XX/46,XY Chimärismus, ovotestikulärer DSD 5. strukturelle Aberrationen des X-Chromosoms inkl. Mosaike 6. strukturelle Aberrationen des Y-Chromosoms inkl. Mosaike	1. Störungen der testikulären Entwicklung a) komplette Gonadendysgenesie b) partielle Gonadendysgenesie c) gonadale Regression d) ovotestikulärer DSD 2. Störungen der Androgensynthese oder -wirkung a) Störungen der Androgensynthese, z. B. LH-Rezeptor-Mangel-Defekte, SF1-Defekte b) Störungen der Androgenwirkung (CAIS, PAIS), Androgenrezeptordefekte c) Störungen des AMH/AMH-Rezeptors, persistierende Müllersche Strukturen 3. andere, z. B. schwere Hypospadie, kloakale Ekstrophie	1. Störungen der ovariellen Entwicklung a) Gonadendysgenesie b) ovotestikulärer DSD c) testikulärer DSD 2. Androgenexzess a) fetal: Adrenogenitales Syndrom; 21-Hydroxylase-Mangel b) fetoplazentär: Aromatasemangel, P450-Oxidoreduktase-Mangel c) mütterlich (z. B. Luteom, exogen) 3. andere, z. B. kloakale Ekstrophie, Vaginal- und Uterusagenesie, MURCS, andere Syndrome

Merk-Würdiges
Für Abweichungen von einer biologisch typischen weiblichen oder männlichen Geschlechtsentwicklung wird international aktuell die Abkürzung DSD – *Disorder(s) of sex development* – verwendet. Begriffe wie Intersex, Hermaphrodit und Pseudohermaphroditismus sind obsolet.

13.1 Normale Geschlechtsentwicklung

Das Geschlecht eines Individuums kann auf vier Ebenen beurteilt werden, der genetischen, der gonadalen, der phänotypischen und der psychosozialen Ebene.

Die genetische Festlegung des Geschlechts erfolgt durch die Konstellation des Geschlechtschromosomenpaares, somit also bei der Konzeption. Wird die Oozyte mit ihrem X-Chromosom durch ein X-Chromosom tragendes Spermium befruchtet resultiert daraus der 46,XX Chromosomensatz der Frau, trägt das Spermium ein Y-Chromosom kommt es zum 46,XY Karyotyp des Mannes. Das gonadale Geschlecht wird dabei durch das Vorliegen oder die Abwesenheit eines normalen Y-Chromosoms bestimmt. Abhängig davon wird für das jeweilige Geschlecht der Aufbau eines spezifischen komplexen Netzwerks interagierender Transkriptionsfaktoren, Rezeptoren und Signalmolekülen initiiert. Tragen die Zellen des Embryos ein Y-Chromosom, so entwickelt sich die undifferenzierte bipotente Gonade zu Testes, liegen zwei X Chromosomen vor, so entstehen Ovarien. Testes oder Ovarien produzieren dann eine geschlechtsspezifische Hormonzusammensetzung, die an der Ausprägung der primären Geschlechtsmerkmale, dem phänotypischen Geschlecht, beteiligt ist. Im folgenden Text wird mit dem Begriff Geschlechtsentwicklung im Allgemeinen auch die Geschlechtsdifferenzierung eingeschlossen. Nur da, wo es für das Verständnis notwendig ist, wird speziell der Begriff der Differenzierung verwendet.

Die Differenzierung der indifferenten (primordialen) Gonaden (Abb. 13.1a) beginnt etwa sechs Wochen nach der Konzeption. Zu diesem Zeitpunkt weist bei einem Embryo mit 46,XY Karyotyp das im kurzen Arm des Y-Chromosoms lokalisierte SRY-Gen (Sex-determining region Y) ein Transkriptionsmaximum auf. Dadurch kommt es zur Entwicklung von Testes, wodurch in der Folge die Aktivität anderer Gene stimuliert wird, was letztendlich erst zur Entwicklung von Sertolizellen und dann von Leydigzellen führt. Sertolizellen bilden Anti-Müller-Hormon (AMH), so dass die Müllerschen Gänge abgebaut werden, während Leydigzellen Testosteron produzieren und dadurch die Entstehung der Wolfschen Gänge mit Epididymis, Vas deferens und Seminalvesikel induziert wird.

Fehlt bei einem 46,XY Chromosomensatz das SRY-Gen auf dem Y-Chromosom so entstehen komplett dysgenetische Testes und die Müllerschen Gänge differenzieren aufgrund der fehlenden AMH-Wirkung in Eileiter, Uterus und Teilen der Vagina.

Bei einem Embryo mit 46,XX Karyotyp entwickeln sich durch die Aktivierung spezifischer Transkriptionsfaktoren die Ovarien. Ist ein X Chromosom inkomplett oder fehlt es vollständig entstehen dysgnetische Ovarien.

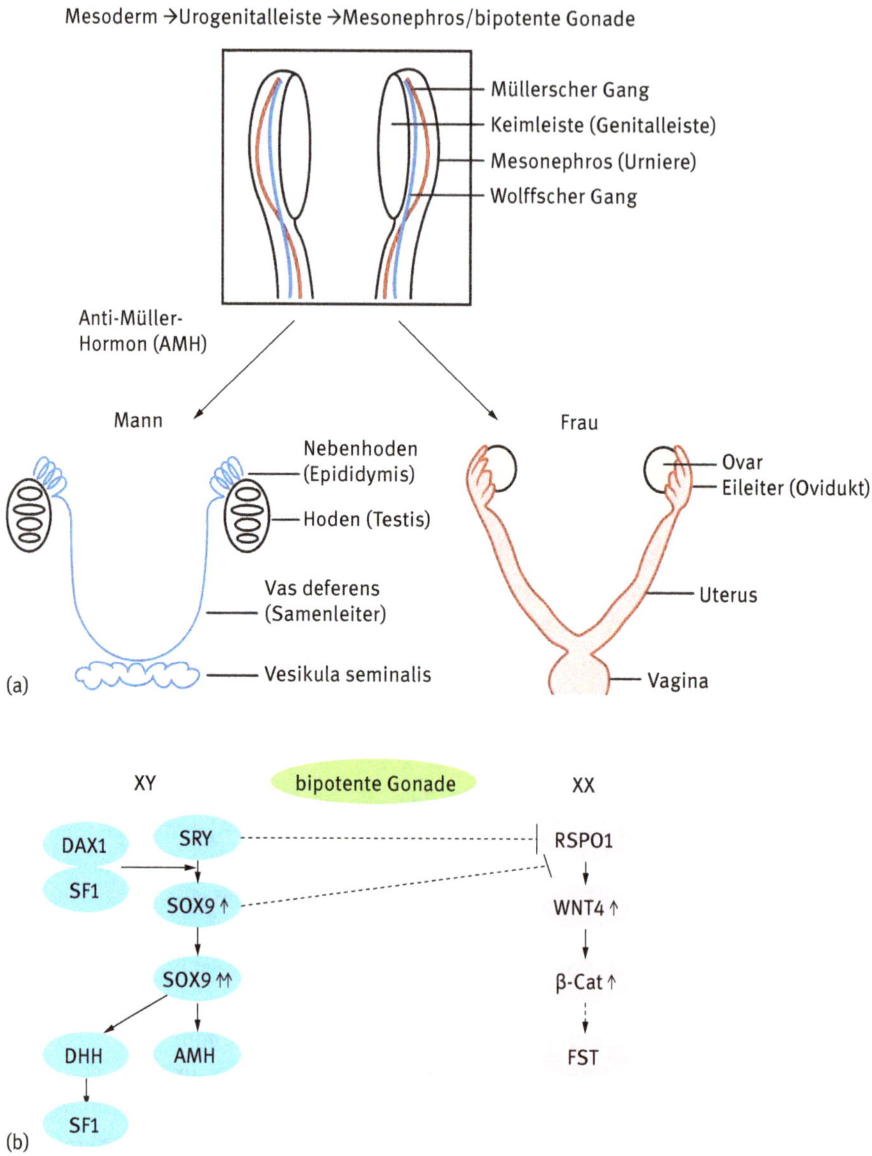

Abb. 13.1: Aspekte der Gonadendifferenzierung; a) Morphologische Differenzierung der Gonaden; b) Gonadendifferenzierung mit Angabe der wichtigsten daran beteiligten Gene, modifiziert nach Matzuk und Lamb, 2008 sowie Ono und Harley, 2013. (Anm.: Die Erklärung der jeweiligen Abkürzung ist im Abkürzungsverzeichnis aufgeführt.)

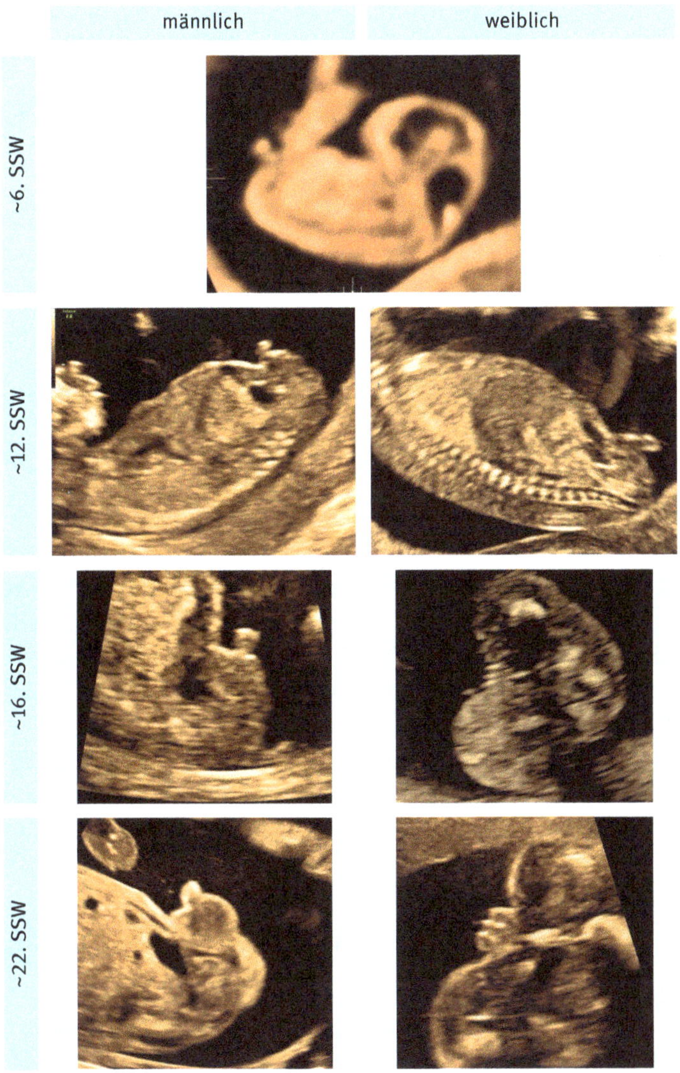

Abb. 13.2: Sonografisch erkennbare Entwicklung des fetalen Geschlechts in Abhängigkeit von der Schwangerschaftsdauer. Die Abbildungen wurden von M. Albig zur Verfügung gestellt.

Die äußeren männlichen oder weiblichen Genitale entwickeln sich unter hormonellen Einflüssen aus identischen embryonalen Strukturen. Eine vereinfachte Darstellung der Geschlechtsdifferenzierung mit den daran beteiligten wesentlichen Gene gibt die Abbildung 13.1b wider.

Die Prozessabläufe der Geschlechtsentwicklung zeichnen sich durch eine hohe Präzision aus wobei der Dosis der Genprodukte in diesem sensiblen Netzwerk eine wichtige Rolle zukommt.

Das sonografisch-morphologische Korrelat der Geschlechtsentwicklung gibt die Abbildung 13.2 wider. Ab etwa der 12. SSW kann in den meisten Fällen das fetale Geschlecht erkannt werden.

Merk-Würdiges
Das SRY-Gen auf dem Y-Chromosom induziert die Gonadenentwicklung in männliche Richtung.

13.2 Störungen der Geschlechtsdifferenzierung und -entwicklung

Abweichungen der Geschlechtsentwicklung können durch Genmutationen, Chromosomenaberrationen oder exogene Faktoren bedingt sein. Die Inzidenz für Genitalanomalien liegt bei etwa 2,2 unter 1.000 Neugeborenen, eine Hypospadie tritt bei 3,6 pro 1.000 männliche Neugeborene auf (www.eurocat-network.eu). Das Adrenogenitale Syndrom (AGS) ist die häufigste Ursache von Genitalauffälligkeiten unter weiblichen Neugeborenen und wird in Deutschland bei 1 unter 10.000 aller Neugeborenen diagnostiziert (Schwarz HP, http://www.haunerjournal.de).

Für den Pränataldiagnostiker gibt es drei typische Szenarien, die ein unterschiedliches Management erfordern: (1) Familiäre genetische Veränderung mit Risiko für das Auftreten von DSD bei Nachkommen, (2) die Diagnose eines auffälligen Genitals im fetalen Ultraschall und (3) eine Geschlechtsdiskrepanz zwischen Ultraschallbefund und genetischem Befund.

Merk-Würdiges
Fetale Genitalauffälligkeiten liegen bei mehr als 1 Promille aller Ultraschalluntersuchungen vor. Die häufigste Ursache eines uneindeutigen Genitale im Ultraschall ist das adrenogenitales Syndrom aufgrund von Mutationen des 21-Hydroxylasegens *(Cyp21A2)*.
Weitere genetische Ursache können andere Genmutationen, Chromosomenaberrationen oder exogene Faktoren sein.

13.2.1 Familiäre genetische Veränderung

Das häufigste Beispiel hierfür ist das klassische AGS mit 46,XX DSD hervorgerufen durch Mutationen im 21-Hydroxylase-Gen (*CYP21A2*-Gen), siehe Kapitel 11.2. Etwa 95 % der Fälle von AGS werden durch Mutationen des *CYP21A2*-Gens verursacht. Das Gen ist neben anderen Genen an der Kortisol- und Aldosteronsynthese beteiligt (Abb. 13.3).

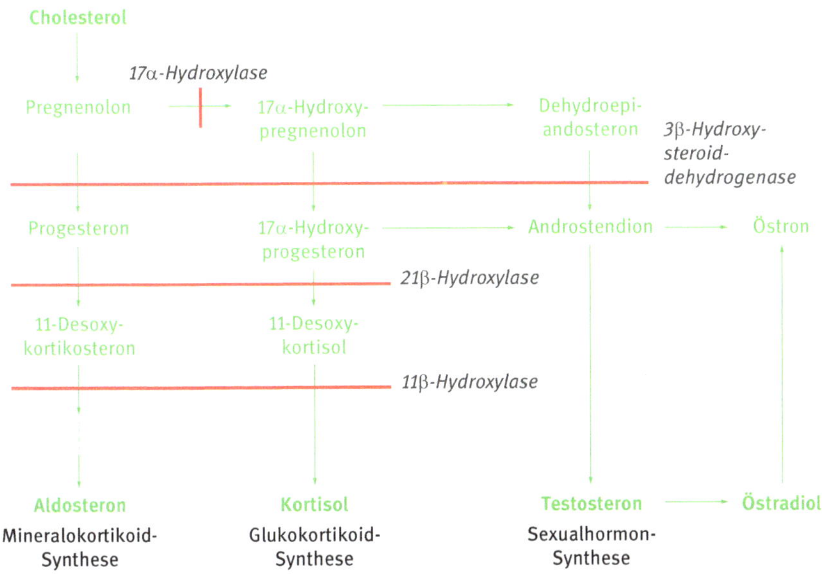

Abb. 13.3: Stark vereinfachtes Schema der Steroidsynthese und der dem adrenogenitalen Syndrom (AGS) zugrunde liegenden Enzymdefekte, modifiziert nach M. Ludwig, G. Bonatz, W. Küpker und A. Schultze-Mosgau. Gynäkologie und Geburtshilfe, Springer-Lehrbuch, S. 47, 2007.

Die Mutationen werden autosomal rezessiv vererbt und führen bei Homozygotie zu einer fehlenden oder reduzierten Kortisol- und Aldosteronsynthese. Daraus resultiert eine erhöhte Sekretion von Adrenokortikotropen Hormon (ACTH) und vermehrte Testosteronbildung mit der Folge einer Nebennierenrindenhyperplasie und unbehandelt das klinische Bild des AGS (s. Kap. 11 und 14). Liegen homozygote Mutationen oder Compound-Heterozygotie im Feten mit 46,XX Chromosomensatz vor, so kommt es zu 46,XX DSD mit im Ultraschall nachweisbarer Klitorishypertrophie und häufig auch Sinus urogenitalis. Eine frühe Behandlung mit Dexamethason kann die Virilisierung bei klassischem AGS verhindern. Die Effektivität der Behandlung wird aufgrund möglicher Effekte auf die Hirnentwicklung allerdings noch kontrovers diskutiert. Somit handelt es sich bei der pränatalen Dexamethasonbehandlung um eine experimentelle Therapie. Bei nicht-klassischem AGS ist aufgrund des geringen Schweregrades eine pränatale Behandlung nicht indiziert.

Bei Allelen, die zur kompletten Inaktivierung des Genprodukts führen, kann es bei unbehandelten betroffenen Neugeborenen zu lebensbedrohlichen Krisen, dem AGS mit Salzverlust kommen.

Eine pränatale molekulargenetische Diagnostik erfordert die Analyse des Indexfalles und der zukünftigen Eltern, um die zu Grunde liegende(n) Mutation(en) und die Segregation der Allele zu bestimmen. In der deutschen Bevölkerung sind acht verschiedene Mutationen für etwa 90 % der Fälle verantwortlich. Die Untersuchungen können aber auch komplex werden und sollten daher bereits vor einer geplanten Schwangerschaft erfolgen, um möglichen Zeitdruck zu vermeiden.

Merk-Würdiges
Eine molekulare Pränataldiagnostik bei familiärem Auftreten von Geschlechtsanomalien erfordert eine frühzeitige Diagnostik von Indexpatient und potentiellen Eltern für die adäquate genetische Beratung.

13.2.2 Auffälliges fetales Genitale im Ultraschall

Neuere Daten zeigen, dass die Inzidenz von Genitalauffälligkeiten im Ultraschall über 1 ‰ liegen kann. Genitalanomalien können Hinweis sein auf das Vorliegen einer Chromosomenstörung, einer Genmutation, die eine isolierte oder syndromale Fehlbildung verursacht, oder einer Mutation, die zu einem fehlerhaften Androgenaufbau, mangelnder Androgenwirkung oder vermehrter Androgenbildung führt. Sie können auch als Folge einer frühen Entwicklungsstörung des Blasentraktes mit Ekstrophie der Blase bzw. Kloakenbildung auftreten.

In einem ersten Schritt nach Entdeckung einer fetalen Auffälligkeit ist eine eingehende Ultraschalldiagnostik notwendig, um Begleitsymptome zu erkennen oder ein isoliertes Auftreten zu bestätigen. Da eine Klitorishypertrophie in der frühen Schwangerschaft nicht immer einfach von einer Hypospadie zu unterscheiden ist, ist eine Geschlechtsbestimmung erforderlich. Diese ist durch die Analyse zellfreier fetaler DNA aus dem Blut der Schwangeren möglich. Liegt eine XX-Gonosomenkonstitution des Feten vor, ist die Ursache in der Regel ein AGS aufgrund eines 21-Hydroxylasemangels. Allerdings erlaubt nur ein invasives Vorgehen mittels Chorionzotten- oder Fruchtwasserzellanalyse eine eindeutige Diagnose hinsichtlich einer möglicherweise kausalen Chromosomenstörung. Häufige numerische Gonosomenaberrationen sind in Tabelle 13.1 aufgelistet, einige strukturelle gonosomale und autosomale Chromosomenveränderungen sind weiter unten im Abschnitt 13.5 „Chromosomenaberrationen als Ursache von DSD“ aufgeführt.

Bei Syndromverdacht auf Grund des fetalen Ultraschallbefundes stehen für einige verursachende Gene bereits heute Mutationsanalysen zur Verfügung. In Tabelle 13.2 sind Genmutationen, korrelierende Ultraschallbefunde sowie weitere typische klinische Symptome aufgeführt. Für einige gut bekannte Gene sind weitergehende Informationen zu Funktion, klinischen Konsequenzen von Mutationen und fetale Ultraschallbefunde weiter unten, im Abschnitt 13.3 „Gene der Gonadendifferenzierung und -entwicklung“ enthalten. Auf eine Besonderheit ist bei Verdacht auf ein Smith-Lemli-Opitz (SLO) Syndrom (s. a. Tab. 13.2 DHCR7) hinzuweisen: Wird eine Amniozentese durchgeführt, so kann eine Analyse der 7-Dehydrocholesterol-

Reduktase (7-DHC) im Fruchtwasser zur differentialdiagnostischen Beurteilung erfolgen. Eine erhöhte Konzentration von 7-DHC ist ein deutlicher Hinweis auf das Vorliegen dieses Syndroms.

Tab. 13.2: Klinisch relevante Gene der Geschlechtsentwicklung und von DSD in alphabetischer Reihenfolge. Hellgrün hinterlegt sind die Daten zu den am häufigsten betroffenen Genen. Die im Ultraschall erkennbaren Symptome sind durch Fettdruck hervorgehoben.

Genmutation	Genlocus	DSD-Gruppe/ Syndromname	Symptome/Ultraschallbefunde
AR (Androgen-Rezeptor)	Xq12	1. XY DSD/komplette Androgenresistenz (CAIS) 2. XY DSD/inkomplette Androgenresistenz (PAIS)	1. Geschlechtsdiskrepanz: **US (weibliches äußeres Genitale)** 2. abdominelle oder inguinale Testes vs. Karyotyp **Genitalfehlbildungen**
ATR-X (XH2)	Xq21.1	XY DSD/ATR-X Syndrom	Genitalauffälligkeiten: Testes und **Phallus hypoplastisch,** Kryptorchismus, **Hypospadie**
CYP21A2	6p21.33	XX DSD/Adrenogenitales Syndrom (AGS)	ohne Therapie: **Klitorishypertrophie häufig mit Sinus urogenitales**
DHCR7	11q13.4	XY DSD/Smith-Lemli-Opitz-Syndrom	**IUGR, Microzephalie, Kleinhirnaplasie, Holoprosencephalie, Herzfehler, Gaumenspalte, Hypospadie,** Kryptorchismus, Katarakt, **Poly-/ Syndaktylie**, Pylorusstenose, Gallenblasenhypoplasie, **Fehlbildungen der harnableitenden Wege**, mentale Retardierung
POR	7q11.23	XX DSD und XY DSD Antley-Bixler-Syndrom Typ I	– m: **hypoplastischer Phallus, Hypospadie, Scrotum bifidum** und Kryptorchismus – w: **Klitoromegalie**, hypoplastische oder fusionierte Labien und urogenitaler Sinus Choanalstenose oder -atresie, **radioulnare Synostose, multiple Gelenkkontrakturen**
RSPO1	1p34.3	XX DSD	**Genitalanomalien (Virilisierung unterschiedlichen Grades)**, fehlende Müllersche Gänge, palmoplantare Hyperkeratosis
NR5A1	9q33.3	XY DSD	Geschlechtsdiskrepanz **US (Genitale uneindeutig bis weiblich)** vs. Karyotyp (männl.), Testesdysgenesie

Tab. 13.2: (fortgesetzt)

Genmutation	Genlocus	DSD-Gruppe/ Syndromname	Symptome/Ultraschallbefunde
NR0B1 (DAX1)	Xp21.3	46,XY DSD	s. Tab. 13.3 → dupXp21.3
SOX9-Deletion/ Translokation	17q24.3	XY DSD/Campomele Dysplasie	**IUGR mit verkürzten, gebogenen Extremitäten, Genitalauffälligkeiten, Gaumenspalte, Hypertelorismus, Herzfehler, schmaler Thorax, 11 Rippenpaare, Polyhydramnion, Talipes equinovarus**
SRY-Deletion/ Mutation	Yp11.31	XY DSD	komplette Gonadendysgenesie, Geschlechtsdiskrepanz **US (weibl.)** vs. Karyotyp (männl.)
SRY. Trans-lokation auf X-Chromosom	Yp11.31	XX DSD/XX-Mann	Geschlechtsdiskrepanz **US (männl.)** vs. Karyotyp (weibl.)
WNT4	1p36.12	XX DSD/SERKAL-Syndrom	**IUGR, Oligohydramnion, Dys- oder Agenesie der Nieren, US Testes/ Ovotestes** vs. Karyotyp (weibl.), **Dys- oder Agenesie der Nieren, Uterusaplasie**, dysplastische Ovarien, **LKG-Spalte**, Lungendysgenesie, Hyperandrogenämie
WT1-Deletion	11p13	XY DSD/WAGR-Syndrom	WAGR: Wilmstumor, **Aniridie, Genitalanomalien** (u. a. **Hypospadie**, Kryptorchismus), **IUGR**, mentale Retardierung, erhöhtes Gonadoblas-tomrisiko
WT1-spezifische Mutation	11p13	XY DSD/Denys-Drash-Syndrom	Wilmstumor, frühmanifestierende Glomerulopathie, **Genitalanomalien**
WT1-spezifische Mutation	11p13	XY DSD/Meacham-Syndrom	Wilmstumor, frühmanifestierende Glomerulopathie, **Genitalanomalien, Zwerchfellhernie, Herzfehler**
WT1-Isoform	11p13	XY DSD/Frasier-Syndrom	Geschlechtsdiskrepanz: **US (weibl)** vs. Karyotyp (männl.), spätmani-festierende Niereninsuffizienz, ausgeprägte Gonadendysgenesie und hohes Gonadoblastomrisiko

Tab. 13.3: Klinisch relevante Chromosomensegmente der Geschlechtsentwicklung und von DSD.

Chromosomale Regionen	Genlocus	DSD-Chromosom/ Syndromname	Symptome/Ultraschallbefunde
del 8p23.1	GATA4	XY DSD	**Hypospadie**, Kryptorchismus, fusionierte hypoplastische labioscrotale Tuberkel, Inguinalhernien mit Gonaden
del 9p24.3	DMRT1	XY DSD	Geschlechtsdiskrepanz: **US (weibl)** vs. Karyotyp (männl.), **Hypospadie** bis komplette Gonadendysgenesie, Uterus
del 11p13	WT1	XY DSD / WAGR	s. Tab. 13.2 → WT1-Gen
17q24.3	SOX9	XY DSD / Campomele-dysplasie	s. Tab. 13.2 → SOX9-Gen
dup Xp21.3	NR0B1 (= DAX1)	XY DSD /Duplikation von DSS (Dosage sensitive sex reversal Region)	Geschlechtsdiskrepanz: **US (weibl.)** vs. Karyotyp (männl.), **Genitalauffälligkeiten**, Gonadendysgenesie, erhöhtes Gonadoblastomrisiko

Nach Ausschluss chromosomaler Ursachen oder syndromaler Genmutationen kann postnatal eine Steroidprofilbestimmung oder bei Feten mit 46,XY Karyotyp auch eine Sequenzierung des Androgenrezeptors-Gen als weitergehende Diagnostik eingesetzt werden.

Merk-Würdiges
Die Inzidenz von Genitialanomalien liegt unter Neugeborenen bei 2,2 Promille, die Inzidenz von einer Hypospadie bei 3,6 Promille der männlichen Neugeborenen.

13.2.3 Geschlechtsdiskrepanz zwischen Ultraschallbefund und genetischem Befund

Kasuistik 13.1

Bei einer 40jährigen Schwangeren erfolgte in der 16. SSW eine fetale Ultraschalldiagnostik und wegen Fehlbildungsängsten eine Amniozentese. Der Ultraschallbefund wies einen unauffälligen weiblichen Feten nach. In den Fruchtwasserzellen lag in 16 von 20 Zellen ein männlicher Chromosomensatz vor (Abb. 13.4a). Vier Metaphasen zeigten den Verlust einzelner, unterschiedlicher Chromosomen. Üblicherweise werden solche Chromosomenverluste als präparationsbedingte Artefakte interpretiert.

Auf Grund der Geschlechtsdiskrepanz zwischen Ultraschall- und Chromosomenbefund wurde die zytogenetische Analyse erweitert. Unter 100 Metaphasen wiesen acht Zellen eine Monosomie X auf, die restlichen Mitosen zeigten nach GTG-Bandenfärbung einen unauffälligen XY-Chromosomensatz. Indiziert durch die Geschlechtsdiskrepanz wurde zur genaueren Beurteilung des Y-Chromosoms eine CBG-Bandenfärbung durchgeführt mit dem Ergebnis eines aberranten Y-Chromosoms. Dieses Chromosom wies keine typische endständige C-Bande im langen Arm auf (Abb. 13.4b).
Eine daraufhin durchgeführte FISH-Diagnostik mittels Zentromersonden für X- und Y-Chromosom bestätigte nunmehr den Befund eines geringfügigen 45,X(Turner-Syndrom-)-Mosaiks: 12 % der 100 untersuchten Zellkerne wiesen eine Monosomie X auf. In den restlichen Zellen zeigte sich eine Y-chromosomale Aberration: alle Zellkerne besaßen zwei Signale für die Centromersonde und in Metaphasen zeigte sich, dass die Signale auf jeweils einem Y-Chromosom lokalisiert waren (Abb. 13.4c). Die Nachanalyse mit einer SRY-Sonde bewies das Vorliegen eines Isochromosoms Y für den kurzen Arm sowie proximalen Anteilen des langen Arms. Die Eltern entschlossen sich nach eingehender multidisziplinärer Beratung, die Schwangerschaft auszutragen und ein phänotypisch unauffälliges Mädchen wurde geboren. Später erfolgte eine Gonadektomie der dysgenetischen Gonaden wegen des Risikos von bis zu 25 % für das Auftreten eines Gonadoblastoms bei Mosaiken mit einer 45,X-Zelllinie und Zellen mit spezifischen Y-chromosomalen Segmenten.
Das Ergebnis der Chromosomenanalyse aus den Gonaden erklärt gut die Diskrepanz zwischen Genotyp und Phänotyp, da eine deutliche Verschiebung des Mosaikverhältnis zu Gunsten der 45,X-Zelllinie vorlag: 72 % der Zellen hatten eine Monosomie X und damit konnte in den Gonaden keine ausreichende Konzentration von SRY-Genprodukten gebildet werden, um eine Gonadenentwicklung in männliche Richtung zu induzieren.

Die Kasuistik unterstreicht auch die Bedeutung einer eingehenden **zytogenetischen** Diagnostik, da der Mosaikanteil der 45,X-Zelllinie im Fruchtwasser unterhalb der molekulargenetischen Nachweisgrenze liegt.

Liegt demgegenüber ein diskrepanter Ultraschallbefund mit weiblichem Genitale und 46,XY Chromosomensatz ohne Hinweis auf ein Mosaik vor und ist ein Laborfehler ausgeschlossen, so ist die Sequenzierung des Androgenrezeptor-Gens zu diskutieren.

Im Fall eines 46,XX Karyotyps und einem männlichen Genitale sollte das Vorliegen des SRY-Gens bestätigt oder ausgeschlossen werden. Der Nachweis des *SRY*-Gens mittels FISH-Analyse lässt die Lokalisation des Gens zu und erlaubt damit auch die pränatale Diagnose „XX-Mann“ bei einem sonografisch männlichen Feten (s. Infobox 13.2). Bei negativem SRY Nachweis können z. B. Mutationen im *RSPO1*-Gen oder regulatorische Veränderungen des *SOX9*- und *SOX3*-Gens ursächlich sein.

Der pränatale Verdacht auf DSD erfordert immer eine ausführliche Beratung und multidisziplinäre Betreuung der Schwangeren durch ein Team aus Pränatalmedizinern mit Ultraschallexpertise, Humangenetikern, pädiatrischen Endokrinologen und speziell geschulten Psychologen. In Deutschland sieht die Gesetzgebung auch das Angebot einer psychosozialen Beratung vor. Damit kann umfassend über eine weitergehende Diagnostik sowie prä- und postnatale Behandlung des Kindes aufgeklärt werden. Eine Peerberatung über Selbsthilfegruppen (z. B. AGS-Initiative, intersexuelle Menschen e.V., Turner oder Klinefeltervereinigung) ist ebenfalls empfohlen. Eine langfristige begleitende und sensible Betreuung der Eltern im Umgang mit dem häufig

Infobox 13.2: XX-Mann.

Männer mit 46,XX Karyotyp zeigen im Durchschnitt eine geringere Körperlänge als Männer mit 46,XY Karyotyp. Sie weisen eine Infertilität mit Azoospermie bei vermindertem Hodenvolumen auf. Die geistige Entwicklung ist unauffällig.

XX-Männer werden mit einer Häufigkeit von 1:10.000 bis 1:20.000 Männern gefunden.

Bei etwa 80 % der Patienten sind molekular-zytogenetisch oder molekular nachweisbare kausale Umbauten des X-Chromosoms vorhanden. Ursache ist ein illegitimes Cross-over zwischen X- und Y-Chromosom im Verlauf der Meiose, wodurch ein kleines Y-chromosomales Segment mit dem SRY-Gen auf das X-Chromosom gelangt (Abb. 13.5a–b). Eine klinische Verdachtsdiagnose kann nach einer klassischen Chromosomenanalyse an Lymphozyten durch den Nachweis eines weiblichen Chromosomensatzes bestätigt werden. In der Pränataldiagnostik ist bei einer Diskrepanz zwischen weiblichem Chromosomensatz und unauffällig männlichen Ultraschallbefund an die Konstellation des XX-Mannes zu denken. Eine schnelle Diagnose ist im Fall SRY-positiver XX-Männer durch eine FISH-Analyse mit einer SRY-Sonde möglich.

komplexen Problem der Geschlechtsentwicklung und ggf. Geschlechtsidentifikation des Kindes ist von besonderer Bedeutung.

Eingehendere Übersichten zu Differentialdiagnostik und Management pränataler DSD sind bei Bianchi et al. (2010), Adam et al. (2012) und Chitty et al. (2012) zu finden.

Im Folgenden wird eine Auswahl von Genmutationen und Chromosomenaberrationen vorgestellt, die ursächlich für DSD sind, Relevanz für die Pränataldiagnostik besitzen und – falls diagnostiziert – eine weitergehende Betreuung erfordern könnten.

13.3 Gene der Gonadendifferenzierung und -entwicklung

Eine eingehende Darstellung der an der Geschlechtsentwicklung beteiligten Gene kann an dieser Stelle nicht erfolgen. Im Folgenden werden daher ausgewählte Gene vorgestellt, die eine zentrale Rolle einnehmen und bei Ausfall oder eingeschränkter Funktion zu fetalen Ultraschallauffälligkeiten führen (Tab. 13.2.a). Weitergehende Informationen sind bei Wieacker (2011) und Larson et al. (2012) zu finden. (Anm.: Die Abkürzungen der Gene sind im Abkürzungsverzeichnis erklärt.)

13.3.1 SRY

Das *SRY*-Gen ist im Normalfall der molekulare Schalter um die Differenzierung der bipotenten Gonade zu Testes zu initiieren. Es ist im kurzen Arm des Y-Chromosoms lokalisiert (Abb. 13.4b). Seine Funktion wurde in den 1990er Jahren an Hand pathologischer Situationen erkannt. So weisen die meisten Männer mit XX-Karyotyp ein *SRY*-Gen tragendes, kleines Y-chromosomales Segment im distalen Bereich des

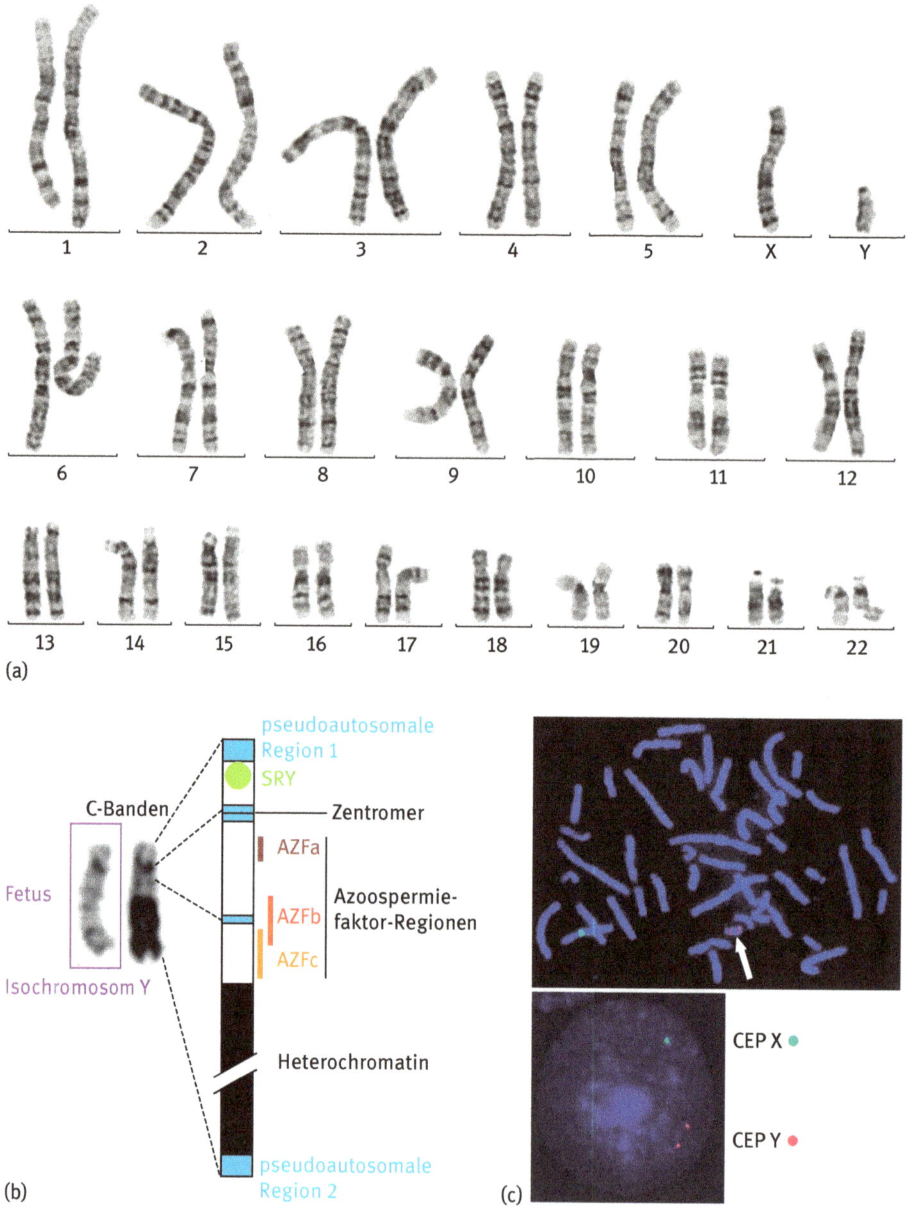

Abb. 13.4: a) Karyogramm des sonografisch weiblichen Feten mit XY-Chromosomensatz; b) normales Y-Chromosom mit Lage bestimmter Gene/Genregionen im Vergleich zum aberranten Y-Chromosom des Feten der Kasuistik 13.1 (modifiziert nach Wegner und Bloechle, 2009); c) FISH-Analyse der Zellen des Feten mittels Zentromersonden für das X- und das Y-Chromosom; oben Metaphase, unten Zellkern.

kurzen Armes eines der beiden X-Chromosomen auf (Infobox 13.2). Demgegenüber wurde in einigen Patienten mit XY-Chromosomensatz und weiblichen Phänotyp Mutationen im *SRY*-Gen nachgewiesen. Die wichtigste Aufgabe des SRY-Genproduktes ist die Aktivierung des *SOX9*-Gens, das wiederum die Entwicklung von Sertolizellen aus Vorläuferzellen steuert.

Im Ausnahmefall gibt es auch eine Differenzierung der Gonade in männliche Richtung ohne Vorliegen eines *SRY*-Gens (s. z. B. weiter unten *SOX 9*- und *RSPO1*-Gen).

13.3.2 SOX9

Das *SOX9* (SRY-related HMG-Box)-Gen ist ein Transkriptionsfaktor und weist große Ähnlichkeiten zum SRY-Gen auf. Es ist ein zentrales Gen mit vielfältigen Wirkungen auf embryonale Gewebe. Die Folgen von Mutationen können daher sehr komplex sein. Mutationen in den regulatorischen Sequenzen oder im Gen selbst, die zu quantitativen oder/und qualitativen Abweichungen der Genprodukte führen sind Ursache sowohl von 46,XX DSD als auch von 46,XY DSD. Deletionen und Translokationen mit Funktionsverlust eines der beiden Allele (Haploinsuffizienz) führen zur kampomelen Dysplasie mit auffälligem Genitale im männlichen Geschlecht – 46,XY DSD. Dagegen

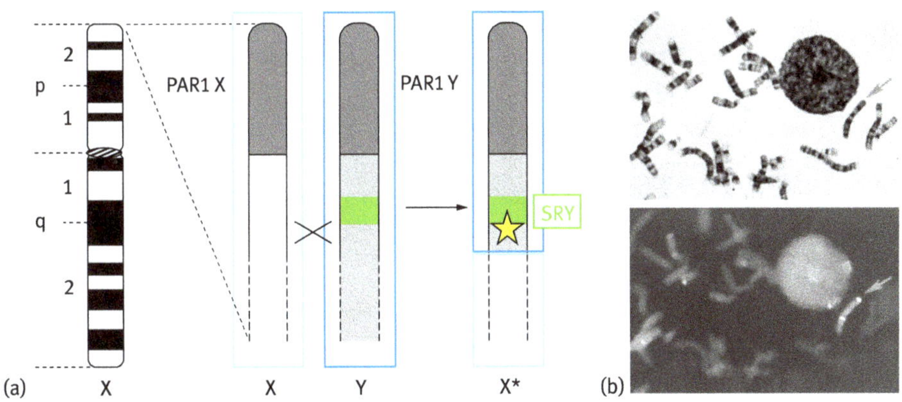

Abb. 13.5: Entstehung der 46,XX Chromosomenkonstitution des XX-Mannes. a) Schematische Darstellung der Ereignisse in der Meiose, die zur genetischen Konstitution des XX-Mannes führen; SRY: Genort des SRY-Gens, PAR1: Pseudoautosomale Region des X- und des Y-Chromosoms in Dunkelgrau; die X-spezifischen Chromosomenbereiche sind in Weiß, die Y-spezifischen Bereiche in Hellgrau.
X*: X-Chromosom mit submikroskopischer Translokation eines Segments des Y-Chromosom, das das SRY-Gen trägt. Der Stern in gelber Farbe symbolisiert das FISH-Signal der SRY-Sonde. b) Nachweis des illegitimes Cross-overs mittels FISH-Analyse mit einer Sonde für das SRY-Gen. Das Signal am Ende des kurzen Armes des X-Chromosoms weist die Präsenz des SRY-Gens nach. Das Signal in der Mitte des kurzen Armes stammt von einer bekannten, X-Chromosom spezifischen DNA-Sonde.

resultiert eine Duplikation regulatorischer Sequenzen in einer Überdosis des SOX9-Produktes, was als Signal für die Testesentwicklung effizient ist, aber bei weiblichem Karyotyp zu 46,XX DSD führt.

SOX9 induziert die Expression von AMH. Zusätzlich spielt SOX9 auch eine zentrale Rolle bei der Differenzierung von Sertoli Zellen. So führen Mutationen in *SRY* oder *SF1(=NR5A1)* (s. Kap. 13.3.3) zu einer reduzierten Expression von SOX9 und über diesen Mechanismus zu 46,XY DSD.

13.3.3 SF1/NR5A1

Das *SF1*-Gen wird bereits in der bipotenten Gonade expremiert und bildet einen zellkernspezifischen Rezeptor und Transkriptionsfaktor. Dieser fördert die Expression von SRY um dann gemeinsam die Transkription von SOX9 und damit die Signale der Testesbildung zu verstärken und eine normale Testosteronkonzentration zu erreichen. Aktuell gilt SF1 neben SRY und SOX9 als ein Hauptregulator der männlichen Gonadenentwicklung. Heterozygote und homozygote Mutationen sind häufig (15 %) bei Patienten mit 46,XY DSD mit uneindeutigem Genitale aufgrund partieller Gonadendysgenesie. Die Synthese von AMH und Inhibin B als Marker der Sertolizellfunktion ist in der Regel beeinträchtigt, die Wirkung von AMH wird meistens jedoch nicht beeinflusst. Hetero- oder homozygote Mutationen bei kompletter XY Gonadendysgenesie sowie zusätzlicher Nebenniereninsuffizienz sind sehr selten. *SF1*-Mutationen kommen somit als Ursache einer pränatal erkannten Diskrepanz zwischen Karyotyp und Ultraschallbefund in Frage.

SF1-Genprodukte sind auch an der Entwicklung des Ovars und den Nebennieren sowie an der Steroidgenese beteiligt. Heterozygotie von SF1-Mutationen kann daher zur ovariellen Insuffizienz führen (Köhler und Achermann 2010).

13.3.4 WT1

Das *WT1*-Gen kodiert einen Transkriptionsfaktor, der in einer größeren Zahl von Isoformen auftritt, die auch unterschiedliche Funktionen in der Gonadenentwicklung aufweisen. Der Ausfall einer Isoform führt zu spezifischen phänotypischen Ausprägungen. Daher ist das klinische Bild von WT1-Mutationen sehr heterogen. Am bekanntesten ist das WAGR (Wilmstumor, Aniridie, Genitalanomalien [u. a. Hypospadie], mentale Retardierung) Syndrom, das durch eine Haploinsuffizienz zustande kommt. Aber auch das Denys-Drash Syndrom (46,XY DSD mit Wilmstumor und frühmanifestierender Glomerulopathie) geht auf eine WT1-Mutation zurück. Spezifische Mutationen führen zum Meacham-Syndrom, das zusätzlich eine im Ultraschall diagnostizierbare Zwerchfellhernie und Herzfehler zeigt, und das Frasier Syndrom (46,XY DSD mit weiblichem Genitale, spätmanifestierende Niereninsuffizienz, ausgeprägter Gonadendysgenesie und hohem Gonadoblastomrisiko). WT1-Mutationen sind relativ häufig unter 46,XY DSD-Patienten. Bei der Analyse von 80 Probanden mit Kryptorchismus und Hypospadie wurden in 7,5 % der Untersuchungen Mutationen in diesem Gen gefunden (Köhler et al., 2011).

13.3.5 RSPO1

Das *RSPO1*-Gens ist zusammen mit dem *WNT4*- und dem *Beta-Catenin*-Gen notwendig für die normale Entwicklung der Ovarien. Gleichzeitig ist das Genprodukt, das R-spondin 1, an der Unterdrückung der Testesentwicklung beteiligt. Mutationen im *RSPO1*-Gen führen zu 46,XX DSD. Träger der Mutation zeigen ein männliches Genitale mit unterschiedlich ausgeprägter Untervirilisierung, keine Müllerschen Gänge und palmoplantare Hyperkeratosis.

13.3.6 WNT4

WNT4 unterdrückt üblicherweise die Testesentwicklung durch Inhibition von *SF1* wodurch die *SOX9*-Expression herunterreguliert wird. Gleichzeitig ist das *WNT4*-Genprodukt notwendig für die Ovarienentwicklung.

Eine Haploinsuffizienz durch eine heterozygote „Loss of Function"-Mutation im *WNT4*-Gen kann im weiblichen Geschlecht zu 46,XX DSD mit Uterusaplasie, dysplastischen Ovarien und Hyperandrogenämie führen.

Dagegen resultiert eine Überexpression etwa durch eine Duplikation des Gens in eine 46,XY DSD mit Hypospadie und sowohl rudimentären Testes als auch rudimentären Uterus und Vagina.

13.4 Gene des Steroidhormonstoffwechsels

Die Synthese von Steroidhormonen erfolgt in den Gonaden und der Nebenniere und beginnt mit dem Transport und der Verstoffwechselung des Cholesterins. Sowohl die gestörte Synthese von Sexualsteroiden als auch die unzureichende Signalübertragung etwa durch Androgen-Rezeptoranomalien der Erfolgsorgane führen zu DSD.

Die Androgen-Biosynthese erfolgt über mehrere Stoffwechselschritte unter Beteiligung von verschiedenen Enzymen. Eine Auswahl wichtiger Gene und die Konsequenzen von Genmutationen werden im Folgenden beispielhaft vorgestellt. Eine weitergehende Darstellung der beteiligten Gene sowie über Genmutationen mit ihren klinischen Konsequenzen findet sich bei Auchus und Miller (2012). Bemerkenswert ist die breite Variabilität der klinischen Manifestation, so können Mutationen in bestimmten Genen nicht nur zu 46,XY DSD sondern auch zu 46,XX DSD führen.

13.4.1 POR-Gen

Mutationen im *POR*-Gen führen zum Antley-Bixler-Syndrom Typ I (ABS Typ I) mit 46,XY DSD oder 46,XX DSD. Mutationen werden autosomal rezessiv vererbt. Funktionelle Einschränkungen des Genproduktes resultieren in einer Störung der Steroid-Biosynthese, die einerseits zu XY DSD mit hypoplastischem Phallus, Hypospadie, Scrotum bifidum und Kryptorchismus führen andererseits auch zu 46,XX DSD mit Klitorishypertrophie, hypoplastische oder fusionierte Labien und urogenitalem Sinus. Diese Genitalauffälligkeiten sind typisch für ABS Typ I.

13.4.2 DHCR7-Gen

Mutationen im *DHCR7*-Gen führen zum Smith-Lemli-Opitz (SLO-)Syndrom mit 46,XY DSD und werden autosomal rezessiv vererbt. Durch verminderte Cholesterinproduktion resultiert ein variabler Phänotyp mit den typischen Symptomen Wachstumsretardierung mit Mikrozephalie, Kleinhirnhypoplasie, mentale Retardierung, Katarakt, Gaumenspalte, Poly- und Syndaktylie, Herzfehler, Pylorusstenose, Gallenblasenhypoplasie und Fehlbildungen der harnableitenden Wege. Im männlichen Geschlecht gibt es häufig Genitalauffälligkeiten mit Hypospadie und Kryptorchismus.

13.4.3 Androgeninsensitivität

Die Androgeninsensitivitäts-Syndrome (AIS) werden phänotypisch in drei Formen unterteilt: komplettes Androgeninsensitivitäts-Syndrom (CAIS), partielles Androgeninsensitivitäts-Syndrom (PAIS) und mildes Androgeninsensitivitäts-Syndrom (MAIS). AIS ist assoziiert mit einem erhöhten Risiko für Gonadoblastome, das Lebenszeitrisiko der Entwicklung von malignen Gonadentumore ist jedoch unklar, so dass aktuell der optimalen Zeitraum einer Gonadektomie diskutiert wird. Beispielsweise ist beim CAIS das Risiko einer Tumorentwicklung im Kindes- und Jugendalter sehr niedrig und steigt erst im Erwachsenenalter an, so dass die spontane Pubertät abgewartet werden kann, bevor die Betroffenen selbst über eine eventuelle Gonadektomie entscheiden. Eine umfassende Übersicht über Diagnostik, Klinik und Management des AIS haben Hughes et al. (2012) zusammengestellt.

13.4.4 Androgenrezeptor-Gendefekte

Mutationen im Androgenrezeptor-(*AR*-) Gen führen zu einer eingeschränkten Funktion oder Ausfall des Androgen-Rezeptors mit 46,XY DSD. Das *AR*-Gen ist auf dem X-Chromosom lokalisiert, es sind mehr als 800 verschiedene Mutationen bekannt.

Der komplette Ausfall des AR führt meist zu einer vollständigen Diskrepanz zwischen äußerem Phänotyp (weiblich mit geringer Pubesbehaarung), innerem Phänotyp (kein Uterus, Testes) und Karyotyp (46,XY). Viele Ratsuchende werden erst durch das Ausbleiben der Menarche erkannt.

13.4.5 Androgensynthese-Defekte

Androgensynthese-Defekte führen zu 46,XY DSD. Ursache sind meist Mutationen im *LH-Rezeptor*-Gen, *5-Alpha-Reduktase(SRD5A2)*-Gen oder *HSD17B3*-Gen. Unterschieden wird zwischen kompletten oder partiellen Defekten. Erstere führen zu unauffälligem äußeren weiblichen Genitale, fehlendem Uterus mit blind endender Vagina und Testesentwicklung mit Kryptorchismus. Patienten mit partiellen Androgensynthesedefekten zeigen ausgeprägte Virilisierungsstörungen mit hypoplastischem Phallus, schwerer Hypospadie und Sinus urogenitalis. Normalgroße bis hypoplastische Testes sind abdominal oder inguinal lokalisiert. Bei unbeeinflusster testikulärer AMH-Produktion wird die Uterusentwicklung unterdrückt, bei partieller AMH-Funktion kann ein rudimentärer Uterus mit proximalem Vaginalrest angelegt sein.

Die Mutationen werden autosomal rezessiv vererbt.

13.5 Chromosomenaberrationen als Ursache von DSD

Chromosomenaberrationen sind häufige Ursachen für DSD mit Subfertilität oder Infertilität sowohl im männlichen als auch im weiblichen Geschlecht (Wegner und Bloechle, 2009). So wird die Chromosomenkonstellation 47,XXY des Klinefelter-Syndroms mit einer Häufigkeit von 1:1.000 männliche Neugeborene gefunden, der Karyotyp 45,X des Turner-Syndroms mit 1:2.500. Die Chromosomenkonstellation eines Mosaiks mos 45,X/46,XY, die zu einer DSD mit gemischter Gonadendysgenesie und erhöhtem Gonadoblastomrisiko führen kann, ist seltener.

Feten mit Klinefelter-Syndrom sind in der Regel im sonografischen Bild unauffällig, gelegentlich tritt eine vermehrte Nackendicke als unspezifisches Symptom auf. Dagegen zeigen Feten mit Turner-Syndrom meist eine stark vermehrte Nackendicke oder einen Hydrops fetales. Häufig sind auch Herz- und Nierenfehlbildungen. Eine eingehende Beschreibung der Genetik und klinischen Symptomatik dieser beiden durch numerische Gonosomenaberrationen bedingten Syndrome sind im Kapitel 11 zu finden.

Strukturelle Chromosomenstörungen auf mikroskopischer Ebene sind zwar, mit Ausnahme von bestimmten Mosaikkonstellationen, in der DSD-Nomenklatur nicht enthalten, können aber durchaus zu DSD mit typischer klinischer Symptomatik führen (Tab. 13.3). Im Folgenden werden daher relevante strukturelle Aberrationen sowohl der Geschlechtschromosomen als auch der Autosomen besprochen.

13.5.1 X-Chromosom

Bei einem 46,XX Karyotyp verursachen Deletionen im kurzen Arm eines X-Chromosoms in der Regel den Phänotyp des Turner-Syndroms. Dagegen sind die Folgen von Deletionen im langen Arm abhängig von der Lage und der Länge der Deletionen, führen aber immer zu 46,XX DSD. Deletionen sowohl im kurzen als auch im langen Arm des X-Chromosoms bei 46,XY-Karyotyp sind meist letal.

Bei 46,XY Karyotyp führen Duplikationen distaler Bereiche des kurzen Arms zu XY DSD mit Stranggonaden und erhöhtem Gonadoblastomrisiko. Verantwortlich dafür ist die Duplikation eines kleinen Segmentes, welches daher als DSS (Dosage sensitive sex-reversal)-Region bezeichnet wird, in dem das *DAX1*-Gen lokalisiert ist. Duplikationen im langen Arm rufen gravierendere klinische Konsequenzen hervor. Allein die Duplikation der Bande Xq28 führt zu Genitalauffälligkeiten und weiteren klinischen Auffälligkeiten; größere distale Duplikationen sind letal.

Eine Besonderheit stellt das Syndrom des XX-Mannes dar (s. Infobox 13.2). Lichtmikroskopisch liegt ein unauffälliger weiblicher Karyotyp vor. Erst eine molekularzytogenetische Analyse erlaubt in etwa 80 % der Patienten den Nachweis eines untypischen Austausches von Segmenten zwischen X- und Y-Chromosom. Dadurch gelangt das *SRY*-Gen auf ein X-Chromosom und bewirkt die Gonadendifferenzierung in männliche Richtung.

13.5.2 Y-Chromosom

Alle Strukturaberrationen des Y-Chromosoms, die zum Verlust des im kurzen Arm lokalisierten *SRY*-Gens führen (s. Abb. 13.4b), resultieren in DSD mit weiblichem Phänotyp und Infertilität. Dazu gehören Deletionen in Yp, Isochromosomen mit Bruchpunkten im kurzen Arm, die proximal von SRY bis hin zum Zentromer lokalisiert sind, und Ringchromosomen

In diesen Fällen wird keine Entwicklung von Testes induziert und die Gonadendifferenzierung erfolgt anfangs in weibliche Richtung. Durch das Fehlen des zweiten X-Chromosoms fehlt die genetische Information für eine normale Gonadenentwicklung und es kommt zu einer Gonadendysgenesie.

Während Isochromosomen und Ringchromosomen der oben genannten Gruppen zytogenetisch einfach zu erkennen sind, entsteht ein Verdacht auf eine Deletion in Yp durch eine Geschlechtsdiskrepanz etwa zwischen fetalem Ultraschallbefund und dem Chromosomenbefund. Der Nachweis kann durch eine FISH-Analyse mittels SRY-Sonde erfolgen.

Strukturaberrationen des Y-Chromosoms ohne Verlust des *SRY*-Gens haben generell keine Auswirkungen auf die frühe Gonaden- und Genitalentwicklung in männliche Richtung. Damit sind die fetalen Ultraschallbefunde unauffällig. Liegt eine, wenn auch nur partielle Deletion der im langen Arm des Y-Chromosoms gelegenen AZF-

Region vor (s. Abb. 13.4b), führt dies zu einer Infertilität oder massiv reduzierten Fertilität des Mannes mit fehlender oder nur geringfügiger Keimzellbildung (s. Kap. 14).

In die Gruppe der klinisch relevanten Y-chromosomalen Aberrationen ohne Verlust des *SRY*-Gens gehören Deletionen in Yq. Isochromosomen mit Bruchpunkt distal vom *SRY*-Gen und Inversionen führen meist nicht zu klinischen Konsequenzen.

Die pränatale Diagnose von Chromosomenveränderungen der erstgenannten Gruppe sind in der Regel Zufallsbefunde. Deletionen und ein Teil der Isochromosomen sind zytogenetisch schwer oder, wie bei Deletionen in der AZF-Region, nicht erkennbar. Inversionen, insbesondere die relativ häufige parazentrische Inversion inv(Y)(p11.2q11.22), fallen dagegen meist ins Auge. Die letztgenannte Inversion stellt eine Ausnahme dar, da es sich hierbei um eine chromosomale Normvariante handelt, die keine klinischen Auswirkungen hat.

Ein Gonadoblastomrisiko besteht für die zuvor aufgeführte Gruppe nicht, da es zu keiner gemischten Gonadendysgenesie kommt. Diese Risikoeinschätzung kann sich gravierend ändern, falls eine Mosaikkonstellation vorliegt (s. Kasuistik 13.1).

Hervorzuheben ist, dass gerade beim Auftreten von Ringchromosomen und Isochromosomen gehäuft Mosaike gefunden werden. Der Nachweis eines Isochromosoms Y oder eines Ringchromosoms mit *SRY*-Gen erfordert daher einen erhöhten diagnostischen Aufwand. Nicht selten wird eine weitere Zelllinie mit einem 45,X Chromosomensatz gefunden (s. Kasuistik 13.1). Derartige Mosaike aus Zelllinien mit einerseits männlichen und andererseits weiblichen Chromosomensatz führen zu einem Gonadoblastomrisiko von bis zu 25 %. Der fetale Ultraschall zeigt in einer Reihe von Fällen ein auffälliges Genitale.

Eine gegengeschlechtliche Mosaikkonstellation liegt auch gehäuft bei einem Isochromosom Yq mit Verlust des *SRY*-Gens vor. Dieses Zellmosaik kommt im Allgemeinen dadurch zu Stande, dass erst postmeiotisch, im frühen Embryo mit 46,XY Chromosomensatz ein struktureller Umbau des Y-Chromosoms zu der zweiten Zelllinie mit dem Isochromosom Yq führt. Daraus kann ebenfalls eine gemischte Gonadendysgenesie resultieren mit einem Risiko für Gonadoblastome (bis zu 25 %) und dem Potential zur Entwicklung eines pränatal erkennbaren auffälligen Genitals. Die Problematik des erhöhten Gonadoblastomrisikos besteht auch bei einem postmeiotischen zufälligem Verlust eines Y-Chromosoms in einem Teil der Zellen und damit der Mosaikkonstellation mos 45,X/46,XY. Dieses Mosaik korreliert zwar mit einem erhöhtem Gonadoblastomrisiko, wird aber meistens nicht erkannt, da in unselektionierten pränatalen Kollektiven ca. 95 % der betroffenen Feten einen unauffälligen männlichen Phänotyp zeigen und ein auffälliges Genitale selten vorliegt (s. a. Kapitel 4).

13.5.3 Chromosom 8

Karyotyp-Phänotyp Korrelation von Deletionen, die die Bande 8p23.1 einschließen, belegen ein Auftreten von Herzfehlern sowie fakultativ von 46,XY DSD (Hypospadie,

Kryptorchismus, oder Inguinalhernien). DSD kann zurückgeführt werden auf eine Haploinsuffizienz des Transkriptionsfaktors GATA4.

13.5.4 Chromosom 9

Das Chromosom 9-Deletionssydrom korreliert mit XY DSD. Der Phänotyp reicht von leichter Hypospadie bis hin zu kompletter Gonadendysgenesie. Die Haploinsuffizienz des *DMRT1*-Gens, verursacht durch eine Deletion, wird für DSD verantwortlich gemacht. Kommt es zu einer Mikrodeletion, also zu einer größeren Deletion mit Verlust weiterer Gene, weisen die Mehrzahl der Patienten eine Trigonozephalie, dysmorphe Fazies und mentale Retardierung auf. Weitere Symptome korrelieren mit der Größe der Deletion.

13.5.5 Chromosom 11

Auf den Zusammenhang zwischen Mutationen des *WT1*-Gens auf dem Chromosom 11 und DSD wurde bereits weiter oben eingegangen. Zusätzlich können auch zytogenetisch erkennbare Veränderungen im kurzen Arm von Chromosom 11p zu einer Dysregulation des *WT1*-Gens beitragen. Lichtmikroskopisch erkennbare Deletionen, Duplikationen oder Translokationen sind bekannte Auslöser von DSD.

13.5.6 Chromosom 17

Zytogenetisch erkennbare Deletionen oder Translokationen, die das *SOX9*-Gen umfassen oder auch nur in der Nähe liegen, können ebenso wie molekulare Mutationen (s. oben) zu 46,XY DSD führen. Das *SOX9*-Gen weist eine regulatorische Sequenz auf, die Millionen von Basenpaare entfernt vom eigentlichen Leseraster des Gens liegt. Dies erklärt die unerwartete Beobachtung, dass selbst Translokationen, die nicht zu einer veränderten Basensequenz von *SOX9* führen dennoch den Phänotyp eines kampomelen Minderwuchses hervorrufen können. Eine kampomele Dyplasie ist im fetalen Ultraschall gut diagnostizierbar.

Abschließend ist anzumerken, dass bei fetalen Ultraschallauffälligkeiten des Genitals, unabhängig, ob isoliert oder in Kombination mit weiteren Fehlbildungen, eine zugrundeliegende Chromosomenaberration durch eine invasive Diagnostik einfach nachzuweisen ist. Dagegen ist zur Zeit noch in der Mehrzahl der Fälle mit submikroskopischen Mutationen eine Diagnose durch eine Genanalyse auf Grund des großen Aufwandes und der fehlenden Zeit nicht allgemein üblich oder nicht erfolgreich. Hier ist zu erwarten, dass durch Next Generation Sequencing (NGS) Strategien entwickelt werden, die die schnelle parallele Sequenzierung von Genen zur Mutationsdiagnostik (Paneldiagnostik) zulassen.

Merk-Würdiges
- Bei sonografisch diagnostizierten Genitalauffälligkeiten sollte immer eine zytogenetische Diagnostik erfolgen.
- Bei unauffälligem 46,XX Karyotyp und Genitalfehlbildungen liegt in der Regel ein AGS aufgrund eines 21-Hydroxylasemangels vor und eine entsprechende genetische Diagnostik ist indiziert.
- Bei unauffälligem 46,XY Karyotyp und Genitalfehlbildungen ist eine weitergehende molekular-zytogenetische Diagnostik mit Sonden für das SRY-Gen indiziert.
- Eine nicht-invasive Pränataldiagnostik kann beim jetzigen Stand der Diagnostik Hinweise geben, ob DNA-Sequenzen eines Y-Chromosoms vorliegen.
- Die molekulare Analyse des WT1-Gens ist aufgrund der später auftretenden oft schwerwiegenden Nierenerkrankungen indiziert.
- Die Analyse des für den steroidogenic factor 1 (SF1) kodierenden *NR5A1*-Gens sollte bei uneindeutigem Genitale und 46,XY Karyotyp erfolgen, da etwa 15 % der Fälle auf *NR5A1*-Mutationen zurückzuführen sind.
- Weitere molekulare Genanalysen sollten, insbesondere bei Vorliegen von starken Verdachtsdiagnosen, in Betracht gezogen werden.
- NGS-Panel zur Diagnostik von Genitalfehlbildungen erlauben eine größere Anzahl von Genanalysen innerhalb einer Untersuchung.

13.6 Literatur

Adam MP, Fechner PY, Ramsdell LA, Badaru A et al. Ambiguous genitalia: what prenatal genetic testing is practical? Am J Med Genet A 2012; 158A(6): 1337–43.

Auchus RJ, Miller WL. Defects in Androgen Biosynthesis Causing 46,XY Disorders of Sexual Development. Semin Reprod Med 2012; 30(5): 417–26.

Bianchi DW, D'Alton ME, Crombleholme TM, Malone FD (Eds) Fetology – Diagnosis and Management of the Fetal Patient. New York: The McGraw-Hill Companies, 2010.

Chitty LS, Chatelain P, Wolffenbuttel KP, Aigrain Y. Prenatal management of disorders of Sex development. J Pediatr Urol 2012; 8(6): 576–84.

Hughes IA. Disorders of sex development: a new definition and classification. Best Pract Res Clin Best Pract Res Clin Endocrinol Metab 2008; 22(1): 119–34.

Hughes IA, Werner R, Bunch T Hiort O. Androgen Insensitivity Syndrome. Semin Reprod Med 2012; 30(5): 432–42.

Köhler B, Achermann J. Update – Steroidogenic factor 1 (SF-1, NR5A1). Minerva Endocrinol 2010; 35(2): 73–86.

Köhler B, Biebermann H, Friedsam V, Gellermann J, Maier RF, Pohl M, Wieacker P, Hiort O, Grüters A, Krude H. Analysis of the Wilms' tumor suppressor gene (WT1) in patients 46,XY disorders of sex development. J Clin Endocrinol Metab 2011; 96(7): E1131–6.

Larson A, Nokoff NJ, Travers S. Disorders of Sex Development: Clinically Relevant Genes Involved in Gonadal Differentiation. Discov Med 2012; 14(78): 301–9.

Matzuk MM, Lamb DJ. The biology of infertility: research advances and clinical challenges. Nat Med 2008; 14(11): 1197–213.

Ono M, Harley VR. Disorders of sex development: new genes, new concepts. Nat Rev Endocrinol 2013; 9(2): 79–91.

Wegner RD, Bloechle M. Genetische Diagnostik bei ungewollter Kinderlosigkeit. Gynakol Geburtsmed Gynakol Endokrinol 2009; 5 (3): 168–181.

Wieacker P. Genetische Aspekte der Fertilitätsstörungen – Themenheft der Zeitschrift. medgen 23, 2011.

Markus Stumm

14 Genetisch bedingte Fertilitätsprobleme

Etwa jedes achte Paar in Deutschland ist ungewollt kinderlos. Dabei begründet sich die Kinderlosigkeit bei ca. 33 % der Paare auf einer Unfruchtbarkeit der Frau, bei ca. 33 % der Paare auf einer Unfruchtbarkeit des Mannes und bei ca. 33 % auf ein gemeinsames Problem von Frau und Mann. Deshalb ist zur Klärung der Frage der Kinderlosigkeit eine Untersuchung von beiden Partnern gleich wichtig. Durch die moderne Reproduktionsmedizin besteht für viele kinderlose Paare heute die Möglichkeit, sich den Wunsch eines eigenen Kindes zu erfüllen. Paare mit unerfülltem Kinderwunsch können eine genetische Beratung in Anspruch nehmen, um mehr über die Hintergründe und mögliche genetische Ursachen der Kinderlosigkeit zu erfahren. Zusätzlich bietet die Humangenetik ein breites diagnostisches Spektrum, um mögliche Ursachen der Unfruchtbarkeit zu untersuchen. Für die Familienplanung kann das sehr wichtig sein, da bei einem Teil der Paare genetische Faktoren vorliegen, die selbst wiederum ein Risiko für die Nachkommen darstellen können. Fertilitätsstörungen können auch als Teilsymptomatik eines übergeordneten genetischen Syndroms auftreten.

14.1 Infertilität

Von Infertilität oder Sterilität (= Unfruchtbarkeit) spricht man, wenn nach ein bis zwei Jahren ungeschütztem Geschlechtsverkehr noch keine Schwangerschaft eingetreten ist. Es ist allerdings zu empfehlen, schon nach einem Jahr einen Arzt aufzusuchen, um Probleme frühzeitig zu erkennen und rechtzeitig behandeln zu können, da ein unerfüllter Kinderwunsch mit zunehmender Dauer eine immer größer werdende psychische Belastung darstellen kann. Es gibt verschiedene Möglichkeiten, Paaren mit nachgewiesener Sterilität zu helfen. Allerdings hängen die Möglichkeiten davon ab, welche Ursachen für die Sterilität verantwortlich sind. Für die Ursachenfeststellung sind mehrere Untersuchungen von Mann und Frau notwendig.

14.2 Die Infertilität des Mannes

Bei ungefähr 50 % aller Paare mit unerfülltem Kinderwunsch ist die männliche Infertilität ursächlich an dieser Situation beteiligt. In den Industrienationen beträgt die Prävalenz der männlichen Infertilität bis zu 15 %. Die Ursachen für die Infertilität des Mannes sind dabei multifaktoriell, sie können endokriner, genetischer oder entzündlicher Natur oder in exogenen Noxen begründet sein. Bei ca. 12 % aller infertilen Männer findet sich eine Azoospermie. Diese schwerste Form der männlichen Fertilitätsstörung hat zu einem hohen Anteil genetische Ursachen, die vor einer Therapie abgeklärt werden sollten.

14.2.1 Chromosomenstörungen

Chromosomenstörungen sind in 3–10 % aller Fälle die Ursache der Infertilität. Bei Patienten mit einer Spermatozoenkonzentration >10 Mio ist eine chromosomale Störung aber eher unwahrscheinlich. Bei Männern mit Azoospermie findet man dagegen in bis zu 15 % der Fälle eine Chromosomenstörung.

Eine der häufigsten gonosomalen Störungen des Mannes ist das **Klinefelter-Syndrom,** das durch ein zusätzliches X-Chromosom charakterisiert ist: 47,XXY (s. auch Kap. 10). Das zusätzliche Geschlechtschromosom stammt in ca. 50 % der Fälle aus paternalen und in ca. 40 % der Fälle aus maternalen meiotischen Teilungsfehlern. In 10 % der Fälle ist es auf einen postzygotischen Teilungsfehler zurückzuführen, was häufig auch mit einem Mosaikstatus korreliert.

Präpubertäre Jungen mit einem 47,XXY-Karyotyp sind klinisch meist unauffällig und haben in der Regel auch unauffällige Hormonwerte. Während der Pubertät findet sich nach einem ersten Anstieg jedoch ein Testosteronspiegel im unteren Normbereich. Dieser niedrige Testosteronspiegel reicht in den meisten Fällen für eine unauffällige pubertäre Entwicklung und die Ausbildung der sekundären Geschlechtsmerkmale aus. Im weiteren Verlauf entwickelt sich jedoch ein hypergonadotroper Hypogonadismus mit erhöhten LH- und FSH-Werten. In der Mehrzahl der Fälle entwickeln Klinefelter-Patienten eine Azoospermie, sehr selten auch ein OAT-Syndrom. Patienten mit Spermien im Ejakulat haben häufig eine Mosaikkonstellation. In diesen Fällen erfolgt eine Kryokonservierung des Ejakulats. Bei jungen Patienten (<35 Jahre) kann nach vorheriger genetischer Beratung eine mikrochirurgische testikuläre Spermienextraktion (TESE) mit nachfolgender intrazytoplasmatischer Spermieninjektion (ICSI) durchgeführt werden. Bei Nachkommen von Patienten mit Klinefelter-Syndrom scheint die Chromosomenaberrationsrate nicht erhöht zu sein.

Aufgrund des Testosteronmangels ist eine Aufklärung und weitere Betreuung der Klinefelter-Patienten erforderlich; langfristig wird die Behandlung in einer effektiven Testosteronsubstitution bestehen. Zum Zeitpunkt der Kinderwunschbehandlung ist die exogene Testosteronbehandlung jedoch kontraindiziert.

Balancierte Translokationen, die insbesondere zu Fertilitätsstörungen bei männlichen Trägern führen, stellen einen weiteren Risikofaktor dar. Die Anzahl von Translokationsträgern ist im Kollektiv der Männer mit Fertilitätsproblematik um den Faktor 10 erhöht. Dabei finden sich sowohl autosomale Translokationen, Robertson'sche Translokationen und Translokationen, in die ein Geschlechtschromosom involviert ist. Auch Inversionen und Insertionen können zu Problemen bei der Reproduktion führen. Speziell perizentrische Inversionen können durch eine Schleifenbildung in der Meiose Gameten mit Deletionen oder Duplikationen erzeugen. In seltenen Fällen kann dies auch zu einer primären Infertilität des Mannes führen.

Merk-Würdiges
Bei Männern mit Fertilitätsstörungen sollte zum Ausschluss einer Chromosomenaberration immer eine Chromosomenanalyse veranlasst werden.

14.2.2 Weitere genetische Störungen

Angeborene Fehlbildungen der Samenleiter, wie die kongenitale unilaterale oder bilaterale Aplasie des Vas deferens (AVD und CBAVD), oder Fehlbildungen der Nebenhoden können mit einer **Mutation im *CFTR*-Gen** einhergehen. Ungefähr 1–2 % der infertilen Männer haben eine CBAVD. Schwere homozygote Mutationen im *CFTR*-Gen (z. B. ΔF508) verursachen das klinische Bild der zystischen Fibrose (s. Kap. 10). Patienten mit einer Aplasie des Vas deferens zeigen dagegen häufig eine Compound-Heterozygotie einer schweren und einer milden *CFTR*-Mutation (88 %) oder zwei milde *CFTR*-Mutationen (12 %). Die häufigste Mutation, die zu einer CBAVD führt, ist die Kombination ΔF508 und R117h. In Deutschland tragen ca. 21,5 % aller untersuchten CBAVD-Patienten diese Mutationen.

Wird eine *CFTR*-Mutation bei einem infertilen Mann nachgewiesen, sollte auch immer eine genetische Untersuchung der Partnerin erfolgen, da etwa 4–5 % der deutschen Bevölkerung heterozygote Träger von *CFTR*-Mutationen sind. Sollte die Partnerin heterozygote Anlageträgerin für eine rezessive *CFTR*-Mutation sein, wiesen die Nachkommen mit einer Wahrscheinlichkeit von 50 % eine Homozygotie oder Compound-Heterozygotie für das *CFTR*-Gen auf und damit eine entsprechende klinische Symptomatik.

Merk-Würdiges
Bei einer CBAVD oder AVD mit schwerer Oligozoospermie bzw. Azoospermie sollte immer eine molekulargenetische Diagnostik des *CFTR*-Gens veranlasst werden.

Bei einer obstruktiven Azoospermie oder schweren Oligozoospermie können auch **Mikrodeletionen in der Azoospermiefaktor (AZF)-Region** auf dem langen Arm des Y-Chromosoms vorliegen. Neben dem Klinefelter-Syndrom sind AZF-Deletionen die zweithäufigste Ursache männlicher Infertilität. In der Allgemeinbevölkerung treten sie bei ungefähr einem von 4.000 Männern auf. Bei Patienten mit nicht-obstruktiver Azoospermie liegt die Prävalenz jedoch in einem Bereich von 10–15 %. Die AZF-Region gliedert sich in drei Bereiche: die AZFa-, die AZFb- und die AZFc-Region. In den einzelnen Regionen sind mehrere Gene lokalisiert, die eine wichtige Funktion in der Spermatogenese haben. Die meisten Deletionen entstehen durch intrachromosomale Rekombinationsereignisse zwischen repetitiven palindromischen Sequenzblöcken, die in dieser Region komplex eingestreut sind.

Durch entsprechende Rekombinationsereignisse können dabei Deletionen unterschiedlicher Größe entstehen. Der häufigste Typ (60 %) ist dabei die Deletion zwi-

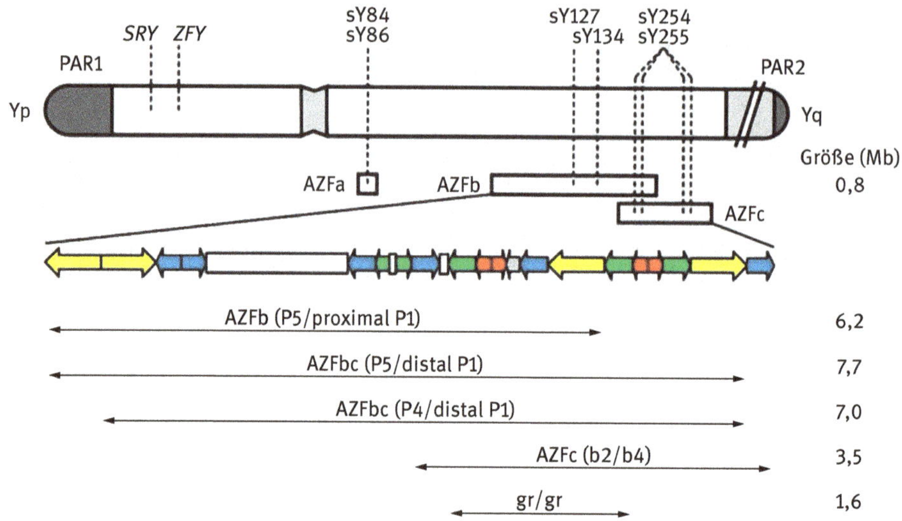

Abb. 14.1: Schematische Darstellung des Y-Chromosoms und der AZF-Region. Repetetive palindromische Sequenzen (farbige Pfeile) zeigen die möglichen Bruchpunktregionen in der AZFbc-Region. Durch die gepunkteten Linien wird die Lokalisation von Primern angezeigt, die zur Deletionsdiagnostik eingesetzt werden (modifiziert nach: Krausz et al., 2014; Figure 2).

schen den Bruchpunkten b2 und b4 in der AZFc-Region, sie findet sich in Patienten mit schwerer Oligozoospermie und mit Azoospermie. Darauf folgen Deletionen der AZFb-Region (ca. 16 %) und kombinierte Deletionen der beiden Regionen AZFbc (ca. 3 %). AZFa-Deletionen treten dagegen seltener auf (ca. 5 %) (siehe auch Tab. 14.1). Komplette Deletionen der AZF-Region, AZFab-Deletionen und andere Deletionen machen den Rest aus. Sie sind häufig auch mit strukturellen Aberrationen des Y-Chromosoms korreliert.

Die Art der Deletion hat einen Einfluss auf das Ausmaß der Fertilitätsstörung und damit auf die Behandlungsoption (Tab. 14.1).

Die AZFa-Region ist ca. 1.100 kb lang und enthält zwei einzelne Gene (USP9Y und DDX3Y). Die komplette Deletion der AZFa-Region führt zu einem Verlust von 792 kb, der diese beiden Gene einschließt.

Die AZFb-Region und AZFc-Region sind dagegen sehr viel komplexer aufgebaut. In beiden Regionen zusammen befinden sich 24 unterschiedliche Gene. Einzelne Gene liegen dabei in mehrfachen Kopien vor, so dass sich insgesamt 46 Gene in der Region befinden. Durch unterschiedliche Rekombinationsereignisse zwischen den einzelnen Palindromen können Deletionen zwischen 1,7 und 7,7 Mb auftreten (s. Abb. 14.1).

Bei Patienten mit einer AZFa- oder AZFb-Deletion lassen sich in der Regel keine Spermien im Ejakulat oder im Hodenbiopsat nachweisen. Bei Patienten mit der am häufigsten vorkommenden AZFc-Deletion findet sich ein sehr variables histologisches und klinisches Bild. Bei ca. 50 % dieser Patienten sind noch Spermien nachweisbar, so dass hier durchaus die Chance für eine erfolgreiche TESE und anschließende ICSI besteht. Die Fertilisationsraten und Schwangerschaftsraten scheinen durch die Mikrodeletionen im Y-Chromosom nicht beeinträchtigt zu werden. Beim Einsatz von Verfahren der assistierten Reproduktion ist dabei immer zu bedenken, dass entsprechende Y-chromosomale Störungen immer an die männlichen Nachkommen weitergegeben werden. Einzelne Publikationen berichten auch über Yq Mikrodeletionen die mit einer allgemeinen Instabilität des Y-Chromosoms assoziiert sind und deshalb zu Nachkommen mit 45,X-Zelllinien führen können.

Tab. 14.1: Mikrodeletionen in der Azoospermiefaktor(AZF)-Region (modifiziert nach Wegner und Bloechle, 2009).

Deletion	Häufigkeit	Patienten mit Azoospermie	Histologie	TESE
AZFa	5 %	100 %	Sertoli-Cell-Only-Syndrom = SCOS	–
AZFb	16 %	100 %	Spermatogenesearrest	–
AZFc	60 %	ca. 50 %	fokales SCOS oder Hypospermatogese	+

Merk-Würdiges
Da die Charakterisierung der AZF-Deletion einen direkten Einfluss auf die Prognose und Therapie hat, sollte bei Kinderwunsch-Patienten mit Azoospermie immer eine AZF-Diagnostik veranlasst werden.

14.3 Die Infertilität der Frau

Die Ursachen der weiblichen Infertilität sind sehr heterogen und von vielen Faktoren, wie z. B. Alter und Lebensstil (Nikotinabusus, Übergewicht) abhängig. In den Industrieländern sind häufige Ursachen ovarielle und tubare Funktionsstörungen sowie die Endometriose. Ein Drittel aller infertilen Frauen weisen Verschlussstörungen der Eileiter auf. Fehlbildungen der inneren Geschlechtsorgane treten dagegen eher selten auf. Hormonelle Störungen, die durch erhöhte Androgenwerte hervorgerufen werden, spielen ebenfalls eine wichtige Rolle. Eine Antikörperbildung gegen männliches Sperma kann ebenfalls eine Ursache weiblicher Infertilität darstellen.

14.3.1 Chromosomenstörungen

Auch bei Frauen mit unerfülltem Kinderwunsch ist die Wahrscheinlichkeit für das Vorliegen einer Chromosomenveränderung erhöht. Solche Chromosomenveränderungen können ein erhöhtes Risiko für Fehlgeburten beziehungswiese für die Geburt eines Kindes mit einer Chromosomenstörung zur Folge haben. Mögliche chromosomale Ursachen weiblicher Infertilität sind Aneuploidien der Geschlechtschromosomen z. B. 45,XO oder 48,XXXX, gonosomale Mosaike, Translokationen oder andere strukturelle Umbauten.

Im Gegensatz zu den Männern zeigen weibliche Träger einer **balancierten Translokation** meist eine normale Fertilität. Grundsätzlich besteht jedoch für alle Träger einer balancierten Chromosomenstörung (Translokation, Inversion oder Insertion) ein erhöhtes Risiko für Fehlgeburten und Nachkommen mit angeborenen Fehlbildungen. Dies ist auf eine unbalancierte Verteilung der Chromosomen in der Meiose zurückzuführen. Das individuelle Risiko ist dabei von der Anzahl der beteiligten Chromosomen und der Größe der involvierten chromosomalen Bereiche abhängig.

Merk-Würdiges
Bei Frauen mit Fertilitätsstörungen sollte zum Ausschluss einer Chromosomenaberration immer eine Chromosomenanalyse veranlasst werden.

Das **Turner-Syndrom** ist die häufigste Chromosomenstörung, die zur Infertilität bei Frauen führt (s. auch Kap. 11). Bei ca. 50 % der Frauen mit Turner-Syndrom findet sich der Chromosomensatz **45,X.** Die anderen Fälle sind auf Mosaike und strukturelle Aberrationen des X-Chromosoms zurückzuführen. Frauen mit einer Monosomie X haben eine primäre Amenorrhö und degenerierte Ovarien. Bei Mosaikkonstellationen kann je nach Mosaikstatus eine eingeschränkte Fertilität vorliegen. Ungefähr 30 % aller Fälle mit einer primären Amenorrhö sind auf ein Turner-Syndrom zurückzuführen.

Neben den Chromosomenstörungen gibt es weitere molekulare Ursachen für die Gonadendysgenesie der Frau.

14.3.2 Weitere genetische Störungen

Neben den Chromosomenstörungen gibt es weitere molekulare Ursachen für die Gonadendysgenesie der Frau.

Frauen mit **Mutationen im FSH-Rezeptor-Gen** haben eine reine Gonadendysgenesie bei unauffälligem weiblichem Chromosomensatz 46,XX.

Patientinnen mit **Swyer-Syndrom** haben dagegen einen männlichen Chromosomensatz 46,XY mit **Mutationen im *SRY*-Gen, Duplikationen des *DSS*-Gens** oder **Mutationen in anderen Genen, die für die männliche Geschlechtsentwicklung relevant sind.** Wegen des hohen maligenen Entartungsrisikos der Gonaden (Gonadoblastom) ist in diesen Fällen die frühe Entfernung der Gonaden indiziert.

Mutationen im ***KAL1*-Gen, den Genen für AHC, Leptin und für den Leptin-Rezeptor** führen zum hypogonadotropen Hypogonadismus und daraus resultierender Sterilität der Frau.

20 % der heterozygoten Trägerinnen einer **Mutation im *FMR1*-Gen** entwickeln eine primäre Ovarialinsuffizienz (POF) welche die ovarielle Reserve und somit auch die Voraussetzungen einer erfolgreichen Kinderwunschbehandlung beeinträchtigen kann.

Eine weitere mögliche Ursache weiblicher Infertilität sind **Mutationen im *CYP21a2*-Gen.** Patientinnen mit zwei leichten Mutationen zeigen dabei nicht das klinische Bild des Adrogenitalen Syndroms (AGS) (s. auch Kap. 11) sondern eine mildere Verlaufsform (*late-onset* AGS). Diese Frauen werden durch eine primäre oder sekundäre Amenorrhö, polyzystische Ovarien, erhöhte Testosteronwerte und Hirsutismus klinisch auffällig. Bei klinischem Verdacht sollte eine molekulargenetische Diagnostik zum Nachweis bzw. Ausschluss von Mutationen im *CYP21a2*-Gen erfolgen. Werden entsprechende Mutationen nachgewiesen, sollte auch unbedingt der Partner der Patientin untersucht werden, da die Heterozygotenfrequenz für *CYP21a2*-Mutationen in Zentraleuropa bei 1:50 liegt.

Es gibt noch eine Reihe weiterer genetischer Veränderungen die mit weiblicher und männlicher Infertilität in Verbindung stehen. Die Mehrzahl der Syndrome mit Infertilität führt jedoch zu schweren Fehlbildungen und mentaler Retardierung und die Patienten kommen in der Regel nicht zu einer Familienplanung.

Merk-Würdiges
Allen Paaren mit ungeklärten Fertilitätsstörungen sollte eine humangenetische Beratung angeboten werden, um mögliche genetische Ursachen diagnostizieren zu können.

14.4 Literatur

Bispink L, Breitbach E, Schlote N. Praktische Fertilitätsdiagnostik. Bremen: UNI-MED Verlag AG, 2011.

Deutsche Gesellschaft für Humangenetik e.V. (GfH) und Berufsverband Deutscher Humangenetiker e.V. (BVDH). S2-Leitlinie „Humangenetische Diagnostik und genetische Beratung". MedGen 2010; 23: 281–323.

Diedrich K, Ludwig M, Griesinger G. Reproduktionsmedizin. Heidelberg:Springer Verlag, 2013.

Gardner RJM, Sutherland GR, Shaffer LG (Hrsg). Chromosome abnormalities and genetic counseling. Oxford: Oxford University Press, 2012.

Krausz C, Hoefsloot L, Simoni M, Tüttelmann F. European Academy of Andrology; European Molecular Genetics Quality Network. EAA/EMQN best practice guidelines for molecular diagnosis of Y-chromosomal microdeletions: state-of-the-art 2013. Andrology 2014; 2(1): 5–19.

Wegner RD, Bloechle M. Genetische Diagnostik bei ungewollter Kinderlosigkeit. Gynakol Geburtsmed Gynakol Endokrinol 2009; 5(3): 168–18.

Rolf-Dieter Wegner

15 Spontane Fehlgeburten

Der ungewollte Verlust einer Schwangerschaft vor der Lebensfähigkeit des Kindes wird als spontane Fehlgeburt (Abort) bezeichnet. Nach WHO-Definition liegt dabei das fetale Gewicht unter 500 g, entsprechend der 22. bis 24. SSW, wenn keine starke Wachstumsrestriktion vorliegt. Die Geburt eines Feten ohne Lebenszeichen mit einem Gewicht von 500 g oder mehr wird als Totgeburt bezeichnet.

Fehlgeburten werden sowohl nach der Zeit des Auftretens als auch nach ihrem klinischen Erscheinungsbild unterteilt.

Frühe Fehlgeburt: Spontaner Verlust der Schwangerschaft bis zur 12. SSW. Allerdings gibt es keine einheitliche Vereinbarung, wodurch teilweise auch andere Schwangerschaftszeiten bis hin zur 16. SSW angegeben werden.

Späte Fehlgeburt: Spontaner Verlust der Schwangerschaft nach der 12. SSW (bzw. nach der abweichend vereinbarten SSW) mit fetalem Gewicht < 500 g.

Spontane Fehlgeburt: Fetus ohne Lebenszeichen wird spontan ausgestoßen.

Verhaltene Fehlgeburt (missed abortion): Der Fetus zeigt intrauterin keine Herzaktivität, wird aber nicht spontan ausgestoßen.

Intrauteriner Fruchttod (IUFT): In der zweiten Hälfte der Schwangerschaft intrauterin verstorbenes Kind mit einem Gewicht von 500 g oder mehr. Auch als infans mortuus bezeichnet

15.1 Abortursachen und genetische Befunde

Fehlgeburten treten häufig auf; so enden etwa 15 % aller klinisch nachgewiesenen Schwangerschaften in einem Abort. Die Abortfrequenz zeigt eine Korrelation mit dem mütterlichen Alter und mit der Anzahl vorangegangener Aborte (Abb. 15.1). Aborte ereignen sich zu etwa 80 % im ersten Drittel der Schwangerschaft. Die Ursachen für einen Abort sind vielfältig und für einen Teil der Abortereignisse nicht zu klären. Zugrunde liegen können anatomische, immunologische, metabolische oder endo-

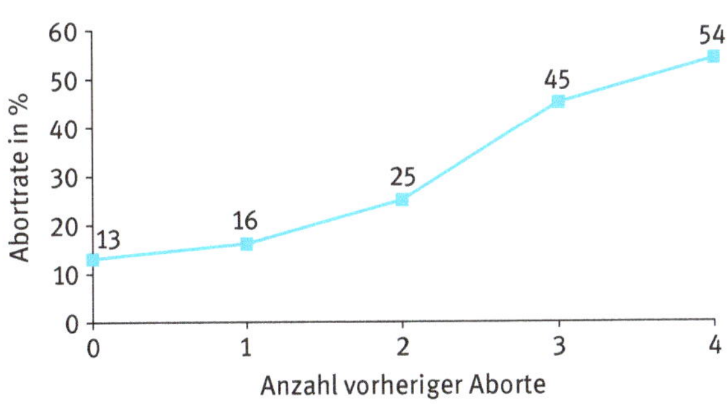

Abb. 15.1: Abortrisiko in Abhängigkeit von der Anzahl vorheriger Aborte (nach Wieacker et al., 2005).

krinologische Faktoren, Infektionen oder genetische Faktoren (Tab. 15.1). Eine sehr ausführliche Übersicht zu Ursachen und Häufigkeiten von Fehlgeburten findet sich bei Simpson (2007). Genetische Faktoren machen dabei mit mehr als 50 % aller Fälle den größten Anteil aus. In diese Gruppe fallen Chromosomenaberrationen und Genmutationen.

Tab. 15.1: Ursachen von Aborten.

Ursachen		Beispiele
1.	Exogene Ursachen	Infektionen
2.	Anatomische Ursachen	z. B. Fehlbildungen des Uterus, Myome
3.	Endokrine Ursachen	z. B. Schilddrüsendysfunktion
4.	Immunologische Ursachen	z. B. Antiphospholipid-AK-Syndrom
5.	Genetische Ursachen	– Chromosomenanomalien – Genmutationen – multifaktoriell
6.	Idiopathische Ursachen	

Die weitaus häufigste Ursache für eine Fehlgeburt sind Chromosomenstörungen, die in etwa 50–80 % aller Aborte des ersten Trimesters der Schwangerschaft bzw. in 20 % im zweiten Trimester nachgewiesen werden. Die Chromosomenaberrationen werden unterteilt in: (1) Trisomien, (2) Monosomien, (3) Polyploidien und (4) strukturelle Veränderungen. Die verschiedenen Kategorien der Chromosomenstörungen treten dabei mit unterschiedlichen Häufigkeiten auf (Abb. 15.2).

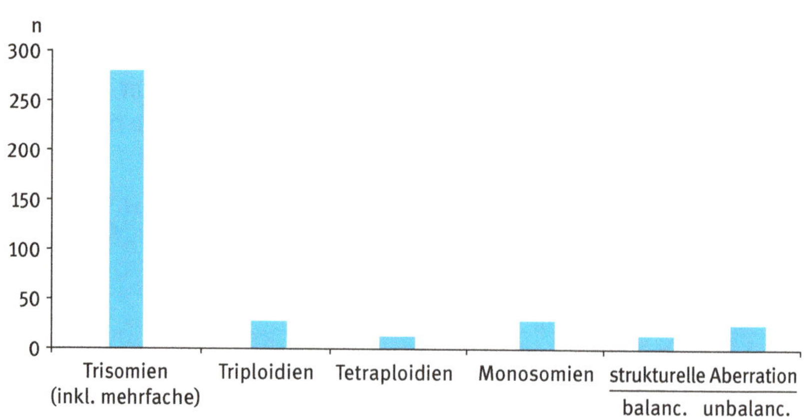

Abb. 15.2: Kategorien von Chromosomenaberrationen und deren Häufigkeit in einer Gruppe von 389 betroffenen Aborten (Zentrum für Pränataldiagnostik und Humangenetik).

Mutationen im Faktor-V-Gen und/oder Faktor-II-Gen der Schwangeren sind die häufigsten im Zusammenhang mit einem Abort beschriebenen Genmutationen. Auf diese wird daher weiter unten genauer eingegangen. Auch fetale Genmutationen, die zu Aborten disponieren, sind bekannt, aber absolut gesehen von geringerer Bedeutung.

15.2 Chromosomenbefunde aus Abortuntersuchungen

Es überwiegen die autosomalen Trisomien (50–80 % aller Chromosomenaberrationen), die meist durch eine zufällige Chromosomenfehlverteilung in der mütterlichen Meiose entstehen und mit dem mütterlichen Alter korreliert sind. Die Trisomien weisen dabei unterschiedlichen Frequenzen der beteiligten Chromosomen auf. Am häufigsten sind in absteigender Frequenz Trisomien der Chromosomen 16, 21, 22 und 15 (Tab. 15.2).

Tab. 15.2: Häufigkeit von Aneuploidien in einer Gruppe von 389 Aborten betroffener Embryonen/Feten (Zentrum für Pränataldiagnostik und Humangenetik).
*lebensfähige Trisomien

Aneuploidie	Anzahl [n]	Anteil [%]
Trisomie 16	62	21,2
Trisomie 21*	50	17,1
Trisomie 22	37	12,7
Trisomie 15	33	11,3
X0 (Turner-Syndrom)	28	9,6
Trisomie 13*	28	9,6
Trisomie 18*	13	4,5
Trisomie 20	11	3,8
Trisomie 7	8	2,7
Doppeltrisomie	19	6,5
Dreifachtrisomie	3	1,0

Nach den Trisomien werden die Monosomie X (45,X = Turner-Syndrom) und die Triploidie mit jeweils ~10–15 % häufig diagnostiziert. In 80 % der untersuchten Schwangerschaften mit 45,X fehlt das väterliche Geschlechtschromosom, eine erkennbare Altersabhängigkeit besteht nicht.

Bei den Triploidien sind ca. 70 % auf einen zusätzlichen haploiden Chromosomensatz des Vaters z. B. durch (Befruchtung einer Eizelle mit zwei Spermien) und

30 % auf einen zusätzlichen Chromosomensatz der Mutter zurückzuführen (Zaragoza et al., 2000). Für den Gynäkologen unterscheiden sich die sonografischen Bilder der beiden Situationen eindeutig. Bedingt durch die unterschiedliche Prägung der elterlichen Genome, kommt es bei zwei mütterlichen und einem väterlichen haploiden Genom (digynisch) in der Regel zu einer reduzierten Plazentaentwicklung mit einem kleinen Embryo. Liegen zwei väterliche und ein mütterliches haploides Genom (diandrisch) vor, so ist allgemein eine starke Plazentaentwicklung (partielle hydatidiform Mole) und ein fehlender Embryo die Folge. Auch die Serumbiochemie beim Ersttrimesterscreening unterscheidet sich: Während ein zusätzliches haploides Genom der Mutter häufig mit extrem niedrigen freien ß-HCG-Spiegeln einhergeht, findet sich bei einem zusätzlichen väterlichen Genomanteil meist ein sehr hoher Wert für das freie und das Gesamt-ß-HCG.

Deutlich seltener sind strukturelle Aberrationen mit etwa 5 %. Diese sind in der Mehrzahl unbalanciert und können einerseits *de novo* entstanden sein, andererseits aber auch auf das Vorliegen einer familiären Translokation hinweisen. Letzterer Situation kommt eine hohe prognostische Bedeutung zu, da sie zu einer deutlich erhöhten Risikoeinschätzung für weitere Schwangerschaften führt (s. Kap. 15.5).

15.3 Relevanz von Chromosomenbefunden aus Abortuntersuchungen

Der Nachweis einer Chromosomenstörung des Feten durch Analyse von Abortgewebe spielt eine außerordentlich wichtige Rolle bei der genetischen Beratung und der psychischen Betreuung der Paare:

1. Die Ursache des Abortes wird geklärt und bietet eine sichere Grundlage der Beratung.
2. Familiäre Chromosomenumbauten mit erhöhtem Wiederholungsrisiko können erkannt werden. Für nachfolgende Schwangerschaften kann gegebenenfalls eine Pränataldiagnostik angeboten werden.
3. Bei Nachweis einer freien Trisomie kann eine optimistischere Prognose hinsichtlich zukünftiger Schwangerschaften gegeben werden als bei Vorliegen eines normalen Chromosomensatzes (s. Abschnitt 15.4).
4. Die psychische Belastung der Patientin/des Paares wird reduziert.

Wird ein unauffälliger Chromosomensatz diagnostiziert, sollte an chromosomal nicht erkennbare genetische Faktoren (s. unten) bzw. andere Risikofaktoren gedacht werden (Tab. 15.1). Daher ist für die frühzeitige Erkennung und Betreuung diesbezüglicher Risikofamilien ein unauffälliger zytogenetische Befund aus zwei Aborten sehr viel aussagekräftiger als etwa eine Anamnese mit drei nichtuntersuchten Aborten.

Eine zytogenetische Diagnostik an Abortgewebe bleibt allerdings in 10–40 % ohne Erfolg, da die Zellen kein Wachstumspotenzial mehr aufweisen. Molekulare oder molekular-zytogenetische Methoden benötigen keine vitalen Zellen und umgehen damit das Problem des Kulturversagens. So kann etwa eine Array-Diagnostik eingesetzt werden, die zusätzlich auch kryptische Chromosomenveränderungen unterhalb der Auflösungsgrenze der klassischen Chromosomenanalyse nachweisen kann. Daher wird der Einsatz dieser Diagnostik vermehrt diskutiert; in einigen europäischen Ländern wird die Array-Analyse bereits regelmäßig als erste Diagnostik eingesetzt. Ein Nachteil der Array-CGH (vergleichende genomische Hybridisierung) ist, dass Polyploidien und balancierte Aberrationen in der Regel nicht erkannt werden, sodass bei negativem Array-Befund ein zweistufiges Vorgehen mit ergänzender Chromosomendiagnostik sinnvoll ist.

15.4 Numerische Chromosomenaberration

Die Diagnose eines Abortes mit einer Trisomie läßt auf eine zufällig erfolgte Chromosomenfehlverteilung schließen. Beim Nachweis einer Trisomie im Abortgewebe ist die Wahrscheinlichkeit für die zukünftige Geburt eines gesunden Kindes erkennbar höher verglichen mit der nach einem Abort mit unauffälligem Chromosomensatz (Tab. 15.3). Eine derartige Diagnose ist für die betroffenen Paare hinsichtlich folgender Schwangerschaften also eine gute Nachricht.

Tab. 15.3: Prognostische Relevanz der Chromosomenkonstitution eines Abortes für folgende Schwangerschaften der Ratsuchenden (Wegner und Bloechle, 2009).

Karyotyp Index-Abort	**n**	**Erfolgreiche folgende Schwangerschaft**		**Signifikanz**	**Autor**
		n	%		
Normal	71	27	38,0	p = 0,001	Ogasawara et al., 2000
Trisomie	60	37	61,7		
Normal	39	16	41,0	OR 3,1 (95 % CI: 0,85–11,74)	Carp et al., 2001
Trisomie	18	12	66,7		

Neben diesem prognostischen Aspekt ist eine nachgewiesene fetale Chromosomenstörung von meist weit unterschätztem Wert für die psychische Entlastung der Ratsuchenden, nicht selten auch des Partners. Häufigen Selbstvorwürfen der Ratsuchenden, das Ereignis mitverschuldet zu haben, wird entgegengewirkt. In genetischen und in psychosozialen Beratungsgesprächen nach einem Abortereignis rückt immer wieder mit in den Mittelpunkt wie sehr ein pathologischer Befund des Feten die immense psychische Last mindert.

Ein sehr ausführlicher Diskurs zu den psychischen Folgen einer spontanen Fehlgeburt findet sich in der Dissertation von Annekathrin Bergner (Bergner, 2006).

Zusammengefasst lässt eine nachgewiesene fetale Trisomie eine vorsichtig optimistische Prognose hinsichtlich zukünftiger Schwangerschaften zu und kann den betroffenen Paaren merklich bei der psychischen Verarbeitung des traumatischen Ereignisses helfen.

15.5 Strukturelle Chromosomenaberration

Strukturelle Chromosomenveränderungen im Abortgewebe müssen weiter verfolgt werden, um die Unterscheidung zwischen einer familiären Chromosomenveränderung und einem *de-novo*-Ereignis treffen zu können. Die Kasuistik 15.1 ist ein Beispiel dafür.

Kasuistik 15.1

Eine 29-jährige Patientin mit zwei unauffälligen Brüdern hatte drei Schwangerschaften, die alle in einer Fehlgeburt endeten. In der vierten Schwangerschaft kam es in der 13. SSW zu einem weiteren Abort. Die Metaphasen des untersuchten Abortgewebes zeigten alle einen männlichen, unbalancierten Chromosomensatz mit einem auffälligen Chromosom 13 (Abb. 15.3a). Daher wurde beim ratsuchenden Paar eine Chromosomenanalyse an Lymphozyten durchgeführt. Diese deckte auf, dass die Ratsuchende Trägerin einer balancierten Translokation zwischen einem Chromosom 13 und einem Chromosom 18 war (Abb. 15.3b). Damit konnte einerseits geklärt werden, dass der Abort durch eine unbalancierte Translokation verursacht war. Wichtiger war andererseits aber, dass für zukünftige Schwangerschaften der Ratsuchenden ein deutlich erhöhtes Risiko für Feten mit chromosomal unbalanciertem Chromosomensatz anzugeben ist. Die genetische Beratung muss auf das Angebot einer Pränataldiagnostik bei zukünftigen Schwangerschaften eingehen.

Der Chromosomenbefund der Ratsuchenden enthält einige wichtige Informationen für die genetische Beratung des Paares. So ist die Größe der translozierten Segmente gering. Damit ist nach einer unbalancierten Verteilung der Translokationschromosomen in der Meiose davon auszugehen, dass es nicht nur zu Aborten, sondern auch zur Geburt von Kindern mit unbalancierter Translokation kommen kann. Im vorliegenden Fall dürften die beiden möglichen Duplikations-Defizienzen „partielle Monosomie 13q/partielle Trisomie 18p“ bzw. „partielle Monosomie 18p/partielle Trisomie 13q“ eine fetale Entwicklung bis hin zur Geburt zulassen. Die Möglichkeiten der pränatalen Diagnostik, einschließlich der invasiven Methoden bei weiteren Schwangerschaften, und die daraus folgenden Handlungsoptionen müssen ausführlich erörtert werden.

Ein weiterer Aspekt liegt in der Feststellung eines erblichen Chromosomenumbaus. Dies bedeutet, dass weitere Familienmitglieder Träger der balancierten Translokation sein können. Es sollte in der genetischen Beratung darauf eingegangen werden, dass auch die beiden Brüder der Ratsuchenden symptomlose Träger der balancierten Translokation sein können. Der Chromosomenstatus der Brüder kann

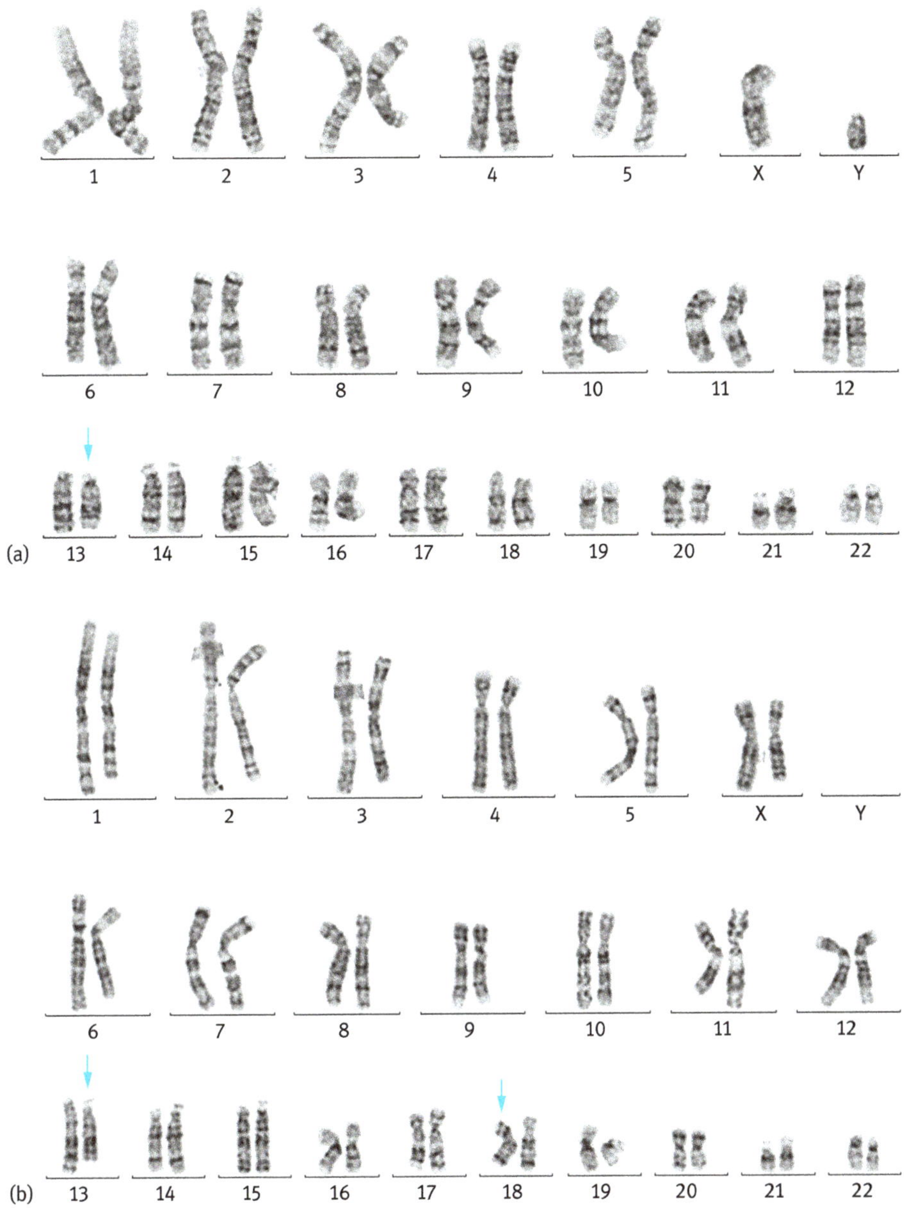

Abb. 15.3: Chromosomenanalysen nach GTG-Bandenfärbung; a) Chromosomensatz aus Abortgewebe mit einem unbalancierten Karyotyp, der ein strukturell auffälliges Chromosom 13 (Pfeil) aufweist; b) Chromosomensatz aus Lymphozyten der Mutter mit einer balancierten Translokation zwischen einem Chromosom 13 und einem Chromosom 18 (Pfeile).

nach entsprechender genetischer Beratung leicht durch eine Lymphozytenanalyse diagnostiziert werden.

Das Fallbeispiel zeigt, dass ausgehend vom Chromosomenbefund nach Abortanalyse signifikante Informationen zur Prognose zukünftiger Schwangerschaften erlangt werden können. Ein anderer Zugang ist die Chromosomendiagnostik von Paaren mit habituellen Aborten.

15.6 Genetische Untersuchungen von Paaren mit habituellen Aborten

15.6.1 Chromosomendiagnostik

Die WHO fordert für die Diagnosestellung „Habituelle Aborte“ das Auftreten von drei aufeinanderfolgenden Fehlgeburten. Diese Definition wird häufig in der Gynäkologie verwendet und dabei als Indikation für eine Chromosomenanalyse zum Ausschluss einer elterlichen balancierten Translokation herangezogen. Dagegen wird in der genetischen Beratung und Diagnostik eine Familienanamnese von zwei oder mehr Aborten ohne Berücksichtigung ausgetragener Schwangerschaften als Partnerschaft mit wiederholten Aborten definiert (Wegner und Bloechle, 2009). Dies geht auf wissenschaftliche Untersuchungen zurück, die zeigen, dass ein Risiko von etwa 3–6 % für eine balancierte Chromosomenaberration eines Elternteils besteht, unabhängig davon, ob ein gesundes Kind geboren wurde oder nicht. Eine Indikationsstellung zur Chromosomenanalyse nach der WHO-Definition entspricht damit nicht mehr dem heutigen Wissenstand und der zwischenzeitlich publizierten Empfehlungen zur genetischen Beratung von Paaren mit Aborten (Wieacker et al., 2005). Bereits zwei Fehlgeburten sollten Anlass sein, eine Chromosomendiagnostik anzubieten.

Weist die Familienanamnese einen Abort kombiniert mit dem Auftreten einer Totgeburt oder eines fehlgebildeten Kindes mit oder ohne geistige Behinderung auf, so liegt das Risiko für eine balancierte Chromosomenaberration eines Elternteils bei 5,5 %. Kommen aus der Verwandtschaft zusätzlich Hinweise auf Aborte und/oder auf Kinder mit Fehlbildungen, so beträgt die Wahrscheinlichkeit, Träger eines Chromosomenumbaus zu sein, etwa 10 %.

15.6.2 Molekulargenetische Diagnostik

Aufgrund eines nachgewiesenen Zusammenhangs zwischen einer Prädisposition zu Aborten und Störungen im Blutgerinnungssystem kommt der molekulargenetischen Analyse von Thrombophiliegenen eine praktische Bedeutung zu. Molekulargenetisch nachweisbare, charakteristische Mutationen liegen im *Faktor-V-* bzw. *Faktor-II*-Gen vor. Klinisch relevant ist die Faktor-V-Leiden-Mutation „A506G“ bzw. die Faktor-

II-Mutation „G20210A“. Erstere führt bei Heterozygotie zu einem zwei- bis dreifach erhöhten Risiko für Aborte, bei Homozygotie zu einem drei- bis fünffach höheren Risiko. Für die Faktor-II-Mutation im heterozygoten Zustand muss eine Verdopplung des Abortrisikos angegeben werden.

15.7 Relevanz von genetischen Befunden aus Elternuntersuchungen

Der Nachweis eines Chromosomenumbaus in einem Elternteil erfordert eine genetische Beratung zur Abschätzung des Risikos für das Auftreten von Aborten und ggf. von Nachkommen mit chromosomal bedingten Fehlbildungen und mentaler Retardierung. In die Risikobetrachtung geht dabei zum einen der Typ der Aberration ein. Für eine einfache reziproke Translokation liegt die Wahrscheinlichkeit einer unbalancierten Verteilung der Translokationschromosomen in der Meiose generell niedriger als bei komplexen Mehrfachtranslokationen oder Insertionen. Zum anderen wird für eine individuelle Risikobetrachtung neben dem Aberrationstyp auch die Länge und Genausstattung potenziell unbalancierter Segmente herangezogen. Für Robertson'sche Translokationen ist bemerkenswert, dass das Risiko für unbalancierte Nachkommen eine Abhängigkeit vom Geschlecht des Elternteils zeigt (s. Infobox 4.5).

Pränataldiagnostische Optionen müssen besprochen werden. Da Träger balancierter Translokationen gehäuft eine reduzierte Fertilität aufweisen, muss ggf. auch die Möglichkeit einer Präimplantationsdiagnostik diskutiert werden.

Bei molekulargenetischer Diagnose einer Thrombophiliegen-Mutation sollte diese in Zusammenhang mit anderen hämostaseologischen Faktoren beurteilt werden. Abhängig davon sind präventive Maßnahmen wie etwa die Gabe von Aspirin oder Heparin zu diskutieren.

Merk-Würdiges

Häufigste Ursache für Aborte sind Chromosomenaberrationen (> 50 %).

- Am häufigsten sind Trisomien, gefolgte von Triploidien und Monosomie X.
- Träger balancierter Translokationen haben ein erhöhtes Risiko für Aborte und möglicherweise auch für die Geburt von Kindern mit schweren Fehlbildungen und Entwicklungsverzögerungen.
- Bei kleinen Translokationssegmenten steigt die Wahrscheinlichkeit für die Geburt eines Kindes mit unbalanciertem Chromosomensatz.
- Familienmitglieder eines Translokationsträgers sind potenzielle Träger der Translokation.
- Die Chromosomenanalyse eines Paares ist indiziert, wenn zwei Fehlgeburten aufgetreten sind, unabhängig davon, ob gesunde Kinder geboren wurden oder nicht.
- Mutationen in Thrombophilie-Genen, wie etwa *Faktor V* oder *Faktor II*, tragen zu einer erhöhten Abortdisposition bei.

15.8 Literatur

Bergner A. Unerwarteter Verlust und neue Hoffnung: Fehlgeburten, ihre Verarbeitung und die Folgen für eine neue Schwangerschaft. Dissertationsarbeit, Humboldt-Universität zu Berlin 2006. http://edoc.hu-berlin.de/dissertationen/bergner-annekathrin-2006-02-10.

Carp H, Toder V, Aviram A, Daniely M, Mashiach S, Barkai G. Karyotype of the abortus in recurrent miscarriage. Fertility Sterility 2001; 75: 678–682.

Ogasawara M, Aoki K, Okada S. Suzumori K. Embryonic karyotype of abortuses in relation to the number of previous miscarriages. Fertility Sterility 2000; 73: 300–304.

Simpson JL. Causes of fetal wastage. Clin Obst Gyn 2007; 50: 10–30.

Wegner RD, Bloechle M. Genetische Diagnostik bei ungewollter Kinderlosigkeit. Gynakol Geburtsmed Gynakol Endokrinol 2009; 5 (3): 168–181.

Wieacker P, Gromoll J, Hehr U, Ludwig M. Empfehlungen zur genetischen Diagnostik bei Aborten. J Reproduktionsmed Endokrinol 2005; 2: 148–150.

Zaragoza MV, Surti U, Redline RW, Millie E, Chakravarti A, Hassold TJ. Parental origin and phenotype of triploidy in spontaneous abortions: predominance of diandry and association with the partial hydatidiform mole. Am J Hum Genet 2000; 66: 1807–1820.

Marc Trimborn

16 Tumorgenetik

16.1 Einführung

Im Verlauf der Entwicklung von normalen Zellen zu Tumorzellen durchlaufen diese eine Reihe genetischer Veränderungen. In zwei äußerst lesenswerten Übersichtsartikeln stellen Douglas Hanahan und Robert Weinberg die These auf, dass bis zum Erreichen eines malignen Status, also der autonomen pathogenen Gewebevermehrung mit Gewebeinvasion, einige allen Tumorzellen gemeinsame Schlüsseleigenschaften erworben werden müssen (Hanahan und Weinberg, 2000, 2011). Diese Eigenschaften werden von ihnen als „*Hallmarks of Cancer*" bezeichnet:

- Tumorzellen erhalten proliferative Signalwege dauerhaft aufrecht, können sich also unabhängig von äußeren Wachstumssignalen vermehren.
- Sie weichen wachstumsunterdrückenden Signalen aus bzw. setzen sich über diese hinweg.
- Sie widersetzen sich dem apoptotischen Zelltod.
- Sie erreichen replikative Immortalität, können sich also unbegrenzt teilen – eine Eigenschaft, die sonst ausschließlich Stammzellen vorbehalten ist.
- Zur Versorgung des Tumors induzieren sie Angiogenese.
- Sie aktivieren Prozesse, die zu zellulärer Invasion und Metastasierung führen.
- Möglicherweise gehören auch die Umprogrammierung des Energie-Metabolismus der Zelle und die Vermeidung einer Immunantwort zu den Schlüsselfunktionen einer Krebszelle.

Diese Schlüsselfunktionen werden sukzessiv durch Mutation erworben, wobei die Reihenfolge, in welcher diese Bedingungen erfüllt werden, nicht festgelegt ist. Es findet also ein Selektionsprozess statt, der in der Entstehung von Krebszellen resultiert. Beispielsweise finden sich in einer Vielzahl humaner Tumoren Mutationen im KRAS-Gen. KRAS codiert für ein mit der Zellmembran assoziiertes Protein, das am Beginn vieler Signalkaskaden steht, die das Zellwachstum durch extrazelluläre Signale von Wachstumsfaktoren anregen. Daher führen Mutationen in diesem Gen zum Erwerb Wachstumsfaktor-unabhängiger Zellteilungseigenschaften.

Da Schlüsseleigenschaften von Tumorzellen eben durch Mutationen erlangt werden, wird Krebs häufig auch als genetische Krankheit bezeichnet. Allerdings gleichen die meisten Krebserkrankungen zwar auf zellulärer und molekularer Ebene vererbbaren genetischen Erkrankungen, dennoch ist die Mehrzahl von Krebserkrankungen sporadischer Natur und wird nicht in einfacher Form vererbt. Allein um die oben aufgezählten Eigenschaften zu erwerben, sind offensichtlich mehrere Mutationen notwendig und es handelt sich demnach um genetisch komplexe Erkrankungen. Zudem werden die Mutationen meist nicht vererbt, sondern entstehen als somatische Mutationen aufgrund exogener und endogener Einflüsse in einzelnen Körperzellen.

Erkenntnisse darüber, wie Tumorzellen die für sie essentiellen Eigenschaften gewinnen und welche Gene und Signalwege von den Veränderungen betroffen sind, bilden eine notwendige Grundlage für die Entwicklung neuer Therapieansätze.

16.2 Zellzyklus und Zellzykluskontrolle

Es ist offensichtlich, dass sich Zellen in multizellulären Organismen nur zu ganz bestimmten Zeitpunkten bzw. nur in ganz bestimmten Situationen teilen dürfen. Die Mehrzahl aller Körperzellen teilt sich nicht und es existiert ein fein abgestimmtes Signalnetzwerk, das darüber wacht, ob und wann sich eine Zelle teilen darf. In diesem Netzwerk werden extrazelluläre Signale wie die von Wachstumsfaktoren oder Inhibitoren sowie intrazelluläre Signalwege, z. B. der DNA-Schadenserkennung, integriert.

Wenn eine Zelle letztendlich den Zellzyklus eingetreten ist, wird an mehreren Kontrollpunkten (Checkpoints) überprüft, ob die Voraussetzungen für einen Fortschritt im Zellzyklus, wie etwa ein korrekter Aufbau des Spindelapparates, erfüllt sind. Die wichtigsten Ereignisse bei der Zellteilung sind die Replikation des Genoms (S-Phase) und die Aufteilung der replizierten Chromosomen auf die Tochterzellen in der Mitose (M-Phase). Diese beiden Vorgänge werden durch die beiden gap-Phasen G1 (nach der Mitose, vor der S-Phase) und G2 (nach der S-Phase, vor der Mitose) getrennt. In G1 finden die Replikation der Zellorganellen und die Histonsynthese statt. Am Restriktionspunkt wird entschieden, ob die Zelle den Zellzyklus fortsetzt oder in die Ruhephase (G0) eintritt. Die meisten Körperzellen befinden sich in dieser Ruhephase. In der G2-Phase werden die notwendigen Mitose-spezifischen Proteine synthetisiert.

Am genauesten werden die irreversiblen Übergänge zwischen G1/S, G2/M und der Beginn der Anaphase kontrolliert, d. h. an den Übergängen zu den herausragenden Ereignissen des Zellzyklus (DNA-Replikation und Chromosomensegregation). Schon kleine Ungenauigkeiten in diesen Prozessen können zum (ungeplanten) Zelltod oder zur Akkumulation von Mutationen führen. An diesen Stellen laufen daher die Signalwege, die z. B. die Unversehrtheit der DNA, die vollständige Verdopplung des Genoms

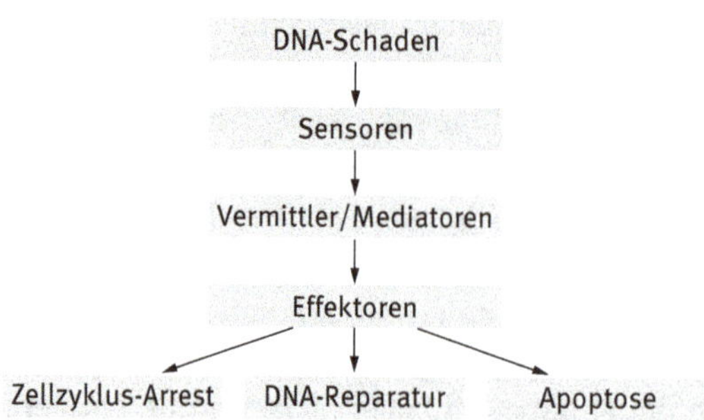

Abb. 16.1: Kontrolle des Zellzyklus.

oder die korrekte Positionierung der Mitosespindel überprüfen, in Checkpoints zusammen. Falls notwendig kann nun der Zellzyklus angehalten, notwendige Korrekturen durchgeführt oder der programmierten Zelltod eingeleitet werden (z. B. Kastan und Bartek, 2004). Es handelt sich dabei um hochkomplexe Netzwerke, über die sich in den letzten Jahren ein immenses Wissen angesammelt hat, die aber bis heute nicht vollständig verstanden sind.

Grundsätzlich lassen sich derartige Signalnetzwerke in folgende Komponenten aufteilen: Sensoren (*sensors*), die bestimmte Reize detektieren und die Signalkaskade initiieren, sowie Vermittler (*transducers/mediators*), die das Signal zu den Zielen (*targets/effectors*) weitertragen, welche schließlich die Antwort einleiten (z. B. Li und Zou, 2005; Abb. 16.1).

Mutationen in Kontroll- und DNA-Reparaturgenen führen zu erhöhter Mutagenität und somit dazu, dass weitere Mutationen folgen und die Schlüsseleigenschaften von Tumorzellen leichter erlangt werden. Es verwundert daher nicht, dass derartige Gene, in Tumoren häufig mutiert vorliegen. Wenn Mutationen in Kontroll- und DNA-Reparaturgenen über die Keimbahn vererbt werden, kann das gravierende Konsequenzen nach sich ziehen:

Das ATM-Protein spielt z. B. eine wichtige Rolle bei der Erkennung von DNA-Doppelstrangbrüchen und ist unter anderem für die Aktivierung von BRCA1 verantwortlich. Dies ist Voraussetzung für die korrekte Reparatur dieser DNA-Schäden. Trägerinnen heterozygoter Mutationen im ATM-Gen haben ein erhöhtes Brustkrebsrisiko. Patienten mit biallelischen ATM-Mutationen sind selten, das autosomal-rezessiv vererbte Krankheitsbild wird als Ataxia teleangiectasia bezeichnet. Symptomatisch ist neben der bereits im Namen enthaltenen chronisch fortschreitenden zerebellären Ataxie und den Teleangiektasien auf der Haut und in den Konjunktiven ein Immundefekt. Die Patienten zeigen zudem eine Prädisposition für Lymphome und Leukämien. Auch die Gene BRCA1, BRCA2 und RAD51-C, deren Varianten für ein hohes Risiko zur Entwicklung von familiären Mamma- und Ovarialkarzinomen sorgen, erfüllen wichtige Aufgaben in der DNA-Schadenskontrolle.

16.3 DNA-Reparatur

Da Zellen eine äußerst effiziente DNA-Schadenserkennung haben und über ebenso effiziente Reparatursysteme verfügen, werden die meisten DNA-Veränderungen rechtzeitig erkannt und schnell repariert, sodass sich nur sehr wenige Veränderungen als permanente Mutationen manifestieren. Da wiederum nur ein Teil der DNA codierende Sequenzen enthält und sogar viele Veränderungen innerhalb von codierenden Sequenzen keine funktionellen Folgen für das Genprodukt haben (s. Kap. 2.5), bleibt die Mehrzahl der wenigen vom Reparatursystem nicht erkannten Mutationen ohne Konsequenzen.

Es gibt verschiedene Formen der DNA-Reparatur, die jeweils für bestimmte DNA-Schäden spezifisch sind, darunter die Exzisionsreparatur, das Korrekturlesen während und nach der Replikation (*mismatch repair*) und die Reparatur von Doppelstrangbrüchen.

Bei der Exzisionsreparatur werden einzelne defekte Basen oder Nukleotide ausgeschnitten und ersetzt. Mutationen, die durch diese Mechanismen repariert werden, sind unter anderem fehlende Basen, Einzelstrangbrüche, Thymindimere, die durch UV-Bestrahlung entstanden sind, und bestimmte Basenmodifikationen (*bulky adducts*), die z. B. durch Benzpyrene im Zigarettenrauch entstehen können. Es gibt Hinweise darauf, dass BRCA1 in die Regulation der Exzisionsreparatur eingebunden ist (Hartmann und Ford, 2002; Takimoto et al., 2002). Es konnte beispielsweise auch gezeigt werden, dass in sporadischem Stage-I-Brustkrebs häufig eine gestörte Nukleotid-Exzisionsreparatur vorliegt (Latimer et al., 2010).

Das Korrekturlesen *(proofreading)* repariert die bei der Replikation entstandenen Basenfehlpaarungen. Unkorrekten Paarungen sind instabiler als die Standard-Basenpaare. Dies wird erkannt und durch die 3'-5'-Exonuklease-Funktion der Polymerase korrigiert. Die wenigen nicht erkannten falsch eingebauten Nukleotide (*mismatches*) können durch die postreplikative Mismatch-Reparatur (MMR) korrigiert werden.

Doppelstrangbrüche (DSB), also komplett auseinander gebrochene DNA-Stränge, können durch ionisierende Strahlung entstehen. Sie treten aber auch im Zusammenhang mit der DNA-Replikation (als Konsequenz eines Replikationsgabel-Arrests oder Kollapses) und bei Rekombinationsprozessen auf. Da bei DSB kein intakter Einzelstrang als Korrekturvorlage zur Verfügung steht, handelt es sich um potenziell besonders gefährliche DNA-Schäden, die zu großen genetischen Imbalancen führen können. Ohne ein effizientes Reparatursystem käme es zu Deletionen und Translokationen und dadurch zu einer Disposition für maligne Entartungen.

Zur Beseitigung von DSB stehen der Zelle prinzipiell zwei Reparaturmechanismen zur Verfügung: die homologe Rekombination (HR) und die nichthomologe End-zu-End-Verknüpfung (*non homologous end joining*, NHEJ). Da bei der HR die Schwesterchromatide mit der identischen DNA-Information als Vorlage zur Reparatur genutzt wird, kann diese Form der Reparatur nur während der späten S- und der G2-Phase durchgeführt werden, weil die Zellen hier bereits über einen verdoppelten Chromosomensatz verfügen. Durch die HR kommt es zur vollständigen, fehlerfreien Wiederherstellung der Erbinformation. Die Hochrisikogene für familiären Brustkrebs, BRCA1, BRCA2 und RAD51, sind auch an der Durchführung bzw. Regulation der HR beteiligt (Sancar et al., 2004). HR-defiziente Zellen aufgrund von BRCA1- oder BRCA2-Mutationen sind besonders empfindlich gegenüber PARP-Inhibitoren. PARP1 repariert Einzelstränge, die während der Replikation auftreten. Die Inhibition von PARP1 führt zu Einzelstrangdefekten, die bei der nächsten Replikationsrunde in Doppelstrangbrüchen resultieren. Zellen mit intakter HR können diese reparieren, während HR-defiziente Zellen dies nicht kompensieren können, wodurch in ihnen Apoptose induziert wird (Meindl et al., 2011).

In Zellen, in denen ein nichtreplizierter Chromosomensatz vorliegt, also der Mehrzahl aller Körperzellen des Menschen, werden DSB durch den Prozess des NHEJ repariert. Ein DNA-Reparaturkomplex führt dabei zwei benachbarte freie DNA-Enden zusammen. Dabei können auch freie DNA-Enden verbunden werden, die nicht zueinander gehören. Zudem gehen bei diesem Prozess immer einige wenige Basenpaare verloren. Obwohl es beim NHEJ also zwangsläufig zum Verlust von Erbinformation (*error prone*) und möglicherweise sogar zur Verknüpfung falscher DNA-Enden kommt, ist die Wahrscheinlichkeit für funktionelle Schäden in jedem Fall kleiner als bei Nichtreparatur.

Vererbte Mutationen in DNA-Reparaturgenen führen häufig zu einer Prädisposition für Tumorerkrankungen. So resultiert die heterozygote Vererbung von Mutationen in den DNA-Reparatur-Genen MLH1, MSH2, MSH6 und PMS2 in einem dramatisch erhöhten Risiko für das Auftreten eines kolorektalen Karzinoms. Das Krankheitsbild wird als hereditäres kolorektales Karzinom ohne Polyposis (HNPCC) bezeichnet.

16.4 Apoptose

Die Apoptose ist ein Prozess in multizellulären Organismen, der auch programmierter Zelltod genannt wird. Im Gegensatz zur Nekrose, dem passiven Zelltod, der aus akuten, traumatischen Zellverletzungen resultiert, stellt die Apoptose einen aktiven kontrollierten Prozess dar, der in jeder einzelnen Körperzelle abgerufen werden kann. Dabei wird eine Kaskade von proteolytischen Enzymen aktiviert, die Caspasen genannt werden. Diese bauen selbst aktiv Zellbestandteile ab und aktivieren zudem weitere Enzyme wie DNasen, die dann zum Abbau des Genoms beitragen. Letztendlich werden nach und nach Vesikel der Zelle abgeschnürt, die von Phagozyten aufgenommen und verdaut werden. Der Begriff Apoptose stammt aus dem Altgriechischen und beschreibt das Abfallen von Blättern eines Baumes im Winter, also auch einen geplanten „Tod“ von lebendem Material.

Die Apoptose ist ein essentieller Prozess in der Embryonalentwicklung. Auch im adulten Organismus ist die Apoptose u. a. zur Kontrolle der Zellzahl und der Größe von Geweben notwendig. Das apoptotische Zelltodprogramm sorgt aber außerdem dafür, dass anormale Zellen aus dem Verkehr gezogen werden. Ein Beispiel dafür sind Zellen, in denen eine derart große Anzahl an DNA-Schädigungen vorliegt, dass diese nicht mehr repariert werden können. Die Regulation der Apoptose ist ebenso komplex und streng überwacht wie die Regulation des Zellzyklus und der DNA-Schadenskontrolle. Die Signalwege der Zellzykluskontrollpunkte und der Apoptose sind eng miteinander vernetzt. Das Protein p53 steht beispielsweise im Zentrum vieler dieser Signalkaskaden. Mutationen in *TP53* in diesen Netzwerken sorgen dafür, dass Tumorzellen dem apoptotischen Zelltod entgehen und somit eine weitere Schlüsseleigenschaft erwerben. Bei neoplastischen Erkrankungen überwiegt die Zellteilungsrate gegenüber der Apoptose – das Verhältnis von Apoptose zur Zellteilungsrate ist also gestört.

Chemo- und Strahlentherapien nutzen den apoptotischen Prozess, indem sie in den Zielzellen Schäden verursachen, die zur Induktion von Apoptose führen. Vorteilhaft ist dabei, dass Tumorzellen häufig eine gestörte DNA-Reparatur aufweisen, sodass in diesen deutlich gravierendere Schäden eintreten als in gesunden Zellen. Diese Schäden sind dann derart massiv, dass selbst bei eingeschränkter Apoptosefähigkeit der Zelltod eintritt.

16.5 Protoonkogene – Onkogene

Protoonkogene codieren für Proteine, die wichtige Rollen bei der Regulation der Zellteilung spielen, wie etwa Wachstumsfaktor-Rezeptoren, Proteinkinasen und Transkriptionsfaktoren. Meist handelt es sich um zellwachstumsaktivierende Proteine, die in ihrer Wildtypfunktion streng reguliert werden. Durch Mutationen werden sie jedoch in Onkogene umgewandelt, die sich der Kontrolle entziehen und so das Zellwachstum in nicht vorgesehener Weise fördern. Onkogen-Mutationen wirken in der Zelle dominant, d. h., der zelluläre Effekt tritt bereits nach der Mutation eines einzelnen Allels auf. Dieser kann durch veränderte Proteinfunktion erreicht werden, sodass z. B. eine Kinase durch eine Punktmutation in einem Allel dauerhaft angeschaltet wird und somit mitogene Signalwege konstitutiv aktiviert werden. Eine häufig in Melanomen beobachtete Mutation führt im *BRAF*-Gen, einer Serin/Threonin-Kinase, zum Austausch eines Valins gegen Glutamat (V600E). Diese Mutation bewirkt eine ungefähr 500-fach erhöhte konstitutive Kinaseaktivität (Cantwell-Dorris et al., 2011).

Aber auch eine Überexpression kann auch dazu führen, dass sich Onkogene wachstumshemmenden Signalen entziehen. Typische Mechanismen für diese Form der Onkogen-Aktivierung sind Translokationen und Amplifikationen. In Lymphomen und Plasmazell-Leukämien können beispielsweise häufig Translokationen beobachtet werden, die ein Protoonkogen unter die Kontrolle des IGH-Promoters bringen. Während derartige Mutationen in den meisten Geweben folgenlos bleiben, wird die schwere Kette von Immunglobulinen (IGH) in Lymphozyten stark exprimiert. Der IGH-Promoter sorgt somit für eine starke Expression des Onkogens. Bei einer Plasmazell-Leukämie wird beispielsweise häufig das Gen FGFR3, ein Wachstumsfaktor, durch eine Translokation zwischen den Chromosomen 4 und 14 (t[4;14][p16.3;q32.2]) unter die Kontrolle des IGH-Promoters gebracht und somit stark exprimiert (Fonseca et al., 2009).

Eine derartige Überexpression kann auch durch eine genomische Amplifikation des Protoonkogens erreicht werden, sodass das Gen nicht wie in einer normalen Zelle lediglich zweifach, sondern vielfach zu finden ist. Ein solcher Mechanismus kann für das Gen *URI* in einer Gruppe von Eierstocktumoren beobachtet werden. Das Protein spielt eine Rolle bei der Induktion des apoptotischen Zelltods. Tumoren mit *URI*-Amplifikation sind in der Regel sehr aggressiv und zeigen eine erhöhte Resistenz gegenüber einer Cisplatin-Behandlung (Theurillat et al., 2011).

16.6 Tumorsuppressor-Gene

Tumorsuppressor-Gene spielen ebenfalls eine wichtige Rolle bei der Regulation der Zellteilung. Im Gegensatz zur Gruppe der Protoonkogene/Onkogene codieren sie jedoch meist für Proteine, die das Zellwachstum einschränken (*gatekeeper*) oder an DNA-Reparaturvorgängen beteiligt sind (*caretaker*). Sie üben wichtige Funktionen an den Kontrollpunkten des Zellzyklus aus und regulieren die Apoptose. Während Protoonkogene häufig für Kinasen codieren, handelt es sich bei Tumorsuppressor-Proteinen häufig um Phosphatasen. Die pathogenen Mutationen führen nicht zu einem Funktionsgewinn, sondern zu einem Funktionsverlust des Proteins (*loss of function*). Daher müssen auf dem Weg zur neoplastischen Transformation meist in beiden Allelen Mutationen auftreten, da das verbliebene Wildtyp-Allel üblicherweise ausreicht, um die Funktion des Proteinprodukts aufrechtzuerhalten. Häufig geht nach einer Mutation des ersten Allels dann im zweiten Schritt das übrig gebliebene normale Allel gänzlich verloren, sodass nur das mutierte Allel übrig bleibt (*loss of heterozygosity*).

Der Mechanismus des biallelischen Funktionsverlusts wurde von Alfred Knudson bereits im Jahr 1971 postuliert und führte zur Formulierung seiner berühmten Zwei-Treffer-Hypothese. Knudson bemerkte, dass das familiäre Retinoblastom in jüngerem Alter auftritt als die sporadische Erkrankung. Zudem entwickeln die Kinder mit der familiären Erkrankung häufig Tumoren auf beiden Augen. Dies deutete auf eine Prädisposition hin. Knudson schlug daher vor, dass mehrere Treffer (mindestens zwei) notwendig waren, um Krebs entstehen zu lassen, und diese Wahrscheinlichkeit deutlich erhöht wird, wenn der erste Treffer durch Vererbung bereits in allen Körperzellen vorliegt. Diese Theorie wurde 1983 durch Cavenee et al. molekular bestätigt.

P53 ist eines der zentralsten Tumorsuppressor-Proteine und wird vom Gen *TP53* codiert. P53 übt zahlreiche Funktionen aus, die vor der Entstehung von Krebs schützen und *TP53* stellt das am häufigsten mutierte Gen in humanen Tumoren dar. Es aktiviert DNA-Reparatur-Proteine, spielt eine zentrale Rolle bei der Zellzykluskontrolle, initiiert Apoptose, inhibiert Angiogenese und wird daher häufig als Wächter des Genoms bezeichnet (Lane, 1992). Einige Mutationen von *TP53* üben einen dominant-negativen Effekt aus, d. h., das mutierte Allel beeinflusst die Funktion des übrig gebliebenen Wildtyp-Allels. In einem solchen Fall reicht also bereits eine einzelne heterozygote Mutation. Derartige Mutationen stellen Ausnahmen der Zwei-Treffer-Hypothese dar.

16.7 Erblicher Brust- und Eierstockkrebs

Brustkrebs ist die häufigste maligne Erkrankung von Frauen in Deutschland, und Eierstockkrebs der gynäkologische Tumor mit der höchsten Sterblichkeit. Jedes Jahr wird in Deutschland bei ca. 60.000 Frauen Brustkrebs und bei ca. 9.000 Frauen Eierstockkrebs diagnostiziert. Dabei wird in etwa 20 % der Fälle eine familiäre Häufung beobachtet (Meindl et al., 2011).

16.7.1 Risikogene

Mutationen in den Genen BRCA1, BRCA2 und RAD51C gehen mit einem hohen Lebenszeitrisiko (5- bis 20-fach erhöht) für die Entwicklung eines Mamma- oder Ovarialkarzinoms einher. Sie folgen einem dominanten Erbgang mit zwar verminderter, doch hoher Penetranz. Mutationen in Genen wie ATM, CHEK2, BRIP1 oder PALB2 verursachen ein moderates Risiko (1,5- bis 5-fach erhöht). Dieses Risiko wird jedoch in einigen Familien durch das Vorliegen weiterer Mutationen in Genen, die für eine geringe Risikoerhöhung sorgen, weiter erhöht. Zu den Niedrigrisiko-Varianten (0,7 bis 1,5-fache Risikoerhöhung) zählen Mutationen in FGFR2, TOX3 oder LSP1. Beim alleinigen Vorliegen derartiger Mutationen verschwimmen die Grenzen zwischen erblichen und sporadischen Erkrankungen (Meindl et al., 2011).

16.7.2 Molekulare Pathologie

Die drei bisher bekannten Hochrisikogene sind allesamt in die zelluläre DNA-Schadensantwort eingebunden und werden zu den Tumorsuppressorgenen gezählt. Erst der biallelische Funktionsverlust ist kritisch. Dennoch folgt die Vererbung in den familiären Fällen einem autosomal-dominanten Erbgang. Dieser Widerspruch erklärt sich wie beim Retinoblastom durch Knudsons Zwei-Treffer-Hypothese. Wenn der erste Treffer durch eine ererbte Mutation bereits in allen Körperzellen vorliegt, ist die Wahrscheinlichkeit, dass es in einer einzelnen Zelle durch eine zweite Mutation zu einem völligen Funktionsverlust kommt, deutlich erhöht. Im Gegensatz zu rezessiv vererbten syndromalen Erkrankungen reicht ein weiterer Treffer in einer einzigen Zelle aus. Die Tatsache, dass der Funktionsverlust von DNA-Reparatur- und Kontrollproteinen die Entstehung weiterer Mutationen begünstigt, sorgt dafür, dass die weiteren zur neoplastischen Transformation notwendigen Mutationen schneller erfolgen.

16.7.3 Genetische Testung – Einschlusskriterien

Die S3-Leitlinie „Früherkennung“ der Deutschen Krebsgesellschaft und der deutschen Gesellschaft für Senologie e.V. (www.awmf.org/leitlinien/detail/ll/077-001.html, Version 2008) sieht vor, Patientinnen mit folgenden familiären Konstellationen (aus je einer Familienseite) in eine genetische Testung auf Mutationen in den beiden häufigsten Risikogenen (BRCA1 und BRCA2) einzuschließen:

- mindestens drei an Brustkrebs erkrankte Frauen unabhängig vom Alter,
- mindestens zwei an Brustkrebs erkrankte Frauen, von denen eine vor dem 51. Lebensjahr (LJ) erkrankt ist,
- mindestens eine Brust- und eine an Eierstockkrebs erkrankte Frau,
- mindestens eine an Brust- und Eierstockkrebs erkrankte Frau,

- mindestens zwei an Eierstockkrebs erkrankte Frauen,
- mindestens eine an beidseitigem Brustkrebs erkrankte Frau mit einem Ersterkrankungsalter vor dem 51. Lebensjahr,
- mindestens eine an Brustkrebs erkrankte Frau vor dem 36. Lebensjahr,
- mindestens ein an Brustkrebs erkrankter Mann und mindestens ein/e weitere/r Erkrankte/r an Brust- oder Eierstockkrebs.

16.7.4 Genetische Diagnostik – Strategie

Der Test sollte an der DNA eines betroffenen Familienmitglieds durchgeführt werden. Falls keine Mutation in BRCA1 oder BRCA2 nachgewiesen wird, könnte zusätzlich das RAD51C-Gen analysiert werden. Nur wenn der Nachweis einer pathogenen Mutation in einem dieser Gene gelingt, ist eine prädiktive Diagnostik möglich. Nun kann bei nicht betroffenen Frauen der Familie die Mutation entweder ausgeschlossen und damit ein erhöhtes Erkrankungsrisiko ausgeschlossen werden oder können, wenn eine pathogene Mutation detektiert wird, verschiedene präventive Maßnahmen angeboten werden. Töchter von Mutationsträgern/innen haben ein 50 %iges Risiko, die pathogene Variante vererbt zu bekommen. Selbstverständlich können auch Männer die Hochrisiko-Varianten an ihre Töchter vererben, auch wenn das Risiko für sie selbst tatsächlich an Brustkrebs zu erkranken deutlich geringer ist. Frauen, bei denen die familiäre Mutation ausgeschlossen wurde, können aber weiterhin an sporadischem Brustkrebs erkranken.

Wenn in einer Familie keine pathogene Mutation nachgewiesen wird, stellt dies ein nichtinformatives Testergebnis dar. Das Risiko muss nun anhand empirischer Daten und der Familiengeschichte berechnet werden. Wenn die Entwicklungen in den DNA-Technologien in absehbarer Zukunft die schnelle und kostengünstige Analyse einer größeren Anzahl von Genen ermöglichen, könnten auch weitere Gene mit moderatem Risiko in die Testung einbezogen werden. Allerdings erlauben die zu den bisher bekannten Varianten mit moderatem Risiko gesammelten Daten bisher keine Risikostratifikation, um klinische Präventions- oder Früherkennungsstrategien zu empfehlen.

16.7.5 Prävention und Früherkennung

Aufgrund des deutlich früheren Ersterkrankungsalters muss bei den betroffenen Frauen der Hochrisikogruppe mit den Früherkennungsmaßnahmen deutlich früher begonnen werden. Die S3-Leitlinie zur Früherkennung empfiehlt, neben der regelmäßigen Selbstuntersuchung der Patientinnen das folgende intensive Screening-Programm in einem der spezialisierten Zentren für familiären Brust- und Eierstockkrebs durchzuführen:

- halbjährliche ärztliche Tastuntersuchung ab einem Lebensalter von 25 Jahren,
- halbjährliche Ultraschalluntersuchung ab einem Lebensalter von 25 Jahren,
- jährliche Mammografie ab einem Lebensalter von 30 Jahren,
- jährliche Kernspintomografie ab einem Lebensalter von 30 Jahren.

Die Patientinnen sollten zudem an einem der Zentren über mögliche prophylaktische Interventionen (Operationen, Tamoxifen) beraten werden. Die Adressen der Zentren sind über die Deutsche Krebshilfe oder die S3-Leitlinie erhältlich.

Merk-Würdiges
- Im Verlauf der Entwicklung von normalen Zellen zu Tumorzellen muss durch Mutationen eine Reihe von Schlüsseleigenschaften erworben werden.
- Auch Männer können BRCA-Mutationen an ihre Töchter vererben.
- Frauen, bei denen eine familiäre Mutation ausgeschlossen wurde, können trotzdem an sporadischem Brustkrebs erkranken.

16.8 Literatur

Cantwell-Dorris ER, O'Leary JJ, Sheils OM. BRAFV600E: implications for carcinogenesis and molecular therapy. Mol Cancer Ther 2011; 10 (3): 385–394.

Cavenee WK et al. Expression of recessive alleles by chromosomal mechanisms in retinoblastoma. Nature 1983; 305: 779–784.

Fonseca R et al., International Myeloma Working Group. Molecular classification of multiple myeloma: spotlight review. Leukemia 2009; 23 (12): 2210–2221.

Hanahan D, Weinberg RA. The hallmarks of cancer. Cell. 2000; 100 (1): 57–70

Hanahan D & Weinberg RA. Hallmarks of cancer: the next generation. Cell. 2011; 144 (5): 646–74.

Hartman AR, Ford JM. BRCA1 induces DNA damage recognition factors and enhances nucleotide excision repair. Nat Genet 2002; 32: 180–184.

Kastan MB, Bartek J. Cell-cycle checkpoints and cancer. Nature 2004; 432: 316–323.

Knudson AG Jr. Mutation and cancer: statistical study of retinoblastoma. Proc Natl Acad Sci USA 1971; 68 (4): 820–823.

Lane P. P53, guardian of the genome. Nature 1992; 358: 15–16.

Latimer JJ, Johnson JM, Kelly CM, Miles TD, Beaudry-Rodgers KA, Lalanne NA, Vogel VG, Kanbour-Shakir A, Kelley JL, Johnson RR, Grant SG. Nucleotide excision repair deficiency is intrinsic in sporadic stage I breast cancer. Proc Natl Acad Sci USA 2010; 107 (50): 21725–21730.

Meindl A, Ditsch N, Kast K, Rhiem K, Schmutzler RK. Hereditary breast and ovarian cancer: new genes, new treatments, new concepts. Dtsch Arztebl Int 2011; 108 (19): 323–330.

S2-Leitlinie Humangenetische Diagnostik der Gesellschaft für Humangenetik (GfH) und des Berufsverbandes „Deutscher Humangenetiker (BVDH)" (S2-LL HumDiag). Medgen 23: 281–323, 2010.

S3-Leitlinie „Früherkennung" der Deutschen Krebsgesellschaft und der deutschen Gesellschaft für Senologie e.V. (www.awmf.org/leitlinien/detail/ll/077-001.html, Version 2008).

Takimoto R, et al. BRCA1 transcriptionally regulates damaged DNA binding protein (DDB2) in the DNA repair response following UV-irradiation. Cancer Biol Ther 2002; 1: 177–186.

Theurillat JP et al. URI is an oncogene amplified in ovarian cancer cells and is required for their survival. Cancer Cell 2011; 19 (3): 317–332.

Stichwortverzeichnis

A vor der Seitenzahl = Abbildung. T vor der Seitenzahl = Tabelle.

www.ingramcontent.com/pod-product-compliance
Lightning Source LLC
LaVergne TN
LVHW060617300926
849162LV00008B/1643